OCCUPATION
Quality and Career Development

职业素质与职业发展

主 编 / 宁业勤 刘 玲
副主编 / 胡新建 王 岩 邱宝荣 王小丽
参 编 / 康海燕 蒋雨岑 谈秀丽 籍洪亮
傅 琼 李皖蒙 陈 剑

ZHEJIANG UNIVERSITY PRESS
浙江大学出版社

图书在版编目(CIP)数据

职业素质与职业发展 / 宁业勤, 刘玲主编. — 杭州 : 浙江大学出版社, 2020.5(2023.8重印)

ISBN 978-7-308-20038-7

Ⅰ.①职… Ⅱ.①宁… ②刘… Ⅲ.①职业道德－高等学校－教材 ②职业选择－高等学校－教材 Ⅳ.①B822.9 ②G647.38

中国版本图书馆CIP数据核字(2020)第031434号

职业素质与职业发展

宁业勤　刘　玲　主编

责任编辑　朱　辉
责任校对　郑成业
封面设计　春天书装
排　　版　杭州兴邦电子印务有限公司
出版发行　浙江大学出版社
（杭州市天目山路148号　邮政编码310007）
（网址：http://www.zjupress.com）
印　　刷　杭州高腾印务有限公司
开　　本　787mm×1092mm　1/16
印　　张　19.25
字　　数　456千
版 印 次　2020年5月第1版　2023年8月第7次印刷
书　　号　ISBN 978-7-308-20038-7
定　　价　55.00元

前言
PREFACE

高职学生如何在激烈的就业竞争中脱颖而出？如何在人才济济的职场中游刃有余？如何在充满荆棘的环境中成就完美的职业生涯，创立一番事业？手持大学文凭，怀揣各类证书，未必能得到领导与同事的认可；埋头苦干，艰辛付出，未必能获得晋升的机会。高职学生不仅要有过硬的专业知识、技能与良好的岗位素质，更要有适应职场生态的职业素质，如责任意识、诚信品质、敬业精神、团队精神、劳动素养等，还应掌握职场生存方面的知识与能力，包括沟通、礼仪、生涯规划、就业创业等。这些职业素质、职场知识与能力，才是决定职场竞争力与职业发展的核心，也是高职院校人才培养的“第一质量”所在。

宁波城市职业技术学院自2009年起在人才培养过程中融入职业素质教育，经过多年的探索与实践，从2015年起在人才培养中构建了基于现代服务业的大学生职业素质养成教育体系。实践中，我们本着“三全育人”原则，坚持直接教育与间接融入相结合、日常养成与集中训练相结合、校内与校外相结合，积极实施“三课堂联动”机制，即第一课堂的传统教学、第二课堂的日常养成与第三课堂的实践历练三者紧密衔接，形成一个全方位、立体式的现代服务业职业素质教育培养体系。“职业素质与职业发展”是该体系“第一课堂”中的一门核心课程。

学校高度重视大学生职业素质教育校本教材编写，基于进一步深化、完善职业素质教育教学需要，我们组织编写了这本《职业素质与职业发展》教材。该教材从职场的现实需要出发，前瞻性地着力培养高职学生的职业综合素质与核心能力，包括职业生涯规划能力、创新创业能力、交流沟通能力，使学生具备责任意识、诚信品质、敬业精神、团队精神、劳动素养，并能展示出优雅的职场形象，全面提升学生未来的职场竞争力，实现其职业生涯的长足发展。本教材内容共分为七个模块，依次为职业规划、职业操守、劳动素养、职业沟通、职业礼仪、就业创业、职场安全。

本教材在编写过程中，主要突出以下特点。

在教材内容上，一是坚持“必需、够用”的原则，采取“多合一”的形式统整全书。在当前高职院校应用中，相关的教材有《职业生涯规划》《就业创业指导》《职场交流沟通》《团队合作》《大学生劳动教育》等，本书在编写中将这类教材内容进行整合、压缩、精简，合而为一，极大地解决了高职学生课时有限而教学内容多这一矛盾。二是从职场的现实需要出发，精准筛选确定学生应掌握的职场知识、能力及应具备的职业素质，依此确定教学内容。三是坚持理论与实践相结合编排内容。每节教学内容既有理论知识陈述，又有实践操作，如案例分析、拓展训练、能力测评、思考讨论等。而且，在理论阐述中，立足于职场现实，融入岗位语境，便于学生在提升能力的同时掌握知识、养成素质。

在教材形式上，本着“互联网+教育”的新理念，充分利用现代信息技术，通过二维码与网络教学平台相连，从而创新教材形态。创新集中体现在以下几个方面。一是利用二维码链接资源，大大节省了教材空间，使教材变薄的同时，知识却在变“厚”。二是链接的网络资源不仅让知识变“厚”，更对教材内容进行形象诠释与补充拓展，使教材在功能上具有无限张力。三是教材不再是死的，而是活的，成为学生课堂必备的重要工具，而不是可有可无的附属品。学生携带教材就如携带一堂堂课，可听讲、可自测、可讨论，而链接的资源又可根据需要进行修改、补充与替换。这些特点使得教材更人性化，也更实用。

在教材应用上，本教材能给师生教学带来全新的体验，主要体现在以下几个方面。一是教材链接的授课视频、拓展阅读、讨论与测试等，能为学生自学带来便利，提升学习效率。二是教材中既有传统教材所呈现的知识体系，又有传统教材所没有的、与知识体系相配套的资源，包括授课视频、辅助材料、能力测评、自我测验等。这些资源使得教材在达成课程培养目标上发挥着不可或缺的作用。三是利用教材创新课堂教学模式，开展混合式教学或翻转教学。学生凭借教材可在课前自学，从而节约出课堂时间用于巩固课前所学，开展实践体验与讨论分享等活动，以促进知识内化、能力提升与素质养成。

以上种种努力旨在为教学服务，尽全力有效达成课程培养目标。本教材主要适用于高职高专院校教师与学生，使用本教材可因材施教，灵活处理，最大限度发挥教材作用。

本教材第一章由康海燕、傅琼老师编写，第二章由籍洪亮、宁业勤、陈剑、谈秀丽、李皖蒙等老师编写，第三章、第四章由宁业勤老师编写，第五章由王岩、蒋雨岑老师编写，第六章由邱宝荣老师编写，第七章由宁业勤、王小丽老师编写。编写教师中，王小丽系宁波卫生职业技术学院教师，其他均为宁波城市职业技术学院教师。编写者不仅负责该章教材内容的编写，还负责链接资料的整理，同时承担授课视频主讲。刘玲、胡新建老师负责教材编写组织工作，对教材建设与应用给予了诸多指导并提出了宝贵意见与建议。

本书在编写过程中参考了近年来正式出版的大量相关专著，选取了众多书籍、报刊以及网络上的材料，在此谨对原著者致谢，并对所有帮助、支持该书出版的领导与同行表示衷心感谢！

由于编者水平有限，书中错误和疏漏在所难免，敬请专家和读者不吝赐教！

编　者

2020年3月

目录
CONTENTS

第一章 职业规划

学习目标

1. 学会通过价值观澄清、职业兴趣测评、职业性格探索、职业能力分析四个步骤深入认识自我。

2. 能通过了解行业动态和用人单位要求并借助岗位调研认识社会需求。

3. 能基于个人意愿、社会需求、SWOT分析、差距分析等,合理规划学业与职业生涯。

第一节 认识自我

1.1.1 视频 认识自我

职业生涯规划是指一个人结合自身条件和现实环境,确立职业目标,选择职业道路,制定相应的培训、教育和工作计划,并按照生涯发展的阶段实施具体行动以达到目标的过程。它的功能在于为生涯找出目标,并找出达成目标所需采取的行动。要规划好自己的职业生涯,首先得从认识自我开始。

一个人对自己的价值观、兴趣、性格、能力等的认识是一个漫长的过程,需要在长期的成长过程中,经过不断学习与实践,不断与人交往与比较,不断深省与反思,才能逐渐知道自己是一个怎样的人。认识自我一般从价值观、兴趣、性格、能力四个维度着手,如图1–1–1所示。其中,价值观是在觉察自己选择职业时“最看重什么”,是在澄清自己“为什么而做”,最终在选择职业中实现“寻我所需”;兴趣是为了明确自己“喜欢做什么”,实现“选我所爱”;性格是为了探索自己“适合做什么”,实现“探我所适”;能力是为了分析自己“擅长做什么”,实现“做我所能”。所以认识自我的最终目的是“澄清价值观、聚焦兴趣、探索个性、发展技能”。

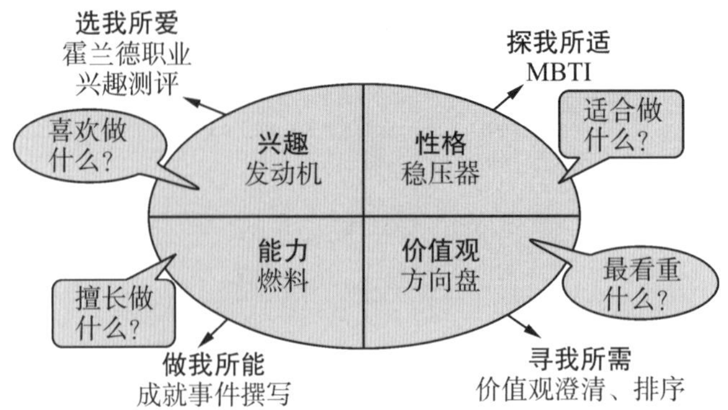

图1-1-1　认识自我四大维度

一、认识自我的方法

认识自我一般有四种方法，即360度评估法、橱窗分析法、SWOT分析法和测评法。

（一）360度评估法

360度评估法是从别人的评价中认识自我，比如父母家人、老师领导、同学朋友及其他社会关系对你的评估，如图1-1-2所示。

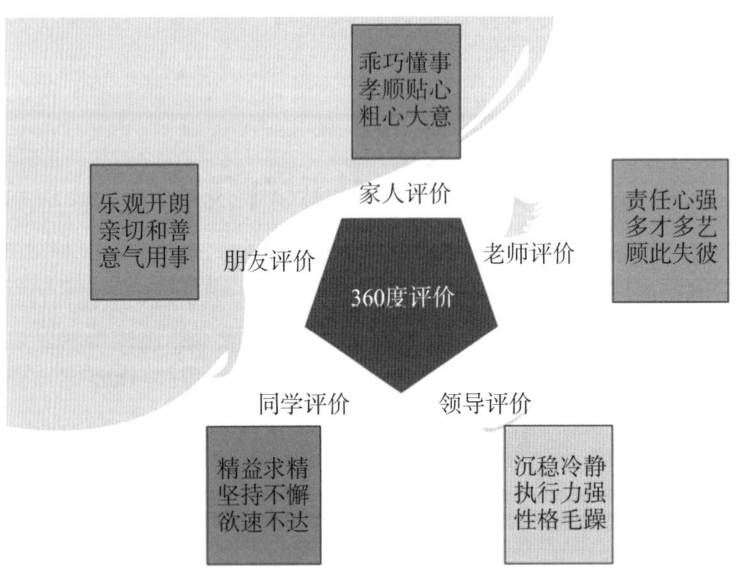

图1-1-2　360度评估法案例

（二）橱窗分析法

这里说的“橱窗”也叫“周哈里窗”，由心理学家鲁夫特与英格汉提出。周哈里窗展示了自我认知、行为举止和他人对自己的认知之间在有意识或无意识的前提下形成的差异，由此把人的内在分成四个部分——开放我、盲目我、隐藏我、未知我，如图1-1-3所示。

开放我：是面对公众的自我塑造范畴，即“我知别人也知”。比如，我们的性别、外貌，某些可以公开的信息，如婚否、职业、工作生活所在地、能力、爱好、特长、成就等。

盲目我：是为公众所知但自我未意识到的范畴，即“别人知我不知”。比如，不经意的一些小动作或行为习惯，一个得意的或者不耐烦的神态和情绪流露，本人不会觉察，除非别人告诉你。盲点可以是一个人的优点，或是缺点。而熟悉并指出“盲目我”的他者，往往也是关爱你的人，欣赏你的人，信任你的人（虽然也可能是最挑剔你的人）。所以，我们要学会用心聆听，重视他人的回馈，不固执，不过早下结论。

隐藏我：是自我有意识在公众面前保留的范畴，即“我知别人不知”。就是我们常说的隐私、个人秘密，留在心底、不愿意或不能让别人知道的事实或心理，如身份、缺点、往事、疾患、痛苦、愧疚、欲望、意念等，都可能成为“隐藏我”的内容。一般情况下，心理承受能力强的人，隐忍的人，自闭的人，自卑的人，胆怯的人，虚荣或虚伪的人，“隐藏我”会更多一些。适度的内敛和自我隐藏，给自我保留一个私密的心灵空间，避免外界的干扰，是正常的心理需要。

未知我：是公众及自我两者无意识的范畴，也称为潜意识，即“我不知别人也不知”，有待挖掘和发现。通常是指一些潜在能力或特性，比如一个人经过训练或学习后，可能获得的知识与技能，或者在特定的机会里展示出来的才干。对“未知我”进行探索和开发，才能更全面而深入地认识自我、激励自我、发展自我、超越自我。学着尝试一些全新的领域，挖掘潜力，会收获惊喜。

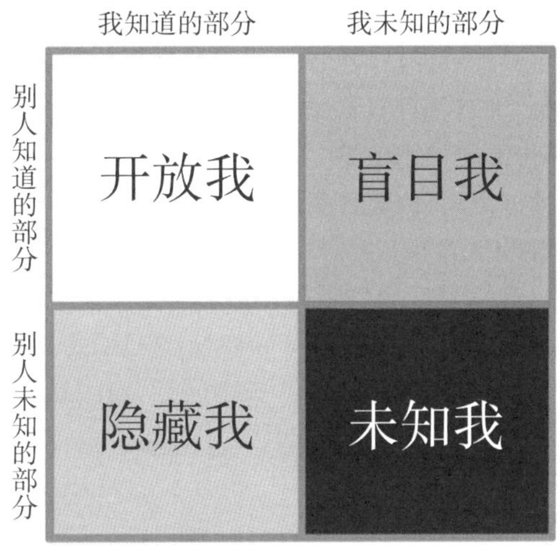

图1-1-3 周哈里窗

（三）SWOT分析法

1.1.2材料 SWOT分析案例

SWOT分析法即结合内部因素和外部因素等综合分析优势、劣势、机会和风险。优势如曾学过什么、做过什么和擅长什么等，劣势如性格的弱点、经验的欠缺等，机会如家庭资源、企业优势、政策支持等，风险如竞争激烈、资金危机等,如表1-1-1所示。

表1-1-1　SWOT分析法

外部因素	内部因素	
	优势(strength)	劣势(weakness)
	❉学过什么 ❉曾经做过什么 ❉最成功的是什么	❉性格的弱点 ❉经验的欠缺 ❉最失败的事情
机会(opportunity)	S—O	W—O
❉创造机会 ❉寻找机会 ❉等待机会	发挥优势,抓住机会	创造机会,弥补劣势
风险(threat)	S—T	W—T
❉眼前风险 ❉潜在风险 ❉未来风险	规避风险,等待机会	正视劣势,另辟蹊径

(四) 测评法

测评法是基于统计技术并对大量人群施测后建立起来的标准化评价方法。生涯管理中常用的测评包括职业兴趣测评、职业价值观测评、职业性格测评、职业能力测评等四类。

(1) 职业兴趣测评。兴趣测评是帮助回答"我到底想要干什么""我到这里来到底为了什么"这一类问题。兴趣一般是指任何能唤起注意、好奇心或者投入的事物。职业兴趣量表包括霍兰德兴趣量表和斯特朗兴趣量表。

(2) 职业价值观测评。目前,价值观测评较多,但良莠不齐,使用最多的是施恩的职业锚和舒伯的职业价值观测评。

(3) 职业性格测评。应用最广泛的职业性格量表是以霍兰德和荣格的心理类型理论为基础的,主要有迈尔斯-布里格斯类型指标(简称MBTI)和北森朗途职业规划测评。

(4) 职业能力测评。常用的是EUREKA技能问卷,该问卷是为帮助人们确定现在具备的技能,并弄清自己在工作中喜欢使用的技能而设计的。

二、价值观澄清

价值观是我们在生活和工作过程中最看重的原则、标准和品质,是一种内心尺度,支配着人的态度和行为,支配着人认识外在事物对自己的意义。职业价值观是人们对职业的一种信念和态度,是在职业生涯中表现出来的一种价值取向。价值观澄清让人明白自己在工作中最期待获得的东西,明确自己为什么而做。比较常用的测评有舒伯的职业价值观测评和施恩的职业锚。

舒伯编制了最初的职业价值观量表，1990年宁维卫对这个量表进行了修订，包含了利他主义、美感、成就感等15种维度，如图1-1-4所示。

1. 利他主义
2. 美感
3. 创造力
4. 理性刺激
5. 成就感
6. 独立性
7. 威望
8. 管理
9. 经济报酬
10. 安全感
11. 环境
12. 督导关系
13. 同伴
14. 生活方式
15. 异性

图1-1-4　舒伯职业价值观量表15种维度

图1-1-5是21种常见个人价值观维度，可以根据个人需要自由添加或删减。

- 成就
- 审美
- 利他
- 自主
- 创造性
- 情绪健康
- 健康
- 诚实
- 正义
- 知识
- 爱
- 忠诚
- 道德
- 身体外观
- 愉悦
- 权利
- 认可
- 宗教信仰
- 技能
- 财富
- 智慧

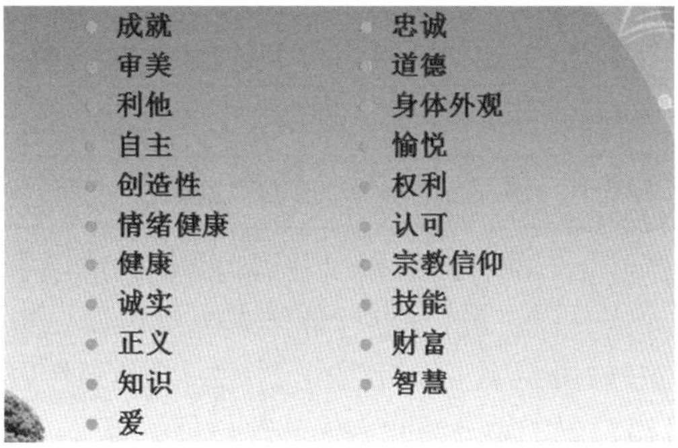

图1-1-5　21种常见个人价值观维度

图1-1-6是16种常见工作价值观维度，可以根据个人需要自由添加或删减。

- 晋升
- 机遇
- 交通便利
- 灵活机动的时间
- 福利
- 在职学习
- 愉快的工作伙伴
- 固定的工作地点
- 对社会的贡献
- 高薪
- 独立
- 领导能力
- 休闲
- 声望
- 保障
- 多样性

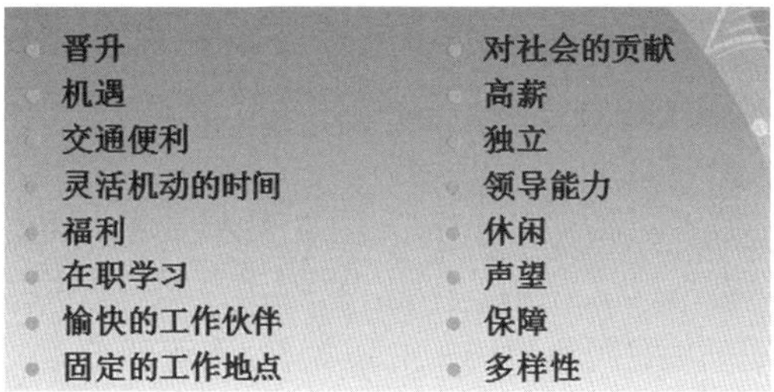

图1-1-6　16种常见工作价值观维度

美国著名的职业指导专家施恩提出了职业锚理论。所谓职业锚，是指当一个人不得不做出选择的时候，他无论如何都不会放弃的职业中的至关重要的东西或价值观。实际就是人们选择和发展自己的职业时所围绕的中心。

职业锚有技术、管理、自主、安全、创造、服务、挑战、生活等八种类型，如表1-1-2所示。

表1-1-2 施恩的职业锚

职业锚类型	职业锚特征描述
技术/职能型	追求在技术/职能领域的成长和技能的不断提高，希望在工作中实践并应用这种技术/职能
管理型	追求并致力于职位晋升，倾心于全面管理或独立负责一个部分，可以跨部门整合其他人的努力成果
自主/独立型	希望随心所欲地安排自己的工作方式、工作习惯和生活方式
安全/稳定型	追求工作中的安全感与稳定感，会因能够预测到稳定的将来而感到放松
创造/创业型	希望用自己的能力去创建属于自己的公司或创建完全属于自己的产品(或服务)，而且愿意冒风险，并克服面临的障碍
服务型	有很强的利他主义倾向，希望能为他人提供服务，帮助他人成长、进步，渴望通过自己的努力使世界变得更加美好
挑战型	喜欢解决看上去无法解决的问题，战胜强硬的对手，克服无法克服的障碍等
生活型	希望将生活的各个主要方面整合为一个整体，喜欢平衡个人的、家庭的和职业的需要

我们还可以通过一些非正式测评方法来探索自己的职业价值观，从而进一步明确自己是为什么而工作。如关于工作的一分钟联想、偶像身上具备自己想要的什么特质、通过过往和偶然因素寻找生命主题、最希望工作带给自己什么、判断工作好坏的标准是什么、缺失什么会让自己不舒服、拥有自己的第一笔收入后最想做什么等。

三、职业兴趣测评

1.1.3材料 霍兰德职业兴趣测评案例

兴趣可以提升人们对事物的注意力、记忆力、感知敏锐度、思维活跃度等，甚至可以激发人的潜能和创造力。有研究表明，如果一个人对某项工作有兴趣，则能发挥全部才能的80%～90%，并且能长时间地保持高效率而不感到疲劳；相反，如果对某项工作不感兴趣，则只能发挥全部才能的20%～30%，也容易感到疲劳、厌倦。因此，兴趣可以被认为是职业潜能的探测器。在一个人努力把兴趣当作事业发展之前，首先必须找出自己真正的兴趣所在。尤其对那些兴趣广泛的人而言，更有必要及时锁定自己的兴趣，并通过协调兴趣与工作的矛盾寻找一个满意的职业发展方向。

职业兴趣测评是在厘清自己“想做什么”。目前，在职业兴趣研究中较有影响的是美国心理学教授霍兰德的职业兴趣量表。霍兰德认为，个人职业兴趣特性与职业之间应有一种内在的对应关系，根据兴趣的不同，人格可分为探索型(I)、艺术型(A)、社会型(S)、企业型(E)、常规型(C)、实际型(R)等六个维度，每个人的性格都是这六个维度的不同程度组合，并因此衍生出六种职业兴趣类型，如图1-1-7所示。同一类型的人聚在一起，往往会创造出更容易吸引该类人的环境，在这样的环境中，人们通常最快乐，也更容易成功。霍兰德职业兴趣量表作为职业兴趣的测查工具，可以协助测评者发现和确定自身的职业兴趣，了解自身的个体特点和职业特点之间的匹配关系，同时为测评者在进行专业选择和职业选择时，提供客观的参考依据。

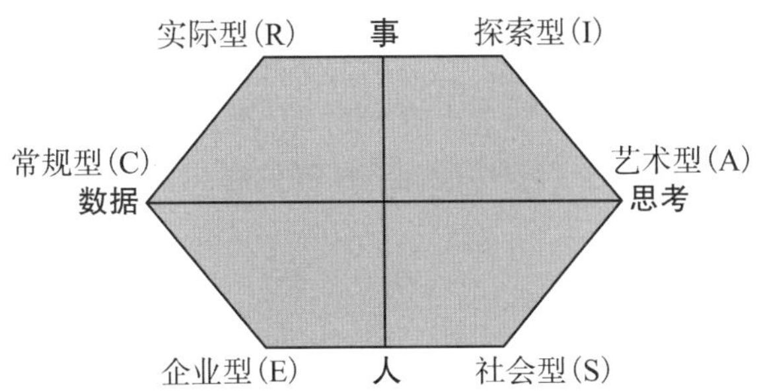

图 1-1-7　霍兰德的六种职业兴趣类型

霍兰德的六种职业兴趣类型具体特征如下。

探索型：该类型的人能坚持，有韧性，喜欢钻研，重视科学性和不断地学习，善于分析思考，为人好奇，独立性强，做事谨慎。

艺术型：该类型的人属于理想主义者，追求完美，不重实际，想象力丰富，富有创造性，具有独特的思维方式，直觉强烈、敏感，情绪波动大，较冲动，不服从指挥。

社会型：该类型的人有强烈的社会责任感和责任心，关心社会问题，渴望发挥自己的社会作用，为人友好，热情，开朗，善良，善解人意，助人为乐，易于合作。

企业型：该类型的人为人乐观，对自己充满自信，喜欢冒险，精力旺盛，有支配愿望，好交际，喜欢发表意见和见解，善辩，独断。

常规型：该类型的人服从权威，讲究秩序，责任感强，效率高，稳重踏实，细心仔细，有条理，耐心谨慎，依赖性强。

实际型：该类型的人往往看重现实事物的价值，安分守己，做事保守，较为谦虚，踏实稳重，诚实可靠，情绪稳定，不善交际应酬，通常喜欢独立做事。

四、职业性格探索

人的性格不仅在日常行为中表现出来，而且与职业适应性有着密切的关系。经常听到有人说，“我性格急躁，不适合当老师”“他性格外向，适合做推销”等，其实讲的就是性格与职业的关系。

1.1.4 材料 MBTI 职业性格测评报告案例

心理学家认为，性格特征与职业适应性有着密切的关系。无论哪种职业都会对性格提出特定的要求，要适合这一职业就必须具备这一职业要求的性格特征。某种性格会更适合从事某种职业，同时，不同的职业对人有不同的性格要求。如果一个人的性格特征与所从事的职业很符合，就可能在事业上获得成功；反之，则会妨碍事业成功，甚至可能影响心理健康。所以，求职时不仅要考虑自己的职业兴趣，还要考虑自己的职业性格，从而根据自己的特点选择最适合的职业。

目前,MBTI职业性格测评是世界上影响最大且得到普遍认可的有关性格类型测评的量表之一。MBTI职业性格测评由美国心理学家凯瑟琳·布里格斯和她的心理学家女儿伊莎贝尔·迈尔斯经长期观察和研究而提出。该理论通过了解人们在做事、获取信息、决策等方面的兴趣,从四个维度对人进行分析,其中两两组合,构成了16种人格类型。大部分人在20岁以后会形成稳定的MBTI人格,之后将很难改变。MBTI人格会随着年龄的增加、经验的丰富逐步发展完善。MBTI中任意类型的人均有相应的优点和缺点,并且有适合自己的工作环境和岗位。使用MBTI进行职业选择的关键,在于如何将个人的性格特点与职业特点进行结合。

MBTI的每个维度有两个方面,共计八个方面,如下所述:

你与世界的相互作用是怎样的——外向(extraversion,E)和内向(introversion,I);

你自然留意的信息类型——感觉(sensing,S)和直觉(intuition,N);

你如何做决定——思考(thinking,T)和情感(feeling,F);

你的做事方式——判断(judgement,J)和感知(perception,P)。

四个维度,两两组合,形成16种类型。以各个维度的字母表示类型,如下所述:

ESFP　ISFP　ENFJ　INFJ

ESTP　ISTP　ENFP　INFP

ESFJ　ISFJ　ENTP　INTP

ESTJ　ISTJ　ENTJ　INTJ

1. 个性第一层:外向型—内向型

个性类型的第一个层面与人们和周围世界的互动有关,并解释能量释放到何处,如表1-1-3所示。

表1-1-3　E—I

E 外向型的人	I 内向型的人
与他人在一起感到振奋	独自一人时感到兴奋
希望能成为注意的焦点	避免成为注意的焦点
先行动,再思考	先思考,再行动
喜欢边想边说出声,易于被了解,愿与人共享	个人信息注重隐私,只与少数人共享信息
说的比听的多	听的比说的多
热情地交流,精神抖擞	不把热情表现出来,显得矜持
反应迅速,喜欢快节奏	思考后再反应,喜欢慢节奏
较之精深更喜欢广博	较之广博更喜欢精深

2. 个性第二层:感觉型—直觉型

个性类型的第二个层面与人们平时注意的信息有关,有些人注重事实,有些人则注重愿望,如表1-1-4所示。

表 1-1-4 S—N

S 感觉型的人	N 直觉型的人
相信并确定有形的事物，相信看到的、听到的	相信灵感和推理，相信“第六感”（直觉）
喜欢具有实际意义的主意	喜欢新主意和新概念
崇尚现实主义与常识	崇尚想象力和新事物
喜欢运用和琢磨已有的技能	喜欢学习新技能，但掌握之后容易厌倦
留心特殊的和具体的，喜欢细节	留心普遍的和有象征性的，使用隐喻和类比
循序渐进地给出信息	跳跃式地以一种绕圈的方式给出信息
着眼于现在	着眼于将来
只相信可以测量、能够记录下来的	相信字面之外的信息

3. 个性第三层：思考型—情感型

个性类型的第三个层面涉及人们做决定和下结论的方式，如表 1-1-5 所示。

表 1-1-5 T—F

T 思考型的人	F 情感型的人
后退一步，客观分析问题	向前看，关心行动给他人带来的影响
崇尚逻辑、公正和公平，有统一的标准	注重情感与和睦，看到规则的例外性
下意识地发现缺点，有吹毛求疵的倾向	下意识地想让别人快乐，易于理解别人
可能被视为无情、麻木、漠不关心	可能被视为过于感情化、无逻辑、脆弱
认为诚实比机敏更重要	认为诚实与机敏同样重要
认为合乎逻辑的感情才是正确的	认为所有感情都是正确的，无论是否有意义
受获得成就的欲望的驱使	受被人理解的愿望的驱使
按逻辑做决定	按爱好和感受做决定

4. 个性第四层：判断型—感知型

个性类型的第四个层面涉及一个人是愿意有条理地生活还是随意地生活，如表 1-1-6 所示。

表 1-1-6 J—P

J 判断型的人	P 感知型的人
做完决定后感到快乐	因保留选择的余地而快乐
具有“工作原则”：先工作再玩（有时间的话）	具有“玩的原则”：先玩再工作（有时间的话）
确立目标并按时完成任务	当有新的情况时便改变目标

续 表

J 判断型的人	P 感知型的人
想知道自己的处境	喜欢适应新环境
注重过程	注重结果
通过完成任务获得满足	通过入手新事物而获得满足
把时间看成有限的资源，认真对待时间	把时间看成无限的资源，认为时间期限是活的
重条理性、计划性	重机动性、自由变通

每个人的性格都落足于四个维度中点的一侧或另一侧，人们把每个维度的两端称为“偏好”。例如，你落在外向的一侧，那么就可以说你具有外向的偏好；落在内向的一侧，那么就可以说你具有内向的偏好。

五、职业能力分析

职业能力不是从事某项工作所需要的具体技能，而是从事某项工作所需要的一般能力和基础素质，包括逻辑思维能力、人际交往能力等。在选择一项职业时，不仅要考虑自己喜欢什么、适合什么，还要考虑自己是否具有从事这项职业的潜力和素质，即职业能力。了解自己在哪一方面的能力更为突出，将有助于求职。

职业能力测评由一般能力倾向测评延伸而来，包括言语理解能力、逻辑推理能力、创造力、人际交往能力等几项与职业发展息息相关的能力测评。该测评分别对测评者的读、听、想、思考创新、沟通交流等能力进行了考察，使测评者对自己在这几方面的能力和素质有更明确的了解，从而更好地进行职业定位。

最常用的测评是龚耀先于1981年修订的韦克斯勒成人智力量表(WAIS-RC)，包含言语量表和操作量表两部分，适用于大学生入学前的专业选择或就业前的就业辅导。

职业测评

1. 价值观测评

1.1.5材料 价值观测评

2. 职业兴趣测评

1.1.6材料 霍兰德职业兴趣测评

3. 职业性格测评

1.1.7材料 MBTI职业性格测评

4. 职业能力测评

1.1.8材料 职业能力倾向测评

拓展训练

参考职业测评部分的4个测评，完成以下内容。

1. 参照价值观测评结果，列出你最重要的5个职业价值：

①____________；②____________；③____________；④____________；

⑤____________。

确定5个最能反映你职业价值的职业：

①____________；②____________；③____________；④____________；

⑤____________。

确定5个最不能反映你职业价值的职业：

①____________；②____________；③____________；④____________；

⑤____________。

2. 参照职业兴趣测评结果，列出霍兰德职业兴趣测评中你的前3个兴趣：

①____________；②____________；③____________。

从你的类型中选出3个最感兴趣的专业：

①____________；②____________；③____________。

从你的类型中选出3个最感兴趣的职业：

①____________；②____________；③____________。

3. 参照职业性格测评结果，列出可以最恰当地描述你的性格类型的四个词：

①____________；②____________；③____________；④____________。

从你的性格类型中选出3个最适合的职业：

①____________；②____________；③____________。

4. 参照职业能力测评结果，列出你最强的4个方面的能力：

①____________；②____________；③____________；④____________。

列出在你未来的职业生涯中最可能被用到的能力：

____

上述哪些能力需要进一步拓展？怎样拓展这些能力？

____

____

5. 用360度评估法完成父母家人、老师领导、同学朋友及其他社会关系对你的评估。

6. 参考SWOT分析案例完成自身的SWOT分析。

7. 完成“职业生涯规划书”的第一部分：“认识自我”。

案例分析

1. 他们的选择对吗

1.1.9材料 他们的选择对吗

2. 兴趣决定人生

1.1.10材料 兴趣改变人生

3. 人职匹配二三事

1.1.11材料 人职匹配二三事

4. 奥托·瓦拉赫的故事

1.1.12材料 奥托·瓦拉赫的故事

思考讨论

1. 当你的兴趣爱好与你的专业所对应的职业不一致时，你该怎么办？

2. 现有两份工作供你选择：一份工作工资高，但在远离你家的另一个城市；另一份工作离家近，但是工资低。你会选择哪一个？为什么？这个选择与你前期测得的职业价值观一致吗？

第二节 认识社会

认识社会是大学生职业生涯规划过程中必须了解的环节。大学生只有将认识自我过程中的对自己职业价值观、职业兴趣、职业性格、职业能力的认识与对社会的清晰认识相结合，才能制订出较为切实可行的个人职业生涯规划。

1.2.1视频 认识社会

一、职业环境分析

职业环境可以从宏观、中观、微观三个层次进行分析，如图1-2-1所示。宏观的如对整个社会的政治环境、经济环境、文化环境、人才环境等做出分析；中观的如对行业发展现状和前景、人才结构及需求等做出分析；微观的如对企业概况、企业发展阶段、企业领导人等做出分析，以及对岗位基本要求、岗位晋升通道等做出分析。

图1-2-1 职业环境分析的层次

(一) 职业分类及发展趋势

1. 职业分类

分析职业环境应先从了解职业分类开始，新修订的2015年版《中华人民共和国职业分类大典》把职业分成8个大类，75个中类，434个小类，1481个细类(职业)。8个大类分别是：

(1) 党的机关、国家机关、群众团体和社会组织、企事业单位负责人(包括6个中类、15个小类、23个细类)；

(2) 专业技术人员(包括11个中类、120个小类、451个细类)；

(3) 办事人员和有关人员(包括3个中类、9个小类、25个细类)；

(4) 社会生产服务和生活服务人员(包括15个中类、93个小类、278个细类)；

(5) 农、林、牧、渔业生产及辅助人员(包括6个中类、24个小类、52个细类)；

(6) 生产制造及有关人员(包括32个中类、171个小类、650个细类)；

(7) 军人(包括1个中类、1个小类、1个细类)；

(8) 不便分类的其他从业人员(包括1个中类、1个小类、1个细类)。

1.2.2 材料《中华人民共和国职业分类大典》职业分类一览表

2. 职业发展趋势

科技的高度发展，知识的不断更新，必然引起产业结构的调整。产业结构的调整引起产品结构的调整，而产品结构的调整又引起工作技能、专业知识的调整。这些调整势必使一些职业消失，同时使一些职业产生。据《计算机世界》报道，在每个时代转型或者科技发展改变人们的某种生活状态时，都会出现新的职业，同时也肯定会有一些旧职业被市场淘汰出局。曾有未来学家预计，人类职业将面临每15年更换20%的严峻局面。

1.2.3 材料 未来10年有重大发展潜力的领域

早在2002年，国家劳动与社会保障部有关人士就曾透露过，我国消失的旧职业已达3000个。2015年版的《中华人民共和国职业分类大典》与1999年版相比，减少547个职业(新增347个职业，取消894个职业)。在这些职业中，有自然消失的，有改头换面的，还有被新职业取代的。消失的职业包括抄写员、票证管理员、粮店售货员等。毫无疑问，一些职业的消失，是社会发展的必然结果，因为今天的生活已经不需要这些职业。有的职业因称呼的改变而有了新内涵，如“理发员”改称“美发师”，“炊事员”改称“烹调师”“营养配餐员”，“保姆”改称“家政服务员”，等等。

1.2.4 材料 21世纪中国社会的主导职业

1.2.5 材料 21世纪中国最有发展前景的行业

职业的兴替反映了社会的变迁，职业的沉浮体现了科技的发展，对此人们必须高度重视。著名科学家周光召院士曾说过，随着知识经济的发展，知识将取代权力和资本，成为最重要的经济力量。以知识为基础的产业在国民产业结构中将占据十分重要的地位，同时也需要大量的专业技术人才。有专家对我国科学技术的发展进行了分析和预测：随着经济、社会、文化和科学技术的发展，我国的产业结构将发生根本性的变化，未来有较大发展潜力的行业主要有电子技术、生物工程、航天技术、海洋开发与利用、新能源、新材料、信息技术、机电一体化、农业科技、环境保护技术、生物工程研究与开发、工商与国际经贸、法律等。

（二）社会环境分析

社会环境分析是从宏观的角度对整个社会的政治环境、经济环境、文化环境、人才环境等做出分析。以下是基于职业定位为基金经理的社会环境分析的案例，供大家参阅。

基金经理社会环境分析

1. 政治环境分析

党的十八大报告指出："全面把握机遇，沉着应对挑战，赢得主动，赢得优势，赢得未来，确保到二〇二〇年实现全面建成小康社会宏伟目标。……实现国内生产总值和城乡居民人均收入比二〇一〇年翻一番。"这说明党和国家对未来的经济增长信心十足，提出人均收入也要翻番，这就是国民收入倍增计划，是真正的藏富于民。国民口袋里的钱越多，投资理财的需求越旺盛，那么基金经理这个职位肯定是供不应求的。

2. 经济环境分析

改革开放以来，我国国民经济保持了高速增长，创造了世界经济史上的奇迹，开创了现代化建设的新局面。从1978年到2010年，国内生产总值由3645亿元增长到39.8万亿元，增长了100多倍，年均增长率达10%，是同期全球经济年均增长率的3倍多，经济总量跃升到世界第二位；人均国民收入超过4000美元，跨入中等收入国家行列，国家实力和经济社会调控能力显著增强。

3. 投资需求环境分析

中国证券登记结算有限公司2013年3月5日公布的数据显示，此前一周，沪深两个交易所新增基金开户数为14.24万户，创2008年2月1日以来的新高。对此，有基金人士表示，基金新增开户数量大增的主要原因是投资者有理财需求。随着经济发展，人民收入不断提高，人们的理财观念开始转变。我父母及周围的亲戚朋友就很好地印证了这点，从定期储蓄、国债和投资房产，到开始试水基金、黄金、股票等高风险、高回报的投资方式。这说明，人们的投资意识已经开始觉醒，在经济大潮中的人们，迫切需要为自己的财富保值、增值。

（三）行业环境分析

行业环境分析是从中观的角度对行业发展现状和前景、人才结构及需求等做出分析。以下是对基金行业现状和发展前景进行分析的案例，供大家参阅。

基金经理行业环境分析

1. 基金简介

基金是一种利益共享、风险共担的集合证券投资方式，即通过公开发售基金份额募集资金，由基金托管人托管，由基金管理人管理和运用资金，从事股票和债券等金融工具的投资，并将投资收益按基金投资者的投资比例进行投资分配的一种间接投资方式。其本质内涵是按照信托契约或者股份公司的要求，通过发行收益凭证或公司股份的方式，将社会上的闲散资金集中起来，委托给专门的投资机构按基金目标及组合投资原理进行分散投资，获得的收益由投资者按投资比例分享并承担相应风险的一种集合投资制度。

2. 国内外基金业发展现状及前景

2012年，经过14年的发展，中国证券投资基金业达到了万亿级资产规模，但无论是和中国的国民经济、资本市场和储蓄或货币供应量相比，还是和发达国家抑或领先的新兴金砖国家相比，都还有很大的差距，这更加表现出中国巨大的发展潜力。衡量一个国家基金业的发展水平，基金占GDP比例指标比绝对金额指标更有说服力。从这一指标来看，中国基金业的发展水平和领先的发达市场国家或新兴市场国家相比，还有巨大差距，如表1-2-1所示。

表1-2-1 主要经济体基金规模占GDP比例

国家	基金净值(亿美元)	GDP(亿美元)	基金占GDP比例(%)
中国	3390.37	72981.47	4.65
德国	2930.11	35770.31	8.19
日本	7453.83	58694.71	12.70
南非	1249.76	4080.74	30.63
英国	8165.37	24175.7	33.78
巴西	9978.91	24929.08	40.03
加拿大	7536.06	17368.69	43.39
法国	13820.68	27763.24	49.78
美国	116215.95	150940.3	76.99
澳大利亚	14401.28	14882.21	96.77

注:统计数据来自于美国投资公司协会和国际货币基金组织,2011年年底或年度数据。

基金业要发展，除国民经济发展基础之外，还需要有金融市场特别是股市为依托，在偏股基金占股市总值的比例上，中国是主要统计国家中最低的，如表1-2-2所示。

表1-2-2 主要经济体偏股基金规模占股市总值比例

国家	股票基金(亿美元)	混合基金(亿美元)	偏股基金(亿美元)	股市总值(亿美元)	偏股基金占股市比例(%)
中国	1825.64	824.7	2650.34	33980.712	7.80
南非	295.78	384.35	680.13	4456.893	15.26
日本	6080.09		6080.09	35020.98	17.36
英国	4860.36	776.9	5637.26	30339.62	18.58
巴西	891.78	2175.09	3066.87	11945.82	25.67
加拿大	2579.32	3315.06	5894.38	18936.12	31.13
美国	52051.08	8387	60438.08	150060.18	40.28
法国	3613.23	3058.17	6671.4	14123.73	47.24

续 表

国家	股票基金（亿美元）	混合基金（亿美元）	偏股基金（亿美元）	股市总值（亿美元）	偏股基金占股市比例（%）
澳大利亚	5725.32		5725.32	11853.81	48.30

注:统计数据来自于国海富兰克林基金会,2011年年底数据。

（四）岗位环境分析

岗位环境分析是从微观的角度对企业概况、企业发展阶段、企业领导人以及岗位基本要求、岗位晋升通路等做出分析。以下是对基金经理岗位的就业形势、基本描述、晋升通道、岗位基本要求及待遇进行分析的案例,供大家参阅。

基金经理岗位环境分析

1. 就业形势

金融英才网的数据显示,从需求行业分布情况来看,证券基金业2009年上半年人才需求同比增长了200%。与此同时,业内人才供需缺口也进一步拉大,供需比已经达到1:12。

2. 基本描述

每种基金均由一个经理或一组经理负责决定该基金的组合和投资策略。投资组合是按照基金说明书的投资目标去选择,然后由该基金经理的投资策略决定。具体工作内容如下:

（1）根据投资决策委员会的投资战略,在研究部门研究报告的支持下,结合对证券市场、上市公司、投资时机的分析,拟定所管理基金的具体投资计划,包括资产配置、行业配置、重仓个股投资方案等。

（2）根据基金契约规定向研究发展部提出研究需求。

（3）走访上市公司,进行进一步的调研,对股票基本面进行深入分析。

（4）构建投资组合,并可在授权范围内自主决策;不能自主决策的,要上报投资负责人和投资决策委员会,经批准后再向中央交易室交易员下达交易指令。

3. 晋升通道

岗位晋升通道如图1-2-2所示。

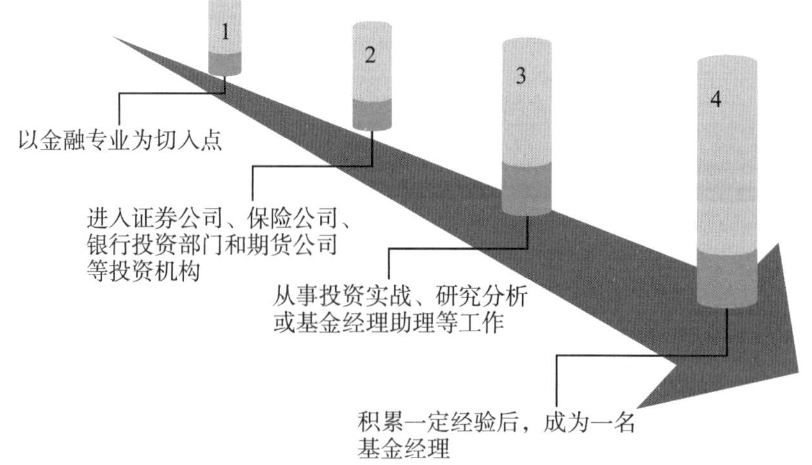

图1-2-2 岗位晋升通道

4. 基本要求

（1）知识要求：基金经理一般要求具有金融相关专业硕士以上教育背景，具备良好的数学基础和扎实的经济学理论功底；如有海外留学经历或获得CFA证书，则将更具竞争力。

（2）技能要求：基金经理需要有很强的数据分析和投资预测能力，能够在各式各样的投资项目中做出最具有升值空间和潜力的投资组合；还要有极强的风险控制能力和压力承受能力。

（3）职业素养：基金经理要具有战略性思维，对市场变化的敏锐性，以及国际化的眼光，具备良好的职业道德。

（4）经验要求：基金经理通常要求具有较长的证券从业经验，尤其具有投资方面的实战经验，这被视为出任基金经理的重要条件。

5. 待遇

中国的基金管理公司普遍实行的是固定工资加奖金的薪资制度，包括一些隐性福利。基金经理的酬劳是根据一定比率从其所管理的基金的管理费中计提，一般年薪为30万元到100万元，有些可达200万元到400万元，甚至上千万元。这样的计提方式可以使基金管理人和基金经理的利益取得一致，实际上是一种收益分成制报酬模式，使基金经理考虑如何提高基金管理费，进而提高基金管理人的收入。这对基金管理人是有利的，可在一定程度上消除基金经理的代理风险。

（五）学校环境分析及家庭环境分析

在上述职业环境分析的基础上，再加上学校环境分析如学校特色、专业学习、实践经验等，家庭环境分析如经济状况、家人期望、家族文化等以及对本人的影响，组成职业环境分析的7个维度，如图1-2-4所示。

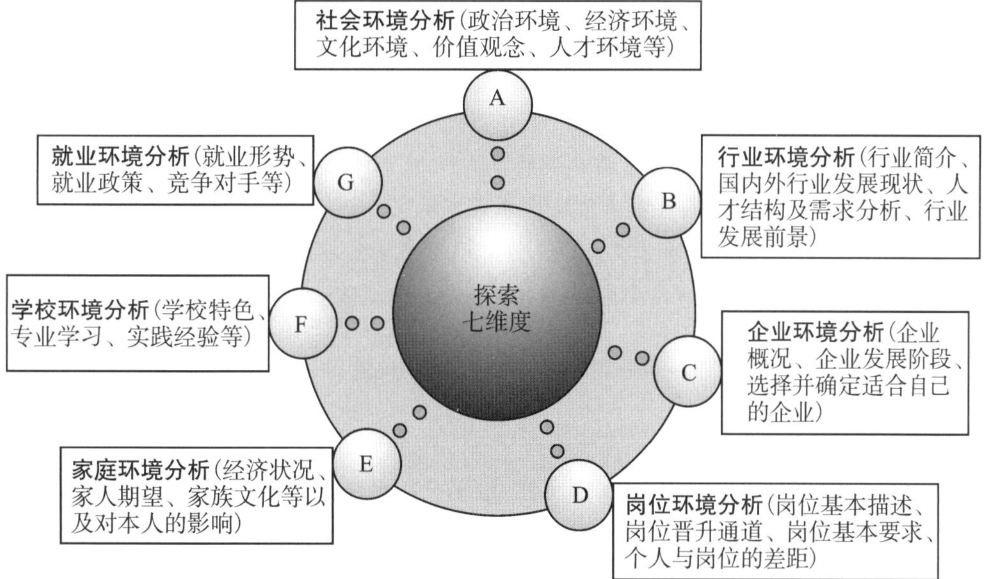

图1-2-3 职业环境分析7个维度

以下是学校环境分析及家庭环境分析案例，供大家参考。

学校环境分析例1

2006年，×大学就提出“激发学生创业基因，培养创新型人才”的创业教育工作思路，先后出台《×大学学生科技创业专项资金管理办法》《×大学华夏创业基金奖励方法》等一系列政策措施，基本形成了政策、资金、技术、心理等几方面的辅助机制。

2010年，×大学形成了由创业教育、创业实践、创业竞赛和创业研究组成的创业指导工作管理体系，根据大学生创业能力培养的不同层次和要求，整合校内资源，提供创业实践平台。4年时间里，学校有超过2000名大学生通过各类创业大赛找到创业出口，走上创业之路。

“×网络公司获千万风投”这一新闻一度引起了许多人的关注。2007年，×大学学生×××毕业时就已经成立了“×网络科技有限公司”。2009年，公司更是获得了1000万元国外风险投资，随后改名并入驻×区创业园。目前，该公司已成为久游网、第九城市、盛大等公司在×地区的首选合作伙伴。

这位学长的成功实践，成为我创业路上的目标和激励，相信在如此有利的市场大环境下，我的创业之路一定会充满机遇。

同时，学校给我们创业团队提供了非常好的办公环境，专门的办公大楼，硬件、软件设施齐全，并且提供各项优惠措施和条件，为我们的创业之路打下基础。

学校环境分析例2

1. 学校介绍

×职业技术学院于2003年3月经浙江省人民政府批准设置而成。其前身创建于1992年，是浙江省最早开展全日制高等职业技术教育的机构，曾被原浙江省教委确定为省职业技术教育师资培训基地。学校有10个二级学院，设有30个高职专科专业，其中有省市特色和重点建设专业7个，校级重点专业16个，有学生近万人。学校以国内外先进的办学理念为引导，积极探索富有特色的高职教育之路，着力培养高素质技术技能应用型人才。学校从企业用人第一需求出发，倡导和实践“责任文化”，把学生职业素质的养成作为人才培养的第一目标，全面推行学生职业素质养成教育工程，不断提升人才培养质量。2010年、2012年两次荣获教育部全国高校校园文化建设优秀成果奖。2014年，作为第一案例入选《2014中国高等职业教育质量年度报告》。2015届专科毕业生就业率达96.5%，职教师资本科毕业生就业率达97.1%，办学特色和人才培养质量受到社会认可。2015年，学校教学工作及业绩考核居全省高职院校第16位，2013—2015年学校国际化总体水平在全省高职高专院校中分别位于第二名、第三名和第一名，获“全国职业院校魅力校园”称号。学校呈现良好的发展态势。

2. 学院环境

信息与智能工程学院确立“来源于产业、根植于产业、服务于产业”的教育理念，以市场需求为导向，紧密结合产业需求，培养具有创新精神、创业勇气、创造能力的“懂专业、精技能、高素质”的高端技能型人才。学院设有计算机应用技术、计算机网络技术、应用电子技术、建筑智能化工程技术、机电一体化(轨道交通方向)、汽车检测与维修技术、汽车营销与服务等7个专业。这些专业接轨市场、服务社会，毕业生具有很强的就业竞争力。学院成立"×南部新城服务外包人才培养产学研联盟"，与相关企业合作培养软件服务外包人才，与×市轨道交通集团有限公司合作，进行城市轨道交通机电与自动化人才"订单班"委托培养。同时，学院还与省、市40多家优质企业建立了长期的人才培养战略合作关系，这些企业成为学院学生的专业实习实训基地，为教学中的实习实训提供了有力保证。

3. 专业优势

学校汽车相关专业近两年来专业建设步伐迅猛，目前有专任教师7人（其中副教授4人），外聘教师4人，学校投资近千万元建设完成汽车实训基地，包括10个专业实训室和1个校内生产实训基地（与宁波×集团合作），汽车实训楼已落成。

学校与中德×教育投资有限公司合作，成立中德×汽车人才培养基地，引入国际领先的汽车服务与维修工程师教育培训体系，采用学历教育和国际权威汽车服务与维修工程师培训体系相结合的模式，着力培养高素质技术技能型的汽车职业技术人才，培养的学生将获得德国手工业协会认证的资格证书。中德×高技能汽车人才合作培养项目的毕业生受到宝马、奔驰、奥迪等在华德资汽车企业的热烈欢迎和高度肯定。

学校与地方汽车服务龙头企业×集团紧密合作，建设校内生产性汽车实训基地，建立现代学徒制班。该班30名学生每6人分为一组，与×集团选派的优秀技术骨干进行双向选择，并签订协议正式确定"师徒"关系。按协议内容，"师傅"带领"徒弟"在4S店开展一线教学实习，为他们提供技术培训，解决他们在参与项目过程中遇到的技术问题。这种"师徒"关系一经确立，将一直延续至学生毕业，期间学生在企业边学习边工作。×集团规范严格的管理制度、员工精湛的维修技术使学生加深了对所学专业和所需技能的认识，培养了他们的实际动手能力和综合职业素养，使学生毕业后即能上手作业，实现"零距离"就业。

家庭环境分析案例

1. 家庭经济状况及我对家庭的经济贡献

我是×市人，父母长年经商。我家并不是特别富裕，但足以承担我去国外求学的费用。初二时我建议父母投资黄金，但没被采纳，黄金走出一波牛市，从2005年2月的400美元/盎司左右到2011年高点的1900美元/盎司左右，涨幅近4倍；2010年时建议父母投资白银，父母鉴于上次教训，将信将疑买了一些白银，从2010年6月份买入时大约19美元/盎司到2011年5月份触及高点49美元/盎司。

2. 家人期望

母亲曾经是一名教师，从小家教严格，加之家族文化氛围较好，对我一直有着很高的期望，希望我成为一个对社会有用的人。父母思想开明，只要我做有意义的事情，都会给予最大的支持。

3. 家人影响

由于从小受母亲良好的理财投资观念的熏陶，在潜移默化中我对钱财的处理能力要比同龄人成熟得早些。小学时期我就拥有自己的存折及银行卡，初中时就能对自己的钱财进行合理规划，高中就开始为家里的理财出谋划策，大学便开始自己真正的投资生涯。

二、企业调研

一个人是否适合自己选择的企业，是否能在岗位上有出色的表现，首先取决于这个人对企业性质是否了解。企业是经济组织，更明确地说是营利性组织。追求经济利益是一切企业性组织的永恒特质，失去这一特质，企业就失去了存在的理由。认识企业的基本性质，了解企业的成立时间、员工人数、负责人、资本额、营业额、关系企业、企业领导人特征、企业发展趋势等要素，明确企业文化与用人标准，是一个人成功就业的关键一步。以下提纲供大家进行企业调研时参考。

（1）企业的成立时间、员工人数、负责人、资本额、营业额、关系企业是什么？

（2）企业最看重员工的哪些素质？

（3）企业招聘员工时挑选的依据是什么？

（4）什么样的员工在企业中最有发展前途？

（5）你认为成功人士必须具备哪些素质？

（6）当前大学生在哪些方面最需要提高？

三、生涯人物访谈

生涯人物访谈，是通过与一定数量的职场人士（通常是自己感兴趣的职业从业者）会谈而获取关于一个行业、职业和单位“内部”信息的一种职业探索活动。通过访谈，了解该职业岗位的实际工作情况，获取相关职业领域的信息，进而判断自己是否真的对该工作感兴趣，实际上是一次间接、快速的职业体验。

1.2.6材料 生涯人物访谈案例

这项活动对于没有工作经验和社会阅历的大学生来说，是了解职业的一个比较好的方法。

（一）访谈目的

生涯人物访谈是大学生职业选择和职业定向的一个自助平台，是在校期间进行职业生涯规划的一个环节，是一种获取职业信息的有效渠道，其目的在于使学生了解和认识社会需求、职业需求、职业环境、职业基本状况等，帮助求职者（尤其是在校大学生）检验和印证之前通过其他渠道获得的信息，并了解与未来工作有关的特殊问题或需要，如潜在的入职标准、核心素质要求、晋升路径、工作者的内心感受等。通过生涯人物访谈，大学生还能正确认识自己的优势和劣势，从而制订更加合理的大学学习、生活计划。

（二）操作流程

（1）认识和了解自己。可以借助一定的工具加强对自己的了解和认识。例如，可以通过霍兰德职业倾向测评、职业能力测评表、职业价值观测评表或测评软件，分析自己的兴趣、性格、技能、工作价值观等。

(2) 寻找适合的生涯人物。结合自己的兴趣、技能、工作价值观、教育背景和已掌握的职业知识列出未来可能从事的几个职业,然后在每个职业领域中寻找三位以上的在职人士作为生涯人物。生涯人物可以是自己的亲人、老师和朋友,也可以是他们推荐的其他人,还可以借助行业协会、大型同学会或某个具体组织的网页寻找其他职场人士。

(3) 拟定访谈提纲。结合目标职业信息,设计访谈问题。其中,围绕生涯人物进行访谈的要点包括单位名称,职业(职位),工作的性质类型、主要内容、地点、时间,任职资格,所需技能,市场前景,行业相关信息,工作环境,工作强度,福利薪酬,工作感受,员工满意度等。

(4) 预约并实地采访。预约方式有电话、QQ、电子邮件、普通信件等,其中电话最好。预约时首先要介绍自己,然后说明找到他的途径、自己的采访目的、感兴趣的工作类型以及进行采访所需要的时间(通常30分钟左右),最后确认采访的日期、时间和地点。

1.2.7材料 生涯人物访谈提纲

访谈方式可以是面谈、电话访谈、QQ访谈,其中面谈最好。面谈开始时,采访者一般可以通过从其他渠道了解到的生涯人物的信息轻松地打开话题,之后就可以按设计好的问题进行访谈。当对方谈兴浓烈时,采访者要乐于倾听,并适当提问以获取其他相关信息。在访谈结束时,请对方再给自己推荐其他相关的生涯人物,这样就可以通过滚雪球的方式拓展自己的职业认知领域。

(5) 访谈结果分析。在一个职业领域采访三个以上的生涯人物后,用职业信息加工的方法来分析:首先,对照之前自己对该职业的认识,找出主观认识与客观现实之间的偏差,确定自己是否适合该行业、职业,是否具备所需能力、知识与品质;然后,形成书面总结报告;最后,详细制订大学期间的自我培养计划。如果访谈结果与自己之前的认识出现严重脱节,就有必要进入另一个职业领域并开展新一轮生涯人物访谈。

(三) 注意事项

(1) 访谈前要做好充分准备。

(2) 访谈中要注意着装和仪表,态度要和蔼、大方;要文明礼貌,措辞得体。

(3) 尊重被采访者,注意保护他们的信息安全和个人隐私。

(4) 认真对待,真正通过访谈达到探索职业的目的,为个人的职业定向和职业选择做准备。

四、参加招聘会

可以肯定,未来职业对工作人员的素质要求会越来越高,人才市场更加需要"一专多能""复合型""创业型""应用型"人才。因此,当代大学生学好一门甚至多门专业知识和技能,全面提升自己的文化素质,将是在未来职场竞争中取胜的法宝。参加招聘会可以帮助大学生了解自己的专业对应的职业以及需要掌握的职业知识、技能、素质等。

以下是参加招聘会时建议了解关注的信息:

招聘会的基本信息,如招聘会的名称、时间、地点和参加人员等信息;在招聘会中你所看到的与本人所学专业对应的岗位有哪些；目标岗位对专业技能的要求有哪些；岗位的共性要求有哪些；你心目中想从事岗位的要求总结。

拓展训练

1. 请自行调研某企业，并完成下面的实践操作。

调查企业：________　调查对象：________　时间：________　地点：________

（1）企业的成立时间、员工人数、负责人、资本额、营业额、关系企业是什么？

（2）企业最看重员工的哪些素质？

（3）企业招聘员工时挑选的依据是什么？

（4）什么样的员工在企业中最有发展前途？

（5）你认为成功人士必须具备哪些素质？

（6）当前大学生在哪些方面最需要提高？

2. 参考生涯人物访谈提纲和访谈案例完成一份生涯人物访谈。

3. 请就近参加一次人才招聘会，完成以下内容。

（1）招聘会的基本信息。

招聘会名称：________　时间：________　地点：________　参加人员：________

（2）你的专业所对应的岗位。

____

（3）岗位对专业技能的要求。

____

（4）岗位的共性要求。

____

（5）你心目中想从事岗位的要求。

____

（6）结论。

____

4. 在确定目标岗位后，选择其一，按照如下示例，从“职能定义”“工作职责”“薪酬待遇、职业发展等行情”“专业、技能及素质要求”“求职小贴士”等方面完成一份职业分析报告。

电子电器维修员职业分析报告

【岗位名称】

电子电器维修员。

【职能定义】

电子电器维修员是指使用测量仪器、仪表和工具，对电子电器设备进行监测、调试和维护修理的人员。

【工作职责】

使用测试设备和仪器、仪表分析故障部位。

根据需要修理的程度和更换的零部件，确定修理价格和修理期限。

使用工具修理、更换坏损的零部件。

使用检测设备和仪器、仪表对维修后的产品进行检测，看是否能正常运行。

交件并解答用户的问题。

【薪酬待遇、职业发展等行情】

电子电器维修员相关职位的薪酬待遇如表1-2-3所示。

表1-2-3 岗位相关职位及对应薪酬

岗位相关职位	一般月薪水平(元)
机械维修员(全国)	4000～16000
电子维修员(全国)	3000～8000
家电维修员(全国)	5000～16000
电器维修员(全国)	5000～20000
设备维修员(全国)	5000～12000

电子信息产业是一项新兴高科技产业，被称为朝阳产业。目前，信息技术支持人才中的排除技术故障，设备和用产服务，硬件、软件安装及配置更新和系统操作，监视与维修等四类人才最为短缺。目前国内虽然拥有一定数目的专业维修人员，但是有些维修人员的某些技能或者素质并没有达到要求。维修员一般需要进入车间或用户单位进行设备的修理，因此工作地点相对不固定，同时具有一定的危险性。

【专业、技能及素质要求】

机电一体化、机械、电工、电子或光学等相关专业毕业，大专以上学历，有维修理论基础。需持有相关电工人员操作上岗证明，对一般常见的电子、电器设备的性能、构造及一些基本操作比较熟悉，动手能力强，应变能力强。有两年以上相关工作经验，能够熟练使用各种检测工具，能够较快找出机器的常见故障，对于不太常见的故障具有一定的排查能力。身体健康，吃苦耐劳，肯积极主动学习，稳重踏实，有恒心，接受能力强，富有团队合作精神。

【求职小贴士】

电子电器类维修人员的一种选择是进入某些专业维修公司工作，需要经常在外面奔波；另一种选择是进入使用设备的单位工作，优势是工作地点比较固定，劣势是压力相对大一些。一般使用某种设备超过一定数目的公司都会配备相应的维修人员。

案例分析

1. 名企用人窥探

1.2.8材料 名企用人窥探

2. 一家公司的招聘信息

1.2.9材料 一家公司的招聘信息

思考讨论

1. 跟你专业对应的职业目前行业发展趋势如何?
2. 在你所在的城市,和你的专业对口的企业有哪些?这些企业的发展情况及趋势如何?

第三节　职业生涯规划

1.3.1视频 职业生涯规划

一、职业定向

在探索职业定向之前我们先来看以下四则案例。

案例1:"上大学两年多了,最难受的是,总不知道自己到底应该学些什么好。每天就像行尸走肉般到教室听课,下课后吃饭,然后再听课,接着就是休息、娱乐和睡觉。好像在盼着考试,这似乎成了我的学习目标。但真正考完了,却感到更加迷茫。我不止一次问自己:我到底为了什么而进入大学学习?家里人总是说,到毕业的时候就知道了。眼看着就要毕业了,可我还是不知道!烦死了!"小张烦恼地说。

案例2:"我自己本身是文科类法学专业毕业的,但却阴差阳错地进入房地产行业。我在某大型商业地产项目部从事采购、招投标管理及造价方面的工作。由于不是该专业出身,所谓'隔行如隔山',我对前途极其迷惘。据一些朋友说,像我这种情况可以考虑考在职的建筑经济方向的研究生,然后再考注册造价师,这样才有助于长远发展。前面的路还很长,我不知道这样走是否真的正确,代价如何。还望老师不吝赐教。"小松迷茫地说。

案例3:小王自毕业后频繁地跳槽,一年内已经换了五家公司,在同一家公司的工作时间最长没有超过两个月的。跳槽的原因五花八门,要么嫌工资太低,要么嫌公司提供的办公条件或住宿环境不好,要么嫌工作太累。他不知道自己该往哪个方向发展,就打算跟着感觉走。

案例4:美国有一个叫威廉·乔治的人,他这样设计自己的职业生涯:进入大学学习设计与管理→进入政府部门锻炼人际交往能力→进小公司寻找实践机会→成为大企业的最高主管。他进入政府部门后被提拔到美国海军总司令特别助理的位置,但了解自己的乔治毅然辞去这个职位而进入一家小公司。到30岁那年,他便实现了自己的目标,成了一家著名公司的总裁。

上述前三个案例的主人公都是典型的因为缺乏人生目标而迷茫无措,三个人都无明确的职业定向,对自己的职业生涯也缺少规划,这样往往会影响职业生涯发展。而威廉·乔治因为职业定向明确,职业生涯规划思路清晰,最终获得了成功。要想自己的求职方向明确、职业生涯可持续发展、人生幸福,那么必须要从明确自己的职业定向开始。

我们不妨从画一棵职业生涯之树开始探索自己的职业定向。

第一步,如果把你的职业生涯比喻为一棵树,那么请把这棵职业生涯之树画到一张白纸上。注意,你要画的这棵完整的树,不是目前的状况,而是职业生涯将来发展的结果或是你希望的结果。

第二步，在树的最顶端写上自己这辈子最想得到的东西。注意，写上去的内容是你这辈子得到后就可以死而无憾的东西。

第三步，假如跟地面接触的部分代表你的第一份工作的话，那么你希望它是一份什么样的工作呢？最好能写出第一份工作的名称。

第四步，假如树干代表你希望的职业生涯发展路径或过程，那么请在树干上用文字把它描写出来。

第五步，没有画树根的同学请把树根补上。假如树根代表着你职业生涯发展所必须具备的基础或条件，那么用文字详细地描述出来。

假如第三步、第四步不能明确确定的话，那么请你回到本章第一节认识自我的内容再进行一次以下的探索：

（1）请确定5个最能反映你职业价值的职业。

（2）参照职业兴趣测评结果，选出5个你最感兴趣的职业。

（3）参照职业性格测评结果，选出5个最适合你性格的职业。

（4）参照职业能力测评结果，列出你擅长的能力最常被用到或最被需要的5个职业。

（5）在上述4步所罗列的职业中，重复出现4次的职业是什么？重复出现3次的职业是什么？重复出现2次的职业是什么？在重复出现的职业中你最愿意选择哪个职业？若在上述4步中没有重复出现的职业，那么在以上罗列的职业中你最愿意选择哪个职业？其次是哪个职业？

（6）最后用一句话说出职业目标定位：从什么行业或什么岗位做起，最终从事什么行业或什么岗位。

这样我们可以初步确定职业定向。有了职业定向，下面就可以开始职业生涯规划之旅了。

假如经过上述步骤后还有多个职业选择，不能确定自己最终选择哪个职业，那么可以根据自身价值取向做一个决策平衡单。决策平衡单是对自身看重的因素做详细的评估，从个人物质方面得失、个人精神方面得失、他人物质方面得失、他人精神方面得失四个方面展开，根据看重程度设置权重（越看重的权重越大），再对每个因素进行赋分（越看重的分值越大），最终每项因素分值与权重的乘积就是这项因素的得分，所有因素得分总和就是该职业的最终得分，总分最高的为最终目标职业。如表1-3-1所示。

表1-3-1　决策平衡单案例

考虑项目		权重	高校辅导员	综合管理类公务员	企业行政管理人员
个人物质方面得失	收入	4	+3(+12)	+3(+12)	+4(+16)
	升迁机会	2	+3(+6)	+4(+8)	+3(+6)
	工作环境的安全	2	+4(+8)	+3(+6)	+3(+6)
	休闲时间	1	+4(+4)	+3(+3)	+3(+3)
	生活变化	2	+3(+6)	+1(+2)	+2(+4)
	对健康的影响	3	+4(+12)	+3(+9)	+3(+9)

续　表

考虑项目		权重	高校辅导员	综合管理类公务员	企业行政管理人员
个人精神方面得失	挑战性	3	+4(+12)	+4(+12)	+3(+9)
	自我实现程度	5	+5(+25)	+3(+15)	+3(+15)
	兴趣满足	5	+5(+25)	+4(+20)	+3(+15)
	社会声望	4	+4(+16)	+5(+20)	+3(+12)
他人物质方面得失	家庭经济	5	+3(+15)	+3(+15)	+4(+20)
	与家人相处的时间	3	+3(+9)	+2(+6)	+2(+6)
	与朋友相处的时间	2	+4(+8)	+2(+4)	+3(+6)
他人精神方面得失	父母的担忧	4	+4(+16)	+3(+12)	+2(+8)
	配偶之间的关系	4	+5(+20)	+3(+12)	+3(+12)
	家庭的期望	3	+4(+12)	+5(+15)	+2(+6)
合计			(+206)	(+171)	(+151)

二、职业生涯规划

宏伟的目标需要分步达成,也就是需要对目标进行分解。

(一) 目标分解

职业生涯目标分解是根据观念、知识、能力差距,将职业生涯的远大目标分解为有时间规定的长、中、短期分目标,直至将目标分解为某确定日期可以采取的具体步骤。目标分解是将目标清晰化、具体化的过程,是将目标量化成为可操作的实施方案的有效手段,帮助我们在现实环境和美好愿望之间建立起可以拾阶而上的通道。

目标分解的方法主要是按性质分解和按时间分解。

职业生涯目标根据性质可分为外职业生涯目标和内职业生涯目标,如图1-3-1所示。

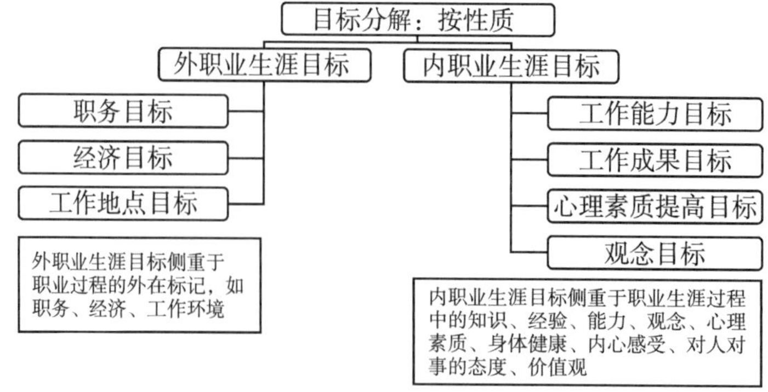

图1-3-1　按性质分解目标

外职业生涯是从事一种职业时的工作时间、工作地点、工作单位、工作内容、工作职务与职称、工资待遇、荣誉称号、工作年龄等因素的组合及其变化过程。内职业生涯则是从事一种职业时的知识、观念、经验、能力、心理素质、身体健康、内心感受等因素的组合及其变化过程。外职业生涯目标是别人给予的，尤其是在职业生涯初期，别人给予的很容易被“夺走”。内职业生涯目标是一个人通过努力获得并掌握的，别人无法从他身上拿走，是自身的无价之宝。一个人在分解组合职业生涯目标时，内、外职业生涯目标要同时进行，内职业生涯目标是应该重点考虑的内容。

职业生涯目标按时间可分解为短期目标、中期目标和长期目标，一般短期目标的时间为一年或两年，中期目标以几年为期限，长期目标则以十几年为期限。

以下是张某的6年生涯规划目标分解，供参考。

时间：2019.5—2022.7。

掌握新知识目标：除了完成MBA要求的学分之外，还要完成与自己发展方向有关的课程学习。

成果目标：通过硕士论文答辩和注册会计师的两门考试。继续提高英语口语水平，能用英语与商务伙伴自如地沟通。编写一本《财务工作手册》，建立新的公司财务管理制度。

能力目标：具有选择筹资方案、估算筹资成本、确定最佳筹资时间的能力；能分析风险、资本结构和税收对筹资决策的影响；具备选择最佳投资时间、核定投资机会成本和预测投资收益的能力；掌握衡量投资决策好坏的标准；具备估计投资风险以及评估投资决策因素的能力；能明确筹资决策与投资决策的关系；具有合理进行利润分配的能力。

职务目标：污水处理厂的财务经理。

经济目标：月薪2万元。

时间：2022.8—2025.7。

能力目标：具有广泛的社会关系和融资渠道，以及优秀的融资能力。

职务目标：控股集团的财务经理。

经济目标：月薪4万元。

在制定目标时要遵循具体明确、可能实现、正面语言、可以衡量、有时间限定等五项原则，如表1-3-2所示。

表1-3-2 目标制定原则

原 则	符合原则的目标	不符合原则的目标
具体明确	能用日语和商务伙伴自如沟通	我想掌握一门外语
可能实现	八年内当上技术主管	五年内当上联合国秘书长
正面语言	能与上级自如沟通，在公开场合能明确表达自己的意见和建议，公开演讲时能有效吸引听众的注意力	我不想说话水平那么差
可以衡量	我想自己能看懂英语合同，用英语参与对外贸易谈判	我想掌握英语
有时间限定	两年内能看懂英文资料	我想自己能看懂英文资料

（二）差距分析

完成第一步目标分解以后，第二步要进行差距分析。

差据分析在于分析自己目前的状况和实现职业生涯目标所需要的知识、观念、能力之间的差距。结合自己的人生目标及社会需求进行分析，客观了解自身目前状况与职业需求和职业生涯目标的差距。

1. 思想观念的差距

思想观念是对人和事的一种价值观，一个人只有思想观念改变了，其相关的行为才会改变。思想观念并不能直接移植到人们的大脑中，而是需要经过学习、理解并反复实践后才能真正树立。想一想，你有没有系统观念？有没有创新观念？

2. 知识上的差距

想一想，你有没有实现目标所需要的专业知识、管理知识、综合知识？

3. 心理素质上的差距

在心理素质上可从以下方面找出差距：

（1）自我觉察水平。对周围事物细微变化的觉察，对环境给自己造成的影响的觉察，对大量有益于自己的事物的觉察，对自己潜力的觉察，对实现目标应付出的时间和努力的觉察。

（2）自我控制能力。能否主动地进行自我控制，能否控制自己的思想、目标和日常行为，是否有个人选择的自由，能否掌握自己的命运。

（3）自我调节能力。能否积极地考虑和发挥自我意识，有没有合理的生活计划、总体目标和明确的任务，能否明确每一天的具体工作并日复一日地努力。

（4）自我修养。自我修养就是思想实践，即思想的锻炼，树立正确的思想观念。请判断自己是否经常更新陈旧思想。

（5）人际交往能力。是否具有赢得别人爱戴和尊重的品质；会不会向奋斗者、探索者及坚韧不拔的人伸出援手，且目的是互相帮助而不是互相利用；对他人是否坦率、友好。

4. 能力上的差距

想一想，你有没有预测能力、学习能力、决策能力、组织能力、沟通能力、适应能力等能力？具体参照表1-3-3。

表1-3-3　常用能力定义表

能力分类	能力要求
预测能力	有预测能力和远见，有制定战略性计划、组织先行工作的能力
学习能力	有根据工作要求主动从书本学习，向他人学习，以及自学的能力
综合能力	有将不同的组成部分综合在一起，以及对其优势进行论证说明的能力
决策能力	有根据不全面的信息进行分析、评价、选择，并做出最终的决策和承担风险的能力
规划能力	有对目标进行论证说明、确定重点，并制定可达目的的行动计划的能力

续 表

能力分类	能力要求
领导能力	有确定目标,激发他人热情的能力;有让人接受一种观点、一种方案或一项行动计划的能力;有进行组织落实,确定检验标准及范围,以及对工作进行追踪的能力
组织能力	有设计一个组织机构,制定目标、工作方法和相关制度,以及组织实施的能力
落实能力	具有正确传达上级指示,核定行动计划,制定具体的落实方案的能力
授权能力	有将一项具体的任务交给其他人完成的能力
参与能力	有主动参与到相关工作中的能力
沟通能力	有说明自己的意见,观察他人的反映,倾听他人的意见并对其进行整理,接受他人的更好建议,协调统一好工作的能力
适应能力	在变化的形势中,面对不同的对手,仍有能把握住方向、创造更大的效益的能力
谈判能力	当身处冲突的形势中时,有论证己方观点,倾听和分析对方观点,并找到协调方法的能力
坚持能力	尽管存在困难和障碍,但仍有落实一项长期计划的能力
激励能力	有在挫折中使自己和他人保持积极性的能力
责任能力	能够全身心地投入落实目标的工作中,以独立的意识面对形势;具有行使权力,独立管理自己工作区,以及对工作结果负责的能力
创新能力	有想出新的解决问题的办法,并在实践中运用的能力
检验能力	有对工作结果进行评价,检验其是否与预期的要求相符,并传达评价,更正或弥补工作结果与目标之间的差距的能力
分析能力	有对一种形势的组成因素进行论证,并分析得出其中的内在关系的能力
情绪控制能力	有接受和管理自身情绪,理解、接纳及影响他人情绪的能力
发现能力	有发现机遇、问题、人才的能力
赏析能力	有欣赏他人的优点和成功,分析问题和原因的能力
开创能力	有开创新局面的能力
策划能力	有产品策划、公共关系策划、活动及会议策划等方面的能力
时间管理能力	有在规定时间内完成既定目标的能力
表达能力	有用文字和口头语言表达自身主张、判断及感受的能力
判断能力	有根据已掌握的信息对事物的发展、结果做出正确判断的估计能力
总结能力	有总结经验教训,改进工作流程的能力

以下是张某的职业差距分析,供参考。

张某的职业差距分析

目前在专业知识水平方面,我还需要加强对国内法律的理解及运用,同时熟悉我国加入世界贸易组织后的新法规条例。此外还有下列问题:

英语表达能力还不够好。

还需要进一步学习经济学知识。

缺乏财务管理知识。

信心不够充足,心理承受能力一般。

不善于与上级沟通,性格过于软弱。

依赖性强,缺乏独立思考的能力。

不会对自己不愿做的事说不。

学习效率及工作效率不太高,时间管理能力不太强。

管理技巧不够好。

人力资源管理方法不够系统。

不善于交际。

(三)行动计划

行动计划就是寻找缩小差距的方法并制定详细的实施方案。制定行动计划可以从教育培训、讨论交流、实践锻炼等方面来达到缩小差距的目的。

如上述案例中张某为缩小与目标的差距,制定了一系列的方案,具体如下,供参考。

1. 接受专业教育与培训

(1) 通过MBA的学习,主要加深对人力资源管理系统知识的理解,学习国际先进的人力资源管理理论及培训方式。

(2) 通过MBA的学习,掌握经济学的基础知识,能够把握目前社会经济节奏及规律。

(3) 通过MBA的学习,学习运用财务管理知识。

(4) 参加有关世贸组织法律规范的短期培训班,熟悉我国入世后的相关法规。

2. 阅读书籍

由于时间有限,不可能时时接受面授教育,因此我计划多阅读有关书籍,丰富自己各方面的知识。相关书籍包括以下几方面:

(1) 介绍国内外大企业发展过程的书籍。

(2) 介绍国内外知名管理者成功历程的书籍。

(3) 有关时间管理的书籍。

(4) 有关市场营销的书籍(主要是案例分析)。

(5) 有关MBA的书籍。

3. 性格修养训练

除了学习知识外,我还需要在日常生活中加强自己的性格修养,具体方法如下:

(1) 每天做好记录。先描述自己的短期目标,具体为希望转变的原因及将如何转变,之后每天增加表现转变的具体例子。如果在转变过程中犯了错误,也记录下来。

（2）进行自我审视，学会赞美自己。

（3）多接触在不同行业工作的朋友，使自己能了解更多行业的信息。

4. 在工作中实践

（1）将所学的《职业生涯开发与管理》中的内容同人力资源管理融合，尽量从公司的每一件小事做起。例如，改变招聘方式、加强与下级的沟通等。

（2）在目前的工作中注意运用财务管理知识，学会阅读及分析财务报表，懂得如何有效控制经营成本。

（3）提高对外的公关能力，尽可能多地把握机会，主动拜访客户、联系客户，建立自己在工作上的自信心。

（4）提高与上级的沟通能力，每天主动向上级汇报有关工作情况，主动表达自己在工作中的不同意见及建议。

5. 行动目标

我在5年内要全力完成的目标如下：

（1）在任职企业中完全胜任职位工作，并争取换岗，熟悉各部门的运作规律。

（2）掌握所有企业管理知识并具有实际操作能力。

（3）自学完MBA的12门主干课程。

（4）每年至少参加100小时以上的相关管理培训课程。

（5）每月至少读一本相关专业的书籍。

（6）每周体育锻炼3小时。

（7）跳槽成功，并从中层管理职位转变为高层管理职位。

（四）职业生涯规划评估与调整

职业生涯规划是一个动态的过程，必须根据实施的情况以及形势变化进行及时的评估与调整。比如目标评估，是否需要重新选择职业；路径评估，是否需要调整发展方向，是否需要根据进程调整行动计划；等等。

1. 获得反馈信息

可以从领导、同事、朋友、老师和家人处获得建议，也可以将职业生涯规划的实施结果和职业生涯目标进行对照分析。

2. 调整目标

调整目标不是放弃目标，而是将目标重新分解、选择、组合，使各分目标的实现更具有逻辑性。例如，小王原来的目标是2015年担任销售部门主管，2019年担任公司的销售总监。但由于小王在2013年的销售业绩出色，所以2014年就担任了销售部门主管。又因为2016年整个销售部门业绩突出，小王被总公司派到外省担任某分公司的总经理，所以他调整了原来的目标，在继续提高销售管理能力的基础上开始加入人事管理和生产管理方面的学习。

3. 调整时间

将实现目标的时间提前或延后。

4. 调整方法

对于没有解决的困难和没有实现的目标,要找到更有效、更具有操作性的方法。

三、学业生涯规划

通过职业生涯规划中的差距分析,可以明确自己要努力的方向和目标,也可以明确目前自身状态与未来目标之间的差距,然后根据职业生涯目标和分析出的差距,合理地设置学习目标,科学地规划大学的学习生涯,努力缩小差距,从而增加从事目标职业的概率,为未来发展做好储备。

(一) 做好第一个选择

进入大学后,同学们马上会面临是否参军、是否专升本、是否出国留学等一系列的选择,因此要系统地梳理入学后有可能遇到的几种选择。请结合自身实际情况,参考以下建议,做出你喜欢的选择。

1. 参军

高校生参军有新生征兵和老生征兵两次机会,两年的兵役期结束后有一次性的经费补助,而且可选择参加工作或继续回原校读书。如果在服兵役期间有立功的行为,则可免去学费。对于向往成为一名军人的学生,在高校期间服兵役是不错的选择。有此意向的学生请收集以下信息:高校征兵时间、征兵要求、征兵负责部门和负责人员、高校生服兵役的相关优惠政策。

2. 提升学历

专科学生提升学历有三种途径,分别是参加专升本考试、自学考试和函授。想要提升学历的学生要考虑五个方面的问题:①机会成本,因为自己比同学晚毕业,所以就业市场的同行竞争有可能进一步加剧;②自己钟爱的企业对学历有多高的要求;③如果先择业,那么就职后通过单位的继续教育经费提升学历是否更经济高效;④经济条件能否支撑至完成学业;⑤要选择什么专业、什么学校,需要考哪些科目,自己应该如何备考并制定学习计划。千万不要盲目为学历而报考,既浪费宝贵的青春时光,又增加家庭的经济负担。

3. 报考公务员

报考公务员要考虑三个因素:①自己的个性特征是否适合从政;②自己的目标与职业生涯的长期目标是否一致;③是否有较好的家庭或朋友等方面的人际关系,以便对公务员的工作有初步了解。

4. 出国留学

出国留学要考虑五个因素:①家庭经济条件是否允许,或个人能否申请到国外奖学金以保证学业;②所学专业与自身职业生涯规划是否统一;③出国的途径有哪些;④是否以移民为目的,这需要详细了解相关国家留学人员管理方面的详细政策;⑤外语如何过关。

5. 就业或创业

选择就业者需根据社会用人需求和自身发展愿望合理规划学业生涯,根据就业目标行业对职业资格的要求于在校期间报考一些资格考试,以获取相应的职业资格证书,如会计证、报关员资格证、导游证、教师资格证等。选择创业者要详细了解国家对高校应届毕业生创业的相关优惠政策，衡量自身是否具备资金、技术、市场、管理经验和社会关系等资本。

（二）规划学业生涯

学业生涯规划是职业准备期，目标的设定更侧重于内职业生涯的发展，如知识和经验的积累、能力和心理素质的提高、观念的更新等。可根据性质把目标分为课程、职业资格、职业素养、心理健康、身体健康、特长发展、阅读等七项。根据时间合理制定阶段性目标，并科学设计行动计划。

拓展训练

1. 根据个人实际情况，回答以下问题，完成一份学业生涯规划。

[课程目标]

大学一年级：

（1）重点必修课程：①__________；②__________；③__________。

（2）重点选修课程：①__________；②__________；③__________。

（3）想获得的专业技能：①__________；②__________；③__________。

（4）学习方式：①__________；②__________；③__________。

大学二年级：

（1）重点必修课程：①__________；②__________；③__________。

（2）重点选修课程：①____________；②__________；③__________。

（3）想获得的专业技能：①____________；②__________；③__________。

（4）学习方式：①__________；②__________；③__________。

大学三年级：

（1）重点必修课程：①__________；②__________；③__________。

（2）重点选修课程：①__________；②__________；③__________。

（3）想获得的专业技能：①__________；②__________；③__________。

（4）学习方式：①__________；②__________；③__________。

[职业资格目标]

想考取的职业资格证书及对应的考证期限：____________________。

[职业素养目标]

（1）参加的课外学生社团：①__________；②__________；③__________。

（2）参加的参加的竞赛项目：①__________；②__________；③__________。

（3）在假期或学习空余时间参加的社会实践：①____________________；

②____________________；③____________________。

（4）想提高的能力：①__________；②__________；③__________。

[心理健康目标]

（1）心理健康目标：____________________。

（2）行动计划：____________________。

[身体健康目标]

(1) 身体健康目标:____________________。

(2) 行动计划:____________________。

[特长发展目标]

(1) 想获得的或继续巩固的特长:____________________。

(2) 行动计划:____________________。

[阅读目标]

想看完的书目及对应的阅读时间:____________________。

2. 认真制定一份职业生涯发展规划书。

1.3.2 材料 职业生涯发展规划书模板

案例分析

两份职业生涯发展规划书

1.3.3 材料 两份职业生涯发展规划书

思考讨论

1. 职业生涯规划书完成后,你觉得目前可以着手去做的事有哪些?
2. 目前你的现实条件跟你理想的岗位有哪些差距?你该怎样缩小这些差距?

本章测试

1.3.4 本章测试

第二章 职业操守

学习目标

1. 理解责任的内涵、特性、基本内容与作用，掌握责任意识养成的原则与策略。

2. 理解诚信的内涵与要求，把握诚信对于社会、企业以及个人的意义与价值，掌握诚信品质养成的策略与方法。

3. 理解敬业的含义、特征与作用，掌握敬业的具体指向，树立乐业、勤业、精业、实业的敬业精神。

4. 理解团队合作的概念与内涵，掌握开展团队合作的意义，提升团队融入能力，强化团队合作实战能力。

第一节 责任意识

2.1.1 视频 责任(一)

爱默生说："责任具有至高无上的价值，它是一种伟大的品格，在所有价值中它处于最高的位置。"是的，为了自己和家人的生活，我们有工作的责任；在社会上，我们还有公共道义方面的责任。每个个体都肩负着责任，并由此体现自身存在的价值。可以说，责任伴随个体的一生，并见证着个体的成长成才，以及推动着个体人生价值的实现。正如科尔顿所说："人生中只有一种追求，一种至高无上的追求——就是对责任的追求。"

一、责任的内涵与特性

2.1.2 材料 历经80年的责任

（一）责任的内涵

按照《现代汉语词典》的解释，责任包括两层含义：(1)分内应做的事。(2)没有做好分内应做的事,因而应当承担的过失。通过这个解释,我们可以对责任进行两个方面的理解:第一,“责任”意谓分内应做之事;第二,“责任”意谓未做好分内应做之事所应受的谴责和制裁。从第一层含义看,分内应做的事中的“分”即角色。人作为社会主体存在于社会当中,同时社会也分配给人相应的社会角色,责任与责任主体的社会角色是相互联系的,是社会对社会主体担负与自己社会角色相适应的行为要求,也是社会对责任主体的行为预期,属于积极意义上的责任。从第二层含义看,是社会成员因为没有做好分内的事,没有达到社会预期而引起的,是社会对不符合社会规范的行为主体所给予的谴责和制裁,反映了社会对其成员不履行或没有履行好积极意义上的责任进行的处置,属于消极意义上的责任。

纵观中西方思想家对责任的论述,我们认为从本质上说,责任是一种使命,是一种敢为的勇气,是一种责无旁贷的义务。同时,责任既是一种严格自律,也是一种社会他律,是一切追求文明和进步的人们基于自己的良知、信念、觉悟,自觉自愿履行的一种行为和担当。小到个人、家庭,大到企业、民族、国家,乃至整个人类社会的发展,都离不开责任的推动。我们的家庭需要责任,因为责任让家庭充满爱。我们的企业需要责任,因为责任让企业更有凝聚力、战斗力和竞争力。我们的社会需要责任,因为责任能够让社会安定、稳健地发展。就个体而言,在这个世界上,每一个人都扮演着不同的角色,每一种角色都承担着不同的责任,从某种程度上说,对角色饰演的最大成功就是对责任的担当。正是责任让我们在困难时能够坚持,让我们在成功时能够冷静,让我们在绝望时不放弃。只有那些勇于承担责任的人,才能被赋予更多使命,才有可能获得更大成就。一个缺乏责任感的人,或者一个不负责任的人,首先失去的是社会对自己的基本认可,其次失去的是别人对自己的信任和尊重,即失去了自身的立命之本——信誉与尊严。因此,责任是个体生存与发展之基,是个体实现人生价值的根本保证。

(二) 责任的特性

从责任的基本含义中我们可以看出,责任是客观性和社会性的统一;同时,责任又指导指人们对事物的发展以及产生的结果应否取舍与选择,这就决定了责任又具有选择性。

1. 客观性

责任不是由个人意愿所决定的,是人类为了生存发展在劳动过程中和与他人的交往过程中产生的。人作为主体创造了社会历史,但社会历史的发展有着自身的规律,作为主体的人不能随心所欲地创造历史,要遵循历史的客观规律。而社会的发展又是客观的,是通过主体的自觉活动实现的,没有主体的参与和主体的活动也就无所谓社会历史。责任的客观性体现为责任行为,属于一种实践行为,实践所具备的直接现实性表明责任是客观的存在,这样的存在不是人力所能改变的,而是负责任的个体不得不在现实之中承担责任,完成社会发展对个体的客观要求,履行其自身相应的义务。简言之,作为主体的人对历史的发展负有不可推卸的责任。正如马克思所指出的,“作为确定的人,现实的人,你就有规定,就有使命,就有任务。至于你是否意识到这一点,那都是无所谓的”。这里所讲的规定、使命和任务就是社会实践。人们在社会实践中,客观上必然具有一定的规定、使命和任务,具体表现为每个人承担责任的不可推卸性。责任是社会生活和社会关系对现实的人的客观要求。

2. 社会性

唯物史观认为，从人类历史的发展看，个人与动物的最终分离是与人类社会的出现相一致的。个人的生存和发展离不开社会，个人只能存在于人类社会之中。总的来说，人是社会化的人，人作为主体，自身具有很多自然属性，其中社会性就在此之中。与此同时，责任是人特有的存在方式，也是人的选择中最基本的选择。正如科恩指出："如果我自己承担一切责任，我就以此捍卫了自己作为人的可能性。"责任是身处社会的人无法摆脱，也不能摆脱的，其本质是社会性，来源于人的社会属性，它是社会关系的产物。从社会历史的角度来看，责任不是上天的旨意，也不是个人的意愿，责任是人类为了生存，通过劳动，摆脱动物状态的过程中产生的；责任是人类为了交往，通过语言，在理性发展的过程中产生的。责任与社会伴生并存，是人类社会及其历史发展的必然产物，它随着人类社会关系的产生而产生，直至人类消亡也就没有所谓的责任了。人类在生存和发展过程中，与自然界不断地进行着联系，形成了人类与自然界间的相互责任；在物质生产和社会发展过程中，人与人之间不断地进行着密切联系而产生了不同的社会关系，因而形成了人与人之间的责任关系，通过责任关系来调节利益关系，维持人类社会的平衡。由此可见，责任是由人的本质社会属性所决定的，就是作为行为主体的人对社会应承担的行为及对自己行为或过失承担后果的义务。责任的核心内容是其内在的规定性，也就是外在的社会规范通过个体的情感体验和认知转化为信念和意志，进而内化为行为主体和社会认可的思维方式及行为规范。

3. 选择性

人是理性的动物，总是面临各种选择，人的行为选择需要理性的指导。作为一种基础道德品质，责任在理性中发挥着重要作用，引导着人在实现目标的过程中不断修正自己的方向。一个人要根据不同的境况，在不同的情况下做出正确的选择与行为。正如中国古人所说，做事要合乎中道，要避免过犹不及，这也是责任选择性的体现。人的行为选择之所以有道德价值，是因为这种行为出于责任，责任是道德价值的体现。因此，责任之存在，是人在生活实践中基于意志自由而做出的行为选择的后果。确立明晰的责任意识，使人类可以在采取行动之前意识到行为可能导致的不良后果，从而放弃或调整对这一行为的选择和践行。这也说明选择性是责任的一大特性。责任的根本意义就在于指导人们生活实践，依据不同的事件，责任要求人做出不同道德选择。这也充分体现了责任的选择性。

二、责任的基本内容

责任作为一个抽象化的概念，其内容较为宽泛，很难精准定位。一般而言，责任意味着说到做到、从不食言；做事主动积极，不需要监督就能完成工作任务；严格遵守道德规范；愿意承担新责任，并从中获得动力。下面主要从职业的视角分析责任的基本内容，主要包括职业人所肩负的职责和应尽的义务、职业人所应该承担的后果。

（一）职业人所肩负的职责和应尽的义务

1. 对个人的责任

这是自发的而不是受到其他主管或机构强迫而产生的责任意识。它要求每个人对自己负责，自己就是自己的主管，能够对自己进行评判。人正是由于能为自己承担责任，所以才是真正自由的，一个人在承担自我责任之后才谈得上履行社会责任。牢固的自我责任意识是一切行为的根基，它构成了人生存的意义。

2. 对组织的责任

这是职业人对自己供职的公司所承担的职责和义务。不同职业的人和同一职业不同岗位的人，所承担的责任各不相同。一个管理者的责任远大于一个普通员工的责任。每个职业人都必须在从事职业行为之前就建立起明确的责任意识，不同的职业人在职业行为中的共同点就是都有同等的道德责任，对工作都应该尽心尽力。是否能够意识到自己的职业责任，将直接影响到职业人的工作态度和方式。有职业责任感的人不仅在工作中严谨认真，而且总是主动承担工作中的过失。

3. 对社会的责任

任何一种职业都是社会的一个组成部分，都承担着一定的社会责任。职业人必须要明白自己所从事的职业与社会之间的关系，从而认清自身所肩负的社会责任。例如，企业家在追逐利润的同时不应该忘记自己对社会的责任。同样，每一个职业人也都应该承担自己对应的社会责任。

（二）职业人所应该承担的后果

每一种职业都有相关的法律法规和职业道德规范来规定从业者的职业行为以及违反规定应承担的后果。职业责任的承担形式不一，主要有道德责任、纪律责任、行政责任、民事责任和刑事责任五种。

1. 道德责任

它是指从业人员在履行职业责任的过程中，由于违反职业道德而受到的批评、社会舆论的谴责、良心的谴责。这是从业人员承担职业责任最普遍的一种方式。

2. 纪律责任

它是指从业人员在履行职业职责的过程中，违反了执业规范、职业纪律而应当受到的纪律处分。纪律处分一般有警告、记过、记大过、降级、降职、撤职、开除等。

3. 行政责任

它是指从业人员在履行职业职责的过程中，违反行政法规，依法应当承担的行政责任。如对律师的行政处罚就有警告、罚款、没收违法所得、吊销执业证书等方式。

4. 民事责任

它是指从业人员在履行职业职责的过程中，因为故意或过失而违反了有关法律、法规或职业纪律，构成民事侵权、形成债务关系等，依法应当承担的民事处罚责任。比较常见的是赔礼道歉、赔偿损失等。

5. 刑事责任

它是指从业人员在履行职业职责的过程中，因其行为给国家、集体或个人造成损失、伤害，并触犯了刑法的有关规定，依法应该承担的刑事处罚责任。如拘役、有期徒刑等。

三、责任的作用

2.1.3视频 责任（二）

在职场中，一个人有无责任意识、责任意识的强弱，不仅会影响他个人工作绩效的高低和职位能否升迁，而且还直接影响他所在单位的目标任务能否完成。

（一）责任是生存的基础

社会学家戴维斯说："放弃了自己对社会的责任，就意味着放弃了自身在这个社会中更好生存的机会。"放弃承担责任，或者蔑视自身的责任，就等于在原本可以自由通行的道路上自设路障，摔跤绊倒的也只能是自己。

在人类社会中，那些没有责任心的人首先会遭到淘汰。我们为什么要在社会上承担一定的责任呢？最直接的原因就是为了更好地生存。责任是永恒的生存法则。无论是自然界还是人类社会，如果没有了责任，也就失去了赖以生存的基础。

从出生的那刻起，上天就赋予了我们一生要承担的各种责任。无论在哪个年龄段，无论从事什么工作，责任都是与我们相伴存在的。每个人都肩负着自己的责任，而且必须带着一颗责任心去面对、去努力。学生要努力学习，员工要努力工作，公务员要努力为人民办实事。只要尽心尽力，我们都可以做好自己的分内之事。

中央电视台举办的《感动中国》栏目让我们为一批又一批具有强烈责任心、能坚守自己岗位的国人骄傲。他们为了自己的责任不懈努力、勇于付出，成为我们的楷模。我们也应该以负责任的态度来对待生命中的每一件事，并把它作为自己的人生信条。责任是生存的基础，也是应尽的义务，也许在肩负责任的过程中，我们会感受到辛苦和压力，但是我们的价值也从中得到体现。

（二）责任能激发自我潜能

2.1.4材料 负责任者即强者

我们大多数人的体内都隐藏着巨大的潜能，但这种潜能可能一直沉睡着，只有激发它、引爆它，我们才能做出惊人的业绩来。可以说任何成功者都不是天生的，他能成功的一个最根本的原因就是他尽可能多地开发了自身的潜能，在责任心的驱使下，将一个又一个"不可能"变成了"可能"。很多人把自己做不好工作归咎于没经验、不成熟，事实上，经验和阅历固然重要，但和责任心比起来，则根本算不上什么。一个不负责的人，即时拥有非常丰富的经验，也未必能够把工作做好，因为他根本不可能全身心地投入工作中。而一个有责任心的人，责任感能激发他的潜能，他会全力以赴，将工作做到近乎完美。

（三）责任能赋予个体机会

责任和机会是成正比的，没有责任就没有机会，责任越大机会也越多。谁承担了最大的责任，谁就拥有了最多的机会。因此，拥抱责任就是把握机会，靠近责任才能赢得机会，承担责任才有可能迈向成功，尽到责任最终才能脱颖而出。可以说，责任和机会是一对孪生兄弟，只有你满怀热情地拥抱责任，机会才有可能降临到你的身边；如果一味地逃避责任，就等于自己放弃机会。责任，对于积极的人来说，是机遇和挑战，但是对于消极的人来说，却处处都是困难和包袱；责任，可以改变现在，也可以创造未来。

无论做任何工作，责任和机会都是相生相伴的，只要我们积极主动地对待工作，认真负责地完成每一项任务，就是在为自己创造机会，在为自己的成功铺路垫基。机会总是藏在责任的深处，只有聪明的人，才能够看到机会究竟藏在哪里。拥抱责任的人，实际是抓住机会的人；逃避责任的人，看似世事通达，实际是放弃机会的人。因此，当你感觉自己缺少机会或者职业道路不通畅时，不要抱怨他人，而应该首先问问自己是不是负起了本应承担的责任。

（四）责任是通往成功的阶梯

如果你有能力承担更多的责任，但却只承担了一部分责任，那么，首先，你是一个不愿意承担责任的人；其次，你拒绝让自己的能力有更大的进步；再次，你放弃了自己，放弃了能够承担更多责任的义务；最后，你辜负了别人，也辜负了自己，因为你的能力由责任来承载，也因责任而得以展现。不承担责任，你与成功的距离不但不会接近，反而会一天天拉远。

2.1.5材料 甜蜜的责任

我们都应该懂得这样一个道理：世界上很少有报酬丰厚而不需要承担任何责任的工作。主动承担更多的责任，是成为成功者必备的素质。我们必须深刻地认识到，责任并非许多人认为的麻烦事，更不是强加在我们身上的包袱，而是通向成功的阶梯。逃避责任的人，看似省得一时之事，却拒绝了成长，更远离了成功；而担负责任的人，不仅展示了自己的高素质、强能力，更是一步步走在通向成功的阶梯上，向着成功前进。承担责任会让我们得到锻炼，懂得如何应对人生道路上的种种考验，变得坚强。承担的责任越多、越重，我们就越能得到成长、获得成就。

四、责任意识的养成

（一）责任意识养成原则

1. 注重习惯养成

19世纪意大利革命家马志尼在他的名著《论人的责任》一书中强调，任何人都应该履行对人类、对国家、对家庭和对自己的责任。我们应该担起自己本应担负的责任，让承担责任成为一种职业习惯；犯了错误，必须自己承担后果，不可推卸责任。从古到今，一切有所作为的仁人志士，在其成长的道路上都不乏来自责任的动力。“天下兴亡，匹夫有责”，造就了无数民族英雄;“为中华之崛起而读书”,使周恩来等一大批无产阶级革命家迅速成长起来。对国家和社会的高度责任感,既能给人以战胜困难的勇气和智慧,又能帮助人沿着正确的方向前进。

部分职场人平时以自我为中心,只考虑自己,不顾及别人;只求权利,不尽义务;希望别人尊重自己,却不能以礼待人;对社会要求过高,对自己要求过低;以个人为主体,注重个人奋斗、个人发展,缺乏集体、协作观念,服务、奉献精神不足。这些人在社会活动中,只愿当主角,而不愿当配角,不愿意做重复性工作,总担心自己被埋没、被大材小用,把个人得失看得过重。其实在职场中,责任和发展空间、机会往往是成正比的,也就是说,越敢于承担责任,越有大的发展。

2. 从小事做起

培养责任意识要从小事做起,“合抱之木,生于毫末;九层之台,起于累土;千里之行,始于足下”。每个人所做的工作,都是由一件件小事构成,把每一件小事做好才能体现出责任感。工作无小事,每一件事都算是大事,都要认真对待,固守自己的本分和岗位,就是做出了最好的贡献。每一件事的每一个过程都成就了另外一个过程,只有把小事做好的人,才能铸造完美的细节,成就人生大事。对于一流员工来说,工作永远没有“打折卡”,因为他们知道,对工作打折,也就是对自己的前途和发展打折——没有任何一个单位,会将重担交给一个工作上不认真负责、处处偷工减料的人。

如果一个护士不小心给糖尿病人输了葡萄糖,那会造成什么后果?如果一个水泥工人在操作中因为疏忽制造了一批不达标的水泥,而一家建筑公司正准备用这批水泥做建筑材料,会造成多大的灾难?而一个财务人员,如果在汇款时不小心写错了一个账号,公司又会蒙受多少损失?

很多成功者也并不是从一开始就表现卓越的,他们多数也是从做好小事情开始的。但是他们与急功近利的人不同,他们能把小事情做到极致,做到完美,从而一步步为自己赢得做大事的机会。试想,如果连那些不起眼的小事情都做到极致,那么做大事也自然不在话下了。大到一个国家,小到一个企业或个人,责任是否能够被严格地履行都将决定其成败。即使是最细微的地方,一点点责任的缺失,都将会造成严重的后果。所以在工作中,每个人都应该培养自己一丝不苟的工作作风,那种认为小事就可以忽略或置之不理的想法,正是做事缺乏责任意识的表现,将极有可能导致工作中严重的错误或事故。

3. 落实在行动上

将责任落实在行动之上,是责任意识养成的重要原则之一。落实,就是实践,是把嘴上说的、纸上写的变为具体的行动,是把贴在墙上的蓝图变为改造世界的实践。落实,是人们认识世界、改造世界的一个环节,是联结认识与实践、理想与现实的一座桥梁。企业能否赢得市场,站稳脚跟,都取决于任务的落实情况。若落实不到位,客户就会对企业失去信心,也会直接影响到企业的发展。责任意识的养成重在行动的落实,正如马云所说,比起一流的创意、三流的执行,他更喜欢一流的执行、三流的创意。职场人能否将责任落实在行动上直接影响着企业和个人的成长和发展。

责任的大小、轻重其实并不重要,关键是要把责任落实到位,责任落实了小职员也可以干出惊天动地的大事。美国标准石油公司的第二任董事长阿基勃特曾经只是一个小职员,但他强烈的责任感和对责任的践行，使他最终成为这家大石油公司的董事长。责任落实在行动上意在知行合一，沉下心去做好手头上的每一件事情，并用务实精神完成每一件事情。毕竟只有真正地去执行，去探索实践，责任才能得到较好的落实，反之只能是空中楼阁。在职场中，行动力是责任履行的重要标志，个体只有在工作实践中才能培养责任心，并不断提升责任感，养成责任意识。

（二）责任意识养成策略

海尔集团董事局主席张瑞敏曾说过："把每一件简单的事做好就是不简单，把每一件平凡的事情做好就是不平凡。"我们大部分人都是普通人，每天做的都是普通的事情，谁也不敢说自己是一个成功的人，但是不敢轻言成功并不代表不成功，关键就在于注重做好每一件事，干好每一项工作。最可爱的员工就是这样一些人：具有高度责任心；工作态度表里如一、一丝不苟；永远抱有激情，认真对待工作，百分之百地投入工作；从不投机取巧，从不耍小聪明。他们也因此取得了令人瞩目的成就。

个体的责任意识不是与生俱来的，它需要在远大理想和目标的指引下，通过教育、学习和实践，按照客观要求逐步建立起来，然后由个体用自觉的习惯意识去维护、巩固。只有在责任意识的驱动下，履行社会赋予自身的责任，才能形成真正的责任行为。一个具有良好责任意识的员工，至少应做到以下四个方面。

1. 做好本职工作

做好本职工作是负责任的最好表现，这充分说明你对自己所从事的工作有信心和热情。只要你认准了目标，有一份自己认同的工作，那么就要认真勤奋地努力去做。在努力工作的过程中，你会熟悉技能，并锻炼出稳健、耐心的性格。同时，你认真、踏实的态度，也会赢得同事的认同、老板的欣赏，反过来又会推动你的工作。对于一个尽职尽责的人来说，卓越是唯一的工作标准，不论工作报酬怎样，他都会时刻高标准、严要求，在工作中精益求精，并努力将每一份工作做到尽善尽美。

2. 树立主人翁意识

2.1.6材料 为自己工作

个体对待工作的心态决定着责任感的高低。对于职业人来说，如果具备了主人翁意识，就会抱着与企业共存亡的责任感认真努力地工作，用百分之百的热情去对待企业中的一切事情。如果能时时处处以主人翁精神对待工作，那么工作效率必然会显著提高，最终能使自己创造出优秀的业绩。职场人应不断地修炼自身心态，在日常工作中主动积极地去完成自己的工作任务，而非被动地去应付工作，变"要我做"为"我要做"，从而提高工作效率，并尽善尽美地完成工作任务。一名有责任心的员工，一名优秀的员工，懂得"一荣俱荣，一损俱损"的道理，他们能站在老板的角度去思考问题，能够为公司的长远发展去谋划，把公司的事当成自己的事。

一般而言，具有主人翁意识的人不是事事等待老板吩咐，被动地接受指令，而是在工作中积极主动，有创新精神，不仅能做好分内之事，而且还会适当地做好分外之事，为企业创造更多的价值。毕竟企业本身就是一个命运共同体，企业的前途与个体的发展有着直接的关系，只有二者合力去创造价值，才能实现价值的最大化。我们要杜绝"干得多就是吃亏"

的心态，以个人的全情投入与付出为荣，着眼于企业的长远发展与战略规划，用自身的专业特长与经验服务企业发展，这样才能真正地成就事业，成就个人的未来发展。

3. 勇于承担责任

常言道："智者千虑，必有一失。"一个人再聪明、再能干，也总有失败、犯错误的时候。出现失误后，当务之急是什么呢？是急于解释失误的原因，说这些不是自己的错，还是赶紧弥补失误，亡羊补牢，将事情引向成功？我们都知道正确的答案是后者，可是在实际工作中，很多人总是喜欢一再地解释，喜欢为自己的失误辩解。其实解释往往是苍白无力的，一个人做错了一件事，最好的处理办法是老老实实认错，而不是为自己辩护和开脱。由此可见，勇于承担责任首先是不推卸责任，要为自己的错误买单，也要想办法去解决问题。

2.1.7材料 恶果

此外，勇于承担责任还表现为一种担当意识，在企业遇到困难时能够主动站出来。毕竟企业的发展与个人职业生涯一样，不总是一帆风顺的，也会出现许多意外，而此时个体应该挺身而出，主动负责，为企业渡过难关贡献力量。

4. 做到精益求精

成功的最好方法，就是在做事的时候抱着精益求精的态度。而精益求精就是追求卓越，拒绝"差不多"。在职场中，合格和达标成为很多人工作的标准，并以差不多为行为指南，凡事追求不错即可。但是要想在职场中脱颖而出，就不能满足于99%，不能忽视看似微不足道的1%，因为它或许正是决定成败的关键因素。工作中每个人的岗位虽有所不同，职责也有所差别，但任何工作对责任和工作结果的要求都是一样的。每个老板都希望自己的员工能够把工作做到完美，而不是躺在99%的功劳簿上睡大觉，1%的差距绝不是一步之遥，而是优秀与普通的分水岭。那些卓越精英和普通员工之间的差别，往往就在于这个1%。

古希腊哲学家苏格拉底曾说："世界上最快乐的事，莫过于为梦想而奋斗。"既然选择了这份工作，就应该尽全力去做好，不然，当初为什么要选择这份工作？工作就要精益求精、反复雕琢，这样才能把工作做好，我们才能在这种严格的要求下取得新的进步。很多职场新人工作的时候，总是认为把工作做得差不多就可以了，但实际上，把工作做得差不多还远远不够。如果想让自己在工作中取得更大的成就，就要严格要求自己，要精益求精，尽量把工作做得完美。

能力测评

责任感测评

2.1.8材料 责任感测评

拓展训练

1. 石头、剪刀、布

游戏规则：

（1）每队四个人，两人相向而站，另外两人相向蹲着，一个站着的人和一个蹲着的人是一组。

（2）站着的两个人进行“石头、剪刀、布”游戏，然后由胜者一方蹲着的人去拍一下对方蹲着的人的手掌。

（3）输方轮换位置，即站着的人蹲下，蹲着的人站起来，继续开始下一局（放音乐，学生玩游戏）。

游戏结束后，教师提出问题：

（1）当同伴失败的时候，你有没有抱怨？心里是怎样想的？

（2）两个人有没有同心协力应对外面的压力？

（3）玩了这个游戏后，你有什么感受？

2. “我错了”

游戏规则：

学生相隔一臂站成几排（视人数而定），由教师喊数。喊一时，向右转；喊二时，向左转；喊三时，向后转；喊四时，向前跨一步；喊五时，不动。当有人做错时，做错的人要走出队列，站到大家面前先鞠一躬，然后举起右手高声说：“对不起，我错了！”

做了几个回合后，教师提问：这个游戏说明什么问题？

3. 拍全体离地的照片

游戏规则：

（1）可分成几组，每组人数越多越好。

（2）小组必须在3分钟之内完成一项任务：利用三脚架、数码相机拍摄一张全组人双脚全部离地的照片。

（3）3分钟练习。

（4）比赛开始，3分钟后结束。

（5）回顾过程，分析失败原因。

（6）不断增加人数，挑战极限。

4. 报数

游戏规则：

（1）将所有学生分成A、B两个组，要求A、B两个组的人数相同。助教可参加。

（2）AB两组各站一边。

（3）AB两组各诞生一男一女两位队长，注意强调：一定要自愿，不能推选。

（4）让4位队长承诺：愿意为自己的团队负起责任，无论在怎样的情况下都不推卸责任。多问几次，是不是下定决心了。

（5）比赛比的是报数，先报完的一组获胜。输的一组，第一次输队长做俯卧撑10次，第二次输做20次，第三次输做40次，第四次输做80次。

（6）给5分钟时间各队自行训练(队长不参加报数)。

（7）进行第一次比赛,比赛中如有报错情况,直接判输。比赛结束后,队长回到队伍中,面向对手一队弯腰说:“愿赌服输,恭喜你们。”

（8）给4分钟训练时间,再比赛。给3分钟训练时间,再比赛。给2分半钟训练时间,再比赛。(注:做俯卧撑的队长累了后,只能趴在地上休息,不能站起来,也不能坐起来,脸朝地面。灯光随着做的次数慢慢暗下来。)

（9）当有队长在做俯卧撑累得爬不起来时,把一些灯光关掉,留下两束蓝光,叫全部学生围着这两名做俯卧撑的队长。配上低沉的音乐。

案例分析

1. 责任之果

2.1.9材料 责任之果

2. 使命

2.1.10材料 使命

思考讨论

1. 结合自身经历,谈谈你对“责任就是机会”这句话的理解。

2. 从本人社会关系(角色)的角度讨论自身所需承担的责任,以及如何培养自身的责任意识。

第二节 诚 信

2.2.1 视频 诚信(一)

人生在世,立身处世,做人为人,就要讲诚信,做一个诚实守信的人。诚信是中国古代先哲非常重视的一种道德品质和道德规范,也是当代社会职场人士必备的重要素质之一。

一、诚信的内涵与要求

“诚”与“信”,从道德意义上理解,其意义相同。在中国传统道德中,“诚”的基本含义就是诚实无欺,真实无妄,既不自欺,也不欺人。“信”,也是中国传统道德中的一个重要规范,是诚实、不欺、讲信用的意思。诚信不仅是中国传统道德的重要规范,也是当代中国道德建设的基础性内容。一般地说,诚信的基本内涵就是指诚实不妄,恪守信用;其基本要求就是言合其意(诚意)与“言必信,行必果”。

把“诚”与“信”连在一起使用,是从先秦时期开始的。“诚信”连用,不仅说明“诚”与“信”具有不可分割的紧密关系,同时也表明它在伦理学意义上是一个完整的范畴。“诚”是里,

“信”是表;“诚”是神,“信”是形;“诚”是信的根基,“信”是诚的外貌。

传统诚信观在形成、发展过程中,不断丰富思想内涵,综合来看,包括三个重要的原则与要求。

1. 诚实守信

诚即真实不欺,既不自欺,也不欺人。对自己,要真心实意地注意道德修养;对他人,要开诚布公,无所隐瞒。诚是一切道德行为的基础和道德修养的前提,只要做到诚,就能感动他人,取得他人的理解和信任,增进彼此间的友谊。信主要是指在朋友关系中以及在与他人的交往中应当讲信用,遵守诺言。信是做人的基本道德之一,一个无信、失信的人很难得到人们的信赖。信的基本要求是履行诺言,信与诚是统一的,信以诚为基础,离开诚无所谓信。诚信要求正直,勇于坚持自己的信念,总能在需要的时候站出来维护正义;诚信要求真心实意地对待他人,不是光说漂亮话,而是会及时伸出援助之手。诚实就是要讲真话、实话,想什么说什么,表现为“心口一致”;守信就是言而有信、遵守诺言,自己说什么就做什么,表现为“言行一致”。

2. 实事求是

诚信得以建立的基础是“求真”“求实”,因此,是否能够做到求真、求实,是履行诚信原则的关键所在。其中蕴含着的重视和强调实事求是的思想,在当前具有非常重要的意义。实事求是不仅是良好的思想路线、工作作风,更是一个重要的伦理原则。实事求是不仅是诚信道德要求的思想前提,也是诚信道德观念中不可分割的最为重要的思想内涵。了解诚信的这个特点,有助于我们在建设社会主义信用体系时,自觉地注意不断着力解决这个深层次的道德问题。实事求是要求我们讲真话、表真情,不谎话连篇,不虚情假意;要实实在在,不浮躁,要尊重客观实际,尊重规律,不自以为是。

2.2.2 材料 司马迁忍辱写《史记》

3. 善为标准

传统诚信观以善为标准,始终坚持将诚信建立在它本身所具有的道德的正面价值基础上,追求诚信的正当性。这是因为虽然“诚”的核心是本真,“信”也要求所言符合本心、所诺符合本意,但是如果对此不加以任何限制,就有可能因追求本真、本心而导致恶。不问道德原则如何,只管贯彻自己的言行,只是“硁硁然小人哉”。这就是说,讲诚信是有原则的,不能违背公利,即不能违背国家、人民、民族的利益。坚持道德对于诚信的制约性,提倡善的诚信,具有十分重要的意义。孟子特别强调一个“义”字,他说:“大人者,言不必信,行不必果,惟义所在。”即是说,道德高尚的人,所说的不一定都守信用,办事不一定都落实,只是本着“义”去行事,以“善”为标准。

2.2.3 材料 一个40年的幸福谎言

二、诚信的意义与价值

讲诚信,无论是对于社会、企业还是个人,都具有十分重要的意义与价值。

（一）诚信的社会价值

诚信的缺失，会引起整个社会的道德滑坡。诚信具有很大的社会价值，比如增进人们之间的彼此信任，保障社会经济秩序稳定发展，提高人们的思想素质。讲求诚信的社会将是一个更加稳定、和谐的社会。

首先，诚信有助于社会稳定。社会要靠人们之间的信任与合作来维系。如果人人都视契约和法律为儿戏，就无法正常进行工作、学习和生活，社会也就无法良性运转。当失信行为没有得到应有惩罚反而获利时，就会产生强烈的示范效应，使不诚信的行为愈演愈烈。这必将对社会的道德法律体系形成强大冲击，进而影响社会稳定。

其次，诚信有助于加速社会经济的发展。一般来说，动摇了诚信这个立身做人的基本规范，也就动摇了经济发展的根基。当前我国正处于完善社会主义市场经济体制的过程中，市场经济本身就是信用经济，迫切需要彰显诚信。失信行为泛滥，不仅降低了经济活动的效率，破坏了正常的经济秩序，而且严重削弱了人们参与经济活动的信心。诚信不仅与国家的市场化程度直接相关，而且与国家的国际形象密切相连，只有使诚信作为一种资源最大限度地参与经济运行，市场体系和市场机制才可能逐步健全起来；只有使诚信作为一种资源最大限度地参与国际竞争，我国才能更好地吸引外资，应对经济全球化浪潮的挑战。

最后，诚信有助于降低社会管理成本。一个国家、一个社会和一个企业一样，也需要管理。社会管理目标是通过多种方式实现的，人的自我约束、纪律约束、法律约束都是管理目标实现的手段，而且这几种管理手段的成本是递增的。人的自我约束，其实是基于文化传统、道德观念内化为人的自身素质而对自身所产生的约束力。从这个意义上说，文化、道德的约束是最具持久力也是成本最低的一种方式。与之相应，法律约束要依赖于国家机器才能最终实现，而国家机器本身并不能创造财富，只能消耗由生产者所创造的财富。所以，越依赖法律约束，就越需要强有力的国家机器，从而耗费的社会管理成本也越高。

（二）诚信的经济价值

诚信作为市场经济活动应遵循的一项基本原则，直接影响市场主体乃至一国的经济效率。诚信的经济价值主要表现在以下两方面：

2.2.4材料 商鞅“徙木立信”

其一，诚信将大大降低交易成本。很多人有“货比三家”的习惯，其实这是一种低效率的交易习惯。人们之所以要货比三家，其背后隐含着的是对交易对方的不信任。货比三家的直接后果就是延长了交易周期，从而降低了资本的周转速度。在资本利润率一定的情况下，交易周期的延长无疑将直接导致资本收益率的降低。

2.2.5材料 无人报摊六年“不差钱”

其二，诚信将使交易方式简单化。现代商业社会的特征之一是交易方式定型化、简单化。交易方式定型化是指交易的客体、交易方式采取固定的方式，从而大大降低交易成本。最原始的交易方式就是以物易物，这种情况下，由于没有一种商品能够成为人们普遍愿意接受的固定充当一般等价物的交换媒介，交易的成功率极低。后来，随着固定充当一般等价物的货币出现，交易成功的可能性大大提高，交易周期大大缩短，此时，交换的媒介被固定下来。

现代社会，这种交易固定化的趋势越来越明显。比如财产单据化，仓单、提单作为所有权凭证可以成为交易对象后，这种证券交易代替了原来的实物交易，交易过程简单、快捷，大大提高了交易速度。现代百货商场、超市等其实都是交易定型化的具体体现，人们在这种固定的交易场所进行交易，大大消除了对商品提供者的不信任，从而使交易周期缩短。反之，当社会普遍缺乏诚信的时候，人们即便置身于这种固定的、大型的交易场所中，也难以消除其对商品提供者的不信任感。

（三）诚信的企业价值

2.2.6材料 生产真诚的机器

在现代经济社会中，诚信不仅是一种道德规范，也是能够为企业带来经济效益的重要资源，在一定程度上甚至比物质资源和人力资源更为重要。塑造和坚持将企业诚信作为企业文化的核心价值观，对形成支撑企业健康发展的独特文化特征，推动企业从优秀迈向卓越具有巨大的促进作用。

第一，诚信是推动企业生产力提高的精神动力。马克思主义认识论认为，人是生产力中最积极、最活跃的因素，也是生产力中唯一具有能动性、创造性的主体因素，再好的管理、再好的制度，也需要人来执行和运作。因此，企业的诚信建设，在根本上取决于员工的诚信和素质，建设一流的队伍是推动企业诚信体系建设的保证。将企业诚信作为核心价值观，就是高度重视生产力中人的因素，通过精神层面的感召力，使得企业内部真诚相待，从而充分调动广大员工的积极性、主动性、创造性，高度认同和支持企业的经营政策和方针，使企业生产力得到进一步的释放和发展。

第二，诚信是促进企业内外有效沟通的桥梁。对于企业管理来说，管理的主体是人，人的因素是企业成功的关键因素，而所有的管理问题归根结底都是沟通的问题。一个企业有了乐于沟通的诚信文化环境，人与人之间相互尊重就多，友情就多，心气就顺，人气就旺，就有利于克服部门之间的本位主义，培养和激发员工的主人翁精神，增强企业的凝聚力和向心力。有诚信才有沟通，有沟通才有活水，有活水才有活力。“鸡犬之声相闻，老死不相往来”，只能是死水一潭，不会有充满活力的和谐局面。

2.2.7材料 外白渡桥的诚信

第三，诚信是企业生存和发展的基石。企业凝聚力是企业生命力和活力的重要标志，而企业诚信则是增强企业凝聚力的源泉。一方面，诚信作为企业文化的核心价值观，能够把企业在长期奋斗中形成的优良品质、作风挖掘和提炼出来，成为大家认同和遵从的价值规范，有助于把各级员工对企业的朴素情感升华为强烈的责任心和自豪感，把敬业爱岗的自发意识转化为员工的自觉行动，使每位个体的积极性凝聚为一个整体，从而增强企业的生命力和活力。另一方面，企业对外诚实守信，就能形成巨大的吸引力从而不断赢得发展的机遇，其信誉度就会不断提高。只有坚持做到“内诚外信”的企业，才能拥有更多的合作客户并与其建立共生共赢的合作关系。而一个失信的企业只能是搬起石头砸自己的脚，最终在市场竞争中被淘汰。

第四，诚信是企业获得最大利润的基础。企业的生存与发展是以经济利益的最大化为目标的，而真正持久的经济效益来自于诚信经营。只有真正以诚信赢得客户，提高客户的满意度和忠诚度，企业才能在日趋激烈的市场竞争中更好更快地开拓市场，才能保证企业经济效益平稳、健康、可持续增长，在更长远的时间跨度上获得利益最大化。

（四）诚信的职场价值

1. 诚信是进入职场的“敲门砖”

2.2.8材料 诚实，历来很抢手

优秀企业的商业信誉不是从天上掉下来的，如果没有员工对诚信品质的追求，任何优秀的企业品格都是空谈。因此，相当多的企业在选人用人时，都非常看重候选人是否具备诚信的品质。企业对顾客是否诚信决定了它的市场命运，个人对企业是否诚信决定了他对企业贡献的大小和他个人的发展空间。

一家大型跨国企业的人事主管在谈到员工录用与晋升方面的标准时表示：我们非常注重应征者是否诚实守信，我想许多公司也有和我们一样的考虑。一旦某个人在这方面有不良的记录，我们公司就不会雇用他。很多公司也跟我们一样，十分注重这方面的品行，并且以此作为人员考核和晋升的标准。如果一个人不能做到诚信，即使他知识渊博、工作经验丰富，我们也绝不会聘用。所以，作为一个人职业生涯的起始，我们可以将个人的诚信品质比喻为进入职场的“敲门砖”。

对于绝大多数人来说，职业诚信是从求职简历开始的。为了能够得到一份心仪的工作，不少求职者都会下意识地采用“非常”手段，将自己的简历进行一定的包装。其实，这个求职简历就是求职者为自己制作的一张职场信用卡，记载着他现有的职场信用。

诚实守信是劳动者和用人单位双方的基本义务，任何不诚信的行为都会导致劳动者和用人单位之间丧失合作的基础。因此，从我们准备求职的时候起就必须牢牢确立职业诚信的意识，在求职的过程中严格遵循诚实守信的原则，这样才能使我们的职业生涯获得一个良好的开端，并为终身的职业发展奠定坚实的基础。

2. 诚信是爱岗敬业的“指南针”

爱岗敬业是每一个从业者都应当具有的基本职业道德，每一个用人单位也都希望员工能够爱岗敬业，做一个有理想、守纪律、有信誉的优秀员工。而要做到爱岗敬业，必须讲求诚信。

从职业理想的角度看，一个职业人无论是为维持生存还是为完善自我，其理想都需要通过服务社会来实现，这需要从业者必须有诚实、勤恳的职业态度。在良好职业态度的积极作用下，我们才能正确认识所从事工作的社会责任，切实提高自己的职业技能，以卓越的工作表现来履行自己的职责。

从职业纪律的角度看，一个职业人必须首先自觉遵守国家法律法规，具有良好的社会公德，在这个基础上才能自觉地将具有外在强制力的工作规范转化为自我内在的约束力，从而形成良好的职业行为和职业良心。在职业活动中，职业良心发挥着巨大的作用，它能够让从业者依据岗位职责要求，对行为动机进行自我检查，对行为过程进行监督，对行为结果进行评价。

职业诚信无小事，以诚信为核心的职业精神是职业人不断自律、不断养成的结果。若想在今后的职业生涯中获取更多的机会，赢得企业的信任和重视，我们就必须具备诚信的工作道德和行为习惯，无论从事何种工作都要坦诚实在、光明磊落。

3. 诚信是事业发展的“擎天柱”

海尔集团有句著名的广告语：“海尔——真诚到永远！”对此，张瑞敏解释说：“一个企业要永续经营，首先要得到社会的承认、用户的承认。企业对用户真诚到永远，才会有用户、社会对企业的回报，才能保证企业向前发展。”正是凭着这份真诚，海尔在张瑞敏的带领下一路走来，成为名扬全球的家电巨头。

2.2.9材料 迪拜的出租车司机

任何企业都是由人创办和经营的，可以说，人的职业精神就是企业的精神，特别是在企业创办初期，创业者的诚信品质往往决定着创业的成败和企业未来发展的空间。诚信是形成强大亲和力的基础。人们都喜欢和诚实的人交往、共事，良好的信誉能给人的生活和事业带来意想不到的好处。曾经有一位著名的企业家这样说过：“做人和做生意都一样，成功的第一要诀就是诚实守信，这是职业化工作道德的基本要求。如果我们将职业理想比作一座大厦，不管这个理想是建立一个商业帝国，还是成为一名卓越的员工，诚信都是使这座理想大厦坚固的核心支柱，没有这个支柱就不会有理想的实现，而这个支柱如果出现了问题，已经建成的大厦也有轰然倒塌的可能。”

（五）诚信的个人价值

现代意义上的诚信是一种面向全体公民的普遍道德要求，是每个公民都必须遵循的基本道德准则。

2.2.10材料 感人的建筑商

第一，诚信是做人的最起码的标准和要求，是人们必须具有的道德品质。一个人的能力能否得到发挥，很重要的一点就是他是否为人所信。一个人不讲信用，即使能力很强，也终将为社会所抛弃。社会道德规范体系要求，在家庭生活中要尊老爱幼、男女平等、家庭和睦、邻里团结；在职业生活中要爱岗敬业、诚实守信、办事公道、奉献社会；在公共生活领域中要文明礼貌、助人为乐、爱护公物、保护环境、遵纪守法。这些要求的背后均隐含着一个“信”字。只有做到童叟无欺、务实求真、尽职尽责、奉献爱心，真诚地为社会、他人着想，才能使家庭生活美满幸福、职业生活取得成功，才能成为一个社会公德素养高的人。很难想象，一个言不由衷、假话连篇、言行不一的人会是一个具有高尚道德修养的人。因此，诚信是做人最起码的道德品质。

第二，诚信是道德修养的内在要求。道德修养的一个重要特点，就是要求个人从社会和广大人民群众的利益出发，依据道德原则、规范和要求，对自己的道德品质进行自我教育。因此，人们能否积极认真地进行自我修养，关键在于个人有无内在的精神动力和自觉性。诚信，与虚伪对立，可视为言行的表里如一。实践充分说明，缺乏道德信念和道德意志，是不可能有真正的道德修养的。

第三，诚信是实现自我价值的重要保障。自我价值是指对自己本身的肯定，其表现是多方面的，如个人对自己生命存在的肯定，对自己生命活动需要的满足，以及对自己的尊重和个人的自我完善等。自我价值，主要是通过社会舆论得出评价。人作为社会存在，其最基本的形式就是人际交往，如果没有诚信，个人在社会生活中将寸步难行，更谈不上依赖于社会实践的自我价值的实现了。因此，缺失诚信，自我价值就无从实现，诚信是实现自我价值的重要保障。

2.2.11 材料 一诺千金

第四，诚信是人际交往的基础。人际交往同人类其他所有的社会活动一样，必须遵循一定的活动原则，否则将不能取得好的效果。对于人际交往来说，诚信原则无疑是首要原则，也是最为根本的原则。没有真诚待人的品质，要使人际交往得以延续和发展是不可能的。人与人之间以诚相待，才能相互理解、接纳、信任，才能团结相处，才会产生继续交往的需要，也才会使交往向纵深发展，从而使交往得以延续和发展。相反，不遵循诚信原则，虚情假意，谎话连篇，是难以取得对方的信任的。没有信任，交往就只能是应付、敷衍，只能停留在表面层次，不能深入，也就不能形成良好的人际关系。唯有真诚待人、相互信任，才可能建立起良好的人际关系。孔子说“与朋友交，言而有信”，孟子也主张“朋友有信”，可见诚信是维系朋友之间关系的纽带。在现代社会生活中，以诚相见，以诚相处，以心换心，献出真诚和善意，不仅会获得友谊，而且会使友谊之树长青。

三、诚信的缺失

近年来，欺骗消费者的各种事件层出不穷，失信行为蔓延，少数企业和个人甚至以背信手段实现了暴富。这种负面的示范效应，致使社会上信誉观念日渐淡漠。

2.2.12 视频 诚信(二)

我们都知道《狼来了》的故事。一个男孩一次次拿村民开玩笑，大声呼喊“救命啊！救命啊！狼来了！”村民们听到呼喊，立即跑来救他，却一次次受骗。后来，狼真的来了，男孩真的大声呼喊救命。人们听到了他的呼喊，可没有去救他，以为这又是一次玩笑……

这个故事的寓意是什么？当一个人撒了谎，他就失去了信誉；一旦失去了信誉，即使他讲真话，也没有人再相信他了。人与人之间的关系，应是相互信任的关系。如果没有诚实，怎么能有信任呢？所以，信任危机实际上是诚实危机。

人为什么要说谎？为什么要欺骗？为什么不守信用？原因可能是多方面的，但主要有三个：赢得赞誉、避免惩罚和获得利益。

2.2.13 材料 “百米飞人”欺骗了全世界

赢得赞誉。亲和动机、成就动机和社会赞誉动机是人类特有的社会性动机。亲和动机是指个体愿与他人在一起建立协作友好关系的内心欲求。人们在与他人的学习交往中不断调节、发展、完善自己。只有亲和动机得到满足，人才能避免孤独和焦虑，才能增加安全感。成就动机是指推动个体去追求、完成自己认为重要的有价值的工作，并力求达到理想程度的一种内在动力，即对成就的欲求。成就动机有利于心理健康和社会的发展。成就动机较高者，往往精力旺盛，心情愉快，有较强的事业心和应变能力，生活丰富而充实，自信、务实，善于处理人际关系。他们不安于现状，不断进取、创新，从而促进了个体的进步和社会的发展。人们取得工作成绩，获得他人或群体的欣赏称赞时，心理产生满足感，并为此而进一步努力，这就是社会赞誉动机。人人都有赞誉动机。社会赞誉给人以巨大的动力，促使人们做出不平凡的业绩。然而，亲和动机、成就动机和赞誉动机过强，为了所谓的成就、赞誉而故意表现自己，就可能弄虚作假，欺上瞒下。

避免惩罚。这是学生经常使用的“伎俩”：考试成绩不佳，他们不敢把真实情况告诉家长，于是私改卷面成绩；怕老师告状，怕家长会后挨批评，他们以种种理由阻止家长到学校。成人当中此类现象也很常见：做了错事，怕挨批评、怕扣奖金、怕被“炒鱿鱼”，千方百计欺瞒或者嫁祸于人。

获得利益。学术界、文学界的作弊、剽窃、投机取巧，各种经济活动中的做假账、造假货、欺诈、坑蒙拐骗，都是为了一个“利”字。

当然，除了上面三点，也有另外的原因：为了哥们儿义气，为了逞强，为了出风头，爱慕虚荣等。例如，真实是新闻的生命，但实际生活中却有一些假新闻，或是为了吸引众人的眼球，或是为了个人得到某些实际利益。有些大学生的“作假”，是怕吃亏心理在作祟，怕自己辛辛苦苦学习得来的成绩可能不及那些投机取巧的人，内心不平衡，于是也加入“作假”行列。还有些人可能也并非有意识地欺骗，仅仅是伸出了不适当的“援助之手”，但帮朋友的“义”是“小道”，诚信才是“大道”，不能“本末倒置”。

四、诚信的坚守

诚信的缺失给社会发展带来一系列负面影响。那么，我们该如何把诚信贯彻到生活与工作中，做一个诚信的人呢？

2.2.14 材料 落水的小孩

1. 增强诚信意识，养成诚信习惯

我们应该充分认识到诚信对于一个人、一家企业乃至整个社会的重要价值，意识到诚信缺失的严重危害，自觉地从自己日常生活的点滴做起，按照诚信要求严于律己，并养成良好的诚信习惯。诚信不是自然形成的，必须通过坚持不懈、持之以恒的努力和自我约束才能化作自觉的行动。在职场中，要真正发挥自身诚信的潜在价值，就必须让诚信成为一种习惯，时时讲诚信，处处讲诚信，让诚信渗透到每一个角落。在工作中，时时处处都要恪守诚信原则，只有讲诚信的员工，才能赢得领导的青睐和重用，进而赢得更好的发展平台、更多的发展机会。要知道，诚信是你的存款，信用是你的抵押，名誉则是你的账号，承诺是你的支票，一旦失去了诚信，你就将一无所有！对于职场人士来说，诚信不仅是立足职场的基石，也是走向成功的助推器。无论是初涉职场的“菜鸟”，还是资深的老员工，抑或是有了一定发展的管理人士，只要是身处职场，就一定要养成诚信的好习惯。只有如此，才能推动自己一步步走向成功。

2. 建立信任关系，树立良好信誉

只有与他人建立了信任关系，讲诚信才不至于是一句空话。一个人事业的成功，固然跟他本人的能力分不开，但如果不能获得别人的信任，就会“英雄无用武之地”。只有建立起了广泛的信任关系，一个人的良好信誉才能树立。在生活和工作中，如何才能得到别人的信任呢？一是要注意自己的言谈举止，不要夸夸其谈，也不要讲一些捕风捉影的消息，说一些不负责任的话，否则让人难以信服，让人生厌，从而导致别人对自己的印象打折扣。二是不要轻易承诺，要知道“轻诺必寡信”，许诺之前先要考虑一下，自己能不能办成这件事情，办不成的事情不要轻易就答应下来，一个承诺代表的就是一份责任和担当，既然承诺了就一定要努力达成，哪怕是一些非正式的诺言。建立信任关系，还要把握一些要诀，如主动透露一些无关紧要的缺点、约好见面尽量提前到达、如期偿还借过的小钱、不要为错误找借口等。良好的信誉树立起来后，一定要呵护好、维护好，切不可因一事毁了自己的信誉。

3. 认真履行职责，忠诚于企业

2.2.15 材料 律师赡养老人

责任是每一个人应尽的义务，每个人都应该终其一生通过自觉的努力和决然的行动来履行自己的义务。责任贯穿于人的一生，有对公司、同事、老板的责任，对家庭、妻儿、父母的责任，对爱情、亲情的责任，对自己的言行、举止的责任等。作为一名员工，履行好自己的岗位职责，出色完成岗位任务，遵守公司规章制度，获得领导与同事认可，便是兑现了他的劳动承诺，体现了契约精神，便是个有诚信的员工。忠诚是诚信的合理延伸，也是坚守职责和契约精神的重要体现。很显然，缺乏忠诚的员工一定是不称职的员工。要做到忠诚，不仅要遵守企业规章，做好本职工作，还应将企业的长远利益放在第一位，把自己融于企业中，乐于为企业奉献和付出，坚守自己的职业道德，不被利益所诱惑。每一个岗位都有自己的权责范围，决不能滥用职权、出卖企业利益，这是我们从业的职业道德底线，切不可触碰，勿以诱惑弃忠诚。

4. 把握诚信的度，做智慧的诚信人

诚实是对人说真话，不掩盖真相，待人诚挚、真诚，这是人的一种优良品质。然而，现实中有些人将“太诚实”当作一个贬义词来看待，这是为什么呢?“太诚实”的人往往秉性耿直、敢讲真话，而且大多情况下不顾时间、条件、场合和具体情景，这样自然会招人“嫌”，会让自己陷入困境。因此，我们应该让自己的诚实更富有智慧，以适应多变的、复杂的现实。当然，我们不能由一端滑向另一端，而是要正确把握其中的度。要把握其中的度，要注意以下几点：一是不要有害人之心，这是做人诚实的基本前提，做到胸怀坦荡、正大光明，从根子上守住诚信的底线；二是要做聪明的、善意的老实人，就是言行不要太死板，要讲究时机、方式、分寸，要讲究效果，要真诚得巧妙、真诚得恰到好处，不要逞一时口舌之快，不要陷入“好人不得好报”的困局；三是学会正确面对不好的人，太诚实的人可能会因无法正确处理与不好的人的交往方式而被愚弄，对此，要明白真诚不是盲目的，更不是一种廉价的同情和施舍，不要以一种交往模式对待所有的人，应以真诚对待真诚的人，对待不好的人则应有所保留，但不要针锋相对、一报还一报。

此外，在一些具体事情上，也应坚决避免，不可触碰，如考试作弊、恶意透支信用卡、不及时还房贷、拖欠助学贷款等。总之，在日常生活与工作中，应时刻保持警醒，不要存在侥幸心理，不要因小利而失大义，做一个诚实守信的人。

能力测评

诚信度测评

2.2.16 材料 诚信度测评

拓展训练

1. 红黑对决

游戏规则：

（1）学生分成A、B组或者根据具体的人数分成若干组，每组发红黑牌各一张。

（2）每组在经过小组内部讨论、投票之后向对方出牌，出牌只能是红色或黑色，由组长组织投票，统计出多少人赞成出红牌、多少人赞成出黑牌，以少数服从多数的方式报给教师自己小组的投票结果。

（3）小组中，只要有一人弃权，则该次投票无效，投票的有效性由组长进行否定或确认。

（4）得分规则：如果双方都出黑牌，各得正3分；如果有一方为红牌，另一方为黑牌，则出黑牌方得负5分，出红牌方得正5分；如果双方都出红牌，各得负3分。游戏要进行5轮投票，其中第二轮得分×2，第三轮得分×3。最后累计正分最高者获胜。

（5）必须在本轮投票结果被接纳后方可获知对方本轮投票结果。

（6）在小组内部讨论投票的过程中，组与组之间不得有任何形式的沟通；也可在其中某轮次让组长之间先进行沟通，再进行组内讨论、投票，以考验诚信度。

2. 风中劲草

游戏规则：

（1）每8～10人为一组，每组一位同学站在中间做“草”，其他同学围成一圈做“风”。

（2）“草”的动作要领：

①手的准备动作：双手向前平伸，手心相对；双手交叉，十指相握；交叉的双手向里翻，放于胸前。

②身体的准备动作：双脚并拢，身体绷直，膝盖和腰不能弯曲。

③语言的准备动作：草：“我是×××，我准备好了，我的团队准备好了吗？”风：“准备好了。”草：“我把身体交给你们啦，我相信你们，我要倒了。”风：“请相信我们，你倒吧。”

④“草”的后续动作：闭上眼睛笔直地向后倒下去，由身后的“风”接住，然后慢慢传给旁边的同学。

（3）“风”的动作要领：脚向后迈半步，成弓步姿势，两臂弯曲双手虎口向上，呈接的姿势。当“草”倒下来的时候接住他，然后慢慢地传给右边的同学；转一圈之后将“草”慢慢竖起，轻轻将其“拍醒”，为其鼓掌祝贺。

（4）可先由组长做“草”，后依次进行。

案例分析

1. 职场实在人

2.2.17材料 职场实在人

2. 在美国借钱

2.2.18材料 在美国借钱

思考讨论

1. 你的同事给你讲了一个事关企业的十分重要的事情，并叮嘱你不要告诉他人。你觉得你的老板应该知道这件事，否则企业会有损失。你该怎么办？

2. 同事让你向客户撒个谎(比如说某批货已经发了，其实订单还在办公桌上)，你会怎么办？

第三节 敬 业

一、敬业的含义及特征

2.3.1 视频 敬业(一)

(一) 敬业的含义

“敬业”是人们基于对一件事情、一种职业的热爱而产生的一种全身心投入的精神，通常与“爱岗”联系在一起，合称“爱岗敬业”。所谓爱岗，就是热爱自己的岗位，并尽心尽力做好本职工作；所谓敬业，就是以极端负责的态度对待自己的工作，表现为对本职工作专心、认真、负责。爱岗敬业即指从业人员在特定的社会形态中，尽职尽责、一丝不苟地履行自己所从事的社会事务的行为，以及在职业生活中表现出来的兢兢业业、埋头苦干、任劳任怨的强烈事业心和忘我精神。

爱岗与敬业是紧密联系在一起的，爱岗是敬业的前提，敬业是爱岗情感的进一步升华，是对职业地位、职业价值、职业责任感和职业荣誉的深刻认识和践行。爱岗敬业是公民道德和职业道德的基本要求，也是中华民族的传统美德。中华民族历来有敬业乐群、忠于职守的传统，孔子把这种对待工作的态度叫“执事敬”，宋朝朱熹把它解释为“专心致志，以事其业”。

爱岗敬业是人类社会最为普遍的奉献精神，它看似平凡实则伟大，它看起来简单做起来难。作为一名劳动者，我们为什么要爱岗敬业呢？我们可以从两个方面来理解：第一，企业需要爱岗敬业的员工作为支撑；第二，个人需要通过爱岗敬业来实现价值。

近代思想家梁启超在《敬业与乐业》这篇文章里对“为什么要敬业”这个问题也表达了两个观点：第一，人不仅是为了生活而劳动，也是为了劳动而生活；劳动、做事就是生命的一部分。第二，无论何种职业都是神圣的，“事的名称，从俗人眼里看来，有高下；事的性质，从学理上解剖起来，并没有高下”。一个农民精心耕作，使自己的土地收获更多的农作物，这是他的价值所在；一个工匠专心于自己手中的制作，使自己的手艺得到充分体现，这是他的价值所在；一个艺术家，不分春夏秋冬，始终刻苦练功，使自己的技艺日臻完美，这是他的价值所在。

一般来说，对于那些条件好、工作轻松、报酬高的职业，做到爱岗敬业比较容易。但社会生活中的工作岗位不可能全是这样，必然有许多工作或是环境艰苦，任务繁重，或是工作地点偏僻，远离城市，或是工作技术含量低，重复性大，甚至还有危险。虽然这样的工作对于从业人员来说具有很大的挑战性，但它们也是社会生活中不可缺少的部分，需要有人去做。

现代社会分工越来越细，职业联系越来越密切。在这个社会机体中，哪一个行业、哪一个环节出了问题，都会影响社会的正常运转。没有环卫工人清除垃圾，城市就会臭气熏天；没有军人守卫天涯海角，祖国的领土安全就没有保障；没有石油工人辛勤工作，交通运输就会瘫痪；没有科研人员在戈壁荒原的勘探，就找不到地下"宝藏"。而在这些岗位上工作往往要付出更多的辛苦和更大的代价。

（二）敬业的特征

敬业要做到乐业、勤业、精业、实业。"乐业"就是喜欢自己的职业，热爱自己的本职工作。每个从业人员都要真正认识到自己所从事的职业在社会生活中的作用和意义，从而保有对自己职业的浓厚兴趣；要把未来的职业生涯看成是一种理想，一种乐趣，而不是一种负担。"勤业"就是勤奋、刻苦地完成本职工作，甘于奉献自己的时间和精力，做到手勤、脚勤、眼勤、脑勤，能经受得起工作中的艰难困苦，有勇气、有毅力去克服职业生活中不时遇到的各种困难。"精业"就是使自己的专业技术、业务水平不断提高，精益求精。"实业"就是依靠科学，实事求是，对本职工作一丝不苟，有严格的务实精神。具体表现为以下四个方面：

1. 热爱本职工作，有强烈的事业心

热爱本职工作，说的是"乐业"，就是对本职工作热心忠诚。一个劳动者，无论从事任何一种职业，都应当"干一行，爱一行"。每个从业人员，都是人民中的一员，为人民服务本质上是"人民自我服务"，即从业人员之间通过相互服务来谋求共同的幸福。热爱本职工作，实质上既反映了从业人员对自己的服务对象的热爱和真挚感情，又体现了"为人民服务意识"和"主人翁意识"的统一，这是在本职岗位上做出最大贡献的一种精神动力。

2. 忠于职守，对本职工作有高度的责任心

忠于职守，说的是"勤业"，就是对本职工作兢兢业业、勤勤恳恳，甘于奉献和服务。工作中应该具有饱满的工作热情，认真负责的工作态度，勇于奉献的工作精神和乐于创新的工作意识。勤业是根本，只有把自己的工作做到位，尽到自己的工作责任，才能称得上是一名称职和合格的员工。

3. 钻研业务，对本职工作有强烈的进取心

钻研业务，说的是"精业"，就是对本职工作业务熟悉、精益求精。我们从事任何一种职业活动，都是为了给人民、给社会做出一些实际的奉献，造福于人民和社会。然而，要实现这个目的，光凭一颗爱心、一腔热情还不够，要狠下功夫刻苦钻研业务，努力学习和掌握专业知识和专业技术，不断进取，做到精益求精。这不仅是一个技术要求，而且还包含着道德要求。因此，钻研业务，不仅反映了一个从业人员业务水平的高低，而且与其职业道德水平的高低密切相关，体现了业务水平和职业道德水平的统一。

4. 讲究科学，对本职工作有严格的求实心

讲究科学，指的是"实业"，就是依靠科学、实事求是，对本职工作一丝不苟，有严格的务实精神。任何一种职业活动，都有它本身所固有的客观规律，认识、掌握职业活动的客观规

律并且按照这些客观规律办事，才能事半功倍，取得良好的效果。要坚持“实业”意识，讲究科学，实事求是，对本职工作有严格的求实心，这也是社会主义职业道德的基本要求之一。

总之，爱岗敬业既是社会主义职业道德的重要组成部分，又是社会主义精神文明的重要内容之一，它的核心内容就是为人民服务。全心全意为人民服务是社会主义职业道德的最高目标，它贯穿于社会主义职业道德观念的方方面面，贯穿于“乐业意识”“勤业意识”“精业意识”“实业意识”的始终。

二、敬业的作用

古有“凡事不强则不枉，费敬则不正”的训诫，今有“今天工作不努力，明天努力找工作”的说法。古今所强调的理念是相同的，即从业者如果缺乏敬业精神，就难以在职场上立足。企事业单位如果缺乏具有敬业精神的员工，其发展必然失去根基。

1. 敬业是反映从业人员道德素质的一面镜子

敬业是体现职业人道德观念的一个重要方面，是反映职业人道德素质的一面镜子。对于每个从业人员来说，个人的职业道德建设应该从日常工作、生活中做起，应该体现在日常工作和生活的一言一行中，而不能停留在空洞的口号和说辞上。敬业，就是要在本职岗位上为他人提供优质服务。

敬业，不仅是一种职业道德要求，也是道德水准的评价尺度。是否敬业，工作态度是否端正，办事效率高不高，工作成绩好不好等都能体现一个职业人的道德素养。敬业不仅体现从业人员的精神面貌，而且是反映职业人道德风尚的主要途径。只有敬业，才能形成良好的服务意识，才能做好本职工作，才能真正地为社会做出贡献。

2. 敬业是影响从业人员成长、成功的重要因素

根据马斯洛需求层次理论，个人成长需求是最高层次的需求。满足了生理需求、安全需求、社交需求和尊重需求后，个人的成长、人生价值的实现是一个人追求的最高目标。在敬业精神的指导下，每个从业人员扎扎实实学好专业知识，掌握职业技能，兢兢业业做好工作，出色完成工作任务，就有可能实现自己从工作责任较小、技术含量较低的工作岗位向工作责任较大、技术含量较高的工作岗位提升的愿望。而如果没有敬业的精神，轻视普通的、一般的岗位和工作，那么重要的岗位将离自己越来越遥远。

实践证明，一个职业人是否敬业，直接体现在业绩上。不敬业的人得不到重用和提拔，工作也无业绩可言，成功的机会总是与他擦肩而过。而敬业的员工，其职业道德意识深植在他的脑海里，做起事来积极主动，并从中体会到快乐，从而能获得更多的经验，取得更大的成就。所以，一个人成功概率的大小，与他的敬业程度的高低成正比。

那么，怎样做才能提高敬业精神、实现事业成功呢？答案就是要像珍视生命一样珍视自己的职业和工作，并为之付出全身心的努力。其具体表现首先是学一行精一行，干一行爱一行，克服各种困难，做到善始善终；其次是视个人职业为光荣使命，勇挑重任，把敬业变成习惯；最后是在爱岗敬业、服务大众的过程中享受工作的乐趣。

3. 敬业能协调企业内部、外部的各种关系

敬业是职业劳动过程中调整职业内部和外部各种关系的有力杠杆，是促进社会主义市

场经济发展、推动职业道德建设的有效途径。

首先,敬业是一种竞争力。在行业、企业内部普遍采取竞争原则的情况下,敬业程度成为衡量员工工作态度和工作结果的一个标准。崇尚敬业精神的行业、企业,往往就会得到更大的利益。

其次,敬业起着振奋精神、催人奋进的作用。敬业包括职业认识的提高、职业感情的培养、职业意志的锻炼、职业信念的确立以及良好职业习惯的形成等多方面的内容。对各行各业的企业来说,不断提升员工敬业精神的过程,也是企业不断获得发展、企业文化魅力不断提高的过程。

再次,敬业能够调整职业内部和外部的各种关系。社会主义现代化建设是通过各种职业活动来实现的,它要求各行各业的人们在职业活动中发扬主人翁精神,忠于职守,做好本职工作;同时又要求各行各业之间要紧密团结,互相协作。即各行各业既要明确分工,又要通力合作。这种分工和协作的好坏,直接影响全社会的物质文明和精神文明建设。

4. 敬业是企业及从业个体实现利益和价值的保证

就业,既是一个人为社会服务和做出贡献的基本方式,也是一个人实现自己抱负和价值的基本途径。所以,敬业是对所有从业人员的普遍要求。

首先,我国现在实行的是以按劳分配为主体的分配制度,按劳取酬、按质取酬、多劳多得、高质高价,是社会主义市场经济条件下从业人员获取报酬的主要方式。因此,企业通常要求员工做到爱岗敬业,努力工作,刻苦钻研业务,多出工作成绩,多为企业创造效益,只有这样个人才能取得较高的报酬,企业才能获得更多的利益。

其次,当前我国市场竞争和人才竞争都非常激烈,产品的淘汰率及人才的更新率都呈上升趋势。企业只有不断跟踪市场变化,想方设法使自己的商品质量过硬,并领先潮流,才能立于不败之地。要做到这一点,每个企业员工都必须要有爱岗敬业的态度、精益求精的精神。从业人员只有忠于职守,视岗位如阵地,多干事、出效率、有成绩,才能避免被企业、部门、单位"炒鱿鱼",才能更好地维护自己的职业岗位,并在岗位上做出更好的成绩。只有要求自己的员工努力工作,与时俱进,企业才能保证在激烈的竞争中不被淘汰出局。

三、敬业的具体指向

2.3.2 视频 敬业(二)

(一) 敬业讲求高效

对于企业而言,如果员工缺乏执行力,那么就算领导层的决策再正确,工作也无法得到落实,企业就无法获得发展;对于个人而言,行动力决定了竞争力,只有具备超强的行动力,竞争力才能更强。

1. 日事日毕,拒绝拖延

管理学家彼得·德鲁克曾经说过:"真正推动社会进步的,是默默地高效率工作着的人。"在企业发展过程中,最致命的问题就是拖延了。因为拖延会导致很多事情落实不到位,造成严重后果。

张瑞敏曾打过一个形象的比喻,把一元人民币存到银行里,如果日利率是1%,按复利计算，到70天的时候，一元钱就会变成两元钱。这说明，把所有的目标分解到每个人身上，每个人的目标每天都有新的提高，这样就可以使整个团队的工作有条不紊地进行，业绩也不断地增长。所以，海尔集团提倡，一个优秀的高效率的员工，最重要的一点就是“日事日毕，日清日高”。这就是“OEC管理法”，也就是英文“overall every control and clear”的缩写，意思是全面地对每人每天所做的每件事进行清理，简单来说就是今天的工作必须今天完成，今天完成的事情的质量必须比昨天更好，明天的目标必须比今天更高。

2.3.3材料 海尔集团的“OEC管理法”

事实上，拖延是一种相当累人的折磨。拖延就是把今天的担子放在明天的肩上，随着完成期限的逼近，人的工作压力会越来越大，直到不堪重负，变成一个负不起责任的人。不论是企业，还是其他组织，让员工日事日毕、日清日高都是十分有效的管理方法。只有日事日毕，才不会让事情累积起来；只有日清日高，才会使员工高效、有责任。

2. 高效来自合理的时间管理

在职场中，任何人都会有惰性，只不过有的人能战胜惰性，而有的人却不能。很显然，那些能战胜惰性的人总是能在规定的时间内完成任务，而无法战胜惰性甚至纵容惰性的人则根本就无法做到守时，更不用说把工作做到位了。

2.3.4材料 制定时间管理计划表的步骤

那么为什么在同样的工作任务、同样的职场环境下，有的人就能够战胜惰性，而有的人却做不到呢？很简单，前者除了有自控能力之外，还有点非常重要：善于给自己制定时间表，让自己的行动按照时间表来进行。这样就比较容易克服惰性，做到准时了。那么，如何制定好自己的时间表呢？

第一，分清轻重缓急，把重要的事情排在第一位。

在工作中，并非所有的拖延者都是不负责任、懒散懈怠的人。有相当一部分人之所以拖延，是因为他们对工作分不清轻重缓急，弄不清自己该先去做什么，时而做做这，时而做做那，结果是什么都没做成。因此，在安排自己时间表的时候，一定要明白哪些事情是最重要的，哪些事情是不重要的。分清事情的轻重缓急，这样才能合理安排自己的时间。

第二，明白紧急之事并不一定重要的道理。

大多数人在工作中经常犯一个错误：认为紧急之事一定就是重要之事。按照这种错误的逻辑，很多人把时间花费在了一些紧急但是却不重要的事情上，最终没能把工作做好。比如电话铃响了，尽管你正忙得焦头烂额，也不得不放下手边的工作去接听，这些突如其来的事情通常会给我们造成压力，逼迫我们马上采取行动，但这些事却不一定重要。那么，什么才是重要的事情呢？通常来说，重要的事情应是那些与实现公司和个人目标有密切关联的事情。

第三，每日设立目标，让工作条理化。

试想，如果一个文字工作者资料乱放，本来写材料只要半天，但找资料就花了一天，岂不费事？所以，工作无序，没有条理，必然浪费时间。准备一个活页笔记本，每天早上花5分钟左右的时间，用现在时态写出你的前10个目标，先做什么，再做什么，理出一个明确的概念和顺序，把它们深深地刻在脑海里。每天设立目标，将激发你的精神力量，一天下来，你会发现自己完成目标的速度很快。

第四，利用好零碎时间。

在大多数情况下，时间是一分钟一分钟浪费的，而不是整个钟头一下子浪费的。所以在知道零碎时间的宝贵之后，我们可以将自己每天的活动时间都记录下来，从中发现哪些是被浪费掉的零碎时间，避免以后再浪费。

利用零碎时间有一个诀窍：我们要把工作进行得迅速，如果只有5分钟的时间写作，我们千万不要把4分钟的时间消磨在咬笔上。思想上要有准备，当工作时间来临的时候，立刻把心思集中在工作上。实际上，迅速集中精力，并不像想象中那样困难。

（二）敬业讲究完美

老子说："天下大事，必作于细。"作为一名优秀的员工，对工作中的任何小事及细节，都应该追求精益求精。

1. 从"做了事"到"做好事"

在职场上，有些人看似一天到晚都在忙碌，像老黄牛一样埋头苦干，每天提早上班、推迟下班，有时甚至连周末都不休息，最后把自己弄得疲惫不堪，却还是得不到赏识和重用。为什么会出现这种情况呢？仔细想想，或许是因为很多"老黄牛"尽管每天什么都做，却什么都做得马马虎虎，差不多就行，也就是我们通常说的"差不多先生"。

2.3.5 材料 "差不多"先生

很多人之所以做事做得不到位，往往是因为他们只会完成事情的80％，而忽略了剩下的20％，可恰恰是这最后的20％才是关键的关键。它之所以关键，是因为只有完成了这最后的20％，你的成果才会显现出来。

"做好事"的态度就是追求完美，就是精益求精。要敢于让老板或者主管挑剔自己工作中的毛病，不断对自己提出高要求，用自己的全部精力，将事情做到最完美；要么不做，要做就做好，拒绝"差不多先生"！

2. 不要忽略工作中的细节

对于一根链条来说，最脆弱的一环决定了整根链条的强度；对于一只木桶来说，最短的一块木板决定了整只木桶的容量；而对于一项工作来说，决定其成败的关键在于每一个细节。

2.3.6 材料 爱迪生与电灯

要想成就一番事业，就要从最简单的事情入手。一个连小事情都不能做好的人，更不会成就大事业。20世纪最伟大的建筑师之一密斯·凡·得罗，在描述他成功的原因时，只说了这样几个字："魔鬼在细节。"通用电器公司前CEO韦尔奇也说过："工作中的一些细节，唯有那些心中装着大责任的人能够发现，能够做好。"在韦尔奇看来，一件简单的小事情就能反映出一个人的责任心。

在我们的工作中，有许许多多不起眼的小事情，这些小事情任何人都能做，但是，再小再简单的事，也总有人做不好，更不用说大事了。只有懂得把每一件小事做好，并且把每一件小事和远大的目标结合起来，在脑海里形成注重细节的观念，然后用这种观念来指导工作的人，才能最终成就大事。

梦想再大，也是由小事积累而成的。把每一件小事、每一个细节做到完美，不仅能让我们获得经验和知识的积累，还能让我们体会到工作的快乐和意义，并最终在工作中铸就属于自己的成功，实现自己人生的价值。

（三）敬业追求卓越

中国社会主要矛盾已经转化为人民日益增长的美好生活需要和不平衡不充分的发展之间的矛盾。这告诉我们，人们已经普遍摆脱了求温饱阶段，开始拥有购买更优质产品和服务的能力，一个有品质的精细时代即将来临。这样的时代来临必将呼唤“工匠精神”，这就要求企业有一种不断追求卓越的企业精神，要求员工有一种不断追求卓越的工作态度。

1. 追求“工匠精神”

2.3.7 材料 “工匠精神”的20个特质

在这个“商人精神”横行的年代，个人和企业都面临着巨大的生存挑战。一些以山寨产品为主的企业，可能会一时得以生存，但一个企业要想长久持续发展，必须要追求产品和服务上的更高标准，开展个性化定制、柔性化生产，培育精益求精的工匠精神，增品种、提品质、创品牌。这也是这几年被频频提起的工匠精神的内涵所在。

工匠精神可以从瑞士制表匠的例子上一窥究竟。瑞士制表匠对每一个零件、每一块手表都精心打磨、专业雕琢，在他们的眼里，是对质量的精益求精、对制造的一丝不苟、对完美的孜孜追求。正是凭着这种凝神专一的工匠精神，瑞士手表得以誉满天下、畅销世界、成就经典。

工匠精神并不是舶来品，《庄子》中记载了一个“庖丁解牛”的故事，反映的就是工匠精神。一个叫丁的厨师给梁惠王宰牛，他的手所接触的地方，肩膀所依靠的地方，脚所踩的地方，膝盖所顶的地方，都发出皮骨相离声，刀子刺进去时响声更大，这些声音没有不和音律的。梁惠王问丁他的解牛技术怎么竟会高超到这种程度，丁回答说，他凭精神和牛接触，而不用眼睛去看，依照牛体本来的结构，用很薄的刀刃插入有空隙的骨节；每当碰到筋骨交错很难下刀的地方，他就小心翼翼地提高注意力，视线集中到一点，动作慢下来，动起刀来非常轻，哗啦一声，牛的骨和肉一下子就分开了。

庖丁解牛的故事告诉我们一个道理：做事只要心到、神到，就能达到登峰造极、出神入化的境界。工匠精神不是一句口号，而是需要行动。缺乏对精品的坚持和追求，会让我们的个人成长之路崎岖坎坷，让企业的发展路途充满荆棘。这种缺乏也让持久创业变得异常艰难，更让基业长青变成凤毛麟角。所以，重提工匠精神，重塑工匠精神，是个人、企业乃至行业生存、发展的必经之路。

工匠精神的核心是不仅仅把工作当成赚钱的工具，而是树立一种对工作执着、对所做事情和生产的产品精益求精、精雕细琢的精神面貌。它使企业领导人和员工们在文化与思想上形成共同价值观，并由此培育出了企业的内生动力。

2. 与时俱进，以技能武装自己

2.3.8 材料 姜武的演员之路

一个企业要想得到长久发展，就要做到产品和服务的不断创新和精益求精，要求从业人员更加专心、专注、专业。这不是空有一腔热忱就可以做到的。在这个优胜劣汰、变化迅捷的社会中，作为在职场中打拼的一员，我们只有跟上时代的脚步，不断更新知识和技能，让自己变得更专业，才能生存并追求所要的成功。

社会的发展和科技的进步,给每个岗位都提出了越来越高的要求。就我国目前的社会主义现代化建设而言,不仅需要大批的高科技人才,也需要大批的具有一定科学文化知识和劳动技能的熟练劳动者。所以,不论是从具体职业领域来看,还是就整个社会的发展而言,良好的职业技能都具有深刻的职业道德意义。

每个从业人员都应该结合自己的工作需要,练就专业的技术和高超的技能,最好做到不可替代的程度。如果现在还没有做到,而又有志于在专业技术方面发展,就要静下心来,苦练内功,努力提高专业技术水平,使自己成为企业"专家式"的员工。那么,如何才能提升自己的专业技能呢?

一是不断学习。只有不断学习,提升自我的能力和实力,做到与时俱进,才能适应社会的发展,才不至于被企业、被社会所淘汰。学习的途径可以是参加专门开设的某项专业培训课,也可以是从身边其他人的身上学习,还可以是自身对某一领域的钻研摸索。

二是保持实干精神。大多数能在工作中取得骄人业绩的人,靠的不是走捷径,事实上也没有捷径可走,靠的是一步一个脚印的实干精神。真正的专业技能在课堂上是很难学到的,要在工作实践中结合理论进行学习、提高。

(四) 敬业要甘于奉献

"不要问国家为你们做了什么,而要问你们为国家做了什么。"这是曾任美国总统的肯尼迪在就职演说中说的一句话,意思是说不能总是看到你要得到什么,而要看你能给予什么。同样的道理,我们作为公司的一名员工,首先要看自己为公司做了多少工作,不要总是以"这不是我的任务"为理由来逃避责任。

1. 把职业当事业,培养"老板心态"

职业和事业虽然只有一字之差,但两者的意境却截然不同。停留在职业阶段的人,更多的是为老板工作,为薪水工作;而上升到事业阶段的人,更多的是为了实现自己的梦想工作。两者之间相差的是一种老板心态、主人翁精神。

2.3.9 材料 以老板心态打工的亿万富翁

什么是老板心态?你在这个企业工作,应该有一种主人翁的心态,甘愿为它的繁荣和发展奉献自己的才智和心力。工作时,抛开任何借口,就像老板一样,把公司当成自己的事业。如果你是老板,你一定会希望员工能和自己一样,更加努力、更加勤奋、更加积极主动。因此,当你的老板提出要求时,你就应当积极努力去做,创造性地去做,全身心地去做,为公司尽职尽责,为公司奉献自己的忠诚和责任。

一位报社的总编每次在给新学员培训的时候总是提到,记者的24小时都是报社的。他的意思是说,发生在记者身边的任何事情可能都是报社的新闻素材,作为记者随时需要举起手中的相机,随时需要录音采写相关的内容,这是对职业素养的基本要求。

主人翁的心态,能让你成为一个负责任的人,一个值得老板信任的人,一个可托付大事的人。一个为公司事业尽职尽责的人,往往已经把工作看成是自己的事业,就会更用心、更精心、更专心地去完成好。

2. 提升自身价值，创造增值贡献

2.3.10 材料　老板心态和打工心态的九大对比

许多时候，我们常常会听到种种抱怨："我只拿这点钱，凭什么做那么多工作？""我又不是领导，凭什么对我那么多要求？"……很多人有这样一种想法：我是在为老板工作，薪水一定要和我的工作等价交换，也就是说，你出什么样的价钱，我就提供什么样的质量。这种想法有几个误区：

首先，人需要通过工作获得社会归属感与认同感，而且一个人的才干也要在工作的磨炼中获得长进，也只有积极愉快地去工作，才能在自身进步与取得的成绩中获得一种成就感与满足感。

其次，在衡量一个人的工作业绩时，也许会有暂时的标准差异，但不可能长久失衡。或许一开始，老板并没有发现你的能力，给了你一份比较低的薪水。如果你不能正确对待，消极怠工，那么你的能力大部分会被冰冻起来浪费掉，同时也失去了让老板重新认识你的机会。

踏入职场的每一个人，都希望参与公平竞争，也都渴望建功立业。但有了公平竞争的机会，该怎样脱颖而出从而建功立业呢？加拿大作家格拉德威尔曾说："人们眼中的天才之所以卓越非凡，并非他们的天资超人一等，而是因为他们付出了持续不断的努力。只要经过一万小时的锤炼，任何人都能从平凡变成超凡。"

经济学中有一个词叫"替代性"，如果商品的同类使用功能基本相同，那么，其他的生产者也可以生产出同类的产品来替代你的产品，从而抢占市场份额。换个角度看，人才也是一种特殊的商品。所以，我们要想在职场上获得高薪和升职，巩固自己的地位，就必须全力以赴地去工作，努力提升自身价值，让自己具备其他员工无法替代的能力。要明白，你不仅是为你的老板，更是为你自己在工作。

能力测评

敬业度测评

2.3.11 材料　敬业度测评

拓展训练

1. 寻找身边的敬业榜样。进行一场敬业榜样大搜索，每位同学提名一位身边的敬业榜样，并说明提名理由，然后由全班同学进行投票，选出公认的十位敬业榜样并总结这些榜样的敬业品质。

2. 2015年央视系列节目《大国工匠》，讲述了为长征火箭焊接发动机的国家级高级技师高凤林等8位不同岗位的劳动者，用他们灵巧的双手匠心筑梦的故事。2016年央视纪录片《我在故宫修文物》，讲述了文物修复工匠们日复一日，年复一年，从事枯燥、烦琐、单调而又漫长的文物修复工作的故事。请大家观看视频，并撰写不少于500字的观后感，开展课堂交流与分享。

3. 工匠精神案例搜索。进行一场“我眼中的工匠精神”大搜索，收集有关工匠精神的故事或事迹，对象可以是崇尚工匠精神的企业，也可以是具有工匠精神的个人。采用PPT汇报、剧情演绎、主题演讲等方式，向大家展示某家企业或某个匠人如何坚持弘扬工匠精神的励志故事。

4. 根据时间管理计划表的制定步骤，为你接下来一个月的学习制定一个时间管理计划表。向大家展示你的这一计划表，并谈谈制定原则及理由。

案例分析

1. 老木匠建的最后一栋房子

2.3.12材料 老木匠建的最后一栋房子

2. 两个员工

2.3.13材料 两个员工

思考讨论

1. 随着科学技术的不断进步，劳动力市场和职业环境的迅猛变化，越来越多的人频繁变换岗位乃至行业。于是，有人对“螺丝钉精神”提出了质疑，甚至对“干一行，爱一行，专一行”也提出了批评，认为这样提倡的结果将会是束缚人们个性发展，限制人才流动，不利于社会进步。对于这一观点，你是否认同？请你从敬业和社会责任的角度谈谈自己的看法。

2. 2016年3月5日，国务院总理李克强做《政府工作报告》时说，鼓励企业开展个性化定制、柔性化生产，培育精益求精的工匠精神，增品种、提品质、创品牌。工匠精神首次出现在政府工作报告中。对于工匠精神你怎么理解？中国为什么需要工匠精神？工匠精神应如何落地？

第四节　团队合作

一、团队与团队合作

2.4.1视频 团队合作(一)

（一）团队的定义

什么是团队呢？美国管理学大师斯蒂芬·罗宾斯认为，团队就是由两个或者两个以上的，相互作用、相互依赖的个体，为了特定目标而按照一定规则结合在一起的组织。结合这一观点可以将团队定义为：是由一定数量（两个或两个以上）的构成者组成的一个目标共同体，有共同和一致的理想目标，愿意在统一规则制度的制约下，共同承担风险责任，共享成果，在团队演进过程中，经过长期的制度机制学习、目标过程磨合、目标向度调整和体制机制创新，形成主动、高效、合作、创新的团体，通过问题解决，最终达到与预期目标相符合的共同价值目标。

（二）团队的构成

2.4.2 材料 历史上六个最牛团队

作为一个团队，必要的构成要素是不可或缺的。按照通行的理解，团队的构成包含五个必需的要素，简称为5P。

1. 目标（purpose）

目标对于一个团队而言，作用如灯塔，可以照亮团队前行的路。每一个团队都应该有一个既定的目标，通过目标的定向作用，团队成员知道要向何处去、评判成败的价值标准是什么。没有目标，这个团队就没有存在的价值。

所以，当我们着手建立团队的时候，就要为团队制定一个可以追求的目标。因为这个目标一直存在，所以全体成员可以按照目标的指引，心往一处想、劲往一处使。在完成目标的过程中，成员之间会逐渐形成一种高度的认同感。

通过观察自然界中的一个生动案例，我们可以窥见目标之于一个团队的重要性。自然界中有一种昆虫很喜欢吃三叶草，它们在吃三叶草的时候都是成群结队的，第一个趴在第二个的身上，第二个趴在第三个的身上，连接起来就像一节一节的火车车厢。管理学家做了一个实验，把这些昆虫连在一起，组成一个圆圈，然后在圆圈中间放了它们喜欢吃的三叶草，结果它们围着三叶草不停转圈，爬得精疲力竭也吃不到这些草。

这个例子很明显地说明了一个道理，如若团队失去目标，团队成员就不知道往何处去，最后的结果可能是饿死，这个团队存在的价值也要大打折扣。团队的目标必须跟组织的目标一致，此外还可以把大目标分成小目标具体分到各个团队成员身上，大家合力实现目标。同时，目标还应该有效地向团队成员传播，让团队成员都知道这些目标，激励所有的人为目标去工作。

2. 人（people）

莎士比亚的《哈姆雷特》中有句关于人的最为核心的描述："人是宇宙的精华，万物的灵长。"团队没有人，便成不了团队，人是构成团队最核心的力量。正如罗宾斯教授所说的，两个或两个以上的人就可以构成团队。目标只有通过具体的成员才能实现，所以人员的选择是团队中非常重要的一个部分。在一个团队中需要有人出主意，有人定计划，有人实施，有人协调不同的人一起工作，还有人监督团队工作的进展、评价团队最终的价值和贡献，不同的人通过分工来共同完成团队的目标。因此，在选择人员时要考虑人员的能力如何、技能是否互补、经验如何等。

3. 定位（place）

定位从团队的整体结构角度而言，相当于目标的逐个分解。对每个小目标进行定位，就会最终完成团队的大目标。团队的定位包含两层意思：一个是团队的定位，一个是个人的定位。

先看团队的定位。团队的定位需要明确几个问题：团队在更高一级的整体设计中处于什么位置？由谁选择和决定团队的成员？团队最终应对谁负责？团队采取什么方式激励成员？再看个体的定位。个体的定位需要明确成员在团队中扮演什么角色，在定位明确的前提下，才可以根据定位制定规范，来从制度层面约束个体的行为。

4. 权力(power)

权力在团队的发展过程中所体现的作用是有阶段差别的。权力作用的发挥要以人为执行要素，团队当中领袖人物的权力大小跟团队的发展阶段相关。一般来说，团队越成熟领导者所拥有的权力相应越小，在团队发展的初期阶段领导权是相对比较集中的。

当然，对团队权力的界定需要明晰以下几个问题：团队权力的边界与团队发展阶段的关系如何界定？对于团队中领袖人物关于团队发展的意见和建议，成员的采纳和接受程度有多高？

5. 规划(plan)

规划对于团队而言，相当于把定位好的团队阶段目标进行路径规划，明确团队应该如何分配成员的职责和权限，简单说就是团队成员知道自己要做什么和如何做。所以，规划关系到团队在实践层面的展开。具体而言，规划有两层含义：第一，目标最终的实现，需要一系列具体的行动方案，这些具体的行动方案就是规划的实践意义。当规划成形，便可以把规划理解成目标具体实现的程序。第二，蓝图对于团队的重要性不言而喻，按规划进行可以保证团队工作的顺利进展。只有在规划的指引下，团队才会一步一步地贴近目标，从而最终实现目标。

团队是一个整体。从团队的概念和构成要素来理解团队，是更好解读和深刻理解团队合作的一个基本前提。团队的形成已经为团队合作创造了一个很好的基础，所以对团队合作、团队精神、团队意识和团队能力相关问题的分析解读，也就是顺理成章、水到渠成了。

（三）团队合作

小到一个企业，大到一个国家，团队合作的重要性都是不言自明的。理解和把握团队合作概念，有助于建立团队合作的基础维度。对于团队概念的理解可以从管理学的角度入手，而对于团队合作概念的理解就不能仅仅从管理学角度切入了。

按照普遍的理解，所谓团队合作，指的是一群有具体执行力，有强烈目标信念感的人在组成好的特定团队中，为了一个共同的目标相互支持、合作进步的过程。它可以调动团队成员的所有智慧和资源，并且会有效地消除目标实现过程中的不公正现象，同时会给予那些专心于目标的执行者适当的具体价值回报。从概念可以判断，如果团队合作出于自觉自愿，它必将会产生一股强大而且持久的力量。

（四）高效团队的特征

高效团队具有如下几个明显的特征：

1. 清晰的目标

2.4.3材料 采蜜

高效的团队对要达成的目标有清晰的认知，并坚信这一目标包含重大的意义和价值，激励着团队成员把个人目标升华到团队目标。在高效的团队中，成员愿意为团队目标做出承诺，清楚地知道团队希望他们做什么工作,以及他们怎样共同工作以实现目标。

2. 相互的信任

团队成员间相互信任是高效团队的显著特征,每个成员对其他成员的品行和能力都确信不疑。信任是相当脆弱的,它需要花大量的时间去培养而又很容易被破坏,只有信任他人才能换来被他人信任。团队内的相互信任是高效团队得以维持的关键。

3. 相关的技能

高效团队由一群有能力的成员组成。他们具备实现目标所必需的技术和能力,相互之间能良好合作,从而出色地完成任务。

4. 一致的承诺

高效团队的成员对团队表现出高度的忠诚,为了能使团队获得成功,他们愿意尽最大努力工作,我们把这种忠诚和奉献精神称为一致承诺。其特征表现为对团队目标的奉献精神,愿意为实现这一目标而调动和发挥自己的最大潜能。

5. 良好的沟通

良好的沟通是高效团队一个必不可少的特点。团队成员可通过畅通的渠道交流信息,包括各种言语和非言语交流。此外,管理层与团队成员之间健康的信息反馈也是良好沟通的重要特征,它有助于管理层指导团队成员的行动,消除误解。良好的沟通使高效团队中的成员能迅速而准确地了解彼此的想法和情感。

6. 谈判的技能

以个体为基础进行工作设计时,员工的角色有工作说明、工作纪律、工作程序及其他一些正式或非正式文件的明确规定。但对高效的团队来说,其成员角色具有灵活多变性,可能会不断进行调整。这就需要成员具备高超的谈判技能。

7. 恰当的领导

能力出众的领导者能够让团队跟随自己共同渡过最艰难的时期,因为他能为团队指明前途所在,阐明变革的可能性,鼓舞团队成员的自信心,帮助他们更充分地了解自己的潜力。优秀的领导者不一定要指示或控制成员,高效团队的领导者往往担任的是教练和后盾的角色,他们对团队提供指导和支持,但并不试图去控制它。

8. 内部和外部的支持

从内部条件来看,团队应拥有一个合理的基础结构,这包括适当的培训、一套易于理解的用以评估员工总体绩效的测量系统,以及一个起支持作用的人力资源系统。从外部条件来看,管理层应给团队提供完成工作所必需的各种资源。

二、团队精神

(一) 团队精神的内涵

2.4.4材料 神奇的汤石

所谓团队精神,是团队个体为了团队的整体利益和目标而协同合作的意愿和作风。它表现为成员对团队目标的认同、对团队强烈的归属感及团队成员之间紧密合作、共为一体的意识。一个高效团队的灵魂就是团队精神。只有具有团队精神，一个团队才能发挥出最大的力量，才能获得最佳效率。

团队精神并不是虚无缥缈的东西，它可以体现为以下几个方面。

1. 协作精神

团队成员愿意与他人建立友好关系和相互协作的心理倾向。团队成员在工作中互相依从、互相支持、密切配合，并建立了相互尊重、相互信赖的协作关系。

2. 全局观念

团队成员对团队忠诚度高，对团队有一种强烈的归属感，不允许有损害团队利益的事情发生，具有团队荣誉感，将个人利益与团队的整体利益联系在一起。

3. 责任意识

团队成员有着为团队的成长和发展而尽忠尽责的意识，忠于团队的目标与利益，恪尽职守地完成任务并遵守团队规章制度等。

4. 互助精神

团队成员有意愿将个人的信息、资源与团队其他成员共享，为了达到团队整体目标，互相帮助和互相交流，团队之间没有隔阂。

5. 进取精神

团队成员为了实现团队的整体利益努力进取，在团队发展和团队战略、价值实现的过程中齐心协力，为一个共同的目标而奋斗。

（二）团队精神的作用

1. 团结凝聚

它通过对群体意识的培养，通过员工在长期实践中形成的习惯、动机、兴趣等文化心理，来沟通思想，引导员工产生共同的使命感、归属感和认同感，产生一种强大的凝聚力。

2. 目标导向

它能使团队成员齐心协力，拧成一股绳，朝着一个目标努力，使团队要达到的目标成为每个成员所努力的方向，整体目标顺势分解成各个小目标，在每个员工身上得到落实。

3. 协调控制

在团队里，不仅成员的个体行为需要控制，群体行为也需要协调。团队精神产生的协调控制能力，是通过团队内部所形成的一种观念的力量、氛围去影响、约束、规范个体行为，使之不与团队的整体利益相冲突。

4. 促进激励

它要靠员工自觉地要求进步，力争与团队中最优秀的成员看齐，通过成员之间正常的竞争实现激励的目的。这种激励要得到团队和成员的认可。

团队精神能让成员互相关心、互相帮助，并努力自觉维护团队的集体荣誉，约束自己的行为。团队精神能让每个团队成员具有高涨的士气，激发成员工作的主动性，能让团队成员自愿地将自己的聪明才智贡献给团队，同时也使自己得到更全面的发展。团队精神能进一步消除内耗，能在第一时间界定责任，找到解决问题的责任人，增强团队的工作效率和凝聚力。

三、融入团队

2.4.5视频 团队合作(二)

(一) 融入团队的心态

1. 低

即放低姿态。无论你以前获得过多么值得炫耀的业绩,新到一个单位,切记自己是重新开始,尊重每一个老同事,不要对别人的行为评头论足。

2. 忍

小不忍则乱大谋。面对周围人的冷言冷语甚至小动作,不公开、不回应、不传播、不介入,兢兢业业做好自己的工作。忍还表现为情绪克制和行为谦让,以免激起破坏性冲突。

3. 合

即与团队融合。加快融入团队的进程,迅速变成“自己人”。沟通要从心开始,在新团队中尽快找一两个可以很好交流的新朋友,扎下根基,通过个别人的认可逐步获得整个团队的认可。

(二) 融入团队的好处

作为一名团队成员快速融入团队有以下三个好处。

1. 有助于解决问题

快速融入团队可达到以下两方面效果。其一,是综效,主要是指用团体的群策群力解决问题的能力及效果。其二是相乘效果,类似于“一加一等于三”或是“三个臭皮匠,胜过诸葛亮”。

2. 有助于获得安全感

在初入团队时,学习经验、知识技能等资源都可能会不足,而团队能提供学习机会以及发展空间。在团队中的安全感大于“单打独斗”。

3. 能满足心理需求

在团队中可以得到归属感以及自我实现等心理需求。可以得到归属感是由于在工作场所已形成了一个小型的社交、联谊中心,遭受挫折时有人给你安慰,得到奖赏时有人和你分享。这些心理上的需求满足会给个人带来激励。

(三) 学会团结

2.4.6材料 她决定融入团队

在工作中,无论你的经验有多丰富、水平有多高,单打独斗都是不可能取得大成就的,只有融入一个优秀的团队,才能实现优势互补。在新的工作环境中,你可以采用以下方法,快速团结其他成员。

1. 将工作视为团队的工作

在办公室的工作环境里,以团队为重的姿态是最受推崇和欢迎的。不要幼稚地以为个人英雄主义就可以让自己出人头地,任何工作都是系统控制中的一部分,越是管理得好的公司,个人越权的机会越少。视工作为团队的工作的好处有:可以减少自己的心理压力,不用把沉重的压力一个人往身上扛；会在工作中调节与其他同事的关系，以得到稳妥的平衡状态；会更专注自己的强项，并可采取最有效的方法去完成工作，将工作简单化和程序化。

2. 多赞美，少批评

要想做个被人团结或者团结他人的人，一定要学会用赞赏的眼光而非挑剔的眼光看待同伴。我们每一个个体都有自己的长处和短处，而且性格差异也会很大，所以一定不能用自己主观的价值观去评判同伴。赞赏是认同的一种表现形式，赞赏也是同伴之间的润滑剂。用心发现同伴的长处，团结的气氛就会越来越浓烈。用建议替代批评，用赞美替代奉承，团结的力量就会越来越强大。

3. 培养开朗的性格

如果你具有开朗的性格，你就可能会拥有更多快乐，其他团队成员就会主动拉近与你的距离。孤僻的人不但经常遭到非议，而且也很容易被孤立。融入新的团队的最好办法是主动出击，热情对待所有团队成员。如果暂时不够开朗，不要紧，从现在开始，学会微笑。

4. 享受团队成功的喜悦

团结最简单的表现就是齐心协力。一个团结的队伍，首先团队成员要有享受团队成功的愿望，并愿意为此付出。将团队成功的喜悦当成自己的喜悦，将会发现工作的更多乐趣。

5. 与同事竞争不能太过张扬

面对晋升、加薪等职场上的关键问题，不能放弃与同事公平竞争的机会，但应抛开杂念，绝不能耍手段。面对强于自己的竞争对手，要有正确的心态；面对弱于自己的对手，也不能太过张扬和自负。如果与同事意见有分歧，可以讨论，用无可辩驳的事实及从容镇定的态度来表达自己的观点。

四、团队信任

职场新人刚进入工作团队，迫切希望工作会有成果，得到承认，这都需要与同事们建立团队信任关系。信任是合作的开始，也是团队管理的基础。一个不能相互信任的团队，将无法完成任何的合作与交流，是一支没有凝聚力的团队，也是一支没有战斗力的团队。团队必须建立在相互信任的基础之上，才能通力合作完成大型的任务。团队成员彼此之间的信任程度，是影响工作绩效及成果的一个关键因素。信任可说是一种“心理契约”，此种心理契约是经济社会一切规则、秩序的根本所在，没有信任，就没有秩序。

2.4.7 材料　大漠里的抽水机

（一）团队信任的重要性

信任对于一个团队来说，具有化腐朽为神奇的力量，它能够使团队凝聚出高于个人力量的团队智慧，造就不可思议的团队表现和团队绩效。团队信任是一个优秀团队成功的基石，它的重要性表现在以下方面：

建立信任易于构建成员之间互相包容、互相帮助的人际氛围；

建立信任易于形成团队精神以及积极热情的工作情绪；

建立信任团队成员的工作满意度会随之得到提高；

建立信任能使每个人都感觉到自己对他人的价值和他人对自己的意义；

提升信任有助于提高成员对团队的忠诚度及工作效率；

提升信任可以使团队成员之间更愿意进行合作，会主动给予彼此更多的支持，可以减少领导者协调的工作量；

提升团队信任有助于提高信息共享的效率；

提升团队信任能有效地提高合作水平及团队和谐程度；

提升团队信任能促进团队绩效的提高和团队的成功。

（二）团队信任的培养

任何能力和技巧都可以通过一些方式进行培养和提高，团队信任也不例外。如何快速地建立团队成员之间的信任，使大家密切联系在一起，创造一种相互支持的团队关系，从而达成团队的默契，提高团队的绩效，这是每一个管理者都关注的问题。培养团队信任，不仅要建立团队成员之间的信任，还要建立团队管理者与成员之间的信任，更重要的是建立团队成员对团队的信任。下面是培养团队信任的常用方法。

1. 共同利益

你应该明确你的工作不仅是为自己取得利益，也是在为团队取得利益，每个团队成员的工作都是共同利益的一部分。

2. 言行支持

当你成为团队的一员时，要用言语和行动来支持你的团队。当团队或团队成员受到外来者攻击时，要维护其利益，这样将有利于获得团队及团队成员的信任。

3. 开诚布公

开诚布公能带来信心和信任。因此，团队成员应充分了解信息，有问题则坦诚相告，并充分地展示相关信息。

4. 公平公正

团队领导者在进行决策或采取行动之前，先想想团队成员对决策或行动的客观性与公平性会有什么看法。该奖励的就奖励，在进行绩效评估或奖励分配时，应该客观公平，不偏不倚。

5. 真诚地表达

那些只是向员工传达冷冰冰的事实的团队领导，容易遭到员工的冷漠与疏远。真诚地表达会让员工认为你真诚、有人情味，并更加尊敬你。

6. 价值信念

不信任来源于不知道自己面对的是什么。让团队成员了解团队的价值观和信念，了解团队目标，使他们的行动与团队目标一致，进而为团队赢得信任。

7. 保守秘密

保守团队秘密是团队成员最基本的要求。保守团队成员的个人秘密，也是你赢得他人信任的关键。如果团队或团队成员知道你会把秘密透露给他人，他们就不会信任你。

8. 表现领导者才能

表现出领导者的技术和专业才能，不仅能引起团队成员的仰慕和尊敬，还能赢得他们的信任。还要特别注意培养和表现领导者的沟通、团队建设和其他人际交往技能。

五、团队冲突

团队冲突是团队发展过程中的一种普遍现象。不论是建设性冲突还是破坏性冲突，都需要及时进行处理，否则建设性冲突也可能转化为破坏性冲突，而破坏性冲突的影响也会愈加恶劣。对于每一个团队成员特别是团队领导来说，掌握冲突处理的技巧是管理团队最重要的技能之一，只有及时、有效地冲突处理，才能保证团队的和谐，提升团队凝聚力。

在介入冲突后，无论出现什么样的情况，冲突处理技巧都显得非常重要，下面就是一些有用的技巧。

1. 反应及时

冲突出现后，久拖不决会对双方容易造成长期伤害，对整个团队的效率产生不良影响。所以，反应的快捷是至关重要的，以免引起事态的恶化。团队内必须做到及时沟通，积极引导，求同存异，把握时机，适时协调，求得共识，保持信息的畅通，而不至于导致信息不畅、矛盾积累。

2.4.8材料 老王的牢骚

2. 坦诚沟通

首先确定冲突的问题是什么，然后要了解问题背后的原因。沟通不畅是引起团队冲突的重要原因。沟通不良往往表现在如下几个方面：信息的不对称，评价指标的差异，倾听技巧的缺乏，言语理解的偏差，沟通过程的干扰，团队成员的误会等。团队成员彼此的差异，如果能够相互了解，那么发生冲突的可能性就会大为减少。所以要解决冲突，应彻底沟通，弄清冲突双方的需求，再从中找到双方的利益共同点，非常有助于冲突的解决。

3. 换位思考

冲突双方往往是从自身的角度出发来考虑事态的演变和事件的结果，这就导致冲突双方的矛盾不可调和，双方就没有交集出现。如果冲突一方能站在对方立场上从对方的角度来考虑问题，体验对方不同角色的内心感受和情绪变化，事情往往就会好办得多。但换位思考不是人人都能做到，这种能力需要有意识进行培养，养成关心他人的习惯之后才可能有这种体验。

4. 冷静决策

冲突时往往不够冷静，没有一个全局观念，决策时的信息依据也容易丢失，考虑不够周全，这个时候做出的决策经常会令人后悔不已。

5. 宽容错误

常言道：忍一时风平浪静，退一步海阔天空。职场中的冲突大多都是工作、性格、言语等小冲突，不是什么生死存亡的冲突，当冲突出现时，我们不妨表现得大度一些，得饶人处且饶人。宽容的人能将大事化小、小事化了。冲突双方不妨尝试和颜悦色地说一些宽恕包容对方的话，往往能收到意想不到的效果。宽恕不仅能消除对方的敌意，还能给自己减轻不少压力，对一个团队来说，它是处理团队关系的润滑剂。

6. 情绪正面

在负面情绪中做出的判断往往是不正确的或是错误的。负面情绪中的协调沟通常常没有逻辑，既理不清，也讲不明，很容易因冲动而失去理性，如吵得不可开交的夫妻、反目成仇的家人、对峙已久的同事等。尤其是不能够在负面情绪中做出错误的判断，以免让事情变得不可挽回。

六、团队执行力

执行，就是接受团队决策者的任务安排，决不推脱。一个团队成员必须学会执行任务，必须担负起自己应有的责任，这是构建团队精神的基石。团队执行力是把战略、决策转化成结果的满意度、精确度以及速度。

（一）执行力的内涵

所谓执行力，指的是贯彻战略意图，完成预定目标的操作能力，是把组织战略、规划转化成效益、成果的关键。执行力包含完成任务的意愿，完成任务的能力，完成任务的程度。对个人来说，执行力就是办事能力，即能不能按时按质按量完成自己的工作任务。对团队来说，执行力就是战斗力，即在预定的时间内完成团队的战略目标。所谓团队执行力就是指将战略与决策转化为实施结果的能力，就是当上级下达指令或要求后，迅速做出反应将其贯彻或者执行下去的能力。

2.4.9材料 差别

（二）执行力的影响因素

1. 责任明确

明确每一个团队成员的职责是团队工作顺利开展的前提，也是团队执行力提升的基础。权责不清就会造成遇到问题跑得快，遇到功劳抢着要，简单工作抢着干，困难工作靠边站的后果，长此以往团队执行力就是一句空话。

2. 执行没有借口

在工作中，我们经常会听到这样或那样的借口。“路上塞车”“身体不舒服”“家里有点事”等。其实在职场上，如果你做不好自己分内的工作，那就不要抱怨领导不给你机会。那些老是为自己失败找借口的人，就不要指望能成功。没有领导会因为你的借口合理而给你提升和奖励，机会总是留给那些不找借口的人。成功企业之所以成功，是因为他们从来都不会为任何借口留下空间。找借口是工作中最大的恶习，是一个人逃避应尽责任的表现。它所带来的，不仅是工作业绩的大打折扣，甚至会给单位和社会带来不可想象的损害。

3. 积极主动工作

工作积极主动的人往往具有不断探索新办法来解决问题的职业精神，会对团队的长远发展做出贡献。团队需求的人才不仅要具有专业技术知识，更需要那些工作积极主动、热情自信的人。一个合格的职业人不应是被动地等待上司安排工作，而是应该主动去思考岗位需要自己做什么，然后努力地去完成。主动的行为才能养成主动的习惯。主动做事就是一种习惯，而且是非常优秀的习惯。

（三）高效行动的六种品质

成功没有秘诀，就是要在行动中尝试、改变、再尝试……直至成功。有的人成功了，不是因为他们的运气比我们好，而是因为他们比我们犯的错误、遭受的失败更多。但是，仅仅行动起来是不够的，因为在实现目标的过程中，会遇到很多困难和阻碍，这就需要一些良好的品质来协助，让我们能够不偏离方向，不被困难阻断，最终到达成功的彼岸。

1. 勇气

当你开始行动的时候，你就已经在冒某种程度的风险了，因此，要想在事业上有所成就，非得有勇气不可。要想成为一个成功者，就必须具备“拼着失败也要试试看”的勇气和胆量。但是，勇气不等于赌博，不等于碰运气，真正的勇气是积极主动地进取，是一种魄力。

2. 耐力

坚韧不拔的精神是成功必不可少的，但是很少有人能正确地理解它。坚韧不拔的耐力要求我们在失败中站起来，不要让失败动摇我们的决心，更不要因为失败而放弃我们的目标，只要我们拥有不屈的耐力，我们总会获得成功。

3. 毅力

凡是成功地将愿望转变为现实的人，都有一种百折不挠、勇于进取的毅力，这是行动力得以发挥效应的最根本条件，也是一切成功之源。一个凡事坚持到底有毅力的人，世界必将为他打开出路，而那些毅力不佳的犹豫沮丧者，不会引起别人的敬仰，也不会得到别人的信赖，更不能成就什么大事。

强化自己愿望的程度，拥有明确的目标和计划，学会自我激励，在前进中遇到麻烦或障碍时及时去面对它、解决它，这对于增强你的毅力很有帮助。

4. 热情

热情是一种难能可贵的品质，是持续行动必不可少的品质。热情可以使你释放出潜在的能量，并发展出一种坚强的个性。当你将热情灌注到行动中，你的行动将不会觉得辛苦和枯燥，它会使你充满活力。热情不但能激发你的潜力，它所散发出来的感染力还可以影响到周围的人，他们会理解你、支持你，也变得与你一样有热情。

5. 信念

在行动中，艰难坎坷、曲折磨难、痛苦彷徨、失意迷茫，甚至失败，都是不可避免的，但这些都不可怕，真正可怕的是失去支撑自己走下去的信念。有了坚定的信念，当你摔了跟头，你不会气馁，而是立即爬起来，掸掸身上的尘土，为自己鼓劲，为自己加油；当你获得一次微小的成功之后，你不会骄傲，更不会停止自己追求的脚步，而是对自己说：我真棒，可这只是一个小小的胜利，更大的目标在等着我呢；当困难来临时，会给自己打气，用信念滋养勇气；当失败来临时，会自我激励，总结经验寻找新的挑战；当机会来临时，会为自己壮胆，用努力和智慧，写下新的业绩。

6. 决心

决心，是成功的首要因素，是做任何事的首要条件，只有具备了这个条件，才能获得成功。有决心，才能把想法付诸行动，行动了，决心才能发挥作用，行动和决心是相辅相成的，缺一不可。

能力测评

1. 团队合作精神测评

2.4.10材料 团队合作精神测评

2. 团队合作适合度测评

2.4.11材料 团队合作适合度测评

拓展训练

1. 大树与松鼠

大家五到六人为一个小组,两个人面对面拉着手作为"大树",另一个人站在他俩的中间为"松鼠",在外面留两到三个人作为"流浪者","流浪者"可做"松鼠"也可做"大树"。当主持人喊"大树"时,"松鼠"站着不动,"大树"立刻解散重新和外面的"流浪者"组合为"大树"。10秒后主持人喊停,没加入组合的人将被惩罚。主持人喊"松鼠"时,"大树"不动,"松鼠"出去重新选择"大树"。主持人喊"地震"时,"松鼠"与"大树"都重新组合。

2. 同舟共济

(1) 准备报纸10张。

(2) 将两张报纸并排放在地上,一个小组(至少5人)站在上面,脚不许踩出界;出界的、倒下的小组被淘汰;淘汰的小组可以干扰别的小组,但不允许用推拉等动作,只允许用语言;分组进行,计时算分,分出一二三名。

3. 六足蜈蚣

(1) 画定大约10米的距离,在终点放置一物品,各队按抽签顺序出场。

(2) 给各队10分钟准备时间,要求各队6人作为一个整体穿越场地,取到物品后返回起点,队员之间身体必须直接接触,并且不能借助外物连接在一起。另外一个重要规则是,任何时候,每组只能有5个点接触地面,如果游戏过程中,哪个队的接触点超过了5个,必须重新开始。裁判要注意记录各队犯规次数,但不得打断比赛。计时员计时,用时最短的队将获胜。

4. 背夹球

(1) 每8名学员分为一组,每组分为4对。

(2) 准备活力球若干个。

(3) 2名参赛学员背对背,双手在背后交握,用手托住球,学员以侧跑方式在规定的跑道内跑完30米,然后折返交给下一组本队学员。

(4) 如果球落地,则要在球离开身体处由裁判重新放球继续赛程,如果学员跑到别的队伍的跑道里则为犯规,要从出发点再开始,最先完成赛程的队伍胜出。

5. 驿站传书

(1) 每组一个秒表(可用手机计时代替);每组一张A4纸和一支黑色水笔;数字卡片若干张。

（2）不准讲话；不准调头；不准传递纸条；不准使用手机等通信工具；任何人都不能离开自己的位置；后面同学的手不能越过前面同学的背部；前面同学的手不能越过自己的背部；信息传递中不能用手写字，只能像发电报一样用手“点”，或者用手“拉、拽、拍、捏”；当信息传到最前面同学的手中时，这位同学要迅速写下数字并举手示意，计时员以举手那一刻为截止时间；以小组为列，每一列的最后一位同学传递数字信息至第一位同学，传递正确且用时最少的小组获得胜利；凡小组中有人违规就得重新开始。

（3）竞赛共有3轮（教师也可进行2轮，数字自行确定）：第一轮是3个自然数组成的百位数；第二轮是一个带有小数点的4位数；第三轮是7个自然数。

第一轮开始前各小组有6分钟的讨论时间，以指定沟通密码方式或流程制度。

①各小组面向讲台成一列纵队席地而坐，每两列之间间隔30～40厘米。

②助教给每组最前端的同学发放一支笔及一张A4纸，记录最后接收到的信息。

③助教给每组最后一名同学派发数字卡片并要求看清上面的数字信息（时间30秒）。

④指导教师发布开始的口令，助教开始计时。各组最后一名同学用事先约定的方法依次将数字传递给前面的同学，直到第一名同学。

⑤每组第一名同学将自己认为的数字写在事先准备好的纸上后举手，助教立即结束计时并上前收取信息，然后由最后一名组员大声读出卡片上的信息，验证其内容是否正确并做好记录。

⑥第一轮待所有小组传输完毕，指导教师给每个小组5分钟的时间，讨论下一轮传递信息的方式。

⑦第二轮不得使用第一轮的传递方法。待所有小组传输完毕，指导教师给每个小组4分钟的时间，讨论下一轮传递信息的方式。

⑧第三轮不得使用第一轮和第二轮的传递方法。

⑨指导教师公布各小组体验活动成绩，得分最高的小组为胜。

⑩感悟分享。

案例分析

1. 阿里巴巴“十八罗汉”

2.4.12材料　阿里巴巴“十八罗汉”

2. 给猫挂铃

2.4.13材料　给猫挂铃

思考讨论

1. 当你走上实习岗位之际，如果专业技能与岗位技能要求不一致，而该岗位又需要团队合作，这时你如何更好地在团队中发挥自己的作用？

2. 作为当代大学生，你觉得如何在自我独立和团队合作之间找到较好的平衡点？

本章测试

2.4.14本章测试

第三章 劳动素养

学习目标

1. 深刻理解马克思主义劳动价值观和习近平总书记关于劳动的重要论述，树立劳动最光荣、劳动最崇高、劳动最伟大、劳动最美丽的价值观念，崇尚劳动、尊重劳动。

2. 领悟并能在日常生活与工作中自觉践行辛苦劳动、诚实劳动、创造性劳动。

3. 牢固树立劳动光荣、创造伟大，辛勤劳动光荣、好逸恶劳可耻，劳动没有高低贵贱之分，幸福是奋斗出来的等劳动观念。

4. 理解劳模精神和工匠精神，能以“全国劳模”和“大国工匠”为楷模，自觉养成劳动精神。

5. 能积极参加生活劳动、生产劳动和服务性劳动，增进劳动体知、深植劳动情怀、锤炼劳动品质、养成劳动习惯，提升劳动素养。

劳动有广义和狭义之分。狭义的劳动仅指生产和生活中的劳动，是具有一定劳动知识和技能的人或人群使用劳动工具，以获取劳动成果为目的而对外部对象实施改造的活动。比如种植水稻、修建房屋、洗衣做饭等。广义的劳动是除了生产和生活劳动以外，还包括许多现代社会延伸出来的劳动，如脑力劳动、服务劳动等。人们从事的写作、设计、规划、管理等活动也是劳动，这些劳动需要人们的智力参与，因此被称为脑力劳动，这是根据劳动过程对劳动者参与要素的不同作出的劳动分类。另外，酒店服务员、银行工作人员、销售人员等从事的活动也是劳动，这些劳动所产生的劳动成果不是有形的物品，而是无形的服务，因此被称为服务劳动，这是根据劳动成果形态不同对劳动作出的分类。与劳动相区别的概念是休闲娱乐活动，如打游戏、看电影以及体育运动。休闲娱乐活动和体育运动虽然具有愉悦身心，提升身体素质，促进人际交往的功能，都是人类不可缺少的活动，但它们不是劳动，最根本的原因就在于它们不是以获得劳动产品为目的。

第一节 劳动价值

马克思、恩格斯分别从历史唯物主义、政治经济学和教育学原理三个维度对劳动价值进行理论阐述。劳动创造了世界、创造了历史、创造了人本身，劳动是人类的本质活动，是人类创造物质财富和精神财富的重要活动，是人类社会生存和发展的基础，是实现人的全面发展的重要途径。

3.1.1视频 劳动价值

一、劳动的本源性价值

劳动创造世界。马克思认为，劳动是有意识、有目的的活动，其试图创造出一个可以满足人类生活需要的物质世界。构成人类赖以存在的现实世界的关键要素之一正是人的劳动，而且是作为人类实践活动最基本形式的生产劳动。人类社会要存在和发展，不能仅仅依靠自然界直接提供的物质资料，而要主动征服自然、改造自然从而获得确保自身生存的资料。而且人类并不满足于获得保障最低生活需要的物质资料，而是希望自己的生活变得更加美好，比如希望穿丝绸制作的衣服，住高大、宽敞的房屋，乘坐速度极快的交通工具。这些物质资料是自然界无法直接提供的，需要人类运用智慧并通过劳动去创造。没有劳动，就没有充满丰富物质的现实世界。任何一个民族，如果停止劳动，不用说一年，就是几个星期，也要灭亡，世界也将走向消亡。社会发展的最终决定力量不是精神、意志、神灵，而是人的劳动实践。

劳动创造历史。马克思认为，只有人类的生产劳动才真正构成了人类历史的基础，才是解开人类历史发展秘密的钥匙。人们为了能够“创造历史”，必须能够生活。但是为了生活，首先就需要吃喝住穿以及其他一些东西。换句话说，人们首先必须吃、喝、住、穿，就是说首先必须劳动，然后才能争取统治，从事政治、宗教和哲学等其他活动。因此，第一个历史活动就是生产满足生活需要的资料；而且，这是人们从几千年前直到今天单是为了维持生活就必须每日每时从事的历史活动，是一切历史的基本条件。劳动是“一切历史的基本条件”和“人类的第一个历史性活动”，是人类历史发展的事实起点。一部人类社会发展的历史就是人通过劳动改造自然界的历史。

劳动创造人本身。马克思指出，劳动不仅创造出人类的物质世界和社会历史，同时也创造了人类自己。劳动首先是人和自然之间的过程，是人以自身的活动来中介、调整和控制人和自然之间的物质交换过程。在人类征服自然、改造自然的过程中，也在改变他自身所处的社会生活及人类本身。因此，劳动是整个人类生活的第一个基本条件，而且达到这样的程度，以致我们在某种意义上不得不说：劳动创造了人本身。这不仅在人类的起源意义上，是劳动创造了人本身，而且在人类的进化意义上，也是劳动创造了人本身。人是劳动的产物，没有劳动，就没有从猿到人的转变，也没有人体身躯及其组织结构的优化变迁。

二、劳动的经济性价值

劳动是商品价值的唯一源泉。马克思把商品看作是使用价值和价值的统一体,拥有不同形式的具体劳动主要决定使用价值,而凝结在商品中的一般的、无差别的抽象劳动则是形成商品价值的唯一源泉。价值是由劳动者创造的,要生产出一个商品,就必须在这个商品上投入或耗费一定量的劳动。劳动不仅创造出新价值,还把劳动对象等生产资料的价值转移到商品中去。评估一件产品的价值的唯一尺度,是包含在产品中的无差别的人类劳动。比如同样一个竹篮子,一个很精美,一个则比较粗糙,那么在市场上的销售价格,肯定是精美的比粗糙的要高,这是为什么呢?就是因为精美的篮子工匠付出了更多劳动,它里面包含的价值更大。虽然当代社会的劳动形态已经发生了巨大变化,但劳动是商品价值的唯一源泉仍然是颠扑不破的真理。

劳动剥削是资本主义的社会本性。所谓"劳动剥削"就是指资本家对雇佣工人的剩余劳动的无偿占有。这里的"剩余劳动"主要是指"一切为养活不劳动的人而从事的劳动"。这是因为在资本主义社会中,资本家占有资本,土地所有者占有土地,而工人阶级除自身劳动力外一无所有,这使得工人阶级被迫以商品的形式出卖剩余劳动,而资本家和土地所有者正是依靠占有工人阶级的剩余劳动才得以生存。可见,正是有了剩余劳动的存在,才会产生被剥削者与剥削者的社会关系。这里面的逻辑顺序是:劳动创造价值——剩余劳动创造剩余价值——资本主义社会的资本家凭借对生产资料的所有权占有雇佣工人的剩余价值。劳动剥削就是资本主义的社会本性,正是劳动剥削导致了资本主义社会不同阶级的对立。

按劳分配是实现社会正义的重要原则。马克思认为,应该按照劳动者个人所提供的劳动量的比例,在劳动者之间进行分配,多劳多得、少劳少得、不劳不得。马克思的按劳分配理念,总体上就是指由劳动者占有其生产的全部产品,或者分配到与其劳动量相当的全部价值。可见,这种"劳动者得其应得"的分配方式是从根本上否定不劳而获的剥削分配制度,故而被马克思看作是实现社会正义的重要原则。

三、劳动的教育性价值

劳动是实现人的全面发展的重要途径。人的劳动能力主要划分为体力和脑力。体力是人体所具有的自然力,脑力则是人在精神方面的生产能力。由于社会分工的精细化导致人的劳动能力逐渐丧失整体性,体力劳动和脑力劳动逐渐分离以及体力、脑力的各自片面发展在一定程度上限制和破坏人发展的全面性,由此进一步影响劳动者对不同工种与环境的适应能力与创造社会财富的能力。要解决人的片面发展问题,只有通过提高人的全方面的劳动能力;要提升人的全方面劳动能力,还必须依靠劳动来实现,不断提升劳动内容与形式的完整性和丰富性。教育与生产劳动相结合是社会主义教育的根本原则,是确保人的全面发展的重要途径,劳动可以树德、劳动可以增智、劳动可以强体、劳动可以育美。换个角度看,劳动的教育价值还体现在以下方面。

劳动是知识获取的源泉。我们生活在一个教育普及的社会，一个没有知识的人，或者知识贫乏的人，是无法适应现代生活的。我们往往只看到了教育是获取知识的途径，而没有看到劳动也是知识获得的重要途径。其实，在劳动中获得的知识更加实用，这种知识能更有效地促进智慧的发展，提高应对环境的能力。著名作家陶铸先生说："劳动是一切知识的源泉。"这句话告诉我们，劳动可以让我们学到大量书本上没法学到的实用知识，而且我们只有在劳动中才能深刻地理解知识，学会运用知识，成为具有真才实学的人。正所谓实践出真知，要获得真正有用的知识，发展做事的能力，就要勇于投入到劳动实践中。

劳动是能力发展的支柱。首先，劳动有利于人的思维能力发展。研究表明，人的思维能力是由动作内化而来的。儿童借助动作与外界相互作用进行思维；随着活动的积累，心理的成熟，人类逐步学会了摆脱动作、形象等支持手段，直接用语言符号进行思维。这就是说，思维的发育需要来自活动情境中的各种因素的刺激。劳动是一种以成果为追求目标的特殊活动，是一种过程更复杂、目标更具确定性的活动，这种活动更有助于刺激我们思维能力的发育。在劳动过程中，手指会做一些复杂、精细的动作，这会促进大脑血流量的增加，从而使个体的思维更加敏捷。如果一个人从小就被剥夺了活动，比如长辈过度照顾，不让小孩活动，他的思维发育就会受到严重的影响。当个体的抽象思维发展起来后，劳动仍然是使得他的思维变得越来越复杂、越来越灵活的重要刺激因素。当我们长期缺乏劳动时，思维会变得越来越迟钝；繁忙的工作学习之余安排一点时间从事劳动，会使得自己的身心更加放松，思维更加活跃，注意力更容易集中，就是这个道理。

其次，劳动有利于人的社会能力发展。社会能力是一个人在社会中生存、工作、学习等一切活动所必须具备的能力，这种能力是广泛适用、实用性极强、最基础最基本的能力，包括人际交流能力、问题解决能力、协调分析能力、领导管理能力、组织能力、创新能力、学习能力等。劳动是最能刺激个体社会能力发展的途径之一，这是由劳动的本质特征决定的。劳动是一种以成果为追求目标的活动，是一种过程极不确定的活动，而且劳动过程往往需要以集体的形式进行，需要参与劳动过程的人合理分工、紧密合作。通过劳动过程的合作和劳动成果的共享，个体的交往能力、组织协调能力、问题解决能力等有机会得到较好发展。劳动对人的社会能力发展的刺激作用是其他类型的活动所不能媲美的。学习活动虽然也是在班级中进行的，老师常常鼓励同学在学习中要相互帮助，但学习活动总体上还是一种个体行为，个体只有独立地进行理解、记忆、练习等学习活动，才能获得知识与能力的增长。体育活动虽然有许多是以团队形式进行，但团队式体育活动有着清晰的规则，每个团队成员都是按照规则进行运动，这对个体之间结成紧密的人际关系、发展高水平的社会能力有一定的局限性。

最后，劳动还有利于人的感知能力、运动能力的发展。锻炼人的肢体运动能力、感知能力的活动形式多种多样，现代人比较喜欢通过体育活动进行锻炼，但劳动对肢体运动能力、感知能力发展的作用是体育活动所不能取代的。体育活动通常能提升肢体的力量和整体协调性，对于个体精细动作的发展则没有什么作用，而劳动在这个方面有着非常好的促进作用。如果劳动这种方式运用得当，人的肢体运动能力、感知能力能发展到令人惊叹的程度，比如通过练习，手表工匠能装配精密度极高的手表，推土车司机可以驾驶大型推土车打着树立在地上的小小打火机，商店售货员可以随手抓出所需重量的糖果。当前生产、生活中体力劳动的比重越来越少，使得人们离劳动越来越远，进而越来越不喜欢劳动。生活环境的这种变化已经对我们的肢体运动能力、感知能力的发展造成了极大的伤害。有的青少年反应迟钝、过于肥胖、深度近视，就是由于缺乏劳动、肢体没有充分活动的结果。

劳动是素质养成的摇篮。劳动就是一所大学，不仅可以习得知识，发展能力，而且还能提升个人素质。自小起在各种场合如家庭、学校、社会积极参加各种劳动，能在潜移默化中养成各种优秀品质、树立正确的人生观与价值观，提高个人的精神境界，为学生成人并适应社会奠定良好基础，这是任何说教和学习所不能达到的。在家庭中，自觉从事一些家务劳动，如打扫卫生、洗衣服、厨房打下手、来客倒茶、伺候老人等，在农村，甚至下地做些力所能力的农活，如除草、放牧、栽培、防旱等，这些体力劳动能让参与者养成勤劳、朴素、细心、耐心、节约等优秀品质，并懂得珍惜、懂得感恩、孝敬上辈、学会自立自强等。在学校，自觉承担值日劳动、保持教室校园寝室整洁，在社会，积极参加志愿服务、假期社会实践、勤工助学等，有利于磨砺意志，强化自强、自立、自信意识，激发积极进取精神，养成爱岗敬业、吃苦耐劳和团队合作的优秀品质，倍加珍惜自己和他人的劳动成果，感悟到“我为人人，人人为我”这句话的真谛，为将来走向社会奠定基础。劳动过程本身很艰苦，艰苦的过程容易锻炼人的意志；同时，劳动是一种以获得成果为目标的活动，获得劳动成果会使人产生强烈的满足感和成就感，从而提升个人的意志水平。

3.1.2 材料 有关劳动价值的名言警句

四、习近平的“劳动观”①

习近平总书记一直尊重劳动、关心劳动者。党的十八大以来，他在多个场合、多次提及劳动和劳动者。新华社《学习进行时》梳理了习近平总书记关于劳动的论述，带大家领会总书记的“劳动观”。

1. 劳动有多重要？

全面建成小康社会，进而建成富强民主文明和谐的社会主义现代化国家，根本上靠劳动、靠劳动者创造。

劳动是人类的本质活动，劳动光荣、创造伟大是对人类文明进步规律的重要诠释。

中华民族是勤于劳动、善于创造的民族。正是因为劳动创造，我们拥有了历史的辉煌；也正是因为劳动创造，我们拥有了今天的成就。

——2015 年 4 月 28 日，习近平在庆祝“五一”国际劳动节暨表彰全国劳动模范和先进工作者大会上的讲话

劳动是一切成功的必经之路。当前，全国各族人民正满怀信心为实现“两个一百年”奋斗目标而努力。实现我们确立的奋斗目标，归根到底要靠辛勤劳动、诚实劳动、科学劳动。

劳动，是共产党人保持政治本色的重要途径，是共产党人保持政治肌体健康的重要手段，也是共产党人发扬优良作风、自觉抵御“四风”的重要保障。

——2014 年 4 月 30 日，习近平在乌鲁木齐接见劳动模范和先进工作者、先进人物代表，

① 本部分内容选自新华网《“平语”近人——习近平的“劳动观”》，http://www.xinhuanet.com/politics/2017-05/01/c_1120892090.htm。

向全国广大劳动者致以“五一”节问候

人民创造历史，劳动开创未来。劳动是推动人类社会进步的根本力量。

实现我们的奋斗目标，开创我们的美好未来，必须紧紧依靠人民、始终为了人民，必须依靠辛勤劳动、诚实劳动、创造性劳动。

劳动是财富的源泉，也是幸福的源泉。人世间的美好梦想，只有通过诚实劳动才能实现；发展中的各种难题，只有通过诚实劳动才能破解；生命里的一切辉煌，只有通过诚实劳动才能铸就。

——2013年4月28日，习近平来到全国总工会机关，同全国劳动模范代表座谈并发表重要讲话

2. 如何对待劳动？

我国工人阶级要增强历史使命感和责任感，立足本职、胸怀全局，自觉把人生理想、家庭幸福融入国家富强、民族复兴的伟业之中，把个人梦与中国梦紧密联系在一起，始终以国家主人翁姿态为坚持和发展中国特色社会主义作出贡献。

——2013年4月28日，习近平来到全国总工会机关，同全国劳动模范代表座谈并发表重要讲话

劳动模范和先进工作者、先进人物不仅自己要做好工作，而且要身体力行向全社会传播劳动精神和劳动观念，让勤奋做事、勤勉为人、勤劳致富在全社会蔚然成风。

——2014年4月30日，习近平在乌鲁木齐接见劳动模范和先进工作者、先进人物代表，向全国广大劳动者致以“五一”节问候

一切劳动者，只要肯学肯干肯钻研，练就一身真本领，掌握一手好技术，就能立足岗位成长成才，就都能在劳动中发现广阔的天地，在劳动中体现价值、展现风采、感受快乐。

——2015年4月28日，习近平在庆祝“五一”国际劳动节暨表彰全国劳动模范和先进工作者大会上的讲话

素质是立身之基，技能是立业之本。广大劳动群众要勤于学习，学文化、学科学、学技能、学各方面知识，不断提高综合素质，练就过硬本领。要立足岗位学，向师傅学，向同事学，向书本学，向实践学。三百六十行，行行出状元。

梦想属于每一个人，广大劳动群众要敢想敢干、敢于追梦。说到底，实现中华民族伟大复兴的中国梦，要靠各行各业人们的辛勤劳动。现在，党和国家事业空间很大，只要有志气有闯劲，普通劳动者也可以在宽广舞台上展示自己的人生价值。

——2016年4月26日，习近平在知识分子、劳动模范、青年代表座谈会上的讲话

3. 树立什么样的劳动观念？

人类是劳动创造的，社会是劳动创造的。劳动没有高低贵贱之分，任何一份职业都很光荣。

——2016年4月26日，习近平在知识分子、劳动模范、青年代表座谈会上的讲话

我们的根扎在劳动人民之中。在我们社会主义国家，一切劳动，无论是体力劳动还是脑力劳动，都值得尊重和鼓励；一切创造，无论是个人创造还是集体创造，也都值得尊重和鼓励。全社会都要贯彻尊重劳动、尊重知识、尊重人才、尊重创造的重大方针，全社会都要以辛勤劳动为荣、以好逸恶劳为耻，任何时候任何人都不能看不起普通劳动者，都不能贪图

不劳而获的生活。

——2015年4月28日，习近平在庆祝“五一”国际劳动节暨表彰全国劳动模范和先进工作者大会上的讲话

必须牢固树立劳动最光荣、劳动最崇高、劳动最伟大、劳动最美丽的观念，让全体人民进一步焕发劳动热情、释放创造潜能，通过劳动创造更加美好的生活。

——2013年4月28日，习近平来到全国总工会机关，同全国劳动模范代表座谈并发表重要讲话

4. 弘扬什么样的劳动精神？

全面建成小康社会，我国亿万劳动群众是主体力量。希望我国广大劳动群众以劳动模范为榜样，爱岗敬业、勤奋工作，锐意进取、勇于创造，不断谱写新时代的劳动者之歌。

劳动模范是劳动群众的杰出代表，是最美的劳动者。劳动模范身上体现的“爱岗敬业、争创一流，艰苦奋斗、勇于创新，淡泊名利、甘于奉献”的劳模精神，是伟大时代精神的生动体现。

——2016年4月26日，习近平在知识分子、劳动模范、青年代表座谈会上的讲话

我们一定要在全社会大力弘扬劳模精神、劳动精神，大力宣传劳动模范和其他典型的先进事迹，引导广大人民群众树立辛勤劳动、诚实劳动、创造性劳动的理念，让劳动光荣、创造伟大成为铿锵的时代强音，让劳动最光荣、劳动最崇高、劳动最伟大、劳动最美丽蔚然成风。

——2015年4月28日，习近平在庆祝“五一”国际劳动节暨表彰全国劳动模范和先进工作者大会上的讲话

劳动模范是民族的精英、人民的楷模。

全国各族人民都要向劳模学习，以劳模为榜样，发挥只争朝夕的奋斗精神，共同投身实现中华民族伟大复兴的宏伟事业。

——2013年4月28日，习近平来到全国总工会机关，同全国劳动模范代表座谈并发表重要讲话

5. 如何关心和爱护劳动者？

各级党委和政府要关心和爱护广大劳动群众，切实把党和国家相关政策措施落实到位，不断推进相关领域改革创新，坚决扫除制约广大劳动群众就业创业的体制机制和政策障碍，不断完善就业创业扶持政策、降低就业创业成本，支持广大劳动群众积极就业、大胆创业。要切实维护广大劳动群众合法权益，帮助广大劳动群众排忧解难，积极构建和谐劳动关系。

——2016年4月26日，习近平在知识分子、劳动模范、青年代表座谈会上的讲话

党和国家要实施积极的就业政策，创造更多就业岗位，改善就业环境，提高就业质量，不断增加劳动者特别是一线劳动者劳动报酬。要建立健全党和政府主导的维护群众权益机制，抓住劳动就业、技能培训、收入分配、社会保障、安全卫生等问题，关注一线职工、农民工、困难职工等群体，完善制度，排除阻碍劳动者参与发展、分享发展成果的障碍，努力让劳动者实现体面劳动、全面发展。

——2015年4月28日，习近平在庆祝“五一”国际劳动节暨表彰全国劳动模范和先进工

作者大会上的讲话

当前,因为加快转变经济发展方式、促进经济结构战略性调整、化解过剩产能等原因,一些企业和职工遇到了种种困难。越是这样,越要发挥职工群众主人翁作用,越要关心职工群众生产生活和职业发展,把全心全意依靠工人阶级的方针落实好。

对劳动模范和先进工作者、先进人物,各条战线广大职工和各族人民群众要向他们学习,各级党委和政府要热情关心他们的工作、学习、生活,为他们的健康和幸福、为他们更好发挥作用创造良好环境和条件。

——2014年4月30日,习近平在乌鲁木齐接见劳动模范和先进工作者、先进人物代表,向全国广大劳动者致以"五一"节问候

6. 工会应该为劳动者做什么?

要坚决履行维护职工合法权益的基本职责,把竭诚为职工群众服务作为工会一切工作的出发点和落脚点,帮助职工群众通过正常途径依法表达利益诉求,把党和政府的关怀送到广大劳动群众心坎上,不断赢得职工群众的信赖和支持。

——2015年4月28日,习近平在庆祝"五一"国际劳动节暨表彰全国劳动模范和先进工作者大会上的讲话

要顺应时代要求、适应社会变化,善于创造科学有效的工作方法,让职工群众真正感受到工会是"职工之家",工会干部是最可信赖的"娘家人"。

——2013年4月28日,习近平来到全国总工会机关,同全国劳动模范代表座谈并发表重要讲话

榜样力量

1. "金手天焊"高凤林

3.1.3材料 "金手天焊"高凤林

拓展训练

1. 劳动价值大讨论。分组进行,每组任意选择社会上两个不同职业或岗位的劳动者群体,讨论分析这些劳动者的劳动价值。

2. 请分享你的家庭在经济、生活条件等方面近20年来的发展变化情况,谈谈你的父辈和祖父辈的劳动对你家庭发展变化的影响。

案例分析

1. 劳动价值观异化之怪象

3.1.4材料 劳动价值观异化之怪象

2. "神速"背后的中国工人

3.1.5材料 "神速"背后的中国工人

思考讨论

1. 李大钊说："一切乐境，都可以由劳动得来；一切苦境，都可以由劳动解脱。"请谈谈你对这句话的理解。

2. 请结合自身劳动经历，谈谈劳动的价值。

第二节　劳动观念

习近平总书记强调，必须牢固树立劳动最光荣、劳动最崇高、劳动最伟大、劳动最美丽的观念，让全体人民进一步焕发劳动热情、释放创造潜能，通过劳动创造更加美好的生活。①

3.2.1 视频　劳动观念

一、"四最"劳动观念的内涵与要求

习近平总书记提出"四最"劳动观念，既是对中华民族传统美德的精辟概括，又具有鲜明的时代特征，可谓语重心长、发人深省，再一次向全社会发出"实干兴邦"的动员令。

劳动最光荣。劳动既是一个人生存的手段，也是一个人对社会、对国家应尽的义务。小到个人、家庭，大到民族、国家，坚持辛勤劳动就能兴旺发达；而好逸恶劳、贪图享乐，则只能衰败和灭亡。中华民族凭借辛勤劳动，创造了光耀世界的华夏文明。我们每个人都要继承和发扬这种优良的传统，坚持以辛勤劳动为荣、以好逸恶劳为耻，做到勤奋学习、扎实工作，兢兢业业地在本职工作岗位上创造一流的工作业绩，为全面建成小康社会添砖加瓦、多做贡献。

劳动最崇高。劳动是对一个人最起码的要求，也是最高的要求。这是因为任何一个人要从社会获得生活条件，就要从事一种职业，干活才能吃饭，不劳者不得食，否则只能成为社会的"寄生虫"。任何一个人要安身立命，就要投入到劳动中。而从更高的层面来看，一个人有了一份职业，不等于就拥有一份事业。要想干出一番事业来，就要坚持不懈地付出艰辛的劳动，全身心地投入到事业中去，把职业当成事业，为社会多做贡献。从这个意义上来看，劳动可以成就一个人最崇高的追求。

劳动最伟大。按照党的十八大部署，实现"两个一百年"奋斗目标，是摆在全国人民面前的共同理想。完成这一历史使命，是一项最伟大的事业，需要靠劳动来创造，需要全体人民辛勤工作。当前我国人口多、底子薄，地区发展不平衡，生产力不发达的状况还没有根本改变。这种相对落后的基本国情要求我们决不能自满，决不能懈怠，决不能停滞，更不能一劳永逸、贪图安逸、追求享受。只有坚持不懈的辛勤劳动，才能达到胜利的彼岸、创造更加幸福美好的未来。

劳动最美丽。如果要问世上什么最美，那就是劳动最美。从近年来开展评选的最美村

① 习近平在同全国劳动模范代表座谈时的讲话（全文）. http://www.gov.cn/ldhd/2013-04/28/content_2393150.htm.

官、最美消防员、最美医生、最美基层干部等活动来看，这些平凡而又普通的劳动者，之所以能够感动社会、感到中国，就是他们把劳动当成一种责任和担当，把劳动当成人生最大的价值，把劳动当作立身处世的最大美德，恪尽职守、无私奉献、兢兢业业、爱岗敬业，在平凡中彰显不凡，在干事创业中建功立业，从而树立了最美的形象。可以说，“劳动最美”正成为时代的重要特征，成为人们不变的价值取向。

二、劳动“四最”的原因

1. 劳动蕴含无穷价值

在上一节，我们就讲到，劳动具有巨大价值。一是在本源性上，劳动创造世界，劳动创造历史，劳动创造人本身。劳动在人类形成过程中起了决定性作用，人类从动物状态中脱离出来的根本原因是劳动，创造出人类赖以生存与发展的丰富的物质与精神世界的是劳动，从石器时代到铁器时代，从蒸汽时代到电气时代，直到现在的信息化时代，推动历史车轮不断前进的依然是劳动。二是在经济性上，劳动是商品价值的唯一源泉，是创造财富的唯一途径。三是在教育性上，劳动是实现人的全面发展的重要途径，劳动是知识获取的源泉，是能力发展的支柱，是素质养成的摇篮。教育与生产劳动相结合是社会主义教育的根本原则，劳动可以树德、劳动可以增智、劳动可以强体、劳动可以育美。

2. 劳动创造伟大成就

中华民族是勤于劳动、善于创造的民族。正是因为劳动创造，我们拥有了历史的辉煌；也正是因为劳动创造，我们拥有了今天的成就。中国人民在长期奋斗中培育、继承、发展起来的伟大民族精神，无不与劳动有着密切关系。在跌宕起伏的民族发展史上，这些弥足珍贵的奋斗记忆，浇筑出中华民族勤劳创造的光辉品格，造就中华民族历史悠久的灿烂文化，为中国发展和人类文明进步提供了强大精神动力。改革开放 40 年来，党和人民事业始终充满奋勇前进的强大动力。勤劳智慧的中国人民埋头苦干，顽强拼搏，经济社会发展取得巨大成就，人民生活水平显著提高，使积贫积弱的国家跃升为世界第二大经济体。中国桥、中国路、中国车，一个个伟大工程拔地而起；天宫、蛟龙、大飞机，大国重器燃起民族自信；新零售、高端制造、航天工程，创新之花开遍神州大地。时间循着自己的规律悄然运转，但也总能定格下劳动者的背影。回望波澜壮阔的改革进程，我们以劳动锐意进取，方有从“赶上时代”到“引领时代”的伟大跨越，方有日益走近世界舞台中央的坚定步伐。把劳动的姿态嵌进时代发展的洪流，就是对改革最好的献礼。

3. 劳动绘就伟大梦想

劳动是社会发展进步的推动力量。新时代“中国梦”的顺利实现，需要以劳动来托举。中国过去几十年取得的巨大成就，离不开人民群众的艰苦劳动，中国未来的发展依旧需要以劳动作为动力。在中国未来的发展中，实现中华民族伟大复兴的“中国梦”，是中华儿女的共同诉求。这是一个催人奋进的新时代，我们正从事着前无古人的伟大事业。党的十九大报告提出，在本世纪中叶建成富强民主文明和谐美丽的社会主义现代化强国。今天，我们比历史上任何时期都更接近、更有信心和能力实现中华民族伟大复兴的目标。这是奋斗者最好的时代，更是属于劳动者的华丽舞台。在百舸争流、千帆竞发的激流中勇立潮头，在不进则退、不强则弱的竞争中赢得优势，就必须在孜孜不倦的劳动中创造时代价值。踏歌新时代，逐梦新征程，唯有辛勤劳动，唯有努力奋斗，我们才能再写华章。劳动最光荣、实干最可贵。新时代属于每一个人，每一个人都是新时代的见证者、开创者、建设者，我们要凝心聚力、共同奋斗，确保全面建成小康社会，早日实现中华民族伟大复兴的中国梦。

劳动创造幸福，奋斗开创未来。事业是一点一滴干出来的，道路是一步一个脚印走出来的。中国从站起来到富起来再到强起来，靠的就是每一个劳动者的默默奉献和努力奋斗。我们要以不平凡的奋斗故事传递劳动最光荣、劳动最崇高、劳动最伟大、劳动最美丽的价值理念，在实现伟大梦想的道路上砥砺前行。社会犹如一台复杂的大机器，每个零件正常运行，机器才能运转。整个社会体系是以劳动为基石组成的，每一种劳动，都有他的意义。环卫战线的工作也是保证机器运转的零件之一，他们的工作同样可圈可点，他们的形象是美的，他们的劳动是高尚的、伟大的。全社会都要尊重劳动，尊重创造，树立以辛勤劳动为荣，以好逸恶劳为耻的意识观念，让诚实劳动，勤勉工作蔚然成风，并且通过劳动净化心灵、美化生活，找到劳动的乐趣。

3.2.2 材料　劳动无贵贱之分

4. 劳动成就自我价值

按照马斯洛需要层次理论，人的最高层次需要是自我价值实现的需要。一个人价值实现的真正载体是工作，因为工作是职业化的劳动，个体通过工作能为社会创造财富，通过工作来获得报酬，工作是社会需求与个体需求的结合点。通过工作，我们的知识得以增长，能力得以提升。如果在工作中表现良好，个体还会获得职务升迁。无论是获得报酬、创造财富、知识增长、能力提升，还是职务升迁，都能给我们带来强烈的自我价值感。家庭经济状况良好，不需要通过工作来获得报酬的人仍然坚持工作，许多人退休后会有强烈的失落感，非常希望能够重返工作岗位，都是因为工作能够给他们带来强烈的成就感、价值感。劳动的确很辛苦，但劳动给人们带来强烈价值感是其他途径无法提供的。

社会是由个体组成的，我们都是社会的一分子。社会要良好地运行，需要每一个人遵守它的运行规则。这就要求我们树立公共意识，认识到社会对我们行为的要求，并主动承担自己应该承担的责任和义务。自古以来，社会鄙视任何一个不劳而获的人，鄙视自私自利和占有他人劳动的人。因此，通过劳动为社会贡献财富是我们应有的责任。这就要求我们至少做到以下三个方面。第一，自己的事情自己做。随着年龄的增长，当我们有了一定的力量时，就要主动帮助父母承担一些力所能及的家务，至少自己的事情自己做，如打扫、清洁、整理自己的房间，清洗自己的衣服，不要什么事情都靠父母。因为他人为我们每做一件事情，都意味着要为此付出劳动，即使是父母的劳动，我们也不能任意地去占有。第二，珍惜他人对自己的帮助。在工作和生活中我们要互相帮助，这是人类的美德。因为每个人的能力都是有限的，有些人拥有这方面的能力，有些人则拥有那方面的能力。当我们互相帮助时，能力产生了叠加效应，我们就能做成一个人所不能胜任的许多事情，团队合作能让我们拥有无穷的力量。当需要他人帮助时，接受帮助是合乎道德规范的，但一定要学会珍惜他人的帮助，因为帮助中包含了他人的劳动。第三，积极主动地参与创造社会财富的劳动。在参加工作前，我们就要积极主动地参加公益劳动，为社会创造财富。参加工作后，我们应积极主动地去寻找职业，通过职业活动为社会创造财富。任何逃避劳动的“啃老”现象都是令人不齿的,因为个体不工作,就意味着他在侵占他人的劳动。通过工作,个体为社会付出劳动,也将获得社会给予的回报,实现自我价值。

5. 劳动成就美丽青春

奋斗是青春的底色。没有哪一代人的青春是容易的。生活的压力、工作的焦虑、成功的渴望,让我们同样有着“成长的烦恼”。怨天尤人、消极颓废、得过且过不是解决问题的办法,踏实肯干、敢于付出、艰苦奋斗才是解决问题的根本。缺少劳动的青春是苍白的、没有希望、留不下美好记忆的青春。劳动是生活的基础,是幸福的源泉,也是每一个人走向成功的阶梯。摆脱困难,你就去劳动;创造未来,你就去劳动;寻找快乐,你就去劳动;实现梦想,你就去劳动。

劳动创造一切,劳动也体现一切。当代青年应当满腔热情投身于劳动这个广阔舞台,到热火朝天的劳动大地上去,到艰难困苦的基层一线去,从最普通的工作做起,从最平凡的劳动做起,从身边的小事做起,只要肯干肯做、敢闯敢试,就能靠劳动养活自己,就能用劳动体现价值。不管是体力劳动,还是脑力劳动,也不管是简单劳动,还是复杂劳动,都要立足于自己的工作岗位上,就应当做到干一行、爱一行、专一行、精一行。

青年人刚刚走向社会,涉世之初,唯有通过劳动去认识社会,去改造世界,去创造价值。只有用自己年轻的一双手,才能开拓出属于自己的一片新天地。不经风雨,哪见彩虹,而劳动,是最好的风霜雨雪,是最好的挫折磨难,只有经过岁月的一番风吹雨打,才能让青春之花炫目绽放!有人说,“世界上有两种光芒最耀眼,一个是太阳,另一个就是你努力的模样。”青年时代,只要有那么一股子劲头,有那么一股子以梦为马的激情,奋斗就将成为实现梦想的阶梯、走向未来的桥梁。

青春在奋斗中展现美丽,青春的美丽永远展现在她的奋斗拼搏之中,就像雄鹰的美丽是展现在他搏风击雨中,正拥有青春的我们,应当像雄鹰一样搏击长空,奋斗抒写无悔青春。在漫漫人生道路上,青春虽然只是一小段,但当你白发苍苍回首时,你会发现曾经拥有的青春依然会在记忆中闪烁着动人的光彩,青春无悔该是我们每个人的追求。劳动有价值,就能在拼搏奋斗里让人生异彩纷呈,就能在劳动创造中让青春无怨无悔。雷锋说:“青春啊,永远是美好的,可是真正的青春只属于那些永远力争上游的人,永远忘我劳动的人,永远谦虚的人!”因此,唯有奋斗,为自己的梦想不断前行,朝着我们自己的目标不断迈进,我们才能拥有一个真正而又无悔的青春。

6. 劳动成就幸福人生

“人生两件宝,双手和大脑,一切靠劳动,生活才美好。”这是我国著名教育家陶行知对劳动的生动解说。劳动不仅是人类文明进步的源泉,还是打开幸福之门的钥匙,通过劳动,人类从森林走向陆地,从远古走向现代文明,从食不果腹走向“吃好穿美”。幸福不是免费的午餐,幸福不会从天而降,劳动不仅为我们幸福生活的实现提供了物质条件,而且劳动的过程本身就是一种幸福的体验。

劳动是生活幸福的源泉。当我们穿着整洁漂亮的衣服,吃着香甜可口的饭菜,住着宽敞舒适的楼房,我们应该知道,所有这一切,都是通过艰辛的劳动创造出来的。幸福靠奋斗,无论是城市发展,还是个人前途,都需要投入聪明才智,付出辛勤劳动。

光荣属于劳动者,幸福属于劳动者。在这个人人皆可出彩的新时代,不管是农民工人、快递小哥还是企业家、党员干部，以奋斗为基调，每个人都能唱响圆梦之歌，在劳动中体现价值、收获幸福，实现人生出彩。早在 1835 年，马克思在《青年在选择职业时的考虑》一文中就表达了为人类的幸福而劳动的志向，称赞那些为人类幸福而劳动的人是最伟大的人、最幸福的人。因此，我们应在实践中让自己成长为知识型、技能型、创新型劳动者；用一流工作打造出彩亮点，迸发创造活力，在各自岗位上奉献自己的力量。

"幸福都是奋斗出来的"。这一论断揭示了新时代创造人民美好生活的基本路径，诠释了人类文明进步的重要规律。不奋斗，山再低也难登顶；不耕耘，土再沃也难丰收。近年来，全国人民在共产党的坚强领导下，埋头苦干、团结奋斗、创新创造，谱写了一曲曲感人至深的劳动壮歌。放眼今日，各项事业蓬勃发展，人民生活持续改善……这些成就的取得，是全国各行各业劳动者勤勤恳恳干出来的，他们以实际行动诠释了劳动光荣、创造伟大、奋斗幸福的价值追求，充分展现了新时代广大干部群众的精神风貌。

三、"四最"劳动观念的树立

大学生正确的劳动观的树立有赖于大学生主动配合并积极参与家庭、学校和社会多样的劳动教育实践。

第一，主动承担家务劳动，养成良好劳动习惯。大学生作为家庭成员之一，要主动帮助父母承担一定的家务劳动，认识到家庭中权利与义务的一致性，加强自立、自理能力的锻炼，在"犯错"与"成就"中感受劳动的艰辛和幸福，在帮助家人照顾老人和小孩的劳动过程中体验亲情的温馨，形成良好的劳动习惯。

第二，重视学校劳动教育，积极参加学校劳动实践。大学生要高度重视学校开展的劳动观教育，认真学习马克思主义劳动思想、不断吸取中国传统劳动思想的精华、深入学习习近平新时代劳动观，明确劳动的本质、内涵和价值，认识到新时代中国特色社会主义取得的伟大成就离不开广大人民群众的辛勤诚实创造性劳动，劳动创造了中华民族的光辉历史，也必将托起伟大复兴的中国梦。大学生要积极参加学校组织的各项劳动教育实践活动，包括实践教学、校园卫生打扫、劳动周月等，在劳动实践中深化劳动理论认知，深刻领悟劳动价值，提升劳动素养。

第三，积极参与社会劳动实践，磨练高尚的劳动品德。大学生要利用节假日或寒暑假积极参与社会劳动实践活动，包括志愿服务、社会兼职和专业社会服务等。在社会实践中，大学生会独立面对诸多现实问题，应迎难而上、砥砺奋斗，对外部各种错误观念与行为练就一双明辨是非的眼睛，一颗恪守正道的心，形成高尚的劳动品德。

榜样力量

1. 客运线路上的"活雷锋"——张国利

3.2.3 材料 客运线路上的"活雷锋"——张国利

拓展训练

1. 拍摄劳动微电影。分组进行，拍摄关于生产劳动主题的微电影，分享关于生产劳动的感悟。录制不超过8分钟的微电影，讲述本人眼中的生产劳动情景或者过程，可配备字幕，有完整的片头片尾。作品要紧扣本次微电影主题，思想健康、积极向上、弘扬主旋律，内容丰富生动，重点突出；必须保证作品的原创性；以大学生的视角，全方位、多角度地通过观察身边人和事，反映劳动实现梦想、创造美好生活的典型。

2. 奋斗的青春最美丽。分组进行，每组选择一位本专业领域里的成功人士，搜集他/她青年时期的奋斗历程以及取得的成就，综合整理后分享给同学。各组选择的人物避免重复。

案例分析

1. 古风博主——李子柒

3.2.4 材料 古风博主——李子柒

2. 致敬普通劳动者

3.2.5 材料 致敬普通劳动者

思考讨论

1. 请谈谈你对“劳动最光荣、劳动最崇高、劳动最伟大、劳动最美丽”的理解。

2. 教育与生产劳动相结合是社会主义教育的根本原则，劳动可以树德、劳动可以增智、劳动可以强体、劳动可以育美。请举例谈谈你对这句话的理解。

第三节 劳动态度

习近平总书记强调，要在学生中弘扬劳动精神，教育引导学生崇尚劳动、尊重劳动，懂得劳动最光荣、劳动最崇高、劳动最伟大、劳动最美丽的道理，长大后能够辛勤劳动、诚实劳动、创造性劳动。[①]

3.3.1 视频 劳动态度

一、尊重劳动

尊重劳动是指社会要尊重和保护一切有益于人民和社会的劳动。不论是体力劳动还是脑力劳动，不论是简单劳动还是复杂劳动，一切为我国社会主义现代化建设做出贡献的劳动，都是光荣的，都应该得到承认和尊重。人类社会，从洪荒远古到现代社会，从蒙昧无

①习近平出席全国教育大会并发表重要讲话. http://www.gov.cn/xinwen/2018-09/10/content_5320835.htm.

知到科技文明，这一切的实现正是因为历代先民在各行各业凭着非凡的智慧和辛勤的劳动进行创造。社会就像一部庞大而复杂的大机器，每一个劳动者都在这部大机器中发挥着不可替代的作用，维持这部大机器不停地运转。正是每一个劳动者在各行各业的岗位上尽心尽责、辛勤劳动，为社会做出巨大的贡献，才让整个社会物质充裕、运转有序。

尊重劳动就要正确看待劳动分工。随着生产力的发展和社会形态的演变，社会分工日益精细，无论何种形式的劳动，无论劳动者从事何种职业，只有劳动分工不同，没有高低贵贱之分。每一个职业都与其他职业相互依存，都有其存在的价值和意义，我们不要轻视每一份“不起眼”的劳动，不要轻视每一个努力劳动的人，正是这一个个“不起眼”的劳动，汇集成了中国经济的滚滚洪流，直接或者间接地为我们今天的幸福生活保驾护航。

尊重劳动就应尊重劳动者，尤其是普通劳动者。全社会都要尊重劳动、尊重知识、尊重人才、尊重创造，我们要以辛勤劳动为荣、以好逸恶劳为耻，任何时候任何人都不能看不起普通劳动者。2020年初，我们遭遇突如其来的新冠肺炎疫情，其传染范围之大、传播速度之快、抗击疫情之难史无前例。在这场没有硝烟却与生死攸关的战斗中，成千上万的医护工作者、青年志愿者、朴实的劳动人民用自己的生命护卫着别人的生命，用自己崇高的劳动换来患者安全与幸福，他们是可歌可泣、可爱可敬的最美劳动者。

尊重劳动就应珍惜劳动成果。“锄禾日当午，汗滴禾下土。谁知盘中餐，粒粒皆辛苦。”这首诗不仅表现了劳动者生产的艰辛，更教育人们要节约粮食，珍惜劳动成果。在延安时，毛主席的一套旧军装洗得发了白，补丁摞补丁。新中国成立后，他的一双旧拖鞋，鞋底磨出了洞，鞋面都开了线，可他却还是舍不得扔。毛主席用实际行动为我们诠释了什么叫珍惜劳动成果。当前我们从繁重的原始的农活中解脱了出来，远离了田间地头，远离了曾经笨重的体力劳动，但我们今天享受的便捷服务，如快递小哥、滴滴司机忙碌的身影，仍然凝结着劳动者的勤劳和智慧。珍惜劳动成果，就是尊重劳动、尊重劳动者的具体表现。一粥一饭，当思来处不易；半丝半缕，恒念物力维艰。

二、崇尚劳动

当下，淡化、轻视、贬低劳动的观念极为严重，很多人更喜欢一步登天，一夜暴富，不劳而获、坐享其成。体力劳动者时常被唾弃，被那些不劳动的人看不起。现代年轻人特别是独生子女心安理得地享受大人们的劳动成果和服务，从而产生了自私的啃老一族。如今在农村的田间地头，看不到年轻人的身影，在他们看来，田间劳动又脏又累，既很辛苦，也很低下。很显然，这种社会风气极具危害性，既不利于个人成长，更不利于社会发展。

人类文明发展的历史，就是一部劳动创造文明的历史。劳动创造了人本身，使得“人猿相揖别”成为整个人类生活的第一个基本条件。民族的生存发展、兴旺发达，终究要依赖各种形式的劳动生产、劳动创造。劳动促使社会组织、社会结构、社会机制逐步形成、完善，并塑造了丰富多彩的人类社会，劳动催生语言、孕育艺术、产生伦理、激发科技，一部劳动史就是理解人类史的一把钥匙。习近平总书记指出：“人民创造历史，劳动开创未来。劳动是推动人类社会进步的根本力量。”[①]可以说，只有依靠永不止息的劳动、脚踏实地的劳动、精益求精的劳动、科学求实的劳动，中国梦才能走进生活、成为现实。

中华民族以吃苦耐劳、勤劳勇敢、富于智慧著称于世，热爱劳动是中华民族的传统美德。《孟子》中就有“后稷教民稼穑，树艺五谷；五谷熟而民人育”的记载。中国古代优良家风中，也有许多家庭将勤勉劳作视为社稷之基和生活之本，如“惟德之勤劳”“人生在勤，不索何获”“君子之处世也，甘恶衣粗食，甘艰苦劳动，斯可以无失矣”“勤劳乃逸乐之基也”等。劳动是造就中华民族辉煌历史的根本力量，同样也是创造中华民族光明未来的根本途径。我国是世界上人口最多的国家，人均资源少，充分发挥我国雄厚劳动力资源的巨大优势，充分发挥全体劳动者的生产积极性和劳动创造性，是关系到增强综合国力与竞争实力、扩展社会财富总量、满足人民幸福生活追求的重大问题。

崇尚劳动就是要尊重劳动。劳动价值有大小，劳动分工无贵贱。崇尚劳动就是要热爱劳动，要树立以辛勤劳动为荣、以好逸恶劳为耻的劳动观。热爱劳动是身心健康的标志，热爱劳动的社会才会兴旺发达。崇尚劳动就是要欣赏劳动。劳动本身包含美，劳动还创造美、塑造审美观。人在自觉劳动、创造性劳动中收获的不仅仅是物质上的满足，更重要的是一种劳动创造带来的精神上的愉悦。崇尚劳动就要在全社会大力倡导辛勤劳动、诚实劳动、创造性劳动，这是劳动者成为劳动的主人应有的劳动态度。辛勤劳动就是要使劳动成为生命的价值实现，成为生存的基本手段，长年累月、持之以恒，不放弃、不懈怠，一分耕耘一分收获。诚实劳动就是要保持高度的敬业精神，践行各自的职业操守，竭尽其力、竭尽所能，认真地从事每一个劳动过程，负责地完成每一件劳动产品。创造性劳动就是要充分发挥人的主体精神，创造新的劳动产品、新的工艺、技术与设计以及新的劳动方式。

劳动者的利益和权利是依靠劳动追求幸福生活的基本保障，中国特色社会主义制度为广大人民的幸福梦以及在全社会营造崇尚劳动提供了制度保证。习近平总书记指出，党和国家要实施积极的就业政策，创造更多就业岗位，改善就业环境，提高就业质量，不断增加劳动者特别是一线劳动者劳动报酬。要建立健全党和政府主导的维护群众权益机制，抓住劳动就业、技能培训、收入分配、社会保障、安全卫生等问题，关注一线职工、农民工、困难职工等群体，完善制度，排除阻碍劳动者参与发展、分享发展成果的障碍，努力让劳动者实现体面劳动、全面发展。[②]

三、辛勤劳动

辛勤劳动是劳动实践的基础，是诚实劳动、创造性劳动的基本前提，倡导的是人类最基本的生存法则。只有付出才有回报，只有奋斗才能前行，劳动付出与劳动成果从来都是对等关系。自盘古开天以来，人类的每一个进步都是奠基于勤勉的劳作之上，小至原始人打磨的每一件石器工具，大至今天上天入地下海的智能设备，其背后皆是劳动者付出的万般

①习近平在同全国劳动模范代表座谈时的讲话（全文）. http://www.gov.cn/ldhd/2013-04/28/content_2393150.htm.

②习近平在庆祝“五一”国际劳动节暨表彰全国劳动模范和先进工作者大会上的讲话. http://www.gov.cn/xinwen/2015-04/28/content_2854574.htm.

辛劳。

纵观世界各国，一个有活力的时代、一个欣欣向荣的社会，无不有着真抓实干、埋头苦干的良好风尚，活跃着一批脚踏实地、具有创造性的卓越劳动者。反之，不劳动，个人发展、社会进步、国家兴盛无从谈起，再厚实的家底也会被“吃空”。这样的例子比比皆是。比如，有些发达国家的财富曾在全球首屈一指，高品质生活令世人艳羡，近年来却接连陷入财政危机，社会焦虑不断增加，甚至波及社会稳定和政治安全。其中固然有经济社会等结构性问题，但劳动生产率下降、国民劳动积极性过低，也是不可回避的重要原因。

中华民族是勤劳的民族。我们的历代先民在各种艰难困苦的环境中都能靠辛勤劳动生存和发展，使古老的中华文明经历无数次天灾人祸而绵延不绝，不断创造辉煌，走向伟大复兴。我们必须继续传承和弘扬中华民族的传统美德，用自己的勤劳与智慧创造更加幸福美好的生活。不管经济怎样发展，社会怎样进步，思想怎样改变，只要勤劳致富的观念不变，依靠劳动创造未来的核心理念不丢，我们的国家就能集聚起逆势上扬、顺势有为、乘势而上的底气和实力。

人生在勤，勤则不匮。辛勤劳动，既有“辛”，也有“勤”。新时代，辛勤劳动有勤学和勤劳两方面内容。勤学，强调的是锐意进取、勤勉为人。一名劳动者要想有所作为，就应当树立终身学习的理念，立足岗位，向师傅、向同事、向书本、向实践学文化、学科学、学技能、学各方面知识，增强自身综合素质、增长新本领，不断更新自我，积极应变，主动求变，与时俱进。勤劳，强调的是脚踏实地、奋发干事。回溯历史，任何一点进步、任何一次成功都是由人民的艰苦奋斗、辛勤劳动创造出来的。新时代面对各种新挑战，我们需要苦干笃行，愈挫愈奋。

习近平总书记指出，“人世间的一切幸福都需要靠辛勤的劳动来创造”①，只有辛勤的汗水才能浇灌出人生的幸福生活。习近平总书记还从实现中华民族伟大复兴中国梦的战略高度，向全党及全国各族人民发出了辛勤劳动的伟大号召：“中华民族伟大复兴，绝不是轻轻松松、敲锣打鼓就能实现的。全党必须准备付出更为艰巨、更为艰苦的努力。”②“说到底，实现中华民族伟大复兴的中国梦，要靠各行各业人们的辛勤劳动。”③

四、诚实劳动

诚实是一个人的优秀品质，诚实劳动是诚实品质的重要构成部分。诚实劳动体现了劳动者在劳动过程中的恪守诺言、脚踏实地、实事求是、兢兢业业等精神品质，表达了劳动者在劳动关系中所彰显出来的忠诚意识、实干意识、责任意识等劳动态度。诚实是劳动者个人取得成功的必备条件，是百行之源、成事之本。以诚为先、以诚为重、以诚为美，才能在劳动中实现自己的人生价值。

①习近平：人民对美好生活的向往就是我们的奋斗目标. http://cpc.people.com.cn/18/n/2012/1116/c350821-19596022.html.

②习近平说，实现中华民族伟大复兴的中国梦是新时代中国共产党的历史使命. http://www.xinhuanet.com//politics/19cpcnc/2017-10/18/c_1121820111.htm.

③习近平：在知识分子、劳动模范、青年代表座谈会上的讲话. http://www.xinhuanet.com/politics/2016-04/30/c_1118776008.htm.

诚实劳动体现在脚踏实地、精益求精的劳动行动中。脚踏实地、精益求精表现为高标准、高要求、高质量的完成劳动任务，坚决杜绝随意糊弄、弄虚作假、敷衍应对；脚踏实地、精益求精既彰显个人劳动能力，又体现个人劳动态度和素质，在遇到各种困难和阻力时，不轻言放弃，执着追求，坚持不懈。

诚实劳动还体现在对人守信，对事负责。诚实意味着责任担当，落实到具体的劳动中，就是要踏踏实实做好自己的事，并敢于承担后果，不推卸责任。为此首先要树立责任意识，以认真负责的态度去对待劳动；其次，要做好本职工作，承担应有的任务，不折不扣地完成自己的使命；最后，还要勇于面对不完美的结果，敢于承担失误，并能知错就改。

诚实劳动就是要自觉遵守劳动相关的纪律。劳动纪律是人们在共同劳动过程中，为取得行动一致，保证生产过程实现所必须遵守的行为准则。遵守劳动纪律必须做到：严格履行劳动合同及违约应承担的责任；按规定的时间、地点到达工作岗位，按要求请事假、病假、年休假、探亲假等；根据生产、工作岗位职责及规则，按质按量完成工作任务；严格遵守技术操作规程和安全卫生规程；节约原材料、爱护财产和物品；保守用人单位的商业秘密和技术秘密；遵守与劳动、工作紧密相关的规章制度及其他规则等。

诚实劳动是劳动社会性与实践性的基本要求，习总书记指出，“劳动是财富的源泉，也是幸福的源泉。人世间的美好梦想，只有通过诚实劳动才能实现；发展中的各种难题，只有通过诚实劳动才能破解；生命里的一切辉煌，只有通过诚实劳动才能铸就。”只有诚实劳动，才能实现劳动者的个人价值与社会价值，才能赢得尊重，收获美丽。

五、创造性劳动

3.3.2 材料 科学开展创造性劳动

创造性劳动是技术、知识、思维的革新，是高效提升劳动效率、产生出超值社会财富或成果的劳动。它反映的是劳动者在劳动中不甘平庸、追求卓越、钻研创新、超越常规、精益求精等精神品格，表达了劳动者在劳动关系中所彰显出来的竞争意识、进取意识、领先意识、精进意识等劳动态度。

创造性劳动在价值上表现为“乘数效应”，与一般性劳动相比对产品价值的贡献要大得多，创造性劳动意味着挑战和风险，一切创新都是在战胜风险中实现的。在漫长的历史时期，人类在重复性劳动上所取得的创造性进步微乎其微，重复性劳动使制造工具的技艺代代相传，没有多大改变。近代以来人类劳动向高级形态发展，最主要的标志是创造性劳动的数量和水平的增长。正是创造性劳动，构成了社会生产力进步的强大动力，推动着社会飞速发展。

创造性思维是重新组织已有的经验，提出新的方案或程序，并创造出新的思维成果的思维方式，是开展创造性劳动的重要前提，是一种应用独特的、新颖的方式解决问题的思维活动，是人类思维的高级表现形式。创造性思维表现为思维形式突破常规，多角度、多侧面、多方向地看待和处理事物、问题的过程，具体表现为多向思维、侧向思维、逆向思维、联想思维、形象思维、纵向思维和求异思维等。好奇和兴趣是创造性思维的触发器。好奇是指人们对自己不了解的事物感觉新奇，是创造性思维的激活剂。好奇能增强人们对外界信息变化的感受度，激发思考，引起探索欲望，引发探究行为和创新活动，科学上的重大发现、发明和创造都是在人们强烈的好奇心驱使下产生的。兴趣是指人们探究某种事物或从事某项活动的积极心理倾向，是创造性思维发展的原动力。兴趣能激励人们兴致勃勃、坚持不懈地去思考或钻研，促使人们重新组织已有的经验，提出新的方案或程序，这样就有可能创造出新的思维成果。想象是创造性思维的内核，是对头脑中已有表象进行加工、排列、组合从而建立起新表象的心理过程。

中华民族是勤于劳动、善于创造的民族。在几千年历史长河中，中国人民始终辛勤劳作、发明创造，我国产生了老子、孔子、庄子、孟子、墨子、孙子、韩非子等闻名于世的伟大思想巨匠，发明了造纸术、火药、印刷术、指南针等深刻影响人类文明进程的伟大科技成果，创作了诗经、楚辞、汉赋、唐诗、宋词、元曲、明清小说等伟大文艺作品，建设了万里长城、都江堰、大运河、故宫、布达拉宫等气势恢弘的伟大工程。今天，中国人民的创造精神正在前所未有地迸发出来，推动我国日新月异地向前发展，大踏步走在世界前列。当前，我国提出建设创新型国家战略，大力发展创造性劳动，推进科学技术发展和自主技术创新，就是要使我国经济竞争力的内涵，从以低成本、低收入的重复性劳动为主，尽快过渡到以高收益的创造性劳动为主，避免重蹈一些发展中国家在高速增长后出现停滞和衰退的覆辙。

榜样力量

1. “最美保育妈妈”费英英

3.3.3材料 “最美保育妈妈”费英英

拓展训练

1. “改变你的生活”新产品设计大赛。请同学们仔细观察日常生活的各个环节，以发现问题、解决问题、满足需求为出发点，设计一个服务生活、改变生活的“新产品”。基本要求一是新产品是新发明、新概念、新模式等多种形式之一；二是新产品必须符合实际需要、具有可行性。

2. 小组合作，各组选择一件智能产品或一条智能生产线，搜集有关它的性能、设计、用途等相关资料，分享对它的评价与体会。

案例分析

1. 都江堰水利工程

欣赏视频“神奇的都江堰水利工程”，试分析都江堰水利工程在哪些方面体现了古人的智慧与创造，这一工程的建造启示我们应树立怎样的劳动态度。

3.3.4视频 都江堰水利工程

2. “90后”创业者王锐旭

3.3.5 材料 “90后”创业者王锐旭

思考讨论

1. 请列举我国古代诗词中赞美劳动的诗句。
2. 在日常生活与学习中，我们该如何尊重劳动。

第四节　劳动精神

3.4.1 视频 劳动精神

劳动精神是每位劳动者为创造美好生活而在劳动过程中秉持的劳动态度、劳动理念及其展现出的劳动精神状态、精神面貌、精神品质。劳模精神的主体是劳模群体，劳动精神的主体是所有劳动者；劳动精神是做一名合格劳动者应有的精神，劳模精神则是成为一劳模必有的精神；没有劳动精神，就没有劳模精神。劳模精神是影响和引领每一位劳动者学先进、做先进，从平凡走向不平凡的外力，工匠精神是激发和激励每一位劳动者不断自我挑战和自我超越的内力；工匠精神是让劳动者成为自己的“劳模”，劳模精神是让劳动者成为别人的“模范”；工匠精神点亮了自己的生命，劳模精神则点亮了别人的生命。劳动精神是所有劳动者的共性，每一位劳动者都应该有劳动精神；工匠精神则揭示了不甘于平庸的劳动者的个性，是成就优秀劳动者的必要条件。劳动精神是成为人的精神，工匠精神是成为更加优秀的人的精神，劳模精神则是成为影响别人的人的精神。党和国家大力呼吁弘扬劳动精神、工匠精神和劳模精神，目的就在于让每一个人都热爱劳动，成为自食其力的劳动者，更要成为优秀的劳动者，甚至成为广大劳动者学习的佼佼者。在实践中，劳动精神的最高境界即劳模精神和工匠精神。

一、劳模精神

（一）劳模的内涵与产生

1. 劳模的内涵

“劳”，即劳动，这是劳模的前提和基础；“模”，体现了一种“示范”和“楷模”的价值导向，这是劳模的荣誉和意义所在。劳模是劳动模范的简称，而模范又是值得人们学习或取法的榜样。所以，劳模是指在劳动方面值得人们学习或取法的榜样，是在社会主义建设事业中成绩卓著的劳动者，是经各级民主评选，有关部门审核、审批后被授予的荣誉称号。劳动模范分为全国劳动模范与省、部委级劳动模范，有些市、县和大型企业也评选劳动模范。中共中央、国务院授予的劳动模范为“全国劳动模范”，是我国最高的荣誉称号之一。

劳模是民族的脊梁、国家的栋梁、社会的中坚、人民的楷模、时代的先锋。劳动模范凭借劳动成为人们学习、尊重的榜样，是全社会响应“劳动最光荣、劳动最崇高、劳动最伟大、劳动最美丽”伟大号召的具体体现。

2. 劳模的产生

（1）劳模的由来。

早在土地革命时期的中央苏区就已开始树立各类劳动模范，抗战爆发后，随着大生产运动的开展而发起劳模运动。新中国成立后，树立劳模的做法被进一步制度化，这在社会主义建设事业中发挥了重要的作用。

1934年，毛泽东就作过关于劳模工作的论述，他指出，提高劳动热忱，发展生产竞赛，奖励生产战线上的成绩昭著者，是提高生产的重要方法。1950年，在首次全国性的劳模表彰大会上，毛泽东对劳模给予了明确定位：“你们是全中华民族的模范人物，是推动各方面人民事业胜利前进的骨干，是人民政府的可靠支柱和人民政府联系广大群众的桥梁。”

在革命战争年代，“边区工人一面旗帜”赵占魁、“兵工事业开拓者”吴运铎、“新劳动运动旗手”甄荣典等劳动模范，以新的劳动态度对待新的劳动，积极参加义务劳动，全力支援前线斗争，带动群众投身中国共产党领导的人民解放事业。新中国成立后，“高炉卫士”孟泰、“铁人”王进喜、“两弹元勋”邓稼先、“知识分子的杰出代表”蒋筑英、“宁肯一人脏、换来万人净”的时传祥等一大批先进模范，响应党的号召，带动广大群众自力更生、奋发图强。在改革开放历史新时期，“蓝领专家”孔祥瑞、“金牌工人”窦铁成、“新时期铁人”王启明、“新时代雷锋”徐虎、“知识工人”邓建军、“马班邮路”王顺友、“白衣圣人”吴登云、“中国航空发动机之父”吴大观等一大批劳动模范和先进工作者，干一行、爱一行，钻一行、精一行，带动群众锐意进取、积极投身改革开放和社会主义现代化建设，为国家和人民建立了杰出功勋。

（2）劳模的评选。

劳模的产生必须坚持公开、公平、公正的原则，自下而上、层层选拔、严格标准、好中选优。每个时代的劳模都有深厚的时代特征和鲜明的时代价值追求，因此，劳模的评选标准也是与时俱进的。

1941年陕甘宁边区总工会颁布的《奖励劳动者办法》曾规定，模范劳动者须具备下列条件：工作上能遵守劳动纪律，节省原料、爱护工具；技术优良、超过个人生产计划；出品质量精美；在技术上有特别的发明与贡献者。可见，在革命年代对劳模的评选就已经有了劳动纪律、劳动态度、劳动技能、劳动质量、劳动技术的相关要求。

根据《关于做好2020年全国劳动模范和先进工作者评选表彰工作的通知》要求，在经济建设、政治建设、文化建设、社会建设、生态文明建设和党的建设等方面做出重大贡献，取得突出成绩的工人、农民、科教人员、管理人员、机关工作人员及其他社会各阶层人员都可以参评劳模。全国劳动模范和先进工作者必须热爱祖国，坚决拥护中国共产党的领导和社会主义制度，高举中国特色社会主义伟大旗帜，认真执行党的路线方针政策，模范遵守党纪国法，增强“四个意识”、坚定“四个自信”、做到“两个维护”，在本职岗位上奋发进取、拼搏奉献，以永不懈怠的精神状态和一往无前的奋斗姿态，积极为实现中华民族伟大复兴的中国梦贡献力量，在群众中享有较高威信，一般应获得过省部级表彰奖励，并在中国特色社会主义建设的某一方面做出突出贡献。

（二）劳模精神的内涵与价值

1. 劳模精神的内涵

劳模精神的实质就是通过勤奋、诚实、智慧的劳动为人民创造美好幸福的生活，为国家开创崭新富强的局面，为民族谋求振兴进步的精神。劳模精神代表的是一个时代的价值观、道德观，展示的是中华民族热爱祖国、艰苦奋斗、顽强拼搏、自强不息、改革创新的家国情怀。

纵观劳模事迹，虽然每一个时期的劳模都具有不同的时代特点，但他们都有着共同的精神特质，那就是他们以赤诚之心、辛劳之力、创造之功，在自己的岗位上为企业、为社会、为国家做出了杰出贡献，他们以平凡的劳动创造了不平凡的业绩，他们都是坚持中国道路、弘扬中国精神、凝聚中国力量的楷模。“爱岗敬业、争创一流，艰苦奋斗、勇于创新，淡泊名利、甘于奉献”的劳模精神，是工人阶级伟大品格的具体体现，生动诠释了社会主义核心价值观，丰富了民族精神和时代精神的内涵，是激励全国各族人民团结奋斗、勇往直前的强大精神力量。

（1）“爱岗敬业、争创一流”的劳动态度。

爱岗敬业反映的是劳动者对待自己职业的一种态度，也是一种内在的道德需要。它体现的是从业者热爱自己的工作岗位、对工作极端负责、敬重自己所从事职业的道德操守，是劳动者对工作勤奋努力、恪尽职守的行为表现。

争创一流是指劳动者追求更高的劳动效率、劳动质量的一种进取的职业精神。劳模们在各自岗位上努力追求一流的技术水平，干出了一流的工作业绩，创造出了一流的工作效率。正因为劳模们具有勇于攀登，不甘落后的精神力量，才会在某一领域里取得骄人的成就，这也是劳模受到全国人民的尊重和爱戴的主要原因。

（2）“艰苦奋斗、勇于创新”的劳动习惯。

艰苦奋斗是一种不怕艰难困苦、奋发图强、艰苦创业、为国家和人民的利益乐于奉献的英勇顽强的斗争精神。全国劳动模范徐虎是上海房管行业的一名普通水电工，他十几年如一日，坚持夜间开箱为人民服务，饿着肚子，放弃休息，不怕苦不怕累，为广大居民排忧解难，得到人民群众的一致赞扬。徐虎的这种不怕苦、不怕累的精神，就是一种艰苦奋斗的精神。

勇于改革，善于创新是时代精神的体现。在劳动中要树立敢于突破陈规、大胆探索未知、勇于创新创造的思想观念，在实践中有直面困难的勇气，有突破难关的精神，才能锐意进取，奋力前行。

（3）“淡泊名利、甘于奉献”的劳动品德。

淡泊名利，意为轻视外在的名声与利益，这是人生价值的具体体现。中国原子弹之父邓稼先放弃优厚的国外生活，毅然回国隐姓埋名几十年，在艰苦的戈壁滩从事原子弹研究。包括邓稼先在内的“两弹一星”研制人员正是怀着淡泊名利、甘于奉献的精神，才成就了一件件大国重器的横空出世。个人只有做到“淡泊名利”才能“宁静致远”，只有把人生理想融入国家和民族的事业中，才能最终成就一番无悔的事业。

奉献社会就是要求劳动者在自己的工作岗位上勤勤恳恳、兢兢业业，主动为社会和他人做贡献。这是社会主义职业道德中最高层次的要求之一，体现了社会主义职业道德的高层次目标要求。爱岗敬业、诚实守信、办事公道、服务群众、大公无私、克己奉公、顾全大局都是奉献社会的具体体现。在抗击新冠肺炎疫情的战斗中，数万名白衣天使、解放军官兵、党员干部、快递小哥、社区服务人员驰援武汉、驰援湖北，义无反顾、迎难而上，这些“最美逆行者”感动了中国，震撼了世界！

2. 劳模精神的时代价值

（1）劳模精神凝聚建功新时代的磅礴力量。

劳模精神作为我国优秀传统劳动文化的结晶，其“爱岗敬业、争创一流，艰苦奋斗、勇于创新，淡泊名利、甘于奉献”的精神内涵已经深深地融入到社会主义核心价值观之中。在“人人学习劳模，人人尊重劳模，人人争当劳模”的良好氛围中，劳模精神必将作为建设新时代中国特色社会主义伟大事业的重要精神力量，充分调动最广大劳动者的积极性和责任感，激励人们争做新时代的建设者、奋进者，以实干兴邦的务实行动，为实现中华民族伟大复兴做出应有贡献。

（2）劳模精神促进劳动者素质提升。

劳动者素质对一个国家、一个民族发展至关重要。技术工人队伍是支撑中国制造、中国创造的重要基础，对推动经济高质量发展具有重要作用。人是生产力中最活跃的要素。走新型工业化道路、建设制造强国，需要全面提升劳动者素质，造就一支有理想守信念、懂技术会创新、敢担当讲奉献的宏大产业工人队伍。劳模在工作岗位上的示范、引领、带动作用是巨大的，劳模精神的影响是深远的。全社会的劳动者，要以学习和传承劳模精神为荣耀，到祖国最需要的地方绽放青春之花，一大批高素质劳动者大军就会源源不断地输送到祖国建设的各个岗位上。

（3）劳模精神引领劳动价值观的形成。

习近平总书记在全国教育大会上强调：“要在学生中弘扬劳动精神，教育引导学生崇尚劳动、尊重劳动，懂得劳动最光荣、劳动最崇高、劳动最伟大、劳动最美丽的道理，长大后能够辛勤劳动、诚实劳动、创造性劳动。”①这既是对广大学生涵养深厚劳动情怀的谆谆嘱托，更是对未来劳动者用奋斗成就梦想的殷切期待，昭示着新时代劳动教育的价值取向。劳动模范是每个时代劳动精神的典型化身，是引导广大学生培育践行社会主义核心价值观的宝贵财富和有效载体。当代大学生应在劳动模范先进事迹和优秀品质的感召下，在实践中体悟劳模精神，在磨炼意志和增长才干中感受劳动的乐趣和收获，从而养成辛勤劳动、诚实劳动、创造性劳动的精神气质。

（三）劳模精神的培育

榜样的力量是无穷的，劳动模范身上涌动着创造、创新、创业激情，他们以炽热的爱国情怀、精湛的专业技能在各自岗位上建功立业，激励无数劳动者共同托举起一个国家、一个

①习近平出席全国教育大会并发表重要讲话. http://www.gov.cn/xinwen/2018-09/10/content_5320835.htm.

民族的梦想。包括大学生在内的全体社会主义建设者都应主动以劳模为榜样,大力弘扬劳模精神,在全社会形成崇尚劳模、学习劳模、争当劳模、关爱劳模的良好氛围。

1. 坚定理想,端正观念

大学生学习劳模,首要的是要牢固树立劳动最光荣、劳动最崇高、劳动最伟大、劳动最美丽的观念,并自觉把劳动观与践行社会主义核心价值观和锤炼优秀品格结合起来,坚定中国特色社会主义共同理想和共产主义远大理想,以辛勤劳动、诚实劳动、创造性劳动把向劳模学习落实在行动上,一步一个脚印地走,一点一滴地奋斗。

2. 鼓足干劲、卯足闯劲

鼓足干劲就要脚踏实地、一往无前。一些年轻人刚踏入职场,就嫌弃职位低或收入少,工作没精打采,从而出现"无业绩、没成效"的被动境地,进而对工作产生抵触情绪,严重影响了自身的成长。大学生要以壮士断腕的决心,不怕吃苦的精神,不达目的誓不罢休的勇气,立足岗位干出特色,干出亮点,干出成绩。

卯足闯劲就是要敢于冒险、打破常规。如果在工作中总是畏首畏尾、瞻前顾后、因循守旧,那么工作势必原地打转、止步不前。自古华山一条路,大学生要勇于以亮剑精神,直面前进道路上的种种障碍,不断探索、迎难而上,以十足的闯劲开辟新天地、开创新局面。

3. 善于学习,乐于请教

大学生在学习、生活与工作中,要多读书、勤实践,努力完善知识结构,提升劳动技能,掌握真才实学,练就过硬本领。一年内连续三次创造了全国黑色冶金矿山掘进新记录的劳模马万水常说:"加快矿山建设,光靠拼体力是不行的,必须把苦干、实干与巧干结合起来。"唯有学以致用,方能经世济民;唯有学行修明,才可受命于危难之间。

"三人行,必有我师焉。""不懂就问"是中华民族的优秀传统。被誉为电力检修一线的"设备医生"、"工人发明家"的全国模范何满棠,谈到工作心得时只有一句话:"多做、多问、多想,自然功多艺熟!"青年大学生刚入社会,阅历尚浅,更应该做到善于发问、乐于请教,甚至要有不耻下问的勇气,向比自己学历低、职位低的人请教学习。

4. 做到"干一行、爱一行"

热爱是最好的老师,只有做到干一行、爱一行,钻一行、精一行,才能达到像劳模张秉贵"一抓准"那样的境界。青年大学生应该牢固树立爱岗敬业、忠于职守的职业精神,在业务上精益求精,尽职尽责,全心投入,踏实劳动,勤勉工作,就算是在平凡的岗位上也能干出不平凡的事业来。

青年大学生以劳模为榜样,肯学肯干肯钻研,练就一身真本领,掌握一手好技术,就能立足岗位成长成才,就能在劳动中发现广阔新天地,在劳动中体现价值、展现风采、感受快乐、收获幸福。

3.4.2 材料 习近平总书记的劳动情怀

二、工匠精神

(一) 工匠精神的内涵

工匠精神是一种对自己作品精益求精、不断完善使其完美的精神理念,是工匠在自己的职业中淬炼出来的品格与气质。工匠专注于每一个细节,运用智慧和经验创造性地改造物质世界,对每一个步骤一丝不苟地打造完美产品。我国古代非常注重工匠精神,形成了"尚巧工"的社会氛围。新中国成立以来,我们党在带领广大人民进行社会主义现代化建设的进程中,始终坚持弘扬工匠精神。无论是"两弹一星"、载人航天工程取得的辉煌成就,还是高铁、大飞机等的设计与制造,都离不开工匠精神。

新时代工匠精神的基本内涵,主要包括以下四个方面内容。

1. 爱岗敬业的职业精神

爱岗敬业的职业精神是工匠精神的根本。树立正确的劳动观念和劳动态度,充分认识到劳动没有高低贵贱之分,无论从事何种工作,都要做到干一行、爱一行、钻一行。只有尊重、热爱自己的职业,才会心甘情愿地付出,才会持之以恒地坚持,才会始终如一地钻研,做到尽职尽责、尽善尽美。爱岗敬业是责任和付出,是品质和尊严,是道义和担当,是一种与生俱来的使命。

2. 精益求精的品质精神

精益求精的品质精神是工匠精神的核心。对于工匠而言,职业不只是一份工作,还是生活的重要组成部分;职业精神也不仅存在于职业过程,更是存在于一个人内心里的美德。工匠不是马马虎虎、将将就就、得过且过,而是从日复一日的劳动过程中体会到快乐和成就感,将每一步做到极致。"天下大事、必作于细",工匠是笃实专一、心无旁骛,努力地将工艺的精准做到极限的人。精益求精是一种极强的责任意识,对品质、信誉负责,对消费者的权益负责。

3. 协作共进的团队精神

协作共进的团队精神是工匠精神的要义。跟传统的工匠不同,当代工匠尤其是产业工人的生产方式已不再是手工作坊,大机器生产成为主流,分工高度专业化、精细化,任何一个行业都需要具备相关专业知识和技能的人才协作共进,而不是各自为战。所谓协作,就是团队成员的分工合作;所谓共进,就是团队成员的共同努力、共同进步。新时代呼唤那些追求有序协同、精诚合作的新型工匠成为中国制造的主力。

4. 追求卓越的创新精神

追求卓越的创新精神是工匠精神的灵魂。一直以来,创新在科学研究、技术进步、社会发展、国家振兴等方面发挥着独特的作用。锤炼精湛技艺、锻造过硬本领,离不开传承延续,更离不开推陈出新,工匠精神更需要有创新精神。工匠不仅追求精益求精,更是对生产力的提高有着强烈的渴望,而这直接促成创新。工匠善于学习,不断探索,永不满足,以开放的姿态吸收前沿的成果,提升产品质量,实现自我提升,赋予传统技艺新的生命力。

(二) 工匠精神的时代价值

工匠精神是劳动精神在当代最突出的表现形式,是社会主义精神文明的重要组成部分。在当代中国,工匠精神有着不可或缺的时代价值。

1. 工匠精神有助于加快建设制造强国

制造业是国民经济的主体,是立国之本、兴国之器、强国之基。但目前,我国制造业依然存在着大而不强、产品档次整体不高、自主创新能力较弱的问题,部分产品不能满足日益精细化的消费需求。要实现从生产型向服务型、从价值链的低端向高端、从中国制造向中国创造、从制造大国迈入制造强国的宏伟目标，必须依靠精益求精、追求完美的工匠精神。只有把工匠精神融入生产制造的每一个环节，做出极致产品，打造品牌，满足消费需求，赢得竞争先机，将制造业工人锤炼为工匠，将制造转化为智造，制造强国的目标才能实现。

2. 工匠精神有助于促进科技创新

以科技创新、技术进步为己任的企业，是民族振兴的主力，是创造财富的源泉。工匠精神体现在企业就是把创新当作使命，追求科技创新、技术进步，使企业、产品拥有竞争力。这就需要企业以开放的姿态吸收最前沿技术，不断增强创新的力量，从而创造出最新的科技成果。通过产品创新、技术创新、市场创新、组织形式创新等全面创新，从创新中寻找新的商业机会，在获得创新红利之后，继续投入、促进再创新，形成良性循环。

3. 工匠精神有助于提升中国国际形象

品牌是企业走向世界的通行证，是国家竞争力的重要体现，也是国家形象的亮丽名片。近年来，我国品牌建设取得长足进步，但在国际上真正叫得响的品牌还不多，这与我国作为第二大经济体、第一制造业大国的地位很不相称。提升品牌形象，要求把工匠精神融入设计、生产、经营的每一个环节，做到精雕细琢、追求完美，实现产品从“重量”到“重质”的提升。只有通过弘扬工匠精神，让每个劳动者恪尽职守，崇尚精益求精，进而培育众多大国工匠，不断提高产品质量，才能打造更多享誉世界的中国品牌，建设品牌强国。

4. 工匠精神有助于提升劳动队伍的技能水平

走新型工业化道路，建设创新型国家，需要培养大批具有现代先进技能的建设者。技能人才对于现阶段中国经济保持持续快速增长，实施制造强国战略意义重大。而工匠精神所提倡的是劳动者钻研技艺、技术，掌握先进的工艺、技巧，这是促进我国劳动队伍整体提高技能水平的重要保障。

（三）工匠精神的培育

践行工匠精神，做技术创新的追求者、技能操作的引领者，成为新一代“大国工匠”，打造更多享誉世界的中国品牌，为建设制造强国做出自己的贡献。作为新时代的大学生，我们必须以工匠精神为追求，加强自身建设。

1. 加强专业知识学习

工匠崇尚技能、崇尚劳动，具有学习掌握技术的兴趣和意愿，熟练掌握专业技术，具备能将专业技术创意和方案转化为有形物品或对已有物品进行改进与优化等能力。为此，我们必须全面掌握各自专业知识，并树立起终身学习的意识，不断积淀知识储备。同时分析本职业岗位应具备的职业精神，将其融入专业学习中。在掌握专业知识的基础上，训练综合运用技能、知识与经验的能力，进而具备善于将设计思想或设计成果转化为现实生产力的创新能力。积极参与创新实践，从小事做起、从基础做起，迎难而上、百折不挠，在实践的熔炉中增长见识、强化本领、收获成功。

2. 职业素养及心理准备

除了必须掌握职业知识与技能外，还必须懂得做人的道理，努力提升职业素养。经验、知识和能力可以在工作实践中逐步培养，但是工作责任心等基本素质必须从学校树立，面对日常繁杂工作要有充足的耐心与韧性，练好基本功，钻研基本技能，勇于战胜各种工作挑战、困难与挫折。随着经济、社会的快速变化，劳动力市场的不稳定性增加，这就要求大学生以稳定的心理积极适应职业的变化，学会自我管理、自我约束、自我教育，增强承担实际生活中产生的各种心理压力的能力。具备正确处理人际关系的能力，正确认识社会和集体的能力，正确处理和化解矛盾的能力，以及主动适应和承担风险的能力。

3. 大力提升人文素养

提高文化素养，要求大学生把专业知识学习与人文素质提升有机结合起来，促进思想政治道德素质、科学文化素质和身体心理素质全面协调发展。我们应积极参加各类校园文化活动，校园文化是师生共同创建的精神环境和文化氛围，是一种潜在的教育力量、无声的教育资源。认真学习学校开设的一系列人文素质类课程，也是不断提升人文素养的重要途径。

榜样力量

"手雕艺术传承者"楼宇峰

3.4.3材料 "手雕艺术传承者"楼宇峰

拓展训练

1. 分组讨论，结合劳模精神和工匠精神的内涵，分析自己专业在未来职场的不同岗位上，要成为一名劳动佼佼者应具有的劳动精神，明确自己的努力方向与具体的培育举措。每组讨论的岗位避免重复。

2. 小组合作，选择一项我国历史上集体劳动的伟大成果，如长城、故宫的修建，红旗渠的开凿等，搜集并整理相关资料，特别关注这些成果中所蕴含的劳动精神，全班分享。

案例分析

1. 有一种工作境界叫全国劳模

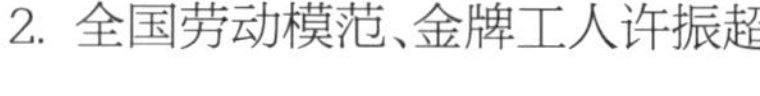
2. 全国劳动模范、金牌工人许振超

3.4.4材料 有一种工作境界叫全国劳模

3.4.5材料 全国劳动模范、金牌工人许振超

思考讨论

1. 结合实际谈谈我们大学生应如何弘扬劳模精神。
2. 请谈谈你对工匠精神的理解。

第五节　劳动实践

3.5.1 视频　劳动实践

劳动实践是在系统的文化知识技术学习之外，有目的、有计划地参加日常生活劳动、生产劳动和服务性劳动。对高职学生来说，在劳动实践中不仅可以掌握劳动知识、习得劳动技能，还能培养积极向上的生活态度；不仅能深刻体会劳动创造美好生活的真谛，还能涵养热爱劳动、勤俭节约、吃苦耐劳、团结协作的优良品质；不仅可以磨练顽强意志，还能增强自身的创新能力和实践能力；不仅能更加自信快乐地面对当下的学习与生活，还能更有能力、更有勇气开启今后的幸福人生。

一、大学生劳动类型

（一）生活劳动

当前一些青少年没有把家庭的关爱、优越的条件当作成长的动力，认为不劳而获、坐享其成是应该的，好吃懒做、虚荣攀比、拈轻怕重、逃避劳动，生活上经不起任何磨难，心理素质差，一旦遇到困难和挫折就悲观失望、怨天尤人。在高职院校，有些学生平时逃课睡觉、应付功课，导致不断“补考”、期待“清考”，甚至抄袭作弊；少数学生消费超前、大手大脚、攀比享乐，一就业就成为“啃老族”“月光族”；有的学生吃不起苦、受不起累，不知创业艰难、缺乏创业能力；有的学生就业后追求不切实际的薪酬待遇，随意毁约、频繁跳槽；有的学生认为脑力劳动高于体力劳动、生产劳动，甚至鄙视普通劳动者；有的学生寝室脏乱差，不愿意整理等。这些都是缺少最基本的生活劳动造成的，是劳动素养低下的突出表现。

生活劳动是指在家庭、学校或社会中涉及到个人或集体生活的相关劳动，如清洁卫生劳动等。学生从事力所能及的生活劳动，在不断的实践中逐渐感悟劳动的意义，体验精神上的愉悦，学会关心他人，增强人与人之间的感情，并且逐渐养成为他人服务的意识，对学生的全面发展具有重要意义。

生活劳动有利于身心健康。生活劳动是学生参加劳动的一种实践活动，通过生活劳动可以锻炼身体，促进学生健康成长。学生结束了在学校的紧张学习，回到家后，帮助父母拖地、洗碗、洗衣服，可以通过这些劳动来消除学习中的紧张与疲劳，从而精力更充沛。热爱劳动的孩子长大后能吃苦，有才干，对生活充满自信，人际交往能力更强。法国著名的启蒙思想家、教育学家卢梭认为，培养身心健康的人，必须在体力劳动中才能完成，劳动既可锻炼身体，也可以锻炼头脑。生活劳动还可以锻炼学生的身体协调能力、动手能力，有助于学生逻辑思维能力和对事情分析、判断、统筹能力的提高，使学生能够更快地接受新事物与新观念。

生活劳动有利于锻炼独立自主、坚毅和自信的意志品质。独立自主、坚毅和自信的意志品质只有经过长期劳动磨练才能获得。一般来说，劳动的过程其实也是不懈追求并不断体验成功的过程，它有助于磨练劳动者个人的意志品质。生活劳动中还能掌握更多的生存技能，能有效地养成独立自主品质，增强自信心和适应能力，能更好地解决生活中所遇到的问题。

生活劳动有利于提升责任感。责任感是一种态度，是道德评价最基本的价值尺度，人的社会化不仅要求人们学会社会生活的基本技能和社会行为规范，还要求人们养成社会所认可的道德品质。生活劳动有利于学生潜移默化地培养社会责任感，树立起对集体、家庭、社会和国家的责任和义务，在日后的工作中勇于担当、诚实守信、爱岗敬业。

生活劳动有利于调节氛围增进和谐。参加日常生活劳动，能亲身体验到劳动的繁重与琐碎，切身体会到父母、同学及学校的不易，从而会更加珍惜现在所拥有的一切，减少对父母、同学及他人的抱怨、抵触情绪，会懂得关心他人；而且在劳动过程中的谈心、聊天，会增加我们对父母等人的信赖和感情，可以拉近共同劳动者之间的距离，增进亲情、友情，进而给家庭或集体增添一种融洽、和谐、欢乐的氛围。

（二）生产劳动

生产劳动原指直接创造物质财富的劳动，此处我们主要指专业劳动，即在校内外应用专业知识与技能（能力）进行生产、建设、管理、服务等方面的劳动。企业面对日趋激烈的竞争环境，为了尽快实现财富和价值的转化，在人才招聘中对学生从事生产劳动的能力越发关注。“招之即来，来之能用，用之必胜”是许多用人单位对青年毕业生的基本要求。日常工作所需的基础知识与能力包括问题分析能力、办事能力、交际能力、创造创业能力、领导能力等无不是把知识学习融于生产劳动、社会实践中形成和发展起来的。大学生经过专业教育和通识教育学习了系统的专业基础知识，但这些知识是否实用、有成效，还必须积极参加生产劳动，在劳动中检验、巩固所学并掌握劳动技能，确保自身具有更强的职业适应能力。

因此，高职学生作为未来各行各业的储备力量，既要学习与本专业相关的理论知识，为未来从事相关生产性活动提供理论支撑；也要借助课余时间进行适当的生产劳动实践，为将来走出校园积累实践经验，这对其未来的职业化发展具有重要价值。

掌握使用与本专业相关的生产工具的能力，是生产劳动中应掌握的诸多技能（能力）中的重点，例如信息安全与管理专业的学生可能需要精通数据恢复、系统风险评估技术，掌握操作系统安全配置、网络安全系统集成、Web系统安全开发、信息安全产品配置与应用、网络安全运行与维护等技术。其次要掌握使用能够拓展职业发展道路的生产工具的能力。职业院校的学生通过掌握使用与本专业相关的生产工具，可以将自己培养成为“一”字形人才，即熟练掌握某一项专业知识，但知识面相对狭窄，可以发展为专业中的技术骨干。但从职场的多元化发展来看，企业用人单位更需要的是“十”字形人才，即既有较宽的知识面，又在某一领域有比较深入的研究；既能在本专业独当一面，也能在相关领域有所作为，在紧急关头还能发挥“补锅匠”“救火队长”的作用。面对这一现实要求，结合未来的职业发展需求，适度关注并掌握其他专业生产工具就成为必要。例如从事汽车维修与服务的学生也可能需要借助电脑进行绘图设计和数据处理等。在社会化生产高度发展的今天，各行各业之间存在着千丝万缕的联系，我们应认清这一现实，提早做好准备。

在校期间，我们应积极参加学校的实践类课程，包括实习实训课、创新创业课等。通过参与课堂上的角色扮演、实际操作、模拟任务等活动，了解生产过程及创新创业的基本环节，了解市场竞争和商业行为，为顺利进入职场打下坚实基础。顶岗实习是高职学生在校期间最重要的一种生产劳动，是在基本上完成教学实习和学过大部分基础技术之后，综合运用本专业所学知识和技能，到专业对口的职场直接参与生产过程，完成一定量的生产任务，并进一步掌握操作技能，养成正确劳动态度的一种实践性教学形式。高职院校与用人单位相结合、学生与实际劳动者相结合、理论与实践相结合的顶岗实习，有利于学生了解企业运行的基本规律，学习企业文化、管理原则，关注企业最新技术、设施设备、行业动态等；有利于培养更加贴近岗位需求的人才，使职业发展更加顺利。

（三）服务性劳动

服务性劳动是指以提供劳务的形式来满足社会需求的活动，当前，它主要是指在教育、医疗健康、养老、托育、家政、文化、旅游、体育等社会领域，为满足人民群众多层次多样化需求，依靠多元化主体提供服务的活动，它事关广大人民群众最关心、最直接、最现实的利益问题。服务性劳动是推动大学生接触社会，增强社会责任感，彰显无私奉献精神，提高劳动素养的重要实践方式。

服务性劳动的意义表现在以下方面。第一，社会服务有利于大学生了解国情、了解社会，增强服务社会的责任感和使命感。社会服务为大学生打开一扇接触社会、了解社会的窗口，加深对人民群众特别是弱势群体、边缘人群的了解，同人民群众建立感情，自觉萌发出一种建设和谐社会的责任感；同时了解社会对知识和人才的需求，增强勤奋学习、奋发成才、奉献社会的使命感。第二，社会服务有利于提高大学生的思想政治素质。社会服务有助于大学生加深对党的路线、方针、政策的认识，增强爱党爱国的信念，坚持走有中国特色社会主义道路，树立正确的世界观、人生观和价值观，培养劳动观念和奉献精神。第三，社会服务有利于提升大学生的业务素质。社会服务使大学生通过实践体验，看到自身知识、能力的不足，促进其主动调整，培养不断追求新知识的治学精神，激发学习积极性和主动性；社会服务使大学生把知识运用于劳动实践，帮助大学生巩固和深化在课堂上学到的知识，锻炼实际动手能力。第四，社会服务有利于培养大学生团队协作意识。在整个劳动过程中，所有参与者既要完成临时性任务，又要保证实现活动的最终目标；既要发挥个体的作用，又要协作完成团队的集体任务，故而能够进一步增强学生的团队协作意识。

志愿服务是一种重要的社会服务，志愿服务是在不求回报的情况下，为改善社会环境、促进社会进步而自愿付出个人的时间及精力所做的服务工作。志愿精神的核心是服务、团结的理想和共同使这个世界变得更加美好的理念，志愿精神是人文精神的最高级表现形式。

暑期社会实践是大学生社会服务性劳动的重要形式，社会实践是在校生利用假期及课余时间，深入工厂、农村、街道、部队、医院等进行考察、了解社会，并利用所学专业知识为经济建设和社会发展服务的实践活动。暑期社会实践目的在于弥补学校教育教学的不足，丰富和深化大学生思想政治教育，促进青年学生在理论和实践相结合的过程中增长才干、健康成长。大学生“三下乡”是指“文化、科技、卫生”下乡，是各高校在暑期开展的一项意在提高大学生综合素质的社会实践活动。活动主要内容是大学生将城市的科技、文化和卫生知识带到发展相对落后的偏远地区，向当地人传授知识。

二、大学生劳动事项

大学生在校期间，应积极主动参与各项劳动，自觉养成并提升个人的劳动素养。

1. 打扫卫生

“一屋不扫，何以扫天下？”作为大学生，我们首先要确保自己生活环境的整洁，无论在学校还是在家庭，无论是个人书房、学校寝室，还是上课的教室。现实中，有些大学生身上穿戴漂亮整齐，但生活的寝室却是脏、乱、差，你很难想象那就是他们的住处。大学生应养成良好的个人卫生习惯，不随地扔垃圾，每天坚持打扫，不积聚垃圾，定期擦洗用具、门窗等。保持生活环境整洁，能让人心情舒畅，也能体现出一个人的素养。

2. 整理物品

在我们生活的场所，有各种各样的物品，我们应及时整理，整齐摆放，用后放回原处，不乱扔乱堆。整齐摆放不仅看上去舒服，而且节约空间，用起来方便，不用到处寻找。要整理的物品包括书桌上的书籍、文具，抽屉里的物品，鞋架上的鞋，衣柜里的衣服，厨房灶台上的油、盐、酱、醋、碗，室内的家具、花卉盆栽，房间里床上用品等。整理物品要学会利用收纳箱、盒，使小物件井然有序，要学会利用角落空间，营造出一种特别的美感。

3. 美化环境

美好的环境能够使我们的生活变得丰富多彩，同时陶冶我们的情操，使身心健康发展。美化环境不仅要保持环境卫生、摆放整齐，养成良好的个人生活习惯，还要学会通过栽种绿植、挂画等，保持所生活的环境美好。美化寝室要讲究简单、大方，不必放置过多装饰品，在色彩、风格上烘托一种温馨、舒适的氛围，营造一个安静、适宜学习的空间，让寝室充满家的温暖气息。美化环境还就爱护校园中各种花草树木和公共设施，积极倡导绿色低碳生活与文明行为，共同建设平安、和谐与绿色校园。

4. 洗衣做饭

洗衣做饭是最常见的家务劳动，也是我们每个人都应会的劳动。在家里洗衣做饭通常是父母承担的，很少有同学主动参与或独立完成。在学校，洗衣成了个人的难事、大事，一拖再拖，或干脆拿向洗衣店；吃饭倒不需要自己动手做，去食堂即可，但洗碗却成了很不情愿做的事。实际上，洗衣做饭是我们必备的技能，当你独立生活时，你必须承担；即便在家中，我们主动参与或承担下来，不仅能学会其中的技巧，还能替父母分担，并养成劳动习惯，提升劳动素养。洗衣不仅是清洗还包括熨烫、折叠、使用洗衣机等，女生还应会一些简单的针线活，即便在如今极少用到针线的时代。做饭炒菜极有技术含量，值得每个人认真学习，学好了不仅能保证家人天天有口福，还能因拥有一技之长而受到亲朋好友的青睐。

5. 农村劳作

作为一个传统的以农业为主的国家，我们深受农耕文化的熏陶，对农民农村怀有特殊的感情。千百年来，农事最辛劳，农民最辛苦，中国农民的奋斗与创造，惊天动地，是他们用辛勤的汗水和默默的耕耘创造了以占世界7%的耕地养活占世界22%人口的奇迹，让中国人把饭碗牢牢地端在了自己的手中。然而，随着经济发展、科技进步与农业现代化机械化，当代大学生对农业、农村、农民变得陌生，很少有学生参加农事劳作，即便生活在农村地区的同学也是如此。实际上，随着当前国家对“三农”的重视以及新农村建设的推进，广阔的农村地区是我们大有作为的天地，土特产、绿色食品、乡村旅游等都是可以成就一番事业的方面。感悟农耕文化中的劳动之美、学习农民的优秀品质、认识农村的民风民俗、体验繁杂农事的艰辛等是我们大学生的必修功课，不仅能让我们了解国情民情、增长知识，还能有效地锻炼我们的意志、提升抗挫能力与奋斗的勇气，传承农耕文化并增进家国情怀。

6. 养老护理

家有一老，如有一宝。对每个家庭来说，老人不仅是我们情感的寄托，也是我们精神的依靠。然而，由于老人身体机能逐渐衰退，大脑反应能力变弱，还经常有各种疾病。因此，养老护理成了我们每个人必须承担的重要劳动，特别是大学生更应如此，这不仅体现孝心、爱心，更是感恩的一种重要形式，是中华民族的优秀传统美德。俗话说，“养儿难报父母恩”“养儿防老”“百善孝为先”等，说的就是这个道理。老人喜欢唠叨，我们应有耐心，所谓“孝顺”，不仅要“孝”，更要“顺”，顺着老人的意愿。实际上，能聆听老人唠叨也是一种幸福。与老人沟通时可选择老人感兴趣的话题，如老人感到自豪的事、老人美好回忆的事，多陪伴老人，如看电视、散步、逛街等。还要学会一些应对突发病情的方法，如头晕、不吃饭、跌倒、情绪低落，特别是身患一些长期慢性病患等。要深知，被需要也是一种幸福。

3.5.2 材料 被需要也是一种幸福

7. 假期兼职

假期兼职是当前许多大学生利用节假日甚至是日常课余时间在学校、家庭附近城市从事的劳动，特别是一些家庭经济条件不大好的学生。假期兼职可以在锻炼自己、增加生活体验、丰富职场经历的同时挣一些生活费，感受劳动付出得到回报后的成就感，这是一种常见的社会实践劳动。假期兼职时，我们应擦亮眼睛，谨防落入各种“陷阱”。有的传销组织打着“连锁经营”“特许经营”“直销”等幌子，或以“国家搞试点”“响应西部大开发”等名义诱骗大学生参与传销活动；有的骗子公司以“先培训拿证后上岗”为由骗取培训费、考试费或押金、中介费等。大学生从事兼职劳动时，应仔细了解自己与兼职单位之间的各种权利义务，注意保护自己的合法权益，对于双方之间的法律关系及权利义务，最好能通过书面合同的形式予以确认。

8. 勤工助学

在学校，不仅仅各类课程的学习是学习，只要是跟社会、跟他人的接触交流都能有所学，都是一种锻炼、一种成长。勤工助学正是学校给学生提供的一个参与实践、锻炼自身的一种劳动。学生在学有余力的前提下，利用课余时间参加高校组织的勤工助学，通过劳动获得合法报酬，改善学习和生活条件。参加勤工助学由学生提出申请，经面试后再确定，并签订协议，明确学校、用人单位和学生三方的权利和义务，意外伤害事故的处理办法以及争议解决方法。勤工助学岗位有固定岗位和临时岗位，固定岗位是指持续一个学期以上的长期性岗位和寒暑假期间的连续性岗位；临时岗位是指不具有长期性，通过一次或几次勤工助学劳动即完成任务的工作岗位。岗位类型主要包括管理助理、教学助理、科研助理和辅导员助理等，学生可根据自身情况选择合适的岗位进行申请。

三、积极主动地劳动

（一）积极对待被安排的劳动任务

在我们的日常生活和学习中，家长、老师和同学会给我们安排一些劳动任务，如日常家务、班级值日、义务劳动等。要做到积极主动地劳动，首先就应该积极对待被安排的劳动任务。

1. 欣然接受被安排的劳动任务

当他人安排给你劳动任务时，你是欣然接受、一口拒绝还是婉言推辞？的确，面对这些被安排的劳动任务，我们可能会有各种各样的想法："我没做过，不会做""我做过很多遍了，没有挑战性"等。显然，这些都不是积极对待劳动任务的态度。

其实，上述家庭和学校的日常劳动任务，对于我们青年学生来说，并不是很繁重或者难度很大的任务，我们不应把它们看成一种负担。从心理学上讲，态度有指向性和对象性等特征，影响着我们的行为倾向，也影响我们对行动对象的选择，即态度能够使我们趋近某些事物或逃避某些事物。积极对待劳动任务，第一步就是要做到毫无怨言、欣然接受劳动任务。

2. 及时完成被安排的劳动任务

及时行动是积极主动的特点之一。然而，很多人觉得，安排给我们的劳动任务都是一些重复性任务，自己对任务不感兴趣而又不得不完成，就产生了对劳动任务的抵触心理，因此在执行任务时，能拖则拖。久而久之，面对劳动任务，就养成了消极拖延的习惯；拖延之后，又由于时间紧迫，草草应付劳动任务，无法保证劳动质量，也体会不到劳动带来的成就感，从而更加抵触劳动任务，由此就陷入了拖延和抵触的循环。

古人说："明日复明日，明日何其多。我生待明日，万事成蹉跎。"唯物辩证法认为，内因是事物自身运动的源泉和动力，是事物发展的根本原因，外因是事物发展、变化的第二位原因。内因是变化的根据，外因是变化的条件，外因通过内因而起作用。对劳动任务抵触和拖延，根本原因在我们自己身上。

要克服拖延，就要在接到劳动任务之后，给自己设定任务完成期限和完成标准，充分利用好劳动时间，合理分解劳动任务，及时付诸行动，高效开展劳动。

3. 克服劳动过程中的懒惰情绪

让身体安逸是人类的自然需求。因此，懒惰情绪可以说是人皆有之，劳动过程中存在懒惰情绪也是正常的。但是，积极主动劳动的人，能够通过自我调整克服这种懒惰情绪。

实际上，懒惰是一种心理上的厌倦情绪，表现在行为上是一种散漫的、松懈的、不振作的状态。曾国藩说："百种弊病，皆从懒生。懒则弛缓，弛缓则治人不严，而趣功不敏。一处弛则百处懈矣。"可见懒惰之人，是很难有一番成就的。《易经》有言："天行健，君子以自强不息。"勤劳是中华民族的传统美德和民族精神，我们应该继承和发扬勤劳这一传统美德，主动克服自己的懒惰情绪，真正做到勤快劳动，用勤劳铸造青春风采。

（二）正确对待“苦差事”和“分外事”

在实际劳动过程中，难免会存在一些“苦差事”，也会存在一些“分外事”。对待这两者的态度，直接影响你是否能够积极主动地劳动。

1. 做别人不愿做的“苦差事”

对于一些难度大或者比较烦琐而大家都不想做的任务，即所谓的“苦差事”，有些人选择将其留给队友，也有些人不计较、不抱怨，主动接受了“苦差事”并克服困难、高质量地完成了任务。从事隧道爆破的“大国工匠”彭祥华就属于后者。2015年，他参建川藏铁路拉林段，他所在的标段是其中最难的一段，路段地质非常复杂，生态脆弱，施工要求非常高。一次地质勘探，需要技工沿绳索从五六十米高的悬崖上顺势而下，脚下就是波涛汹涌的雅鲁藏布江。不少工友都不愿去接这份“苦差事”，但彭祥华却挺身而出，独自一人“飞舞”于悬崖峭壁之上，顺利完成了勘探任务。正是凭借在川藏铁路拉林段做出的突出贡献，2017年，彭祥华获得了中华全国铁路总工会“火车头奖章”，并获得中国中铁“十大专家型工人”的称号。

试想，如果你遇到彭祥华经历的这种情况，你会选择逃避还是主动承担？彭祥华完成了这种高难度的劳动任务，既证明了自己的能力和专业实力，又得到了同事们的尊重和认可。有时，换个角度，“苦差事”也是考验和锻炼自己的机会，我们应该主动去做一些“苦差事”，提高自己处理复杂事务的能力。

2. 主动承担分外的劳动任务

什么是分外的劳动任务？顾名思义，就是不属于自己任务范围的劳动任务，其中包括一些职责归属不是很明确的劳动任务。在学校和班级安排的劳动任务中，常有这种职责归属不明确的任务。有种观点认为，分外的劳动任务，不做没有错，但是做得不好却有可能给自己造成不良影响，是“费力不讨好”的任务，“多一事不如少一事”，所以我们应该对分外劳动任务视而不见。但真的能这样吗？答案无疑是否定的。

我们应该正确理解“分外”二字。在一个集体中，所有的任务都是有关联的，虽然有职责分工，但最终落脚点还是在集体任务是否按计划完成上。如果其他人的劳动任务没有完成，集体任务也不可能完成，同样也会影响到自己的劳动。因此，我们应该培养整体思维和大局意识，在完成分内任务的基础上，只要有助于整个劳动任务的顺利完成，就应积极去做，并且尽全力做好，不要计较任务是“分内”的还是“分外”的。

3. 主动帮助别人完成劳动任务

在日常劳动过程中，你肯定遇到过这种情况：自己手头的活儿已经做完了，可以停下来休息一会了，但是队友的劳动任务还没有完成。这个时候，你会选择休息还是主动帮助队友一起干活？

换位思考一下，我们在劳动过程中也同样会遇到各种困难，也会希望得到别人的帮助。因此，在队友非常忙碌、疲于应付劳动任务的情况下，我们应该主动伸出援助之手。首先要主动和队友沟通，确认任务目标、任务实施进度、后续分工，确保尽快完成劳动任务，避免“好心却帮了倒忙”。确认自己要做的任务之后，再有针对性地着手去做。

要特别提出的是，在帮助他人劳动的过程中，要做到真诚地为他人提供帮助，即真正做到帮助别人既不为突显自己，也不求回报。送人玫瑰，手有余香。长此以往，你会发现，当你需要帮忙时，也会很快得到他人的真心帮助。

（三）发现和设计潜在的劳动任务

积极主动地劳动，除了积极对待他人安排的劳动任务之外，还有一个很重要的层面，就是积极主动地发现和设计劳动任务。如何才能精准发现、合理设计劳动任务呢？

1. 努力做到“眼里有活”

“眼里有活”，是一种眼力，一种积极向上的能动性，就是我们常说的“有眼色”，知道自己要做什么，而不是像陀螺一样，抽一下、动一下，等着别人来安排任务。“眼里有活”源于积极主动的态度。在劳动过程中，有的人会觉得自己“闲来无事”。其实，并不是真的像他们所说的他们“已经把活儿干完了，没活可干”，而是他们不想了解、也不去了解还有哪些活可干。而“眼里有活”的人，“脑中想事”，愿意花心思思考，善于发现自己周围的任务，并能够主动发现自己身上可以改进的地方。因此，同样的一个劳动任务，不同的人去做往往有不同的结果，“眼里有活”的人能够更出色地完成劳动任务。

“眼里有活”，本质就是在没有人要求和督促的情况下，依然能够自觉发现并完成任务。要做到“眼里有活”，最关键的是完成“要我做”到“我要做”的转变，在劳动过程中真正做到主动思考任务、主动发现任务、主动关注过程和主动改进方法。

2. 主动设计潜在的劳动任务

当发现身边潜在的可以开展的劳动任务时，接下来要做的就是把潜在的任务变成行动。此时，就需要设计一个明确、合理的劳动任务方案。设计劳动任务方案，首先要做好和劳动服务对象或相关工作人员的对接和沟通，明确他们的实际需求，如要组织开展社区劳动服务，就先要和社区工作人员沟通确认。此外，在劳动任务方案中，要说明劳动目标、地点、对象、形式、实施过程、任务清单、人员分工等，确保方案清楚明了、具有可行性。

当我们踏上工作岗位，在未来的事业发展过程中，如果只会承担别人安排任务的话，是很难真正有所成就的。追求事业的过程也是坚持劳动的过程。如果能够基于自己的事业发展目标，善于发现、主动规划、合理设计和全力实施工作任务，就一定能在自己的工作领域不断取得突破和发展。

（四）尽心尽力地完成任务

把任务变成行动是一种执行力。而能否把行动变成期待的结果，则取决于我们在执行劳动的过程中是否能够尽心尽力地完成每一项任务。

2020年新冠病毒肺炎疫情暴发以来，3万余名工人在火神山、雷神山医院坚守岗位，竭尽全力，24小时不停轮班地作业，忙碌起来一天只睡四五个小时乃至通宵无眠，有的工人甚至吃住都在挖掘机等机械设备和车辆上。正是由于他们的全力付出，火神山医院、雷神山医院才能在10天左右双双建成，在打赢疫情防控阻击战中起到支柱性作用。

1. 不折不扣地落实劳动任务

不论是做被安排的劳动任务，还是做自己主动发现和设计的劳动任务，都要不折不扣、保质保量地落实劳动任务，这是开展劳动最起码的要求。我们首先应该明确劳动任务的目标和要求，根据劳动任务的特点，制订合理的劳动计划。之后，要严格按照任务目标和劳动计划，一步一个脚印、踏踏实实地开展劳动。在劳动过程中还要做到认真仔细，及时发现可能出现的问题，并尽快想办法解决。劳动完成之后，要将自己的劳动成果和劳动目标进行比对，找出差距并尽力弥补，尽可能高质量地把任务完成到位。

在落实任务的过程中，提高劳动效率也是非常重要的。我们还应该在劳动中不断学习各种劳动技能，积累更多劳动经验，增强自己的劳动能力，确保更加高效地完成劳动任务。

2. 全身心地投入劳动任务

尽心尽力地劳动，除了要不折不扣地完成劳动任务，还要有满腔的热忱和精益求精的精神，主动发挥自己的聪明才智，全身心地投入劳动任务。这样，可以使原本平凡的事情变得不平凡，把简单重复的劳动变成艺术。季羡林先生曾撰文回忆和他生活了10年之久的德国女房东，她虽只是一个平平常常的德国家庭主妇，但因其对家务的尽心，又显得实在不平常："地板和楼道天天打蜡，打磨得油光锃亮。楼门外的人行道，不光是扫，而且是用肥皂水洗。人坐在地上，决不会沾上半点尘土。"这种对劳动的尽心和投入，给季羡林先生留下了极为深刻和美好的印象，意义显然已经超越了劳动本身。

"全身心地投入"不仅是劳动的准则，也是人生的准则。在事业上取得过成就的人，在自己的工作领域一定是全身心投入过的。我们未来无论从事何种职业，都要全身心投入其中，尽自己最大的努力，在工作过程中勇于迎接挑战，主动克服困难，改进和完善自己的工作，不断追求进步。

榜样力量

"雪线信使"其美多吉

3.5.3材料 "雪线信使"其美多吉

拓展训练

1. 介绍一种现代或传统农业工具的使用方法。

2. 分享你曾经或正在从事的服务性劳动，如勤工、兼职、社会实践等，谈谈你的亲身经历、感受、收获与经验等。

案例分析

1. "90后"新型农民的梦想

3.5.4材料 "90后"新型农民的梦想

2. 让青春在巴渝大地上绽放

3.5.5材料 让青春在巴渝大地上绽放

思考讨论

1. 网上搜索阅读创业者的励志故事，结合个人经历，谈谈“努力”和“运气”对创新创业成功的影响。

2. 你爱劳动吗，说说当前你常从事的劳动活动是什么，这些劳动活动给你带来了什么。

本章测试

3.5.6 本章测试

第四章 职业沟通

学习目标

1. 了解职业沟通的基本知识，感受职业沟通的重要意义，培养主动沟通意识。

2. 了解倾听的意义，掌握倾听的策略，知道倾听存在的障碍并学习如何克服。

3. 掌握说服的原则与技巧，提升交流沟通能力；掌握拒绝的方法与艺术，能恰当地拒绝别人。

4. 掌握面对面沟通的技巧，能有效运用非语言，掌握电话沟通的基本技巧与基本礼仪，掌握职场实用沟通技巧，提升职场沟通能力。

5. 了解职场中面对不同对象时的不同沟通方式，掌握与上级、同事、客户沟通的方法与技巧。

6. 了解演讲的基本知识，能针对某一主题的演讲作好充分准备，特别是撰写一篇好的演讲稿，掌握演讲过程控制技巧，能运用多种手段，自信地完成一次颇有效果的公开演讲。

第一节 职业沟通概述

4.1.1 视频 职业沟通概述

在职场中，为什么有的人能与人和谐相处，受到领导的青睐，同事的喜欢，处理人际关系游刃有余，而有的人则到处碰壁，一再受挫，直至被解雇？

4.1.2 材料 不善沟通丢掉理想工作

一项调查显示，职场被解聘人员中，知识或技能不称职的不到15%，超过85%的被解聘者是由于他们的人际关系处理不当，沟通能力欠缺。

所以，在职场中，沟通能力极为重要。一项对1000名人事经理所做的问卷调查显示，超过85%的人认为，在当今人才市场中，最有价值的技能就是沟通能力。有效的职业沟通已经成为人们生存与发展所必需的基本能力。每个人都不是孤岛,只有与他人保持良好的沟通与协作,才有机会获得成功。

职业沟通泛指在职场中,人与人之间使用语言、文字或其他方式交流信息和思想,表达情感以达成职业活动的双向互动过程。顺畅的沟通使得职业工作关系的各方能够互相理解,也能得到合作方的支持,有利于各方保持良好的关系,相互支持,相互信赖。

一、职业沟通的意义

1. 职场中人人需要有效沟通

为了获得一份工作,你需要在面试中给人留下良好的印象。美国劳工部在测算劳动力的教育准备时,对1015名有工作的成年人进行的全国性调查显示:87%的被调查者认为,沟通技巧对完成自己的工作"非常重要",这个比例与把计算机技能认为是"非常重要"的50%的数据形成了鲜明对比。

2. 有效沟通是通往事业成功的关键

当你准备进入职场去应对更深层次的人际关系时,沟通技巧对你的成功极为重要。在职场中,若不善于沟通,你将失去许多机会,同时也将导致自己无法与别人顺利地合作。现实中大部分的成功者都擅长和重视人际沟通。一个人只有能够与他人准确、及时地沟通,才能建立起牢固长久的人际关系,进而才能够使自己在事业上左右逢源、如虎添翼,最终取得成功。有效的职业沟通是职业人士获得成功的核心能力。

二、沟通意识的培养

(一) 主动沟通的重要性

(1) 主动沟通是与他人建立良好人际关系的重要手段,它能使双方受益。主动而有效的沟通使双方都能够得到彼此的尊重、关照、帮助、体贴和友谊,进而提高工作效率,舒畅心情。

4.1.3材料 周恩来妙语破隔阂

(2) 主动沟通能够快速拉近与他人的距离,增进相互的好感,特别是不同种族、不同信仰、不同文化的人们之间更需要相互了解,才能彼此达成观点的一致。

(3) 主动沟通是让别人了解自己、发现自己的有效方式。每一个人都有被人认同、被人承认的需要。在领导或同事面前要善于表达自己的观点,要及时分享工作成果,在工作中犯了错误也要勇于承认并及时和相关人员沟通,只有这样才能得到大家的认可,获得更多的机会。

(二) 主动沟通意识的内容

1. 学会与陌生人交往,常交友

不愿和陌生人交往的人通常有三种想法:不愿,不会,不敢。确实有人看不起别人,不愿搭理别人，这样的人走到哪儿都不是很受欢迎的人。但这样的人毕竟很少，更多的人是放不下心中的恐惧，害怕自己主动和别人搭话会被拒绝、误解或是被骗。还有的人是不好意思，不会主动和别人搭话。要大胆突破自我，捅破人与人交往之间的那层隔膜，沟通就会越来越顺畅。

2. 对朋友要真诚，常联络

常言道"君子之交淡如水"，但朋友之间还是需要经常联络的，不然时间久了便会渐渐淡漠，昔日的亲近默契也会于无形中消逝无踪。逢年过节，要主动和朋友联系，哪怕是发个短信，送个问候，都会使得你们之间的友谊历久弥新。

3. 对领导要尊重，常请教

尊重领导，是心理成熟的标志。踏踏实实地做好自己的本职工作，勤请示，常汇报。

（三）主动沟通意识的培养技巧

1. 确立沟通主体意识，建立以沟通为主体的思维方式

在做任何一件事情时，首先建立的是自己的沟通理念。建立以沟通为主体的思维方式，以沟通理念去思考问题并形成自己的语言方式和行为风格。

2. 形成以沟通为主体的思维习惯

在工作、生活的过程中，保持重视沟通的思维方式，形成以沟通为主体的思维习惯。

3. 培养主动沟通意识靠的是行动上的持之以恒

有人说："你说的我都懂，就是没有毅力去做。"凡是不能够坚持行动的人，都说明你并没有想通，并没有真正懂得什么是沟通的魅力。所以，行动是最重要的，不能坚持，就是不相信沟通会使你的人生发展顺畅。只有坚持去做，才会感受到沟通的思维习惯带给自己的人生快乐。

4. 培养主动沟通意识还应该有积极的心态

要善于发现别人的闪光点，寻找每个人身上最好的东西。再差劲的人身上也有优点，再伟大的人身上也有缺点。你眼睛盯住什么，就能看到什么。

三、沟通能力的训练

你是否有过这样的体会：想向别人表达自己的观点，却始终说不清楚；本想消除与他人原有的隔阂，但事情却变得更糟；因为不善交际，你和同事、领导之间的关系非常紧张……

沟通无处不在、无时不在。沟通使人与人之间心灵相通，有了沟通才能拉近人与人之间的距离。沟通能力强的人，比较容易得到别人的帮助，比较容易办成事情，比较容易不会引起误会，办事效率比较高。虽然人与人之间的沟通能力差异很大，但它并非与生俱来，而是通过后天的学习和培训习得的，只要你能够拥有沟通的意识和心态，掌握沟通的技巧和方法，并勤加练习，你也可以成为沟通大师。

（一）合理训练能有效提升沟通能力

每个人的沟通能力各有不同，但却不是天生的。通过科学、系统的训练以及个人后天

的努力，人人都可以成为沟通大师。

一般来讲，沟通能力训练的主要内容包括两个方面：一是提高理解别人的能力；二是让自己更容易被别人理解，即提高自己的表达能力。

具体说来，主要包括以下几个方面：

1. 做好充分的准备工作

在沟通之前，要明确自己想要达到的目标，要明确沟通对象的需求，尽量站在对方的立场考虑问题才能更好地理解别人。

2. 学会倾听

在沟通过程中，要认真倾听、学会倾听，这是理解对方观点或立场的基础，也是达成沟通目标的重要一环。

3. 提高自身的表达能力

这是使对方理解自己的关键。为此，你需要训练自己的语言表达能力。

4. 选择合理的沟通方式

完整的沟通一般由沟通双方、沟通方式以及沟通信息组成。作为信息发出者，必须首先确定沟通内容，明确所要达到的目的，沟通对象的基本状况，并据此确定最恰当的沟通方式。在不同的情景下，需要不同的沟通方式，这是达到有效沟通的重要保证。例如，若某大厦发生了火灾，显然不能用写信的方式来报警。当然，科学、合理的训练方法还需因人而异，结合每个人的自身状况，并持之以恒，才能不断提高自己的沟通能力。

（二）沟通需要合理方式

如果需要沟通内容较多，要事先弄清楚，谁主谁次。作为信息的接受者，要尽量准确地理解对方所表达的意图，并进行确定，以免造成误会。

4.1.4材料 永恒的半分钟

根据沟通的种类，我们将人际沟通分为语言沟通和非语言沟通。沟通方式决定沟通效果，沟通方式不同，沟通效果迥异。

1. 语言沟通

语言是人们交流的最基本形式，语言符号系统是沟通的重要载体。人们主要通过语言来传递信息，它是信息沟通最有效、最便捷的方式。

（1）语言沟通的类别。语言沟通可分为口头沟通和书面沟通，各有优缺点，要合理选择使用，具体如表3-1-1所示。

表3-1-1　口头沟通和书面沟通

	口头沟通	书面沟通
定义	指借助于口头语言实现的信息交流，它是日常生活中最常采用的沟通形式，主要包括口头汇报、讨论、会谈、演讲、电话联系等。在人际沟通中尤以口头语言形式使用频率最高，使用效果最突出。	指以文字为载体的信息传播，主要包括文件、信函、书面合同、广告、传真、手机短信、电子邮件、QQ、微信等。

续 表

	口头沟通	书面沟通
优点	1. 有亲切感,可以用表情、语调等增加沟通效果 2. 很快获得对方的反应,并有机会补充阐述及举例说明 3. 具有双向沟通的好处,且富有弹性,可随机应变	1. 有形展示,长期保存,便于事后查询 2. 有一定的时间准备,可以使写作者从容地表达自己的意思,传播信息准确率较高 3. 可以复制,可以同时发送给很多人,也可以重复发送,传播面广 4. 更详细,可供接收者慢慢阅读、细细领会
缺点	1. 信息在传播过程中存在严重失真可能性。因传播过程中有不同喜恶偏好或不同表达,信息到达最终目的地时可能与最初内容存在较大偏差 2. 即时性的,不易保留 3. 有随机性,没有仔细斟酌的时间,容易产生误解	1. 耗时长、效率低 2. 缺乏内在的反馈机制,发文者的语气、强调重点、表达特色以及发文的目的经常被忽略而使理解有误 3. 对文字能力要求较高

(2) 语言沟通的原则,主要有四个方面。

①讲真话,去虚假。在人际沟通中,真实是赢得人心、获得成功的保证。我们要"言为心声",在原则性问题上说真话、表真情、达真意,不可心口不一或口是心非。

一个不说真话的人,是难以与人沟通、交流的。即使在一段时间获得某种交际效果,最终还是要付出代价。正如林肯所言:"你能在所有的时候欺骗某些人,也能在某些时候欺骗所有的人,但你不能在所有时候欺骗所有的人。"我们都很熟悉的"狼来了""烽火戏诸侯"的故事就是很好的例证。在世界历史上,一举击溃拿破仑大军的俄军统帅库图佐夫在俄国人民中具有极高的威望。卡捷琳娜公主曾问他究竟靠什么魅力团聚着社交界如云的朋友,他回答说:"真实、真情和真诚。"

当然,说真话并不意味着做"炮筒子""实话实说",有时候"实话巧说""正话反说"的效果会更好。

②宜简洁,忌啰唆。托尔斯泰说过:"人的智慧越是深奥,其表达想法的语言就越简单。"其实真正打动人心的语言往往不是长篇大论,而是那些简洁有力的话语。简洁的语言是打动和吸引听众的重要条件。所以,人们在谈话时应遵循简洁明了的说话原则,甚至要"惜字如金"。

古人云"立片言以居要"。语言简洁,是指语言简明扼要、言简意赅。语言简洁要遵循"言简而意丰,言简而意准,言简而意新"三个原则,即用最精练的语言讲述丰富的内容,把意思表达准确,并且使语言充满新意。简洁的语言可以一语中的、一言九鼎、字字珠玑。

③多赞美,少批评。美国心理学家威廉·詹姆士说:"人类本性上企图之一是渴望被赞美、佩服和尊重。"渴望赞美是每个人内心的一种基本愿望,正所谓"良言一句三冬暖,恶语伤人六月寒"。

赞美他人是对别人精神上的激励。心理学家有个心理刺激学说,表扬是正刺激,批评是负刺激,没有表扬只有批评,那就是0减1等于-1,大庭广众批评是强刺激,不容易被接受,私下个别批评是弱刺激,容易被接受。人都有犯错的时候。在别人犯了错,即使不得不批评时，也要讲究方式方法，对事不对人，不伤害他人自尊心。

另外，赞美不是不负责任的恭维，也不是虚伪的逢迎，而是怀着一颗真诚的心去肯定和鼓励他人，要分场合，要把握分寸。

④看对象，不妄言。世界上没有不能沟通的人，只有不懂得如何与别人沟通的人。有人之所以难以沟通，只是因为你没有用他能接受的方式和策略与他沟通。俗话说"到什么山上唱什么歌""一把钥匙开一把锁"，与不同身份的人沟通必须有不同的策略。比如，就文化背景而言，从事不同职业、具有不同专长的人所具有的信息类型常常是不一样的，也会出于不同的专业知识和经验擅长不同的话题。沟通时如果从对方一窍不通或一知半解的问题引出话题，他们就会觉得味同嚼蜡或者无言以对，这样要想深谈下去很难。

4.1.5 材料 秀才与"荷薪者"

我们与人沟通时不能想说什么就说什么，要看对象，从对象的不同特点出发，说不同的话，这样才能创造和谐、融洽的气氛，达到沟通目的。

2. 非语言沟通

非语言沟通是指通过非语言文字符号进行信息交流的一种沟通方式，即人们利用身体动作、面部表情、空间距离、触摸行为、声音暗示、穿着打扮、实物标志、符号标志、色彩、绘画、音乐、舞蹈、图像和装饰等来表达思想、情感、态度和意向。

非语言沟通作为沟通活动的一部分，在完成信息准确传递的过程中起着重要的作用。据研究，在沟通中，语言沟通的信息只占45％，而55％的信息则通过非语言沟通传递。

（1）非语言沟通的类型。非语言沟通根据有无声音可分为有声沟通和无声沟通两大类。有声沟通是指人们在沟通过程中通过发音器官或身体的某部分所发出的非言语性声音而进行的沟通方式。无声沟通是指人们在沟通过程中，身体各部位的动作姿势和表情以及其他一些环境因素的非语言沟通方式，比如目光语、体态语（包括面部表情、手势、体态、人体触摸）、装饰语、时空环境（包括时间、空间距离、座位安排）等。

（2）非语言沟通的形式。非语言沟通的表现形式主要有沉默、身体语言、距离等三个方面。

①沉默。中国有句话叫"沉默是金"。沉默确实是沟通中很厉害的武器，但是必须有效使用。否则，无论是在平时的日常生活还是商务沟通中，很容易使另外一个沟通者无法判定行为者的真实意图而产生惧怕心理，从而不能达到有效的沟通。沉默可能是对方想结束谈话，也可能是对对方的观点保持不同意见抑或是想争取时间来准备自己的观点和思考自己的问题，当然也可以是纯粹的不想说话。当你对一个想和你交谈的人沉默，可能会伤害对方的感情从而影响到交谈的效果。

②身体语言。身体语言在我们进行沟通的过程中总是伴随着有声语言出现。它包括面部表情、肢体语言和体触语等形式。

面部表情是指头部（主要是面部）各器官对于情感体验的反应动作，它是凭借眉、眼、鼻、嘴及颜面肌肉的变化等传递丰富信息的。罗曼·罗兰曾经说过："面部表情是多少个世纪培养成的语言，是比嘴里讲的复杂千百倍的语言。"1957年，美国心理学家爱斯曼做了一个实验，他在美国、巴西、智利、阿根廷、日本等五个国家选择了一些被试者，拿一些分别表现喜悦、厌恶、惊异、悲惨、愤怒、惧怕等六种情绪的照片让这些被试者辨认。结果，绝大多数被试者对这些表情的“认同”趋于一致。实验证明，人对面部表情所呈现的情感认可是一致的。因此，面部表情多被人们视为是一种“世界语”。

与人交谈时，视线接触的时间，除关系十分亲密者外，一般连续注视对方的时间为1～2秒钟，视线接触对方脸部的时间应占全部时间的30％～60％，超过这一范围的人，可认为对谈话者本人比对谈话内容更感兴趣；而低于这一范围的人，则表示对谈话内容和谈话者本人都不太感兴趣。当然，不同的文化对视线接触的时间是有差别的，要根据具体情况具体把握。

笑容历来被人们称为“人际交往的润滑剂”，其中微笑最具感染力，它永远是最受欢迎的。英国诗人雪莱说：“微笑，实在是仁爱的象征、快乐的源泉、亲近别人的媒介，有了微笑，人类的感情就沟通了。”人在微笑时会流露出热情、自信、快乐、积极的态度。对别人开放和欢迎的态度，会给人容易接近和交流的印象。经常微笑的人和别人沟通时更占据优势。发自内心的微笑，代替了千言万语；来自心灵的微笑，胜过万语千言！

肢体语言主要指四肢语言，它是人体语言的核心。通过对肢体动作的分析，可以判断对方的心理活动或心理状态。手势是身体动作中最核心的部分。手势几乎是人们通用的表达方式。手势也会因文化而异，如在马路上要求搭便车时，英国、美国、加拿大等国家的人是面对开来的车辆，右手握拳，拇指跷起向右肩后晃动。但在澳大利亚和新西兰，这一动作往往会被看成是无礼之举。在人们的日常生活中，有两种最基本的手势：手掌朝上，表示真诚或顺从，不带任何威胁性；手掌朝下，表明压抑、控制，带有强制性和支配性。在日常沟通中其他常见的手势还有：不断地搓手或转动手上的戒指，表示情绪紧张或不安；伸出食指，其余的指头紧握并指着对方，表示不满对方的所作所为而教训对方，带有很大的威胁性；两手手指相互交叉，两个拇指相互搓动，往往表示闲极无聊、紧张不安或烦躁不安等情绪；将两手手指架成耸立的塔形，一般用于发号施令和发表意见，而倒立的尖塔形遖常用于听取别人的意见。手势语不仅丰富多彩，甚至也没有非常固定的模式。由于沟通双方的情绪不同，手势动作各不相同，采用何种手势，都要因人、因物、因事而异。

体触是用身体之间的接触来传达或交流信息的行为。体触是人类的一种重要的非语言沟通方式，它使用的形式多样，富有强烈的感情色彩及文化特色。体触语能产生正、负两种效应，其影响因素有性别、社会文化背景、触摸的形式及双方的关系等。由于体触行为进入了最敏感的近体交际的亲密距离，容易产生敏感的反应，特别在不同的文化背景中，体触行为有其不同的含义，因此在沟通中要谨慎对待。

③距离。这里的距离指的是人与人的身体之间所保持的空间间隔。空间距离是无声的，但它对人际交往具有潜在的影响，有时甚至决定着人际交往的成败

美国推销学家罗伯特·索默经过观察和实验研究发现，人具有一个把自己圈住的心理上的个体空间，它就像一个无形的“气泡”一样，为了限定一定的“领土”而存在，一旦这个“气泡”被他人触犯，身处“气泡”中的人就会感到不舒服或不安全，甚至恼怒起来。这被称为“气泡学说”。

人们都有一种保护自己的个体空间的需要，这并非表示拒绝与他人交往，而只是想在个体空间不受侵占的情况下自然地交往。个体空间实际上是使人在心理上产生安全感的“缓冲地带”，一旦受到侵占，就会做出两种本能的反应：一是觉醒反应，如手脚的许多不自

然动作，眨眼的次数增加；二是阻挡反应，如挺直身子，展开两肘呈保护姿势，避开视线接触。比如：在幽静的公园里，有人坐在一条长椅上独自沉思或者看书。如果你也想到长椅上坐一会，你一般会坐在哪里呢？往往你会不假思索地坐在离他尽可能远的一端，尽管这条长椅能容纳三四个人。这样你才会觉得舒坦一些。

爱德华·霍尔把人际距离分为亲密距离、个人距离、社交距离和公众距离四种。

亲密距离（约为0～45厘米）：即可以用手互相触摸到的距离，适于少数最亲密的人，诸如夫妻情侣之间所保持的距离。

个人距离（约为46～120厘米）：即双方手臂伸直可以互相接触的距离，这是稍有分寸感的距离，较少有直接的身体接触，但能亲切握手，适于简要会晤、促膝谈心，朋友、熟人都可自由进入这一区间。

社交距离（约为121～360厘米）：一般公事交往的距离，通常用来处理公共关系。有些大公司的董事长或总经理往往有个特大的办公室，这样在与下属谈话时就能保持一定的距离。企业或国家领导人之间的谈判、工作招聘时的面谈、教授和大学生的论文答辩等，往往都要隔一张桌子或保持一定距离，这样就增加了一种庄重的气氛。

公众距离（约为360厘米以上）：一般适用于公开演讲或表演等公众场合。

我们与人交往时，间隔多少距离取决于具体的情景及我们与对方的关系。此外，性别、地位、文化及习惯因素对人际交往的距离也有影响。比如在同性之间的交往上，一般男性的“个人圈”较大，而女性之间则“戒心”不强，在大街上更喜欢手拉手、肩搭肩结伴而行。

（三）沟通的有效性达成

1. 沟通需要提高效率

据研究，一个人通常只能说出心中所想的80%，而别人接收到的有效信息只有60%，其中能听懂的部分只有40%，在执行中就只剩下20%了。这种现象一般被称为“沟通的漏斗”。

在工作和生活中，这种漏斗现象具有普遍性。那有没有什么办法可以减少这种偏差，提高沟通的效率呢？我们发现造成这种漏斗现象的主要原因在于沟通之前没有做好准备，导致在沟通过程中，只能凭借记忆“临场发挥”，从而遗漏了信息。因此，在沟通之前，要做好充分的准备，明确想要达到的目标，明确沟通对象的需求。可以先写个提纲，逐条记录下自己所要表达的内容，提高信息传递效率。

2. 有效沟通实现的基本步骤

（1）事先准备。其中最重要的是有目标。只有双方有共同的目标，沟通才更易成功。

（2）确认需求。通过倾听，确定对方的需求是什么。

（3）阐述观点。不要直接表达观点，可以先说明其带来的好处，最后引出你的观点。

（4）处理异议。若遇到异议，可利用对方观点中对自己有利的部分，说服对方。

（5）达成协议。双方最终达成一致，这是沟通成功的标志。

3. 有效沟通达成的注意事项

很多人以为沟通就是相互交谈，就是你说给我听，我也说给你听，这种理解是不准确的。

沟通并不仅仅是说给人听。首先，说给别人听，别人未必肯听；其次，别人听了，也未必真的了解了；最后，就算真的了解，也不能保证按你的预期采取相应的行动。

沟通也不是光听别人说。首先，别人说时，你未必认真听；其次，即使你认真听了，未必听懂；最后，即使你听懂了，也未必照办。

沟通没有对与错，只有“有效果”与“没有效果”之分。自己说得多“对”都没有意义，对方正确理解你传递的信息、感情，并做出预期的反馈才是目的。自己说什么不重要，对方听进什么才重要。同样的话可以用不同的方式说出来，能使听者接受并照办，便是正确的方法和有效的沟通。

4. 有效沟通的原则把握

沟通具有社会性，与其他社会活动一样，都有着必须遵循的规则。只有沟通双方都承认并尊重这些规则时，沟通才能协调、顺利地进行。

（1）主动原则。主动是沟通的核心。主动沟通更容易建立良性关系。英国著名管理学大师约翰·阿代尔在《人际沟通》一书中说：“沟通能建立关系。你和别人沟通得越多，你们之间就越有可能建立起良性关系，反之亦然。”主动沟通者和被动沟通者的沟通状况有明显差异。研究表明，主动沟通者更容易与别人建立并维持广泛的人际关系，更可能在人际交往中获得成功。

（2）尊重原则。受尊重是人的高层次需要。俗话说“你敬我一尺，我敬你一丈。”你不尊重别人，别人也不会尊重你，结果彼此都不沟通、合作，达不到沟通目的。中国著名的文学、电影、戏剧作家夏衍先生可以说是尊重人的模范，临终前他感到十分难受，身边的秘书说：“我去叫大夫。”正待秘书开门欲出时，夏衍艰难地说：“不是叫，是请。”随后便昏迷过去，再也没有醒来。

4.1.6材料 船为什么会翻

（3）理解原则。由于人们在社会上所处的地位各异，其人生经历、思想观念、性格爱好、行为方式等也不同，因此在沟通中会对同一事物常表现出不同的情感和态度，尤其在涉及自身利益问题上，更会反映出从特定地位和立场出发的价值观念与利益追求，因而必定会给沟通带来许多复杂的矛盾和冲突。如果双方缺乏必要的理解，各执一端，互不相让，不仅会导致沟通失败，还会影响双方的感情，一切合作与互助就无从谈起了。

按照社会心理学的原理，理解原则首先是指沟通者要善于心理换位，尝试站在对方角度设身处地考感、体会对方心理状态、需求与感受，以产生与对方趋向一致的共同语言。其次，要耐心、仔细倾听对方的意见，准确领会对方的观点、依据、意图和要求，这既可以表现出对对方的尊重和重视，也可更加深入地理解对方。

（4）相容原则。双方在沟通中难免会发生意见分歧，引起争论，有时还会牵涉他人、团体或组织的利益。如果事无大小，动辄就激昂动怒，以针尖对麦芒，双方心理距离就会越拉越大，正常的沟通就会转化为失去理智的口角，这种后果显然与沟通的目的背道而驰。因此，沟通中心胸广阔、宽宏大量，把原则性和灵活性结合起来至为重要。只要不是原则性的重大问题，应该以谦恭容忍、豁达超然的大家风度来对待各项工作中的分歧、误会和矛盾，以谦辞敬语、诙谐幽默、委婉劝导等与人为善的方式，来缓解紧张气氛、消除隔阂，这会使沟通更加顺畅，也更能赢得对方的信任与尊重。

能力测评

1. 人际沟通能力测评

4.1.7材料 人际沟通能力测评

2. 有效沟通能力测评

4.1.8材料 有效沟通能力测评

拓展训练

1. 寻找沟通切入点

在职场中,如何迅速准确地找到彼此感兴趣的切入点,是良好沟通的关键。

(1) 规则和程序

①培训师将事先准备好的表格发给大家,每人一份。

②给大家5分钟时间,告诉他们至少与5个学员交流,并在对方身上发现至少2个与自己的共同点和不同点。

共同点:我们都来自xx市;我们都毕业于xx学校。

不同点:我是经管系的,他(她)是建筑系的;我是独生子女,他(她)家有兄妹3个。

③第一个完成任务的为优胜者,应给予奖励。

(2) 相关讨论

①有了这个寻找共同点和不同点的目的,你与他人的沟通是不是更简单、快捷一些?

②通过这个活动你是否能总结出与陌生人沟通需注意的问题。

附件:寻找共同点和不同点卡片

姓名:____________________

要求:在教室内四处走动,与尽可能多的人打交道,找出他们与你的共同之处和不同之处,并做记录。

序号	姓名	共同点	不同点
1			
2			
3			
4			
5			

2. 数字传递

(1) 活动目的

①提高学员信息传递的准确性。

②提高学员的沟通能力。

（2）活动程序

①将学员分成若干组，每组学员5～8名，并选派一名组员出来担任监督员。

②所有参赛的组员按纵列排好，队列的最后一人到培训师处，培训师向全体参赛学员和监督员宣布游戏规则。

③培训师告诉各队列的最后一名组员："我将给你们看一个数字，你们必须把这个数字通过肢体语言从后到前传递给全部的队员，并最终由小组的第一个队员将这个数字写到讲台前的白纸上（写上组名），看哪个队伍速度最快，最准确。"

④全过程不允许说话，后面一个队员只能够通过肢体语言向前一个队员进行表达，通过这样的传递方式后，第一个队员将这个数字写在白纸上。

⑤比赛进行三局（数字分别是0、900、0.01），每局休息1分15秒。第一局胜利积5分，第二局胜利积8分，第三局胜利积10分。

（3）相关讨论

①在沟通过程中影响沟通效果的因素有哪些？

②如何提高沟通的效率？

3. 讲述一件你经历过的沟通失败的案例。

要求：（1）请说明你的沟通为什么会失败。

（2）说明现在的你会如何改进。

（3）和同学们分享你的感受。

4. 全班同学每5个人组成一组。每组轮流出场，围成圆圈。每组请一名组员站到圆圈中间，依次接受其他4位组员的夸奖，夸奖者必须当面说出被夸奖者3个优点，被夸奖者要看着夸奖者的眼睛。每组成员轮流成为受夸奖者。要求每个人的赞美实事求是、真诚友善。

5. 分角色表演。请2男2女4位同学分别扮演剧中夫妻，进行情景演练。

情景对话一

妻子：累死我了，一下午谈了3批客户，最后那个女的，挑三拣四，不懂装懂，烦死人了。

丈夫：别理她，跟那种人生气不值得。（给妻子出主意）

妻子：那哪儿行啊！顾客是上帝，是我的衣食父母！（觉得丈夫不理解她，烦躁！）

丈夫：那就换个活儿干呗，干吗非得卖房子呀。

妻子：你说得倒容易，现在找份工作多难呀！甭管怎么样，每个月我还能拿回家三千块钱。都像你的话，是轻松，可是每个月那点钱够养活谁呀？

丈夫：嘿，你这个人怎么不识好歹。人家想帮帮你，怎么冲我来啦？

情景对话二

妻子：累死我了。一下午谈了三批客户。最后那个女的，挑三拣四，不懂装懂，烦死人了。

丈夫：大热天的，再遇上个不懂事的顾客是够呛的。快坐下喝口水吧。

妻子：唉，挣这么几个钱不容易。

丈夫：是啊，你真是不容易，这些年，家里主要靠你挣钱撑着。

妻子：话不能这么说，孩子的功课没有你出力，哪儿能有今天的成绩？唉，我们都不容易。

演出后分组讨论：情景一中的这对夫妻为什么会闹别扭，问题出在哪里？情景二中的夫妻为什么如此恩爱，奥秘又在哪里？看完了这两个情景剧，你受到了什么启发？

案例分析

1. 最愚蠢的银行

4.1.9材料 最愚蠢的银行

2. 阿维安卡52航班坠机悲剧

4.1.10材料 阿维安卡52航班坠机悲剧

思考讨论

1. 同办公室同事经常在午休时间找你下象棋，有时候到下午上班时间还意犹未尽，你如何处理？

2. 一个怒气冲天的客人跑进来投诉经理，他买的电脑用了不到一个月，已经出现了多次死机现象，他打电话反映过，但是一直没有解决。你是接待人员，该如何处理？

第二节 倾 听

4.2.1视频 倾听

倾听就是接受口头及非语言信息，确定其含义并对此做出反应的过程。

“倾听”与“听”是两个不同的概念。“听”是人体感觉器官接收响声的行为。换句话说，“听”是人的感觉器官对声音的生理反应。“听”只有声音，没有信息，即只要耳朵听到谈话，就是在听。听到并不意味着理解，它是被动的、自然的。倾听是一种情感活动，倾听虽然以听到声音为前提，但更重要的是我们对声音必须有所反应，必须有主动参与的过程。在这个过程中，我们必须接收、思考、理解，并做出必要的反馈。同时，倾听的对象不仅仅局限于声音，还包含理解别人的语言、手势和面部表情等。

在人际交往过程中，倾听是沟通的基础，是一种美德，是一种尊重，是一种与人为善、心平气和、谦虚谨慎的姿态。多听、多做、少说是一个人成熟的表现。苏格拉底曾经说过，自然赋予人类一张嘴，两只耳朵，也就是要我们多听少说。

一、倾听的意义

懂得倾听的人才会获得朋友，因为你分担了对方的烦恼；懂得倾听的人会更容易成功，因为你可以获得更多信息，因此倾听是有效沟通重要的组成部分，只有让人愿意并且快乐地说出自己的观点和想法，你才能获得他的信任。

美国《幸福》杂志对500家公司进行的一项调查显示：59％的被调查者会对员工提供倾听方面的培训。研究表明，多数公司的员工把60％的时间花在倾听上，而经理们平均把57％的时间花在倾听上。

（一）信息的重要来源

4.2.2材料 松下幸之助的倾听之道

倾听是指接收口头及非语言信息，确定其含义和对此做出反应的过程。缺乏经验的人可以通过倾听来弥补自己的不足，富有经验的人可以通过倾听使工作更出色，善于倾听各方意见有利于做出正确的决策。

当你与别人交流时，你所说的都是你已经知道的，而当你倾听时，你是在学习别人已经知道的东西。在信息时代，每个人都是“信息源”。每个人的知识结构都不同，一个善于倾听的人，总是能从别人的谈话中获得新鲜的知识，了解新的信息，接受新的见解。交谈中有很多有价值的信息，有时只是说话者一时的灵感，对听者却是一种启发。世界上有不少发明是听来的。第一次世界大战时，法国的亚德里安将军到医院看望伤员。病房里，有人问另一个人：“当炮弹爆炸的时候，你是怎样保护头部的，一点也没有受伤。”这个人说：“当时呀，我急了！赶紧抓了个铁锅扣到了头上！”这句话让亚德里安将军心里不由得一动：如果让士兵们都戴上金属制作的帽子，那该多好！于是钢盔也由此面世了。

（二）有利于知己知彼，了解他人

通往别人内心世界的第一步就是认真倾听。所谓知己知彼，百战不殆。你只有认真倾听，才能真正了解对方的想法。

很少有人会把自己的内心世界完全暴露给别人，但也没有人能够不让自己的愿望和心理活动从言谈举止中流露出来。因此，力求了解他人的最好方式，除了观察，就是用心倾听。有的人在谈话中总爱说：“你懂不懂？你明白吗？”这样的人大多自以为是，好为人师。有的人却总是担心别人误解自己，或是急于博取别人的信任，往往会说：“是真的，事情确实如此，我说的都是实话，一点不骗你。”有的人爱说：“这是我听别人说的，可别到处乱讲。”这是怕担责任，处事圆滑，凡事总是给自己留有余地的表现。由此可见，一个人的个性特征往往会从他的言谈举止的细微之处表露出来，用心倾听有利于了解一个人的特点，了解他人可以让沟通变得容易。在陈述自己的观点之前先让对方畅所欲言，才可以有的放矢，找到说服对方的关键。

（三）有利于获得友谊，建立信任

真正的沟通高手不是因为自己具有雄辩的口才，而是因为具有聆听的能力。在与人交谈时，认真聆听，对对方的话题表示出浓厚的兴趣，实际上是对对方最大的尊重。

心理研究显示，人们喜欢善听者甚于善说者。实际上，人们往往对自己的事更感兴趣，对自己的问题更关注，更喜欢自我表现。如果你愿意给他们一个机会，让他们尽情地说出自己想说的话，且认真倾听，他们会感到自己被重视、被欣赏。

许多人不能给人留下良好的印象，不是因为他们表达得不够，而是由于他们或者急欲表达自己的见解，谈话时滔滔不绝，不管别人愿不愿听，或者不注意听别人讲话，别人讲话的时候，他们可能四处环顾、心不在焉，这样的人是不受欢迎的。

（四）最好的推销手段

在销售中，倾听技巧的运用也是大有文章的。耐心倾听客户的话语，不但能让客户感受到尊重，而且能够发现客户的需求，有的放矢，促成合作。

二、倾听的策略

倾听讲求方法技巧，有效的倾听策略会让沟通事半功倍。

4.2.3材料 11个良好的倾听习惯

（一）注意礼貌

1. 保持适当距离

判断距离恰当与否主要看你与谈话人是否感到舒服，如果他向后退，说明你离得太近了；如果他向前倾，说明你离得太远了。

2. 注意姿势

倾听的姿势应该是放松而清醒的，要面向说话人，随着说话人的话做出反应。

3. 运用目光交流

听者应柔和地注视说话人，微微含笑，可以偶尔移开视线，不要死盯着对方一动不动。凝视或斜视往往会使说话者对听话者产生不良印象。同时，在谈论令人不愉快的或难于解决的复杂问题时，要注意把握目光的直接接触时间，这是礼貌并理解对方情绪状态的表现。

4. 保持良好态度

要以开阔的胸怀去倾听，不要随意评价或轻易做出判断。要感受性地听，不要评判性地听。对方所说的话可能有不妥之处，不要表现出不恰当的态度。

（二）排除干扰

在沟通过程中，要努力排除干扰因素。

如果是外部的干扰，如房间内的喧闹，电话铃声或者其他客人来访等，对应方法就是远离喧闹的环境，根据不同话题寻找适宜谈话的地方。与人面对面沟通时尽量避免打电话、看书报、看电视或玩手机。否则，讲话的人会认为你心不在焉，对他的话不感兴趣，他就不愿意继续交流。

如果是内部的干扰，如有时我们会处在某种特别的情绪状态之中，比如生气恼火，或得了感冒或牙痛，或者是刚好临近吃饭或休息时间，觉得很饿或很累等。我们可以通过做深呼吸、心理暗示甚至做笔记等方式来排除内部的干扰。

（三）专注全面

一般来讲，我们的思维速度是远远快于说话速度的，比如，大多数人在谈话时每分钟说100～150个字，而我们的耳和脑对语言的反应速度则是嘴巴说话速度的4倍。所以在“听”的时候，我们的思维有很大的空间可以漫游，容易分散注意力，导致遗漏内容，影响沟通效果。所以，要听清全部内容，就要集中注意力去听，不要胡思乱想，保证倾听的内容完整全面。

（四）捕捉要点

捕捉到有用的信息是倾听的基本目的之一。

首先，要善于从说话人的言语层次中捕捉要点。一般人说话，都会有一定的逻辑顺序，往往开头提出问题，中间是要点或解释，最后是结论或是对主要意思的强调或引申。

其次，要善于从说话人的语气、手势变化中捕捉信息。如说话人会通过放慢语速、提高声调、突然停顿等方式来强调某些重点。

（五）保持理性

首先，要学会区别话语中的观点与事实。说话者在陈述事实时，往往会加入自己的观点。而且在表述时，容易把观点伪装成事实。尤其是人们在表述偏见或喜爱时，看起来就好像在讨论事实。这些都需要倾听者注意辨别。

4.2.4材料 主持人与小朋友的对话

其次，要控制自己的感情，保持理智，以免曲解对方的观点。尤其当你听到感情色彩强烈的话语时，请先独立于信息之外，仔细检查事实。同时，不要把自己的意思投射到别人的话语当中。

（六）关注非语言暗示

倾听不是简单机械的接受，而是一个仔细观察和认真思考的过程。要注意说话人的非语言信息，如面部表情、眼神、手势、语调以及与你保持的距离等。这些非语言信息，构筑成了信息传递的一个重要组成部分。尽管体态是可以控制的，但体态上的控制和掩饰一般难以做到天衣无缝、轻松自如，总会通过某些细微之处表露出内心的隐秘。所以要以视助听，领悟话语的深意。

（七）倾听弦外之音

人与人之间的对话可能会出现表里不一的情况。在倾听对方的谈话时，要充分调动身体的各个部分进行全身心的倾听，以捕捉除了语言信息之外的其他各方面有用的信息。

如果听到的语言信息和感受到的非语言信息相背离，那就说明语言信息传达的并非说话者的真实本意，而是出于更周密的考虑而采取的暂时的、表面的权宜之计。当发现语言信息与非语言信息不一致时，就要充分搜集所有的非语言信息，然后综合这些信息来准确判断对方的真正意图与感受。

另外要懂得结合特定背景。语言具有很大的模糊性，要弄清任何一句话的确切含义，必须结合语言使用的特定背景，了解其意图和具体内涵。

（八）注重共情

倾听时，要敏感地听出说话者的忧、喜、怒、哀等各种情感，并对此做出相应的反应，或同情，或理解，或欣喜。共情地倾听要求听者设身处地地为说话者设想，体察对方的感觉，最好能将对方话语背后的情感复述出来，表示接受并了解他的感觉，这样往往能产生相当好的效果。

（九）不轻易打断

人们在倾听的时候，最容易犯的错误是打断别人的讲话来发表自己的意见。这样不仅不礼貌，让对方觉得不受尊重，而且也不能全面理解对方的意思。所以，听者在表达自己的观点之前，要让讲话者先把话说完，并确认自己已经明白对方表达的真实意思。即使你已经感到不耐烦，也不要急于插话、打断或否定对方的话，应等对方告一段落时，再不失时机地表明自己的看法，或说明不得不结束谈话的原因。

（十）恰当鼓励

倾听时还要学会运用正确的启发和恰当的提问鼓励说话者进一步表达。

1. 用体态语进行启发

倾听时借助得体的体态语，主动而及时地做出反应，表达对说话人的肯定和欣赏，这对说话人是极大的鼓舞。

4.2.5 材料 不爱江山爱美人

如果你对对方的话表示欣赏和赞同，就可以不时点头微笑，或者跷起拇指。一旦对方话语中有新颖独到的观点和生动的材料，你不妨紧紧注视对方，不断地点头赞赏，对方发现你的热情注视，会更加乐意与你交谈。如果你想让对方继续讲下去，进行更深入的交谈，可以把椅子移近些，缩短一点空间距离，或将身体前倾，也可以选择给对方倒杯茶。当然，运用这些体态语一定要得体，否则会给人矫揉造作的感觉。

2. 适时插话调动情绪

不轻易打断对方，并不意味着只听不说、一言不发。理想的沟通方式是边听边交流，以认真聆听为主，适时插话为辅。插话的频率要适度，内容要有所选择。插话的内容大致有以下几个方面。

（1）对对方所说的话表示认可和赞赏，如“对！”“有道理！”“我也这么认为。”

（2）对自己没听清或没理解的话进行询问，如“你的意思是不是……”“刚才这话我没听懂，你能解释得更详细一点吗？”

（3）帮忙续接，有时对方说着说着，突然语言卡壳，或一下子找不到合适的词，你可以帮他接下话尾。

（4）启发引导，如“然后呢？”“能举个例子吗？”“有什么依据吗？”等。

3. 恰当提问进一步引导

恰当的提问可以让说话者知道你的关注点和兴趣点,引导说话者进一步表达。一般来说,提问可分为封闭式提问和开放式提问。封闭式提问采用一般疑问句式,说话者几乎可以不假思索地用“是”或“不是”来回答。而开放式提问是指所有问题不能用简单的“是”或“不是”来回答,必须详细解释才行。

例如,“我们可以准时到达北京吗?”“我们什么时候到达北京呢?”

后者明显可以让我们获得更多的信息。因为提问的目的是鼓励说话者说话,所以,提问要因人而异,因情而异。我们要根据具体情景选择提问方式,多用开放式提问,以使对方有话可说。

三、倾听的障碍及克服

要做到真正有效的倾听,就需要了解哪些因素会干扰倾听,进而找出解决办法。影响倾听的因素很多,按其来源可分为主观障碍和客观障碍,这些障碍恰恰是我们实现有效倾听的最大“敌人”。

(一)主要障碍

在沟通的过程中,造成沟通效率低下的主要原因在于倾听者本身。研究表明,信息的失真主要是在理解和传播阶段,归根到底是在于倾听者的主观因素。

1. 倾听者过于自我

这类人习惯于关注自我,总认为自己才是对的。在倾听过程中,他们往往过于注意自己的观点,喜欢听与自己观点一致的意见,对不同的意见往往是置若罔闻,错过了聆听他人观点的机会。

2. 倾听者已有的偏见

这类人往往会先入为主,比如臆断某人愚蠢或无能,也就不会对对方说的话给予关注。

4.2.6材料 巴顿将军喝刷锅水

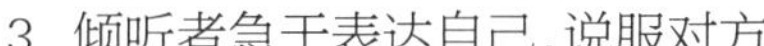

3. 倾听者急于表达自己,说服对方

这类人认为只有说话才是表达自己、说服对方的唯一有效方式,若要掌握主动,便只有不断地说,不停地说。在这种思维习惯下,他们容易在他人还未说完的时候,就迫不及待地打断对方。

4. 倾听者急于结束谈话

这类人在倾听的过程中具体表现为:随意打断对方讲话,以便讲自己的故事或提出意见;任意终止对方的思路,或者问了太多的细节问题;催促对方,同时接打电话、看手机、发电子邮件等。

5. 客观障碍

主要客观障碍如表3-1-2所示。

表3-1-2　主要客观障碍

环境类型	封闭性	氛围	主要障碍源
办公室	封闭	严肃认真	心理负担、紧张、电话打扰
会议室	一般	严肃认真	对在场的他人顾忌、时间限制
现场	开放	较认真	外界干扰、事前准备不足
谈判	封闭	紧张投入	对抗心理、想说服对方
讨论会	封闭	轻松投入	缺乏洞察力
非正式场合	开放	轻松散漫	外界干扰、易走神

（二）倾听障碍的成因

倾听障碍形成的主要因素一般有以下几个方面。

（1）情绪上的懒惰或厌倦。比如，在开会时，对领导讲话的内容完全不感兴趣，便干脆选择不听。

（2）保守封闭。因为心理比较保守，拒绝接受其他事物，导致自我形成一种封闭的环境，因而很难进行沟通。

（3）固执己见。性格上比较执拗的人，往往会坚持己见，尤其是在情绪激动时，完全听不进别人的意见。

（4）不真诚。倾听者没有怀着真诚沟通的心与对方交谈，因而只是倾听到了对方谈话的内容，而往往忽略了对方的情感，形成倾听障碍。

（5）疏忽大意。由于双方语言习惯不同，或环境干扰，导致没能领会对方意图。

（6）自以为是。对于一个问题，自己已经有了一定的想法和见解，这时候就很容易关上心门，不愿意甚至拒绝接受别人的意见。

（7）先入为主。先入为主是偏见思维模式造成的。沟通的一方如果对另一方有成见，顺利沟通就无法实现。

（三）克服倾听障碍的小技巧

（1）用自己的语言重述对方观点，而非模仿或照搬。

（2）重述对方观点时，应在句首使用“你觉得……”“你认为……”“你的想法似乎是……”“听起来好像……”等引导语。随着技巧的提升，可以逐渐放弃这样的句型。

（3）以陈述而非提问的方式组织语言表达自己的反应。

（4）如果对方讲话的过程中有短暂停顿，不应着急插话。

（5）对方若是表达了多种情绪与想法(比如在较长篇幅的演说中)，应只对其最后表达的情绪做出回应。

（6）只对讲话人确切表达出来的意思做出回应，不要擅自将其意图引申开去，即使你自认为理解无误。

（7）当对方的前后两次讲话有所矛盾时，应只对最近一次的话做出回应。这些前后不一致的地方是由于讲话人情绪变化自我反省而造成的。

能力测评

1. 倾听习惯测评　　2. 倾听能力测评

4.2.7材料　倾听习惯测评

4.2.8材料　倾听能力测评

拓展训练

1. 倾听训练

（1）规则与程序

①将学员分成若干组，人数不限，每组人数相同。

②每组学员从前向后纵向排列。

③培训师将不同的、20～30字的一句话分配给每一组，从第一个成员开始，一对一用说悄悄话（说话时，不能让其他成员听到）的方式依次向后面传话。

④每组最后一个学员将自己听到的那句话在全体学员面前复述。

（2）相关讨论

①误差从何而来？

②为什么会产生误差？

2. 我说你画

准备两张黑白样图，每位同学一张A4白纸和笔。第一轮请一名同学上台担任"传达者"，其余人员作为"倾听者"。"传达者"看样图一1分钟后，向"倾听者"传达画图指令，"倾听者"根据指令画图。"倾听者"不允许看样图，也不允许提问。根据倾听者所画的图，"传达者"和"倾听者"谈自己的感受。

第二轮再请一位同学上台担任"传达者"，其余人员作为"倾听者"。"传达者"看样图二1分钟后，向"倾听者"传达画图指令。"倾听者"根据指令画图。"倾听者"不允许看样图，但可以不断提问，"传达者"予以解答。

根据"倾听者"所画的图，"传达者"和"倾听者"谈自己的感受，并比较两轮过程与结果的差异。

3. 倾听训练

（1）活动目的

让学员们体验在一定的情境下如何去倾听别人，去理解、获取别人想要表达的信息。

（2）规则与程序

①全体学员参与，分4组进行。

②背景：小张是个很优秀的销售代表，在公司业绩领先，但他最近有点消沉。下班以后，他来到你的办公桌旁，和你聊天。小张说："最近我用了整整一个月的时间做这个客户

的工作,但客户购买量还是不高。"你倾听并做出回应。

情景如下:

第一组学员演示小张在抱怨;

第二组学员演示小张表示无奈;

第三组学员演示小张在征求建议;

第四组学员演示小张希望得到指导。

准备结束后,每组请两位同学上台演示,请别的学员注意观察,总结一下他们演示中包含了哪些倾听的技巧。

(3) 讨论总结

通过刚才的活动,大家有什么体会呢?

4. 商店打烊

(1) 活动目标

让学员领会倾听中存在的障碍。

(2) 规则与程序

①讲师将故事向学员念一遍,请学员在5分钟内完成答题纸上的选择题;请学员统计"对"、"错"及"不确定"的数目。

②讲师将故事发给学员后,将正确的答案告知学员,并说明判断的理由。

(3) 情景描述

请根据以下这个简短的故事回答下列12个问题:

一个商人刚关上店里的灯,一男子来到店堂并索要钱款。店主打开收银机,收银机内的东西被倒了出来,而那个男子逃走了。一位警察很快接到报案。

请仔细阅读下列有关故事的提问,并在"对"、"错"和"?(不确定)"三者中圈选出你认为正确的答案。

1. 店主将店堂内的灯关掉后,一男子到达。	对	错	?
2. 抢劫者是一男子。	对	错	?
3. 来的那个男子没有索要钱款。	对	错	?
4. 打开收银机的那个男子是店主。	对	错	?
5. 店主倒出收银机中的东西后逃离。	对	错	?
6. 故事中提到了收银机,但没有说里面具体有多少钱。	对	错	?
7. 抢劫者向店主索要钱款。	对	错	?
8. 索要钱款的男子倒出收银机中的东西后,急忙离开。	对	错	?
9. 抢劫者打开了收银机。	对	错	?
10. 店堂灯关掉后,一个男子来了。	对	错	?
11. 抢劫者没有把钱随身带走。	对	错	?
12. 共涉及3个人物:店主、索要钱款的男子以及警察。	对	错	?

案例分析

1. 父子间的对话

4.2.9 材料 父子间的对话

2. 汽车推销之王的失败沟通

4.2.10 材料 汽车推销之王的失败沟通

思考讨论

1. 一个学生进入商场,想买一台电脑,他东看西看,徘徊犹豫。如果你是该商场负责售卖电脑的销售人员,你要怎么办呢?

2. 一老客户来制图,你知道他十分挑剔,但你的上级主管要你接待,你将如何接待?

第三节 说服与拒绝

4.3.1 视频 说服与拒绝

一、说服的原则与技巧

1. 建立信赖感

在说服的过程中,建立信赖感是说服的基础。没有这个基础,任何说服都不会取得理想的效果。人们往往被魅力吸引,魅力是信赖的前提。无论是权威、财富、外表、知识与能力,都是一种魅力,但最重要的还是人格魅力。一个正直诚实的人往往更容易获得他人的信任。让自己变得更有魅力,可以通过打造外在形象,增加头衔的方式,也可以通过提高能力,积累知识,修炼内在品质的方式。这些都是你说服别人最有力的武器。

2. 晓之以理

每个人的信念都是建立在自己认为真实的基础上的,说服别人改变他的观点,必须有理有据,必须利用逻辑的力量,以理服人。无论是改变他人的主张、认识,还是行为,如果没有充足的理由、确凿的论据材料、合理的推理逻辑,将很难达到好的说服效果。

3. 动之以情

人是情感的动物,有时在表达自己的意见时,光有理性的力量还不够,用诚挚而令人感动的语气,真挚动人的情感表达出来,往往能打动人,说服人。当然,也要具体问题具体分析。

4. 运用同理心

要说服别人,必须先了解他人,充分站在对方的角度,感同身受,充分运用同理心。在这之前,你需要了解以下情况:他人的意见和想法,他人的需求,他人的性格特征以及接受你意见的方式等。

4.3.2 材料 提高同理心的10条建议

同理心是站在对方立场思考问题的一种方式，是一个人人格成熟和社会化的标志，是满足人的社会性生活方式的需要。同理心饱含着温暖与关爱。拥有了同理心，也就拥有了感受他人、理解他人行为和处事方式的能力。在说服别人的时候，要使用同理心技巧，只有建立了同理心的思考模式，说服才会有一个良好的效果。有了同理心，你不仅可以知道对方明确表达的内容，还能够更深入地理解并把握对方心理。

5. 学会提问

说服的方式有许多种，但可以肯定的是说服的最高境界是通过提问，让被说服者自己去说服自己。当然，问问题也需要技巧。先从简单的问题开始问起，要问让对方回答“是”的问题，要问二选一的问题。简单的问题不会给被说服者带来压力，从而减少说服的阻力。而让对方不断地回答“是”能使对方整个身心趋向于肯定的方面，身体组织呈开放状态，从而易于接纳你的观点。通过二选一的封闭式提问，会限定对方的回答范围，很容易得出你想要的结果，还会让被说服者觉得是他自己的选择。

6. 换位思考

要说服对方，必须换位思考，先承认对方的认识、态度存在的合理性，先避开矛盾分歧，从对方的认识基点出发，先赞同或部分赞同，寻找共同点，抵消对方的抵触情绪，瓦解对方的心理防线，着重讲对对方有什么好处，才能有效说服对方接受。只从自己的利益出发，不顾对方的需求和感受，很难达到说服的目的。

4.3.3材料 拜伦巧改句子

7. 模仿对方

每个人都喜欢两类人：一是和自己一样的人，二是他希望变成的那个人。在说服的过程中，如果你有意识地去模仿对方，模仿他的动作，他的表情，他说话的语气，可能会达到意想不到的效果。比如，他说话慢，你就慢；他说话快，你就快；他手叉口袋，你也手叉口袋；他叉腰，你也叉腰；他微笑，你也微笑……但是，在模仿的过程中一定要注意，不要太同步，要有一个时间上的延迟，他跷二郎腿你隔20秒再跷，他往前转你隔10秒往前转，他喝水你隔10秒再喝，等等。这会让对方产生莫名的亲切感，有助于说服对方。

8. 名言支持

人们相信名人和权威，在说服中，引用名人的语录或权威的理论来支持自己的结论，能增加说服力。因为名人的话往往有一定的号召力，借助名人的话，可以达到事半功倍的效果。

9. 运用暗示

暗示说服法就是通过委婉的语言形式，把自己的思想观点巧妙地传递给对方。受暗示是人的心理特性，它是人在漫长的进化过程中形成的一种无意识的自我保护能力，它是人的一种本能。人们为了追求成功和逃避痛苦，会不自觉地使用各种暗示的方法，比如困难临头时，人们会安慰自己或他人“快过去了，快过去了”从而减少忍耐的痛苦。人们在追求成功时，常常会鼓励自己说“坚持一下，我一定可以的”。这些简单的语言都给了人们强烈的暗示，让人们在无形中有了强大的抵抗困难或勇于进取的动力。暗示有以下几种方式：借此言彼，利用事物之间的相似之处，互相比较；旁敲侧击，说话时避开正面，而从侧面曲折表达；鼓动；等等。

10. 引入对比

鲁迅先生说："如果有人提议在房子墙壁上开个窗口，势必会遭到众人的反对，窗口肯定开不成。可是如果提议把房顶扒掉，众人则会相应退让，同意开个窗口。"当提议把房顶扒掉时，对方心中的"秤砣"就变小了，对于"墙壁上开个窗口"这个劝说目标，就会顺利答应了。对于一个想要一杯热水的人，如果你想让他接受"一杯温水"，为了不使他拒绝，不妨先让他试试"冷水"的滋味，再将"温水"端上，如此，他就会欣然接受了。

4.3.4 材料 先"得寸"后"进尺"

二、拒绝的方法与艺术

在职场中，很多场合都要学会拒绝别人。比如，当遇到客户的无理或过分要求时，当下属故意提出刁钻的问题时，当上司的决定明显会对你的工作产生反作用时……然而，拒绝是一门学问，有些时候，我们心里很不乐意，本想拒绝，但碍于一时的情面点了头，却给自己留下长久的不快，更有甚者可能会发生冲突。

拒绝别人需要勇气，但要认识到"拒绝不等于伤害"！拒绝别人是我们维护自己权益的途径，也是我们的权利，为何有那么多人不善于拒绝？很多人称是因为好面子，不好意思拒绝别人。究其根本，是因为自我价值不够，需通过"情感贿赂"建立关系，安全感差，内心难以拒绝他人，并寄希望于借此获得别人的尊重和自我价值的实现，却往往事与愿违。要改变这种状况，首先需要改变你内在的感觉。比如，可以在心中反复告诉自己"我是有价值的，我是被爱的，我是独一无二的"，并体味这种美好的感觉。当你获得这种自信的时候，你对外在的世界的看法也会发生改变。

（一）拒绝的方法

1. 直接拒绝法

遇到很明显的无理或过分的要求，我们可以采用直接拒绝的方法。把你拒绝的理由阐述清楚，并让对方体会到你的难处，让他也产生同感。拒绝时要清楚地表达，要自信、直截了当，拒绝时语气要肯定，不要吞吞吐吐。

2. 巧妙转移法

很多情况下，难以采用直接拒绝的方式，这时可以采用转移的方法。先对对方的要求表示理解和赞许，并在交谈中逐步展现你的困难，让对方在慢慢放松精神武装的同时与你产生共鸣，对你的困难表示出同情和支持，这时再提出你的看法，留待以后条件成熟再给对方解决。这种方法是需要考虑、照顾对方的自尊心，不是立即说"不"，而是先肯定对方的要求，表示理解、同情和尊重，而后再据实陈述无法满足对方要求的理由，以获得谅解，使对方自动放弃请求。

3. 微笑打断法

人在说话时都喜欢别人倾听，而不是被打断。但你遇到别人提出一个你已经预感到有困难的问题时，可以运用这个方法。在对方谈问题或在做铺垫的时候，就用微笑的语言打断谈话，而把话题引导到其他方面。

4. 拖而不办法

当对方的要求并没有很过分,但你却由于各种原因无法完成的情况下,可以采用拖的办法,可以说自己需要时间考虑,过些时间答复或者要求对方提供更多的信息资料或做进一步的说明。这种"推迟做出决定"的方法给自己留下充裕思考时间。有时也可找出折中方案,有条件地答应。而有时也可能在拖之中不了了之。

5. 李代桃僵法

当对方提出一个很棘手的问题,或者你目前无法解决的时候,可以退而求其次找到一个你们都能接受的替代办法。暂时性的解决办法,往往是处理矛盾和预防危机的手段。

4.3.5 材料 巧妙的男爵封号

当然限于篇幅,这里不能穷尽所有拒绝办法,但最核心的原则是既能让对方理解你的苦衷,同时尽量不影响你们之间的感情。在此过程中,你最好认真倾听并对对方的处境表示理解;最重要的是要表现出你的热情、真诚,多多安慰对方,以舒缓对方压抑的心情。

(二) 拒绝时的态度

1. 放下手中的事情,认真倾听

无论你有多忙,请用心去倾听对方的诉求,表现得心不在焉只会让对方更愤怒。不仅要听出对方在说什么,而且要听出对方的内在感情。

2. 认可对方的感受,表示理解

共鸣总是能快速拉近人与人的距离,并平复对方的负面情绪。在表达推脱之前,一定要先顾及当时的情境,比如是否有重要的人在场,以及对方此时此刻最强烈的情绪。无论当时对方是悲伤还是愤怒,都应首先表示理解,以体谅的态度给对方以抚慰。

3. 说些体谅或赞赏的话,暂不表态

例如,"别着急,先喝杯水""看你累得,脸色这么差""你能做到这样的程度,真是不容易""很同情你的处境,你真的太厉害,要是我早趴下了",等等。此时对"该不该接手"应该已经心中有数,但不必急于表态。一方面,不要态度强硬,以免伤害"被帮助者"的自尊心;另一方面,着重缓解求助者的情绪,让对方也有个冷静的时间恢复理智,避免发生直接的冲突或者情绪大爆发,忙没帮成反倒结了怨。

4. 态度真诚,语速缓慢

到了不能不说"抱歉"的时候,一定要看着对方的眼睛,真诚地表达你的想法,并用三两句话简洁、明晰地说清你推脱的原因。在表达时,请一定要使用委婉温和的语句来表达你的抱歉和遗憾,让人感觉你不是在找借口。同时,也要记得在适当的时候真诚感谢对方对自己的信任。拒绝要积极正向,不断用积极的话语来缓和对方的负面情绪,让对方感觉到你在积极关注他(她),同时也尽量少把自己的消极情绪传达给对方,更不要反过来向对方求助。因为对方本来处于一个焦虑或无助的状态,结果你也不停地诉苦,对方的情绪就更低落了。

5. 理由要清晰具体,简洁明了

有些人生怕得罪对方,在拒绝了别人之后,总要说一大堆安慰的话,或者寻找无数理由，实乃多此一举。如果你列举出太多的理由，反而会让别人觉得你在敷衍搪塞；道歉太多，也往往让人家觉得你心虚。理由一个就好，但是要具体明确，不要那种大而空的理由。话不要太多，适当的表示歉意即可。

6. 事后保持热情、体贴

有些忙不帮，原因比较复杂，但无论如何，你肯定不想因此和求助者结怨。所以，一定记得在推托过后，寻找合适的机会向对方示好。这样对方会确信你不是讨厌他(她)，而只是因为条件所限没有帮到他。

（三）拒绝的艺术

（1）不要立刻就拒绝：立刻拒绝，会让人觉得你是一个冷漠无情的人，甚至觉得你对他有成见。

（2）不要轻易地拒绝：有时候轻易地拒绝别人，会失去许多帮助别人、获得友谊的机会。

（3）不要在盛怒下拒绝：在盛怒之下拒绝别人，容易在语言上伤害别人，让人觉得你一点同情心都没有。

（4）不要随便地拒绝：太随便地拒绝，别人会觉得你并不重视他，容易造成反感。

（5）不要无情地拒绝：无情地拒绝就是表情冷漠，语气严峻，毫无通融的余地，会令人很难堪，甚至彼此反目成仇。

（6）不要傲慢地拒绝：一个盛气凌人、态度傲慢不恭的人，任谁也不会喜欢亲近他。何况当他人有求于你，而你以傲慢的态度拒绝，更是让人不能接受。

（7）要婉转地拒绝：真正有不得已的苦衷时，如能委婉地说明，以婉转的态度拒绝，别人还是会感动于你的诚恳。

（8）要有笑容地拒绝：拒绝的时候，要能面带微笑，态度要庄重，让对方感受到你对他的尊重、礼貌，就算被你拒绝了，也能欣然接受。

（9）要有出路地拒绝：拒绝的同时，如果能提供其他的方法，帮对方想出另外一条出路，实际上还是帮了他的忙。

（10）要有帮助地拒绝：也就是说你虽然拒绝了，但却在其他方面给对方一些帮助，这是一种慈悲而有智慧的拒绝。

具体的拒绝的语言艺术有以下几种：

（1）谢绝法：对不起，这样做可能不合适。

（2）婉拒法：是这样，可是我还没有想好，考虑一下再说吧。

（3）不卑不亢法：哦，我明白了，可是你最好找对这件事更感兴趣的人吧，好吗？

（4）幽默法：啊！对不起，今天我还有事，只好当逃兵了。

（5）无言法：用摆手、摇头、耸肩、皱眉、转身等身体语言和否定表情表示自己的拒绝态度。

（6）缓冲法：哦，我再和朋友商量一下，你也再想想，过几天再决定好吗？

（7）回避法：今天咱先不谈这个，还是说你关心的另一件事吧……

（8）严词拒绝法：这可不行，我已经想好了，你不用再费口舌了。

（9）补偿法：真对不起，这件事我实在爱莫能助了，不过，我可以帮你做另一件事。

（10）借力法：你问问他，他可以作证，我干不了这种事！

（11）自护法：你为我想想，我怎么能去做没把握的事？你让我出洋相啊。

能力测评

1. 说服能力测评

4.3.6材料 说服能力测评

2. 拒绝能力测评

4.3.7材料 拒绝能力测评

拓展训练

1. 某人不止一次地向你复述同一件事或同一个笑话，而且讲一次要花很长时间。这次他又开始讲了，你如何说服他别讲了？

2. 大家正在排队买火车票，这时，有一个人挤到窗口前要插队买票，大家很不满意。你若在场，怎么说服他到后边排队买票？

3. 小王到大学同学大刘家去玩，正赶上大刘夫妻俩“内战”。大刘两口子争相请他评理，小王无言以对。两口子越战越酣。你认为小王应该如何说服他俩握手言和？

4. 你的朋友向你借钱，但钱借给他往往有去无回，你不想借给他，可你又不想得罪他，你会怎样拒绝他？

5. 你的朋友邀请你和他的朋友一起露营。可你在后天有一个测验并需要时间温习，而且你也不喜欢他的朋友。你会怎样拒绝他？

6. 扑克牌游戏

（1）活动目的

通过这个游戏，体会一下在说服、提问过程中，一直让对方说“是”的技巧。

（2）规则和程序

①游戏道具：一副去掉大小王的普通扑克牌。

②游戏参与人数：一对一。

③游戏过程：让甲和乙面对面，其中甲拿着扑克，请乙随意抽取一张让甲看一下牌面花色，乙把牌握在手中（注意：甲提问结束之前乙不可看牌）。然后甲通过提问，让乙去回答，一步一步到最后，让乙在不看牌的情况下说出抽取出的牌的花色和点数。

提问的次序是：先是牌的数目的提问（简单问题入手），然后颜色的选择、花色的选择、人物牌和数字牌的选择、偶数和奇数的选择、大偶数（奇数）和小偶数（奇数）的选择，最后，得出具体的答案。提问要先从简单的问题开始问起，要问让对方回答“是”的问题，要问二选一的问题。通过一个具体案例，请认真体会：

例如，乙抽取的是方块10，甲看到以后开始如下提问：

甲：你有没有曾经玩过扑克牌，至少1到2次？

乙:有。

甲:扑克牌当中,有54张牌,去掉两张王牌,是不是还有52张牌?

乙:对。

甲:52张牌当中,有红色花样,还有黑色花样,是不是?

乙:对。

甲:你选择红色? 还是黑色?

乙:红色。

甲:好,红色当中有方块,还有红桃,选择方块? 还是红桃?

乙:方块。

甲:方块,很好。方块当中有人物牌,像J、Q、K,叫作人物牌,还有数字牌,你选择数字牌,还是人物牌?

乙:人物牌。

甲:人物牌,很好。那么,剩下来的是不是数字牌?

乙:对。

甲:数字卡当中,有奇数还有偶数,你喜欢奇数还是偶数?

乙:偶数。

甲:偶数当中有大偶数,如8和10,还有小偶数2、4、6,你会选择哪一个?

乙:小偶数。

甲:好的,那么剩下来的是大偶数了。

乙:对。

甲:那么大偶数中,你会选择哪一个? 8还是10?

乙:10。

甲:好的,你选择的是红颜色的,方块10,看一看你手中的牌是不是方块10。

乙:(打开牌)啊,是的。

案例分析

1. 聪明的理发师

4.3.8材料 聪明的理发师

2. 小昭应该如何拒绝

4.3.9材料 小昭应该如何拒绝

思考讨论

1. 回忆你的一次成功说服经历,分享说服过程。
2. 你是怎样拒绝别人的? 请针对不同的人、不同的事举例分情况谈谈。

第四节 沟通技巧

4.4.1视频 沟通技巧

一、面对面沟通

面对面沟通是指运用口头表达方式来进行信息的传递和交流，这种沟通不仅可以让你从语言上得到信息，而且可以从对方声音和身体语言上获得信息。讲话者可以利用情绪的感染力大大增强沟通效果。通过自信的表达、积极的倾听、恰当的提问可以充分展现一个人的沟通能力，使得信息、思想和情感得到充分交流。

（一）面谈技巧

交谈是人际沟通的重要组成部分。交谈的过程也就是人际沟通的过程，是运用一套共同规则交流信息的过程。交谈发生在人们面对面的互动中，需要参加者将谈话的焦点保持在一个特定的话题上，并且运用沟通技巧去提问和回答。

1. 良好的开头

4.4.2材料 人们相遇时交谈的话题

开场白直接、诚恳、明确地说明你的动机和需求，会扫除对方心头的疑虑，不再对你谈论话题的原因感到困惑。迅速切入主题，可以让对方明白你是为了严肃的事情而来，你也可以采用其他方式来展开交谈。态度与语调的诚恳是关系到对方对你的信任的关键。如果你是发乎至诚地进行沟通，对方也比较容易听进你的话。诚实、衷心的交谈可能不够完美，但也唯有在交谈者不追求表达方式的完美时，他们才可能是真诚流露。对方面对这种自然的真诚，便会萌生出“此人发乎至诚，我应该听听他要说些什么”的想法。

2. 陈述信息和动机

在交谈时，你无须按照特定顺序逐一说出各项，重要的是你能在对话进行到某一程度时，将你的想法传达给对方，要切中要领。在陈述信息时，切勿采取强制的口吻，最好让对方感觉是一种提议。提议可以引发对方深思，而强制的口气只会带来压力。在语言表述中，尽量使用中性色彩的词语叙述已成的事实，不要责难。因为责难可能会使对方拒绝你的建议。卡耐基人际沟通重要原则之一就是：不批评、不责备、不抱怨。我们想以指责来纠正对方，却令对方因被指责而气恼，为自己辩解，甚至反过来攻击我们。

3. 关注对方

交谈是一个互动的过程，在交谈过程中，你必须时时关注对方在说些什么，但不要贸然地根据自己的偏见下任何结论。因为自我的偏见常会曲解对方而造成信息误读。尤其是当对方处于拒绝和抵制心态的情况下，必须注意不要让自己的偏见左右整个互动的过程。

你可以通过以下方法做到。

（1）反映。反映是将对方的部分或全部沟通内容反述给他，使他通过你的反述了解你对交流内容的理解程度，进而让他对自己的讲话内容和表现重新评估或做必要的澄清。反映除了仔细倾听和观察对方表情外，还要选择最能代表其情感的词句，应避免使用固定的词句或陈词滥调，如"你是觉得……"，而应用些引导性的谈话，如"你看来好像……""据我了解，你所说的是……"。

（2）重复。作为一种沟通技巧，重复包括对对方语言的释义和复述。交谈者用看起来略微不同的词句重复对方的话可以显得较为理解对方。在运用重复时，交谈者一方常将自己的反应加在乙方语言之前，"我听到你刚才说……"或"听起来似乎……"，"根据我个人的理解你说的是……"像这样的开头语可帮助交谈者移情入境，并通过表达自己重复对方谈话的意向来帮助对方。

（3）澄清。澄清是将一些模棱两可、含糊不清、不够完整的陈述弄清楚，其中也包含试图得到更多的信息。在澄清时，常用"我不完全了解你所说的意思，能否告诉我……""你的意思是不是……""我可不可以这样理解你的意思……"澄清的办法有以下几种：举例，用一个具体的实例解释一个抽象的或含糊的意思；提出可能遗漏或前后不一致的内容，要求对方做必要的补充；澄清疑点；直接提问，问题应该用词简单明了，用对方能懂的语言，要求的答复也应是简单而肯定的。

（4）沉默。人们常说"沉默是金"，它表达了一种行为处事方式。就倾听人来讲，沉默代表着不同的含义，有时沉默可以起到一种非常积极的效果，但有时也会是消极的。沉默在交谈中有以下含义：当倾听人长时间对谈话没有反应时，说明他对话题已经毫无兴趣了；当倾听人沉默不语，但保持友善的目光接触且不时点头或以微笑回应时，说明他对讲话者的信任和支持；当倾听人长久沉默不语，但目光较长时间固定且面部与讲话人所要表达的情感相符合时，说明他受到讲话人的打动。沉默是让交谈双方汇集、整理思绪的有用技巧。虽然长期的沉默是令人不舒服的，但短时间的沉默是有效交谈的重要组成部分。

4. 有始有终

将彼此达成的共识做一个总结和概述，心平气和地结束谈话。做事要有始有终，不能虎头蛇尾，说话也不例外。比较合适的结束谈话的方式有：

"今天时间有限，我们就暂时先谈到这吧，我回去再看看合同，有问题再联系你！"

"我回去马上给您发邮件，再见！"

"那就按你说的办吧，有什么问题，我们再联系。"

"那就这样吧，再见！"

"今天我们达成的共识正是一个良好的开端，希望我们明天的谈判能够同样顺利，再见！"

（二）有效运用非语言

研究显示，在面对面的沟通过程中，那些来自语言文字的社交意义不会超过45%，而55%是以非语言方式传达的。因此，正确运用非语言沟通，有助于你获得良好的人际关系。

4.4.3材料 曾国藩的识人术

1. 丰富的表情

表情是仅次于语言而最常用的一种非语言符号，因此，交际活动中面部表情备受人们的注意。而在千变万化的表情中,眼神和微笑是最常见的交际符号。

(1) 眼神:注视的时间要掌握好。对于不太熟悉的人,注视时间要短;对于谈得来的人,可适当延长注视时间。注视的位置亦应选择适当。面对面交流中,目光应投在对方额头至两眼之间;在舞厅、宴会以及朋友聚会时,目光以在两眼到嘴之间为宜;如果是熟人之间或家庭成员之间,注视的位置应在对方双眼到胸之间。

(2) 微笑:笑主要是由嘴部来完成的。微笑的基本特点是:不发声,不露齿,肌肉放松,嘴角两端向上略微翘起,面含笑意,亲切自然,最重要的是要发自内心,发自肺腑。

2. 合理的空间距离

相互交往时空间距离的远近,是交往双方之间是否亲近、是否喜欢、是否友好的重要标志。因此,人们在交往时,选择合适的距离是至关重要的。就交往情境而言,亲密距离属于私下情境,只限于在情感上高度密切的人之间使用,在社交场合、大庭广众之前,两个人(尤其是异性)过于贴近,就不太雅观。

人际交往中,亲密距离与个人距离通常都是在非正式社交情境中使用,在正式社交场合则使用社交距离。一般在工作环境和社交聚会上,人们都保持该种程度的距离。如企业或国家领导人之间的谈判,工作招聘时的面谈,教授和大学生的论文答辩等,往往都要在双方间隔一张桌子或保持一定距离,这样就增加了一种庄重的气氛。在社交距离范围内,一般没有直接的身体接触,说话时,也要适当提高声音,需要更充分的目光接触。如果谈话者得不到对方目光的支持,他会有强烈的被忽视、被拒绝的感受。这时,相互间的目光接触已是交谈中不可缺少的感情交流形式了。

3. 恰当的副语言

一般来说,人在高兴、激动时,语调往往上扬、欢快;而悲伤、抑郁时则声音低沉,如幽咽泉流;平静时声音柔和,如清清小溪;愤怒时则语速如出膛的炮弹。从一句话的字面看,往往难以判定其真实的含义,而它的副语言则可传递出不同的信息。恰当的语调和语速可以准确地传递人与人之间的信息和情感,加深沟通的程度。

4. 优雅的姿势

姿势是说话者传情达意的又一重要手段,一种沟通"语言",它包括说话者的姿态、手势、身体动作等既可以帮助说话,又可以到达对方视觉的因素。

(1) 姿势要美观。站着说话时,要挺胸、收腹,重心放在两腿之间,两臂自然下垂,形成一种优美挺拔的体态,使对方感觉到你的有力和潇洒,留下良好的印象。坐着说话时,上身要保持垂直,可轻靠在椅背上,以自然、舒适、端正为原则;双手可以放在腿上,或抱臂,无论是坐姿还是站姿,在非正式场合可随便一点,但在正式场合就应比较讲究。

(2) 姿势要有明确的目的。我们的一举手一投足,都应该有清楚的用意,这样才能更好地发挥姿势语的表达和交流作用,就能更有助于达到说话的最佳效果。常见的姿势语及其表达的意思有:点头表示赞成或同意;顿首用来强调所说话的力度;头部上扬表示惊奇或对某一事情突然明了;低头含有被压抑或屈从的意味;抬头是一种有意投入的动作;耸肩表示不知道、无所谓或无可奈何;向对方拍拍肩部表示亲切或庆贺;手掌往前摊表示拒绝;紧握拳头表示力量。

(3) 姿势要确切精炼。说话时,我们运用姿势的主要目的是要沟通感情,补充或加强语气，帮助对方理解。因此，姿势要精炼，不要太“花”，要恰到好处。

（4）姿势要得体。说话时要根据环境和对象运用各种姿势语。在长辈和上司面前不要用手指指点点，更不要勾肩搭背，否则就会被看作是一种失礼行为。在同辈和亲朋好友面前可以随便一点，但也要掌握分寸。要时刻注意你的各种姿势应与你的说话内容默契配合。

二、电话沟通

（一）打电话的注意事项

（1）表现你的真诚和友善。微笑着开始说话，让对方能够感受到你的微笑。

4.4.4材料 使用手机注意事项

（2）以职业化的问候开始。问候之后确认一下接电话的是何人，是不是你要找的人，接下来主动说明自己的身份。

（3）简要说明通话目的。要求说话简洁、清晰、明了。

（4）算好时间。打长途电话或国际电话要选择双方都方便的时间，以免打扰对方休息。

（5）写好通话提纲。如果内容多，时间长，应写好通话提纲，在电话结束前确认一下主要观点和要做的事。如果你要找的人不在，可以请接电话的人转告，可以留言或者询问何时再打过来能找到本人，最后要道谢。

（6）拨错号。如果拨错了电话，要说声对不起，以表示歉意。

（二）接电话的注意事项

1. 及时接听

不要让铃声响太久，要迅速接听，最好在响过第二声铃声后立即接听。

2. 自报家门

拿起电话先问好，接着介绍自己，报出组织和自己的名字，然后确认对方的单位、姓名及来电意图。

3. 适当回应

如对方讲话时间比较长，不能沉默，要有响应，否则对方不知道你是否在听。

4. 做好记录

接电话前准备好纸和笔，认真做好来电记录：随时牢记5W1H技巧。所谓5W1H是指：when（何时）、who（何人）、where（何地）、what（何事）、why（为什么）、how（如何进行）。另外，电话记录既要简洁又要完备。

5. 中断处理

有时在接电话时需中断一下，处理别的电话或事情，要向对方解释清楚，处理后尽快返回并说：“很抱歉让您久等了。”

6. 替人传达

如果对方要找的人不在，此时需询问对方可否转达，可否请别的人代接。

7. 接到误拨电话

如果接到打错的电话，记住，对方不是有意的，礼貌地告诉他："您打错了。"

8. 声音的控制

接打电话的声音过高、过低都不好，太高有大喊大叫的意思，太低则对方听不清。

9. 谁先挂断电话

（1）尊者先挂断电话；

（2）客户先挂断；

（3）双方平级，则打电话者先挂断。

10. 应答措辞

不恰当和恰当的应答举例如表3-1-3所示。

表3-1-3 不恰当和恰当的应答举例

不恰当的应答	恰当的应答
你找谁？	您好！请问您找哪位？
有什么事？	请问您有什么事？有什么能帮您吗？
你是谁？	请问您贵姓？
不知道！	抱歉，这事我不太了解。
我问过了，他不在！	抱歉，他还没回来，您方便留言吗？
没这个人！	对不起，我再查一下，您还有其他信息可以提示我一下吗？
你等一下，我要接个别的电话。	抱歉，请稍等。

（三）意外来电的处理

1. 听不清对方的话语

当听不清对方讲话时，进行反问并不失礼，但必须方法得当。如果惊奇地反问："咦？"或怀疑地回答："哦？"对方定会觉得无端地招人怀疑、不被信任，从而非常愤怒，连带对你印象不佳。但如果客客气气地反问："对不起，刚才没有听清楚，请再说一遍好吗？"对方定会耐心地重复一遍，丝毫不会责怪。

2. 接到打错的电话

有一些职员接到打错了的电话时，常常冷冰冰地说："打错了。"最好能这样告诉对方："这是××公司，你找哪儿？"如果自己知道对方所找公司的电话号码，不妨告诉他，也许对方正是本公司潜在的顾客。即使不是，你热情友好地处理打错的电话，也可使对方对公司抱有初步好感，说不定就会成为本公司的忠诚支持者。

3. 遇到自己不知道的事

有时候，对方会在电话中一个劲儿地谈自己不知道的事。碰到这种情况，很多人常常会感到很恐慌，往往迷失在对方喋喋不休的陈述中，好长时间都不知对方到底找谁，待电话讲到最后才醒悟过来："关于××事呀！很抱歉，我不清楚，负责人才知道，请稍等，我让他来接电话。"碰到这种情况，应尽快厘清头绪，了解对方真实意图，避免被动。

4. 接到领导亲友的电话

打到公司来的电话并不局限于工作。领导的亲朋好友，也可能会打来与工作无直接关系的电话。例如，当接到领导夫人找领导的电话时，由于你忙着赶制文件，时间十分紧迫，根本顾不上寒暄问候，而是直接将电话转给领导就完了。当晚，领导夫人就会对领导说："今天接电话的人，不太懂礼貌。"简单一句话，可能就传达了不利于自己的信息，因此要时刻严格要求自己。

（四）客户来电的处理

当你坐在座席开始接听客户来电时，你的语言应该从"生活随意型"转到"专业型"：你在家中，在朋友面前可以不经过考虑而随心所欲地表现出个人的性格特点；在工作环境中则更应该体现专业性。不同来电者的个性、心境、期望值各不相同，对于他们的来电，你既要有个性化的表达沟通，又必须掌握许多共通的表达方式与技巧。

1. 铃声不过三

现代工作人员业务繁忙，桌上往往会有两三部电话，听到电话铃声，应准确迅速地拿起听筒接听电话，以长途电话为优先，最好在三声之内接听。即便电话离自己很远，听到电话铃声后，我们应该用最快的速度拿起听筒，这样的态度是每个人都应该拥有的，这样的习惯是每个办公室工作人员都应该养成的。如果电话铃响了五声才拿起话筒，应该先向对方道歉，以免给对方留下不好的印象。

2. 良好的心情

打电话时我们要保持良好的心情，这样即使对方看不见你，但是也会被你欢快的语调感染，对你留下极佳的印象。由于面部表情会影响声音的变化，所以即使在电话中，也要抱着"对方看着我"的心态去应对。

3. 自信

说话时不要吞吞吐吐，尽量不用"可能、大概"之类模棱两可的词。如果客户觉得你信心不足，他势必也很难相信你说的话。说话时自信、果断，敢于给客户承诺，可以有效地增加客户对你的信任程度，成功的概率相应就会增大。讲话尽可能简捷、清晰，要注意你是在用电话和别人交流，没有人愿意拿着电话听你讲很长时间。

4. 声音亲切清晰且有感染力

当我们打电话给某单位，若一接通，就能听到对方亲切、优美的招呼声，心里一定会很愉快，对该单位有了较好的印象，双方对话也能顺利展开。在电话中只要稍微注意一下自己的语言就会给对方留下完全不同的印象。要记住，接电话时，应有"我代表单位形象"的意识。打电话过程中绝对不能吸烟、喝茶、吃零食，即使是懒散的姿势对方也能够"听"得出来。如果你打电话的时候躺在椅子上，对方听你的声音就是懒散的、无精打采的：若坐姿端正、身体挺直，所发出的声音也会亲切悦耳，充满活力。因此打电话时，即使看不见对方，也要当作对方就在眼前，尽可能注意自己的姿势。

5. 记录简洁完备

随时牢记5WIH，在工作中这些资料都是十分重要的。电话记录既要简洁又要完备，我们首先应确认对方身份、了解对方来电的目的，如自己无法处理，也应认真记录下来，委婉地探求对方来电目的，既不误事也赢得了对方的好感。

6. 措辞积极而有逻辑

跟客户交流时，措辞很重要，因为你的专业程度的高低就体现在措辞上。如果客户问一个问题，你回答时非常有条理，给客户一种很清晰的逻辑思维，这时自然地展现出你的专业化程度。所以在讲话时，要运用一些像“第一、第二”这样的词语。

在保持积极态度的同时，沟通用语也应当尽量选择体现正面意思的词。例如，要感谢客户在电话中的等候，常用的说法是“很抱歉让你久等了”。“抱歉”和“久等”实际上在潜意识中强化了对方“久等”这个感觉。比较正面的表达可以是“非常感谢您的耐心等待”。又例如，你想给客户以信心，可能会说“这并不比上次那个问题差”，但“这次比上次的情况好”的说法会更合适。即使是客户的问题确实有些麻烦，你也不必说“你的问题确实严重”，可以换一种说法：“这种情况有点不同寻常。”

善用“我”代替“你”。有专家建议，在下列的例子中尽量用“我”代替“你”。

习惯用语：你的名字叫什么？

专业表达：请问，我可以知道你的名字吗？

习惯用语：你必须……

专业表达：我们要你那样做，这是我们需要的。

习惯用语：你错了，不是那样的！

专业表达：对不起我没说清楚，但我想……

习惯用语：如果你需要我的帮助，你必须……

专业表达：我愿意帮助你，但首先我需要……

习惯用语：听着，那没有坏，所有系统都是那样工作的。

专业表达：那表明系统是正常工作的。让我们一起来看看到底哪儿存在问题。

习惯用语：你没有弄明白，这次听好了。

专业表达：也许我说得不够清楚，请允许我再解释一遍。

此外，还要注意在客户面前维护企业的形象。如果有客户一个电话转到你这里，抱怨他在前一个部门所受的待遇，你已经不止一次听到这类抱怨了。为了表示对客户的理解，你应当说什么呢？“你说的不错，这个部门的表现很差劲”，可以这样说吗？适当的表达方式是“我完全理解您的苦衷”。另一类客户的要求公司没法满足，你可以这样表达：“对不起，我们暂时还没有解决方案。”尽量避免不很客气地手一摊（当然对方看不见）：“我没办法。”当你有可能替客户想一些办法时，与其说“我试试看吧”，不如更积极些“我一定尽力而为”。

7. 建立融洽的关系

在电话中与客户建立融洽关系是非常重要的。可以从以下方面去努力：一是去适应客户的性格，有人声音非常大，有人声音很轻，有人非常果断、干脆，而有人讲起话来却是软绵绵的，声音差异跟他的性格有很大的关系，如果客户讲话的速度很慢，你也要尽量地慢一点儿；如果客户是一个非常热情的人，你也要把自己的热情尽情地表现出来；如果客户是一个非常冷漠的人，不太容易笑，你也要把自己的热情稍微降一降，以便尽可能地适应他，这是建立融洽关系的第一个非常重要的因素；二是抱有同理心的倾听，表达同理心能让客户意识到你跟他是始终站在一起的，无形之中就有效地拉近了双方的距离；三是赞美对方；四是在和客户的交谈中找到并积极解决客户的问题。

8. 配合肢体语言

不要认为肢体语言是没有作用的，当你与客户面对面交流时，一般会配合着一些手势，在电话交流时客户虽然看不见你的动作，但是你的动作却能有效地影响你的声音，客户是可以通过你的声音感受到的。肢体语言中最重要的就是微笑，要学着展示出灿烂的笑容。在不同的情况下，身体语言要与想表达的感情结合起来，要与对方的情绪、谈话的氛围等相适合。

4.4.5 材料 一流的推销员

9. 挂电话前的礼貌

要结束电话交谈时，一般应当由打电话的一方提出，然后彼此客气地道别。应有明确的结束语，说一声“谢谢、再见”，再轻轻挂上电话，不可只管自己讲完就挂断电话。

三、实用沟通技巧

1. 记住对方名字

记住对方的名字，是你走近对方的钥匙，你记得越快，那扇门开得越早。花一定时间去建立你的人际关系，要定时、定期维护。你想成为什么样的人，一定要与这样的人交朋友，然后花时间去沟通。这些朋友为你提供学习的榜样，为你提供帮助，也为你提供机遇。

2. 时常微笑

十个微笑的理由：微笑比紧缩双眉要好看；令别人心情愉悦；令自己的日子过得更有滋有味；有助结交新朋友；表示友善；留给别人良好的印象；送给别人微笑，别人也自然报以你微笑；令你看起来更有自信和魅力；令别人减少忧虑；一个微笑可能会帮你展开一段情谊。

3. 学会聆听

有句话说得好，“我不同意你的意见，但我誓死捍卫你说话的权利”。了解顾客的心理你需要倾听、了解上司意图你需要倾听、了解下属的想法你需要倾听、了解政府部门的弦外之音更需要倾听。只有倾听你才会发现别人身上优点、反思自身缺点，只有倾听你才会了解和理解对方的心理，你才会影响和改变一个人。积极倾听有四条原则：一是能站在说话者立场上，运用对方的思维架构去理解信息；二是倾听的时候，专注于对方的话题和问题，不要因自己的问题而分心；三是识别倾诉对象所谈问题的症结之所在；四是协助倾诉者放松紧张的情绪。

4. 真诚地赞美别人

一个人成熟的标志是懂得欣赏和鼓励别人。用人之长，他就是人才，用人之短，他就是蠢材。真诚的赞美是发现对方的优点而赞美之；虚假的赞美是发明一个优点而后夸之。真诚的赞美是发自内心的，真诚是一种修养、态度、境界，不是让你挖掘不存在的东西，而是帮助对方发现、肯定、弘扬他的优点。沟通会使你发现别人身上的优点，同样也会使你发现别人的缺点，在引以为戒的同时，更要学会宽容。沟通的黄金定律是：你想怎样被对待，你就怎样对待别人！沟通的白金定律是:以别人喜欢的方式去对待他们!

5. 多谈对方感兴趣的事情

在和陌生人聊天的时候,可能会自己津津有味地说着感兴趣的话题,也没有考虑到对方是否愿意听,是否也感兴趣。和陌生人沟通有很多小技巧,最关键的就是要找到自己同陌生人之间的共同点。我们可以通过察言观色、以话试探、听人介绍、揣摩谈话等方法发现对方的爱好与兴趣,以此建立共同点,调节谈话时的氛围。

6. 学会使用万能语

4.4.6材料 说话的程度

万能语多数是礼貌语言,能表达出一个人的修养。例如,多说谢谢、对不起、抱歉、不好意思、不客气等语言。此外还有:是的,你早、你好、早上好、晚上好,请多指教、请多关照,非常抱歉、不好意思,谢谢、太感谢你啦,哪里哪里、不敢当、请。无论在什么场合下,平易近人、简明方便的“万能语”都是派得上用场的。它既让人感到对方很懂礼貌,又富有伸缩性,亦可表达事情的终结,在会话中还能给人以灵活的感觉。

7. 热心帮助别人

关心别人从小事做起,主动发现别人的需求,及时雪中送炭,对人伸出援助之手,有时一个鼓励的眼神,一句轻轻的问候,也能让别人感受到温暖,让世界充满爱。助人为乐的人是最受欢迎的人,同样,大家也会在你需要时伸出援助之手。

8. 体谅别人的感受

谈话者必须充分考虑接受者的心理特征和知识背景等状况,据此调整自己的谈话方式、措辞或服饰仪态。譬如,在车间与一线工人沟通,如果你西装革履且又咬文嚼字,会对对方造成心理上的障碍。批评要像春雨一样,既滋润枝叶,又不伤根系。批评人的时候要注意对方感受,选择对方能接受的语言批评。

9. 尊重别人的意见

否定一个人的意见,就是对他的智力、判断、自信、自尊,都给予了直接的打击,他不但不会改变他的意志,而且还想向你反击。《人性的弱点》中说道:“我们有时发现自己会在毫无抵抗和阻力中,改变自己的意念。可是,如果有人告诉我们所犯的错误,我们却会感到懊恼和怀恨。我们不会去注意一种意念的养成,可是当有人要抹去我们那股意念时,我们就对这份意念突然坚实而固执起来。并非是我们对那份意念有强烈的偏爱,而是我们自尊受到了损伤。”你要获得人们对你的同意,那就要尊重别人的意见。

如果发现别人的错误,建议用下面的方式来说:好吧,让我们来探讨一下……可是我有另外一种看法;当然也许是不对的,因为我也经常把事情弄错,如果我错了,我愿意改正过来……现在让我们看看究竟是怎么一回事;或许是不对的,让我们看看,究竟是怎么一回事。

能力测评

1. 电话沟通能力测评

4.4.7材料 电话沟通能力测评

2. 沟通能力综合测评

4.4.8材料 沟通能力综合测评

拓展训练

1. 你的老板突然对你变得很冷淡，却又没有任何解释，你想问问发生了什么事，请角色扮演与老板的面谈。

2. 与老赵面谈，情境如下：

Y公司在年末审计中发现，有位销售代表老赵在这一年中未经允许私自打了8000元的个人电话。老赵是公司的一位老员工，因为他能力突出人缘极好，在销售人员中威信很高，公司副总老方很器重他，近期还向公司推荐老赵担任公司的销售副总监。在任职的6年中，老赵在职员、顾客、社区居民中都交了许多重要的、有影响的朋友。许多客户对他评价极好，表示只跟他做生意，更重要的是，他拥有公司最多的客户。

有员工认为以老赵的表现和贡献，这一点点话费算不了什么，也有人认为，不管贡献大小都应该公私分明，也有人不相信，认为老赵不是那种爱占便宜的人，可能审计搞错了。

老赵听到消息后，情绪波动很大，工作明显受影响，在公司下达下半年的销售计划时他表现出明显的抵触情绪。

公司董事长要求副总老方用最快和最佳的方式解决老赵的电话费问题，并且要求他尽快和老赵进行一次面谈，既要申明公司的纪律，又不能影响老赵的工作热情和工作效益，方副总立即查找了公司所有规定，公司过去只颁发了一些原则性的文件规定，对于员工利用公司电话打长途的界定也不清楚，对此类事件的具体条款也不清楚，他感到压力很大，不知道如何开展这场面谈。

请分组进行情景演练：如何进行这次面谈，并谈一谈自己的感受。

3. 同一寝室内同学之间相互赞美，每人赞美不少于2分钟，其他同学评价他们的赞美是不是真诚的，是不是令人愉悦的。

4. 教师选择一段视频播放，但关掉声音，让学生观看，再请同学描述内容梗概，最后再次有声播放。

案例分析

1. 林晓的困惑

4.4.9材料 林晓的困惑

2. 电话沟通：满意度回访

4.4.10材料 电话沟通：满意度回访

思考讨论

1. 你觉得你在与他人沟通包括电话沟通中存在的问题主要在哪里，应该如何改进。
2. 要与他人成功沟通，你觉得要注意哪些问题。

第五节　职场沟通

一、与上级的沟通

4.5.1 视频 职场沟通

（一）与上级沟通的心理准备

1. 了解并尊重上级是沟通的前提

了解上级首先要了解领导的个性与工作作风。从领导作风来看，可以把领导分为专制型、民主型和放任型三种。专制型上级要求被领导者绝对服从，在工作中发号施令，表现出雷厉风行的特征；民主型上级注重集体智慧，重大事情由集体领导决定，也诚恳地欢迎下属提一些建设性的意见；放任型上级喜欢把权力分散下去，善于调动员工积极性，给人随和、不拘原则的印象。领导的个性也不尽相同，有的人刚愎自用，有的人优柔寡断，有的人性格粗犷，有的人作风细腻，有的人安全保守，有的人追求完美，也有的人任人唯亲等。作为下属，要了解领导的个性与做事风格，就能有针对性地做好与领导的沟通工作。

其次要了解上级的需求。上级对下属的要求往往包括两个方面：处在逆境中的组织，需要应付外界强大的竞争压力，因而比较注重人才的专业素养；力求平稳发展的组织，可能最需要组织内部的人际和谐，不希望有破坏性的因素渗入。此外，不同部门、不同职业都可能有不同的需求。从微观上来说，上级个人的喜好、利益需求的不同，也在一定程度上决定了择人标准，如有的上司找一个互补型的助手，有的上司选择一个同类型的下属作为"知己"等。因此，在工作中，应根据上司的需求，采取相应的策略，往往可以使很难处的关系得以迎刃而解。

最后要了解领导的好恶，避免不必要的麻烦。下属要掌握领导的特点，有倾向性地与他沟通。领导是组织中的核心人物，作为下属，无论他具有什么特点，应主动去适应他，才能够形成有机的配合力量。

尊重领导，是心理成熟的标志。当你满足了领导对于尊重的需要时，你同样会得到很好的回报。当然，尊重不等于盲从。"尊重领导"是指下属尊敬、敬重领导。这里的尊重主要是内心敬重，来源于思想上的一致、情感上的共鸣以及对领导言行、品格、作风和处事方式的认可。而"顺从领导"是指无论正确与否都无条件听从领导指令和安排，无原则地执行命令，是下属对"尊重领导"的误解。顺从领导反映的是下属不健康的心态，传递的是下属对领导的迎合和奉承，体现的是人与人关系的不平等，实质上是对领导不尊重。

4.5.2 材料 李辉的沟通之道

2. 踏实做好本职工作是沟通的基础

无论你从事什么工作，兢兢业业、踏踏实实地做好本职工作是与上级良好沟通的基础，是建立良好的上下级关系的前提。有的人常在领导面前夸夸其谈，言过其实，特别喜欢在领导面前表现自己，这些只能获得领导暂时的信任，领导很快就会意识到你"华而不实"，从而对你失去信任。只有把自己的发展目标与单位或企业的发展目标相融合，忠于职守，乐于助人，兢兢业业，才是领导最喜欢的员工。

做好本职工作也要学会设身处地为领导着想，不要越俎代庖。上级要关心、帮助、支持下级，这是不言而喻的。但是在人际交往中，特别是在与上级的交际中，下级经常会发生非感情性的心理障碍，即不设身处地考虑上级在实际工作中遇到的情况，脱离现实主客观条件而对上级提出要求，如果达不到，则进行"发难"。上级工作也有上级的难处，如果能假设自己是上级，就会理解上级的困难，体谅上级的苦衷，不给上级增加无法解决的难题。

3. 摆正位置、领会意图是沟通的根本

下级服从上级是起码的组织原则。在一般情况下，上级领导的决策、计划不可能全是错误的，即使有时上级从全局出发考虑，与小单位利益发生了矛盾，下级也应服从大局需要，不应抗拒不办。更何况有的人因为与上级产生矛盾，明知上级是对的，也采取抗拒、排斥的态度，那更是不应该的。感情不能代替理智，领导者处理工作关系，不仅有情感因素，更要求理智地处理问题。下级与上级产生矛盾后，最好能找上级进行沟通，即使是上级的工作有失误，也不要抓住上级的缺点不放。及时进行心理沟通，会增加上下级之间心理相容度。

和上级打交道，要能够领悟上级的意图，领导在布置工作任务时应仔细聆听，揣摩领导的工作思路，及时领会领导的意图，掌握工作要点，以便迅速制订实施步骤并加以落实。就如古人云：心有灵犀一点通。

聆听领导工作安排的5W2H方法如下。

When：工作何时展开，最后期限是什么时候？

Where：工作在哪里进行？

Who：任务由哪些人完成，还需要谁的配合？

Why：为什么要做这些，有何重要意义？

What：需要完成什么样的任务，有什么具体要求？

How：如何完成这些任务？

How many：任务的工作量是多少？

例如，你可以这样说："李总，对于这项任务我是这样认为的：为了加快公司新产品上市，并尽快占领市场(Why)，您安排我用4个业务人员(Who)加紧开发市场渠道(How)，要求在3个月(When)完成1000万元(How many)的销售额(What)。其中员工薪水不超过4万元，业务推广费用不超过30万元。根据需要，从今天起，我将拥有人员聘用、业务推广以及资金调配的权力(工作职权)。是这样吗，李总？"

(二) 与上级沟通的原则

1. 积极主动

领导的工作往往比较繁忙，而无法顾及方方面面，保持主动与领导沟通的意识十分重要。作为领导判断下属对他是否尊重的重要因素就是是否经常请示和汇报工作,经常与上级领导沟通有助于建立起你与上级领导的融洽关系。聪明的下属知道,每次做出部署或决定都要先请示得到领导的首肯。不仅完成任务后要汇报,而且工作进行到一定程度也要汇报,出现了任何情况也要汇报。汇报可以让领导了解你的工作,得到肯定与支持,也方能得到器重和更多发展机会。汇报工作要把握分寸,选择时机,不要选择在领导很忙以及领导心情不好、烦躁的时候。

上司一般工作繁忙,不要等他来找你,而是要主动找他沟通。有些人见到领导,像老鼠见到猫,要么躲躲藏藏,要么转身就走;还有的人,在上司面前唯唯诺诺、小心翼翼,不敢靠近,不敢说出自己的想法。这样的人,永远都没有提升的机会。沟通带来理解,理解带来合作。如果不能很好地沟通,就无法理解对方的意图,而不理解对方的意图,就不可能进行有效的合作。

2. 适度赞美

赞美是人性中共同的需要,上司也不例外。面对上司不要吝惜你的赞美。不赞美、不祝贺上司的成功,在上司看来,是你不愿意分享他的快乐,这势必会引起上司的不快,从而影响彼此间的感情以及工作上的沟通。赞美是一种沟通的手段,也要讲究方式方法,要让上司感觉到你的赞美是发自于内心的。如果让上司觉得你是在阿谀、拍马屁,反而会失去上司的信任。

4.5.3材料 赞美讲究方法

领导者首先是一个人,作为一个人,一定有他的性格、爱好,也有他的作风和习惯。对领导要有比较清楚的了解,不要认为这是为了庸俗地“迎合”领导,而是为了运用心理学规律与领导进行沟通,以便妥善处理上下级关系,做好工作。你要找出领导的优点和长处,在适当的时候给领导诚实而真挚的恭维。你可以请领导畅谈他值得骄傲的东西,请他指出你应该努力的方向。领导会觉得你是一个对他真心钦佩、虚心学习的人,是一个有培养前途的人。

3. 选择时机

择机与上司沟通很重要。一位出色的下属,要耳聪目明、善于观察上司的动态。在沟通时机的选择上要注意以下几点。第一,选择恰当的时间。同样的话,在不同的时间对上司说,效果是不同的。如果上司此刻对这个话题不感兴趣,或正在紧张、着急工作,或者情绪低落,千万别说。最佳的谈话时机是在上级心情舒畅、精神饱满时。比如说上司取得了荣誉、大型项目有了进展等。因为人的心境不一样,对外界信息的接受程度也不一样。第二,注意说话的场合。场合不同,人的心理和情绪往往不同。庄重的场合说话不能太随便,如果场合是喜庆的,说话就可以欢快一些。当然,你还要学会判断,判断什么呢?判断你和上级关系的亲密度,如果和上司的关系不是很亲密,就不能太随便。第三,充分利用说话的机会。很多时候上司会给你机会发言,如每周例会、领导调查等,此时你必须充分利用它。特别是在会议上,如果你能提出新的见解,引起大家的兴趣,上司肯定会让你多说的。

4. 坦诚相待

与人坦诚相待,反映了一个人的优良品格。下属在工作中要赢得领导的肯定和支持,很重要的一点是要让领导感受到你的坦诚。工作中的事情不要对领导保密或隐瞒,要以开放而坦率的态度与领导交往，这样领导才会觉得你可以信赖。他才会以一种真诚交流的态度与你相处。

与领导沟通，坦诚的主动的态度十分重要。下属有时慑于周围人际环境的压力，主观上不敢与领导进行主动沟通。在工作中存在失误的时候，消极地躲避是不对的，主动沟通，主动承认错误、改正错误，才是上策。任何人都难免会犯错误，但有的下属一旦在工作中出现纰漏或错误时，出于内疚、自卑的心理，不主动与领导沟通、交流，而是唯恐领导责备自己，害怕见到领导。事实上，犯错误本身并不要紧，重要的是要尽早与领导沟通，以期得到领导的指正和帮助，同时得到领导的谅解。

二、与同事的沟通

俗话说得好："一个好汉三个帮。"在职场，一个人想获得成功是不可能的，必须要靠集体的力量，没有他人的理解和配合，事业是很难成功的。如何与同事相处和沟通也是一门需要我们学习的学问。

同事之间由于经历、立场等方面的差异，对同一个问题，往往会产生不同的看法，引起一些争论，一不小心就容易伤和气。因此，与同事有意见分歧时，不要过分争论，客观上，人们接受新观点需要一个过程；主观上，人们往往还伴有"好面子""争强好胜"心理，彼此之间谁也难服谁，此时如果过分争论，就容易激化矛盾而影响团结。如果涉及原则问题，当然不能简单地"以和为贵"刻意掩盖矛盾。面对问题，特别是在发生分歧时要努力寻找共同点，争取求大同存小异。观念不能达成一致时，不妨冷处理，表明"我不能接受你们的观点，我保留我的意见"，尽力让争论淡化，又不失自己的立场。

（一）与同事沟通的原则

1. 真诚与平等

真诚是人与人相处的根本原则，沟通的有效性在于真诚，"精诚所至，金石为开"。对方认可了你的真诚，沟通就有了良好基础。在办公室里无论是什么样的同事，你都应当平等对待、互学互助，建立起和谐的工作关系。

4.5.4 材料 这样开始职业生涯

2. 尊重与理解

有效的沟通必须学会尊重和理解，不是所有的沟通都能使彼此认可对方、达成共识，意见分歧、观点对立是常有的事，重要的是尊重和理解。彼此尊重，先从自己做起，多采用商谈、讨论以及提出建议的方式，而不能以"命令"或责怪的口吻把自己的想法强加于同事。

多倾听对方意见，重视对方意见，给对方留面子。《圣经》中有一句话："你希望别人怎样对待你，你就应该怎样对待别人。"真正有远见的人明白，要想获得同事的信赖和合作，不仅要在日常交往中为自己积累最大限度的"人缘儿"，同时也要给对方留有相当大的回旋余地。给对方留足面子，其实也就是给自己挣面子。所以言谈中应少用一些"绝对""肯定"等感情色彩太强烈的词，多用一些"可能""也许""我试试看"等感情色彩不太强、褒贬意义不太明确的中性词，以使自己"伸缩自如"。如果你伤害了对方，让对方对你产生忌恨，那么就谈不上与你有好的沟通了。

3. 宽容

我们的世界因多元化而精彩。宽容就是尊重个性，不能强求一律。要学会积极主动地适应别人的性格特点；容忍别人有和你不同的见解和感受，体谅别人的处境；在心理上接纳别人，学会欣赏别人。只有你欣赏别人，别人也才会欣赏你。这是与同事和谐相处的必要条件。同事之间经常会出现一些磕磕碰碰，如果不及时妥善处理，就会形成大矛盾。俗话讲："冤家宜解不宜结。"在与同事发生矛盾时，要主动忍让，从自身找原因，换位为他人多想想，避免矛盾激化。如果已经形成矛盾，自己做得不对时，要放下面子，学会道歉，以诚心感人。退一步海阔天空，如有一方主动打破僵局，就会发现彼此之间并没有什么大不了的隔阂。

（二）与同事沟通的技巧

1. 灵活表达观点

和同事意见相左或看到同事有明显错误或缺点，如果无伤大雅、不关原则，大可忽视，不必斤斤计较。即便是确有必要指出，也要考虑时间、地点、对方的接受能力委婉指出。沟通中的语言至关重要，应以不伤害他人为原则，要用鼓励的语言，不用斥责的语言，用幽默的语言，不用呆板的语言等。

4.5.5材料 职场沟通必备8个黄金句型

2. 赞美常挂嘴边

对同事的进步要适时关注，适当赞美。要时常面带微笑，对他人微笑本身就是一种赞美。在办公室和同事相处时，积极阳光，微笑问好。情绪会感染他人，别人也更愿意与你交往。

在工作中，巧妙地运用赞美，可以让你的同事帮助你，让你的工作得以顺利完成。赞美的力量如此之大，但并不是所有人都能够将赞美策略运用自如的。赞美也有优劣之分，聪明得体的赞美会让对方如遇知己，随意虚假的奉承会让对方避之唯恐不及。那么，怎样才能让赞美产生神奇的魔力呢？总结起来，赞美主要有以下这么几个要点：

（1）赞美要从对方的优点入手。在职场共事，一般人往往容易注意别人的缺点而忽略别人的优点。因此，发现别人的优点并给予由衷的赞美，就成为职场中难得的美德。

（2）赞美要真诚，发自内心。卡耐基说："与人相处的最大诀窍就是给予真诚的赞美。"虽然人们都喜欢听赞美的话，但并非任何赞美都能使对方高兴。能引起对方好感的只能是那些基于事实、发自内心的赞美。相反，你若无根无据、虚情假意地赞美别人，他不仅会感到莫名其妙，更会觉得你油嘴滑舌、诡诈虚伪。

（3）在赞美词上要再三斟酌。在生活中，并不是人人都有好的口才，许多人的赞美因语言不美而未能达到理想的效果。

3. 多与同事联络，保持关系热度

在与同事交往中，可能会有相处较好的，形成了自己的交际圈，也有些相处不是那么好的，关系较为疏远。要常与每个同事勤联络，不论关系亲疏远近。

（三）与同事沟通的禁忌

1. 切忌背后议论他人

尊重别人的隐私是保护自己的最好方法。绝不能把同事的秘密当作取悦别人或排挤对方的手段，害人之心不可有。

2. 切忌包揽所有责任

很多人不会拒绝同事的请求，怕得罪人，企图在办公室做一个老好人，这样的想法是错误的。要谨记自己不是“超人”，单位并不会要求你解决所有的难题。所以最好专注去做一些较重要和紧急的工作，这比每件工作都弄不好要理想很多。委婉地道出你的苦衷，说出你的原则，必能获得同事的谅解，赢得对方的尊重。

3. 分清朋友与同事，保持适当距离

4.5.6 材料 同事间切忌公私不分

和同事过于亲密，容易让彼此有过高的期望值，就很容易与现实有落差。把朋友的这种感情带到同事间来，在有些情况下是可行的，但是在某些情况下则不太容易处理好。如果感情掺杂在同事关系中，有时候会把事情弄得更糟。另外，在办公室的利益冲突下生长的友谊有时候很脆弱。同事情是一种感情，朋友情是另一种感情，最好和同事保持一定的距离。这里所说的并不是排斥友谊，而是要遵守同事间的“游戏规则”。另外，在一个单位，如果几个人交往过于频繁，容易形成表面上的小圈子，容易让其他的同事产生猜疑心理。因此与同事交往时，要保持适当距离。

三、与客户的沟通

优质的客户服务将令客户感到满意，哪怕只有一个客户服务代表对客户的需求不够关注，公司就有可能流失70％的客户。因此，努力提升客户的满意度极为重要。如果客户对你的服务有一次不满意，那么你将花费12倍的努力来弥补这次不愉快经历所造成的损失。通常，客户不会给你太多补偿机会，因此你必须一开始就向客户提供良好的服务。在客户看来，你代表的就是公司。客户与你的接触将直接影响他们对公司印象的好坏。

（一）与客户沟通的基本认知

4.5.7 材料 摸准客户的需求

与客户沟通要把握好三个环节：了解客户、触动客户、维系客户。

1. 了解客户是沟通的前提

（1）通过倾听来了解。学会倾听，不仅仅是听客户说话的内容，更重要的是在和客户的沟通中，体会客户说话的背景，客户的表达方式，说话的语气等。因此，如果你在和某个潜在客户对话时想要了解谈话的实际内容，你需要调动整个身心来进行谈话，从而透过谈话内容的表面“感知”其实际所表达的内容。

有效率的倾听需要全神贯注于客户，丝毫不受环境因素的影响。深呼吸、保持头脑清醒并将注意力集中在客户身上。一旦将专注力集中在客户身上，就可以通过多种语言或非语言方式表明您正在倾听。与客户进行眼神的交流，观察客户的面部表情及肢体语言。面对客户，使用简短的语句，如“啊”“噢”或“我明白了”，表明您正在聆听；适时点头或微笑，身体放松、略微前倾，不要将双臂交叉于胸前。面部表情可以让客户了解你的感受，而肢体动作则让客户知道你的服务热情有多高，这些举止都让客户知道你正在仔细聆听他们说的话。

（2）通过提问来了解。和客户交谈，尤其是在推销自己的产品时，要学会提问。提问是一门非常有趣的学问，首先要善于提问，如果只是一味地向客户推销，就会打击客户的购买欲望，即使再好的产品也会无人问津。其次要问题提得好，提到点子上，不能所有问题千篇一律，也不能忽略客户当时的情绪状况。只有将提问一步步地深入客户的内心，才能了解到客户的真正需求。这样一来，你就可以化被动为主动，成功的可能性就越来越大。那么，想要将提问一步步深入客户的内心，销售员就要掌握以下一些提问的技巧：

①主动式提问。善用提问“导”出无声需求，客户的需求你了解得越多，向客户成功推销的可能性就越大。客户的需求总是分为两组：一组是有声需求，另一组是无声需求。我们很容易满足客户的有声需求，却很难把握客户的无声需求。了解客户无声需求的最好方法就是提问。向客户询问无声需求的问题分为两种：一种是封闭式问题，一种是开放式问题。

针对封闭式问题，客户只能用“是”或者“不是”、“对”或者“错”、“买”或者“不买”来回答，这种提问是为了确认某种事实、客户的观点、希望或者反映的情况。我们用封闭式问题可以更快地发现问题，找出问题的症结所在。例如：“这是我给您做的保险计划书，您看合适吗？”“您难道不希望有一份可靠的生活保障吗？”“您是否考虑过子女今后的教育问题？”这些问题是让客户回答“是”或者“不是”。如果没有得到回答，还应该继续问某些其他的问题，从而确认问题的所在。

能让客户尽情表达自己需求的问题就是开放式问题。开放式问题可分为三种：

一是询问式问题。即单刀直入、观点明确地提出问题，使客户详细表述我们不知道的情况。例如：“您有哪些方法防御意外风险？”“当意外发生时，怎样才能不影响正常的生活？”这常常是探知客户是否有保险意识时最先问的问题。这些问题能引导客户发表一些自己的意见，我们很容易从他的意见中提取有效信息，获得更多的细节。

二是常规式问题。提出常规式问题主要是为了了解客户的基本信息，而很多客户不愿意详细地告知基本信息。所以，我们可以将这些常规式的问题制作成问卷，让客户很方便地在问卷上圈圈点点，这样我们也能全面了解了客户的信息。

三是征求式问题。让客户描述情况，谈谈自己的想法、意见、观点，这种问题有利于了解客户的兴趣和需求所在。对于有结果的问题，询问客户对实施的结果是否满意？是否有需要改进的地方？征求式问题有助于提示客户，也能表达我们的诚意，提高客户的忠诚度。

需要提醒的是，与“询问”同样重要的是“倾听”。除了要善于提问，你还得搭配运用倾听技巧，如此，才可能真正接近客户。

②选择式提问。选择式提问是销售员常用的一种提问方式，它可以限定客户的注意力，要求客户在限定的范围内做出选择。通过这种提问方式，销售员就能掌握整个谈话的主动权。例如：

销售员:“看来这个阳台最理想的尺寸是26~30厘米,对吗?”

客户:“对。”

销售员:“您想要一个矮墙,还是一个全装玻璃的阳台?”

客户:“我想要矮墙的,因为可以暖和一点。”

销售员:“您是想要双扇窗还是单扇窗,是三个通风孔还是两个呢?”

客户:“我想要是双扇窗,而且是三个通风孔。”

③诱导式提问。

客户:“有没有一层的房间?”

销售员:“如果我要能找到一层的房间,你是不是肯定能买?”

客户:“你能不能提供10年而不是5年的分期付款?”

销售员:“如果我能提供10年的分期付款,你是不是肯定能买?”

客户:“如果我们今天就决定,你能下个星期一送货吗?”

销售员:“如果我保证下个星期一送货,我们今天是不是就可以签合同了?”

这种提问方式是要求销售员一步步地诱导客户跟着他的思路走,让客户没有回想的时间。就好比:“在陈述一个事实前,先做好一个框架,然后让客户自动跳进去。”这样就可以引导客户做出销售员想要的回答。

2. 触动客户是沟通的良剂

想要客户认同你的公司,你的产品,包括你个人,你就要学会触动客户。

(1) 赞美认同与关怀感恩。赞美客户一定要诚恳。客户对真诚的赞美是不会拒绝的。在与客户的沟通中要自始至终表现出热忱地欢迎和诚挚的感谢,要树立“为客户服务不是给予,而是报答”的思想。

(2) 描绘美好未来与唤起眼前危机。人们做事情最根本的动力是:追求快乐与逃避痛苦。在与客户沟通的过程中,你要强调假如买了以后可以带来的好处和利益,以及假如不买所带来的坏处和损失。尽可能描绘得具体详细,让客户有种身临其境的感觉,促使客户早下决定。

(3) 苦练内功提升自身。有人说,三流的推销员推销产品,二流的推销员推销公司,一流的推销员不仅推销产品,推销公司,更重要的是推销自己。

(4) 对症下药,因人而异。要根据不同的客户的特点、个性采取不同的沟通方法。中国古人给了我们很好的启示:仁义者动情;明智者说理;好炫耀者夸奖;好言者倾听;好强者激将;好面子者提示;贪婪者送礼;无主见者给借口。因人而异,投其所好,善说者之道也。

4.5.8材料 樱桃树促成交易

现代营销学认为:销售就是服务,创造客户价值。但很多销售员关注自己太多,自己的品牌如何如何、服务如何如何,而对客户的需求偏好、期望值、价值观等关注太少。想要客户认同你的公司、你的产品、你个人,你就要学会触动客户。

3. 维系客户是沟通的目的

企业都有这样的感觉,开发一个新客户的成本远远高于维系一个老客户的成本。维系客户的方法如下:

（1）搜集客户信息，建立客户档案。从第一次和客户接触时就要有意识地搜集客户的基本资料，然后不断地完善。客户档案一般包含这样的信息：客户的姓名、性别、年龄、生日、工作单位、地址、E-mail、兴趣爱好、家庭成员情况、联系电话、身份证号码、体质类型、健康状态；每一次商谈的内容、购买的产品、规格、数量、购买时间、产品消费记录、投诉记录、投诉处理结果等。在收集到这些信息后，还要对数据进行检查、挑选、修改和更新，以保证数据的可靠性、真实性与及时性。

（2）采用多种方式与客户联系。有的时候，一张小小的卡片，一个祝福的电话，一个联络的邮件，赠送给客户的一个小礼物，都可帮助你维系与客户关系，使你的客户成为持续的资源。与客户接触联系的方法主要有以下几种：登门拜访、电话沟通、信件沟通、网络沟通等。

有位销售冠军在介绍自己的销售经验时，谈到了他拓展业务的三个“谢”字。

第一个谢：每天出门推销回来，按照已拜访的客户名单，不管他们是否购买，都分别打电话道谢一次。

第二个谢：如果当日太忙，则会在稍后几天内分别给客户写信道谢。

第三个谢：在适当的时候，登门拜访，当面向客户表示感谢。

有人问他为什么对未购买的客户也要致谢，他回答说：“如果只会向‘钱’道谢，那就不是优秀推销员。优秀推销员之所以优秀，是因为他们懂得‘感恩’。人家客户那么忙，还肯抽空接待我们，他们虽然未能购买我们的产品，但他给予我宾客般的礼遇，岂是一次刻意的道谢所能报答的？”

而之所以在达成交易之后给客户写封信，是基于以下考虑：

①接到客户的订单而表示感谢，是商场上的一种礼貌。

②与客户沟通感情，建立关系。销售员和客户之间的关系是慢慢建立起来的。

③减少了客户“买了以后又后悔”的感觉。一般人在买了东西以后，常有“悔不当初”的感觉。他们往往在事后产生过多的联想，如“产品是不是真的像他说的那么好？”“产品坏了的时候，他们真的能及时提供服务吗？”等等。但是当客户接到推销员的感谢函以后，这种感觉即会消失。

（二）与客户沟通的策略

在与客户的每一次交谈中，进行明确的沟通是非常重要的。进行明确的沟通应遵循三项指导原则：使用客户熟悉的语言、使谈话成为双向交流、确保客户能充分理解。

1. 使用客户熟悉的语言

在与客户沟通时，应使用他们熟悉的术语和措辞。使用行话或专业术语会给客户带来挫败感，因此应当使用合适的语言。在不得不使用专业术语的情况下，必须在使用之前仔细地向客户解释这些专业术语的含义。

2. 使谈话成为双向交流

客户服务的一项重要内容是向客户介绍你的产品和服务。当你向客户介绍这些情况时，谈话很容易变成单方的说教。倘若客户不能置身其中，他们就不大可能做出积极的反馈，因此应避免使谈话变成单向的。为了避免出现单向交流的情况，可以在讨论过程中向客户提问,给他们反馈的机会。

3. 确保客户能充分理解

有时要向客户介绍比较复杂的内容,这些内容很容易让客户产生疑虑。在此情况下,应通过提问的方式判定客户的掌握程度。如果发现客户未能完全理解,应询问他们具体掌握了多少。

(三) 与客户沟通的注意事项

1. 勿逞一时之能

与客户沟通最忌讳的就是逞一时的口舌之能。逞一时的口舌之能,虽然会获得短暂的胜利的快感,但你绝对不可能说服客户,只会给以后的工作增加难度。你在与客户沟通时,不要摆出一副教训人的样子,也不要好像若无其事的样子,这样都会引起客户的反感,反而适得其反。真正的沟通技巧,不是与客户争辩,而是引导客户接受你的观点或向你的观点“倾斜”,晓之以理,动之以情。

2. 顾全客户的面子

要想说服客户,你就应该顾全他的面子,要给客户有下台阶的机会。顾全客户的面子,客户才可能会给你面子。不管客户的措辞如何偏激,销售人员都尽量不要和客户起争辩,因为争辩不是说服客户的好方法。不论你和客户争辩什么,你都得不到好处。如果客户赢了,他就不会认可你这个人和你的产品;如果你赢了,并且证明客户是错误的,他会感到自尊心受到了伤害,你就会失去客户。

3. 接待客户“九避免”

(1) 避免说“我不知道”,应该说“我想想看”。

(2) 避免说“不行”,应该说“我想做的是……”

(3) 避免说“那不是我的工作”,应该说“这件事可以由××来帮助你”。

(4) 避免说“我无能为力”,应该说“我理解您的苦衷”。

(5) 避免说“那不是我的错”,应该说“让我看看该怎么解决”。

(6) 避免说“这事你应该找我们领导说”,应该说“我请示一下领导,看这事该怎么办”。

(7) 避免说“你要求太过分了”,应该说“我会尽力的”。

(8) 避免说“你冷静点”,应该说“我很抱歉”。

(9) 避免说“你再给我打电话吧”,应该说“我会再给您打天电话的”。

4. 应对难对付的客户

(1) 客户怒气冲冲,很可能是因为他们的需要没有得到满足。

(2) 仔细、耐心倾听并理解客户的讲话是解决问题的关键。

(3) 如果不设身处地地体谅客户,就难免麻烦。

(4) 耐心向客户介绍产品知识,使他们打消顾虑和不满。

(5) 解决问题的办法很多,你应该找到一个既令客户满意又不使公司利益受到损失的办法。

(6) 你不能做到令所有客户都满意,但你可以尽量同他们协商。

能力测评

1. 与同事的沟通能力测评　　2. 与客户的沟通能力测评

4.5.9 材料　与同事的沟通能力测评

4.5.10 材料　与客户的沟通能力测评

拓展训练

1. 你作为学生代表，最近有一次和学校校长对话的机会，你想就平时很关心并需要解决的问题和校长沟通。这是你第一次与校长面对面谈话，你认为应该如何和校长谈？打算做哪些准备？

2. 游戏——上级和下属

上级和下属考虑问题的角度永远不会一样。一个没有远见卓识的下属不会像领导一样去思考问题。如果下属事事都会从领导者的心态去考虑问题，那么有朝一日他就可能成为领导。

（1）规则和程序

①找2个学员扮演公司的上级和下属。

②让上级扮演者站在桌子上大声朗读附件中（不含括号中的内容）上级说的话。

③让下属扮演者在桌子前面面对上级扮演者朗读附件中（不含括号中的内容）下属说的话。

④组织学员进行相关讨论。

附：上级和下属的对话

上级：你认为，要多久才能完成这个计划书？

（上级的理解：我请他参与决策。）

（下属的理解：他是老板，他为什么不直接告诉我？）

下属：不知道，你认为要多久？

（上级的理解：他拒绝承担责任。）

（下属的理解：我请他指示。）

上司：你自己应该清楚要多久？

（上级的理解：我逼迫他应该对自己的行为承担责任。）

（下属的理解：真是胡说！看来我必须要给他一个回答才行。）

下属：30天。

（上级的理解：他缺乏估计时间的能力。）

（下属的理解：我就是随便说的，肯定不准确。）

上级：那么15天怎么样？15天内完成？

（上级的理解：我和他约定，并希望他主动。）

（下属的理解：他在下达命令了。我只好接受。）

实际上，这个计划书需要30天才能完成。所以下属只好夜以继日地工作，但15天过得很快，他还需要一天的时间。

上级：计划书呢？

（上级的理解：我想确认他是否完成了工作。）

（下属的理解：他要看我的工作绩效呢。）

下属：明天就可以完成。

（上级的理解：我就知道他完成不了。）

（下属的理解：明明是要一个月的工作。）

上级：我们不是说好了，15天完成，今天应该完工了。

（上级的理解：我要让他承担责任，完成工作。）

（下属的理解：他让我十几天就干了一个月的活，我不再替这样的人干活了。）

……

下属递交了辞职申请。（双方不仅无效而且还影响了工作进度。）

（2）相关讨论

①为什么考虑问题的角度不同会导致差异极大的结果？思维方式的不同在现实中主要有哪些方面的表现？

②作为优秀下属，应该怎样回答上级的问题？

③领导有没有可以对员工产生影响的地方？员工的思路可能会受到哪些方面的影响？

3. 将班级同学分组分角色练习推销新书的场景，情景分别为登陌生人家门推销、给陌生人打电话推销。

4. 游戏——销售中的异议

商品的推销和售后服务是一个销售人员会面临最多争议的问题，怎样才能跟客户进行很好的沟通，让他们对公司的产品感到满意，是每一个营销管理人员应该考虑的问题。

（1）游戏规则和程序

①将学员分成2人一组，其中一个是A，扮演销售人员；另一个是B，扮演客户。

②场景一：A现在要将公司的某件商品卖给B，而B则想方设法地挑出商品的各种毛病，A的任务是一一回答B的这些问题，即便是一些吹毛求疵的问题也要让B满意，不能伤害B的感情。

场景二：假设B已将该商品买了回去，但在使用过程中发现了一些小问题，需要进行售后服务。B要讲一大堆对于商品的不满，A的任务仍然是帮他解决这些问题，提高他的满意度。

交换角色，然后再做一遍。将每个组的问题和解决方案公布于众，选出最好的组给予奖励。

（2）相关讨论

①对于A来说，B的态度让你有什么感觉？在现实的工作中你会怎样对待这些客户？

②对于B来说，A怎样才能让你觉得很受重视、很满意？如果在交谈的过程中，A使用了“不”“你错了”这样的负面词汇，你会有什么感觉？谈话还会成功吗？

案例分析

1. 两位主管的报告　　　　2. 如何与客户沟通

4.5.11 材料 两位主管的报告

4.5.12 材料 如何与客户沟通

思考讨论

1. 员工经过公司前台，不小心撞碎了玻璃门，老板和你正好经过，老板过去问员工受伤没，到了办公室，老板对你说去让员工把门赔了。这时你该怎么跟这名员工说？

2. 你接待了一客户，并按照客户的要求反复修改客户的图片，但在与客户接触过程中，你发现客户并不了解你所操作的软件，但他在旁边一直指导你，并希望你按照他的操作流程做，但做的效果并不好，你该怎么办？

第六节　演　讲

4.6.1 视频 演讲

一、演讲基本知识

演讲又叫讲演、演说。演讲是一种对众人有计划、有目的、有主题，系统的、直接的带有艺术性的社会实践活动。演讲亦可被视为“扩大的”沟通。演讲是演与讲的有机结合。它是一种在特定的时空环境中，演讲者凭借有声语言和相应的态势语言，郑重系统地发表见解和主张，从而达到感召听众、说服听众、教育听众的艺术化语言交际形式。职场中，几乎每个人都会面临各式各样的在众场合讲话的机会，演讲能力已成为职场人士不可缺少的技能。

（一）演讲的特点

1. 针对性

演讲是一种社会活动，它以思想、情感、事例和理论来晓喻听众，打动听众，必须要有针对性。演讲者提出和解决的问题必须是听众所关心的，能使听众受到教益，明辨是非，这样才能起到良好的演讲效果。

2. 真实性

演讲中最打动听众的是真情，说实事，讲实话，吐真情。因此，演讲者要十分注重自己与听众之间的情感交流。演讲中情感的表达要注意一个“度”，演讲者应合理运用与控制情感，否则容易造成情绪失控，让听众有情感虚伪之感。

3. 论辩性

演讲的目的是表达自己的见解和观点，使听众认同演讲者所讲的道理。所以，演讲要注重主题的阐述，鲜明地亮出观点，旁征博引地论证，把自己对某一问题的观点看法阐述清楚，引起听众的共鸣。

4. 艺术性

演讲是一种极富吸引力和感召力的宣传艺术，它可以使人开阔视野，增长见识，启迪思想，焕发热情，激励斗志，是思想、逻辑、感情和文采的展现，是言语、声音、目光、动作和姿态的综合运用，具有极强的鼓动性和艺术性。

5. 现实性

演讲属于现实公众活动范畴，不属于艺术活动范畴，它是演讲者通过对社会现实的判断和评价，直接向广大听众公开陈述自己的主张和看法的现实活动。

6. 鼓动性

演讲活动一向被喻为是进行宣传教育、政治斗争的有力武器，人们通过演讲来宣传真理、统一思想、赢得支持，从而引导他人的行为。所以说，没有鼓动性，就不成为演讲。

7. 广泛性

演讲是一种工具，任何人都可以利用演讲这一工具来传授知识、交流思想、表达感情。例如，鲁迅是文学家，也是演讲家。闻一多是诗人、学者，也是演讲家。美国的林肯是总统、英国的丘吉尔是首相，他们同时又都是杰出的演讲家。

（二）演讲的分类

演讲的类型多种多样，根据演讲的功能分类有：

1. “使人知”演讲

这是一种以传达信息、阐明事理为主要功能的演讲。它的目的在于使人知道、明白。如美学家朱光潜的演讲《谈作文》，讲了作文前的准备、文章体裁、构思、选材等，使听众明白了作文的基本知识。它的特点是知识性强，语言准确。

2. “使人信”演讲

如高震东的演讲《做人的道理》，他在演讲中以真实详尽的例子，告诉学生爱国是“天下兴亡，我的责任”；爱国是“勿以善小而不为，勿以恶小而为之”。它的特点是观点独到、正确，论据翔实、确凿，论证合理、严密。

3. “使人激”演讲

这种演讲意在使听众激动起来，在思想感情上产生共鸣。如美国黑人运动领袖马丁·路德·金的《我有一个梦想——在林肯纪念堂前的演说》，用他的几个“梦想”激发广大黑人听众的自尊感、自强感，激励他们为“生而平等”而奋斗。

4. “使人动”演讲

这比“使人激”演讲进了一步，它可使听众产生一种欲与演讲者一起行动的想法：1941年，珍珠港事件发生的第二天，罗斯福总统以这样一句话作为开场白：“昨天，1941年12月7日，将成为我国的国耻日。”这激起了广大听众同仇敌忾之心。

5. "使人乐"演讲

这是一种以活跃气氛、调节情绪、使人快乐为主要功能的演讲,多以幽默、笑话或调侃为材料。

根据演讲的表达形式分类有:

1. 命题演讲

命题演讲是指由别人拟定题目或演讲范围,并经过一定时间的准备后所做的演讲。它包含两种形式:全命题演讲和半命题演讲。全命题演讲的题目一般是由演讲组织部门来确定的。半命题演讲指演讲者根据演讲活动组织单位限定的范围,自己拟定题目进行的演讲。

2. 即兴演讲

即兴演讲是指演讲者在事先无准备的情况下就眼前情境、事物、人物等临时起兴发表的演讲,它要求演讲者要紧扣主题,抓住由头,迅速组合,言简意赅。

3. 论辩演讲

论辩演讲是指由两方或两方以上的人们因对某个问题产生不同意见而展开面对面的语言交锋,其目的是坚持真理、批驳谬误、明辨是非。比如,我们生活中常见的法庭论辩、外交论辩、赛场论辩,以及生活论辩等。

二、演讲前的准备

4.6.2材料 林肯的葛底斯堡演说

在演讲前不仅要做准备,而且要做最好的准备。任何一个环节出现问题,结果都有可能是灾难性的。演讲成功的原因多种多样,但失败的原因只有一个——没有充分的准备。

(一) 明确基本问题

在演讲之前,首先你要弄清楚几个问题。

问题一:谁在说?

作为演讲人,以下三个方面是需要做好准备的。

1. 端正态度

态度在很大程度上决定着一个人的工作行为和沟通方式,决定着沟通的效果。无论你演讲的能力有多强,也无论在哪里演讲,对谁演讲,无论多少人听你演讲,你都要认真对待,都要做到全力以赴,用最饱满的热情来感染听众。

2. 克服紧张心理

4.6.3材料 关于演讲中的恐惧

演讲之前紧张是最正常的事情。哪怕是名家大腕,都会紧张。调查显示,演讲前有超过90%的演讲者都会产生恐惧感。一定程度的恐惧感会使脉搏加快、呼吸急促。但不要担心,实际上,这种生理上的准备能得到心理上的铺垫,能使你的思维更敏捷,口齿更伶俐,不会影响你的正常发挥。

问题二:对谁说?

知己知彼,百战百胜。听众的需求和态度是你演讲的唯一目的。在演讲进行之前,你首先要尽可能多地了解听众。

1. 了解听众的基本信息

从个体来看，你要了解的信息包括知识、经历背景、个性、爱好、兴趣点、地位等；从群体来看，要了解整体特征与立场、共同规范、传统准则与价值观等。

2. 了解听众对背景资料的熟悉情况

如果听众完全了解，你可以从共同的态度与观点来进行探讨，目的是统一认识；如果观众了解一些，你可以采用细节揭秘的方法，循循善诱；如果观众完全不了解，你可以娓娓道来。

3. 了解听众的需求和态度

通过调查问卷或其他方式来了解听众的需求。如果你为某个组织或团体进行演讲，那么你要与演讲的组织者交流，必须弄清楚他们想通过这场演讲达到什么效果，他们的期望是什么，对于他们来说什么样的演讲才代表成功。听众的态度也很重要。比如你的目的是说服，如果他们支持你，你只要激发并告知行动计划；如果他们中立，则需要你理性地去说服；如果他们充满敌意，你就要表达对其观点的理解并解释坚持自己计划的理由。你对观众的需求和态度越是了解，你的演讲才能越对他们的口味，才能达到演讲目的。

问题三：在哪里说？

古人讲“天时、地利、人和”是赢得一场战役的关键因素。如果把一场演讲看作是一场战争，那么“地利”的重要性是不言而喻的。你首先要调查一下演讲所处的地理环境，包括房子的布局结构等，向组织者要一些你需要的东西，如麦克风、扩音器、投影仪，甚至是一杯水。你要完全明白演讲的流程和你所拥有的时间。看看你还缺少什么，尽可能做到准备充分。

4.6.4材料 马云在北大的演讲

问题四：如何说？

使用有效的方式进行演讲是相当重要的，光说是不够的，你还要知道如何把话说出来。演讲，演讲，演在讲的前面。演讲的表达方式包括使用语言、仪表举止、嗓音、语句的停顿、面部表情以及你所使用的演讲辅助工具等。你的语速、重音和停顿要符合演讲内容的要求。你要“准备”一副好嗓子，学会在发音时气息下沉，采用胸腹式呼吸，保持声音宽厚、通畅；喉部放松，吐字归音，圆润饱满，完整自如。选择正确的词来表达你的想法，避免说错字，把握不准的字要提前查字典；穿着打扮既要自然得体，又要符合演讲。尽可能使用辅助工具来帮助你演讲。要知道人们只能记住几个要点，我们听到的信息至少40%会在20分钟内被遗忘，60%会在一小时之内被遗忘，而在视觉演示时，记忆效果最好。

（二）定好基调

我们根据演讲的节奏特点将演讲分成以下不同风格基调。

1. 慷慨激昂式

这类演讲如大河奔流，气势磅礴，演讲者慷慨陈词，滔滔不绝。一般多用于感情比较激烈，或喜悦，或愤怒时，鼓动性强，极具号召力。多用于政治演讲、军事演讲等。

2. 深沉凝重式

这种基调的演讲多用于反思型的演讲内容。既有理性的分析，又有情感的抒发。如纪念“5.12”地震的演讲，多采用这种基调。

3. 潺潺流水式

这类演讲似潺潺的小河流水，慢慢地流进人们的心田，有着“润物细无声”的功效，多用于在平和的生活环境中与听众交流某种情感或思想，给人清新、自然的感觉，特点是平等和谐。讲述人物事迹时可采用这种风格。

在具体的演讲中.并不是所有的基调都适合演讲者。每位演讲者要根据两种因素来选择演讲基调：内容需要和个性特点。为了更好地为表达内容，我们要扬长避短，根据性别、声音、语速、语言特点等考虑自己的演讲风格。平时说话就慢声细语的人，最好选择深思平稳式或潺潺流水式演讲，平时说话语速较快、声音也较洪亮的人就可以选择慷慨激昂式。

（三）撰写演讲稿

好的演讲者必定需要好的演讲稿。演讲稿是就一个问题对听众说明事理、发表见解和主张的讲话文稿，又称演（讲）说词或讲演稿。它是人们在宣传活动和工作交流中的一种常用文体，经常用于群众集会和某些公共场所，包括各种会议上的讲演、致辞、开幕词、闭幕词和欢迎词、欢送词、贺词、祝酒词等。

1. 标题写作技巧

直接揭示主题，如《天灾无情人有情》《困难，造就坚强》等；揭示演讲场合，如《在马克思墓前的讲话》《在地震救灾现场上的讲话》等；用形象的比喻或象征性的词语，如《科学的春天》《心底无私天地宽》等；用祈使句，如《大学生，请补上交际这一课》《注意，路上处处有红灯》等；用正题加副题的形式，如《未来与现在——写在毕业之前》等。

2. 称呼写作技巧

写作称呼需提行顶格加冒号，根据听众和讲演内容需要决定称呼。常用“同志们”“朋友们”“女士们、先生们”等，也可加定语渲染气氛，如“年轻的朋友们”等。当然，也可根据演讲场合不用称呼，自然进入演讲。

3. 开头写作技巧

演讲稿开头又叫“开场白”，虽然只有三言两语，但却具有设置气氛、控制情绪、导入主题、激发情感等作用。精彩的开头要有新颖、巧趣、智慧之美，才能在瞬间吸引住听众。一般开头常用以下方式。

（1）以名言警语开篇。即用一些广为人知的俗语、名人名言、警句格言引出演讲的内容。例如，一位基层干部在演讲《律己修身塑好形象》时这样开头：

记得有位诗人曾说过：“要想采一束清新的花，就得放弃城市的舒适；要想做一名登山健儿，就得放弃白净的肤色；要想穿越沙漠，就得放弃咖啡和可乐；要想拥有永远的掌声，就得放弃眼前的虚荣。”

是啊，我们拥有人民赋予的权力，肩负着加强基层党的组织建设和选人用人的重要责任，事关执政为民之风，事关党的形象，这就为我们组织部门的干部提出了更高的要求：管人的人务必是一个好人，管官的官首先应是一名好官。

这篇演讲稿的开头，利用名人名言，运用比兴手法，隐喻了塑造良好形象必须严格修身律己的深刻道理，一开头便拨动了听众的心弦，为全文拉开了不凡的帷幕。

（2）以故事开篇。如有一篇演讲稿《文明的净土》是这样开头的：

有位妈妈教育他的孩子从小养成好习惯，饭前便后要洗手，随手把果皮纸屑送到垃圾箱。孩子的习惯养成得很好，然而有一天，一个易拉罐被人踢到了公路中央，单纯的孩子看到后挣开妈妈的手跑到公路中捡拾，悲剧发生了：可爱的孩子被疾驰的汽车撞倒，倒在了血泊之中。从此这条街道多了一个捡垃圾的疯女人："孩子，是妈妈害了你，该妈妈去捡呀！"也许你要责备妈妈的洁癖，也许你要埋怨那孩子不遵守交通规则。但是我们每人都养成把垃圾送入箱里的习惯，那母子俩的悲剧能发生吗？鲜血换来的文明代价惨重而悲怆！那条街上的人从此养成了随手捡拾垃圾的好习惯，轮流照顾那失去孩子的妈妈。文明祥和的云从此笼罩在这条街上，清新而淳朴。但我们所有的街道都这样了吗？

这个开头通过悲怆的故事，将听众引入一种忘我的境界中，并将自己的思想观点不动声色地融入故事中，从而展开演讲的内容，达到"润物细无声"的效果。

（3）以悬念开篇。在演讲开始，故意不将自己要讲的东西明明白白向听众交代清楚，而是引而不发，制造悬念，吊足听众的胃口，以激发其兴趣，使听众带着问题急切地想听下面的内容。如演讲《苦难——生命的催化剂》的开头：

5岁，妈妈离去，爸爸为还债外出打工，她在农活与读书的交替中品尝了生活；10岁，摔断了腿，无钱医治，躺了整整2个月，爸爸贷款医好了她，可她辍学了；12岁，借了100元跋涉几十里到了××中学，苦苦哀求老师破例收下她，从此在知识的长河里吮吸；14岁，她中考一结束就带着50元穿越重庆的大街小巷为躺在医院的父亲寻律师打官司……她就是我。

这篇演讲稿通过故事铺陈设置悬念，让人们在疑问中了解演讲者不凡的身世，从而融入角色内容。

（4）以提问开篇。开篇围绕主题提出大家关切的问题，以引导听众积极思考，并顺势自问自答，展开全文。例如，一位学生在讲《走出误区，实现价值》时，开头用一连串的问题一下子紧紧抓住观众：

同学们，当前我们大学生求职出现了前所未有的困难，原因是什么呢？是我们国家的人才太多了吗？是我们学的东西过时了吗？还是我们不再符合社会需求了呢？面对这么多的问题，我们这些即将走出校门的大学生又如何应对这一现象呢？

接连的问句一气呵成，加强语气，一开始就把演讲推向了高潮。

（5）即景生题开篇。根据当时特定的场合、环境、对象、氛围组织开场白，亲切、生动、活泼。如演讲《平凡》的开头：

走进会场，听了各位高手的演讲，有秀丽高雅的空姐离奇的经历，庄重大方的老师感人的故事，敏锐过人的记者正义的呼声，与他们相比，我一个小小的大专生，确实太微不足道了。但是，我相信，树有树的挺拔，花有花的芳香，小草自有朴实无华的坚韧。所以，我演讲的题目就是"平凡"。

以眼前人、事为话题引申开去，把听众不知不觉地引入演讲之中。

（6）提纲挈领式开篇。在开头总提全文内容，或强调作者的观点，或揭示演讲的主题，给读者提供一把解读的钥匙。例如演讲稿《我们不愿做睡狮》：

有人曾预言，中国是一头睡狮，就这样我们被人家当了一百年睡狮，我们也把自己当睡狮自我陶醉了一百年。狮子是百兽之王，但一头酣睡的狮子能称得上是百兽之王吗？一只睡而不醒的狮子，一个名义上的百兽之王，并不值得我们为之骄傲。如果我们为这样一个预言而陶醉，就好比陶醉于"人家说我们祖上也曾阔过"一样，真是脆弱而又可怜。我们不要伟大的预言，我们只要强大的实力，我们不要做睡狮，只要我们觉醒着、前进着，就比做睡着的什么都强！

这篇演讲稿采用提纲式开头，一语破题，既催人清醒，又激人奋发。

（7）以幽默开篇。以幽默诙谐的写法开篇，有助于营造一个和谐轻松的演讲氛围，实现演讲者与听众的无障碍沟通。如：

"欢迎大家扔鞋，但最好是两只，请记得我的鞋号是43号。"

这是白岩松在美国耶鲁大学演讲《我的故事以及背后的中国梦》时的开场白，他的幽默赢得了全场师生的掌声和笑声，并向美国学生展现了中国人不一样的一面。

（8）以比喻开篇。用优美的词句以物喻人，托物言志，创造浓郁的感情气氛，调动听众。如演讲稿《诚信》的开头：

诚信是生命之树的根，有了它才常青，失去它，便贫瘠无助；诚信，是生命之水的流动，有了它才清澈宜人，失去它便臭气熏天。

开头便连用比喻巧妙说明诚信的意义，直奔主题，直抒胸臆。

（9）以自我介绍开篇。在学理性演讲和竞职性演讲中，演讲者通过介绍自己的学历或工作经历，赢得听众的认可与支持，可增加演讲的信任度与权威性。如国学大师南怀瑾在上海讲《人文问题》时是这样开头的：

诸位，我的名字叫南怀瑾。因为我是浙江人，以前年轻时在上海浙江一带读书，那时大家叫我"难为情"。陈峰今天讲的，我很难为情，很不好意思。陈峰除了做航空以外，好像有个专长，会开帽子店，给我戴了很多的高帽。不过，人都喜欢戴高帽的，明知道高帽是假的，听到也非常舒服。可是大家不要给高帽骗了啊！

南先生用玩笑似的话语介绍自己，谦虚平和，挥洒自如，为切入正题营造了良好的氛围。

（10）由物而发开篇。例如：

同学们，你们看我手中拿的是什么？是一片落叶吗？不错。然而仅仅是一片落叶吗？不，它是穿过时空隧道的过客，是一叶凝聚的时间，是一首哀叹时间一去不回头的诗。我们读它，仿佛是在与那来去无踪的时间对话。从这里，我们看到了时间的力量和冷峻。绿叶婆娑，那是时间的恩典。黄叶飘零，那是时间的摧残。面对它，我们还有什么理由不加倍珍惜时间呢……

以上列举的是演讲开头常见的方式，实际上人们运用的远远不只这些。但不管采用哪种开场白，都应注意以下几点：形式新颖别致，内容有新意，格调高雅而不庸俗。

4. 演讲稿的主体

主体部分是演讲稿的重点。它既要紧承开场白，又要内容充实、主旨鲜明，并合乎逻辑地逐层展开论述，而且还要设置好演讲高潮，以使听众产生心理共鸣。

4.6.5材料 人格是最高的学位

（1）巧设结构。

①平衡并列式。即从不同角度论述演讲中心，而这几个角度之间的关

系是并列的。白岩松在演讲稿《人格是最高的学位》中，通过季羡林、冰心的故事来阐述人格魅力的影响，让听众共同感受，接受洗礼，如小溪流水，涓涓感人。

②正反对比式。论点之间、材料之间关系是对立的，形成正反的对照，让听众能辨清论点的正确性。如演讲稿《诚信》的主体：

一颇有名的跨国公司初到上海，采用和它在其他国家的相同策略，提出“无条件退货”：无论何时、何地、产品使用多久，只要顾客不满意，提出退货，都能满足。可是，一段时间后，这一做法不得不鸣金收兵，因为退回的绝大多数是空瓶！在这里诚信的缺损贬低了人性，让人对诚信打上沉重的问号。

……

有一家专门经营旅游纪念品的商店。商店营业面积不小，但商品都随意地摆在一张张木台子上。有两位白人妇女要走出店门，其中的一个转身要再看一眼某商品时，挎包将门口木台子上的一个五彩瓷瓶挂到了地上，摔得粉碎。

那位白人妇女有些不知所措，店主却已经走到她面前，说：“对不起！没有吓着您吧？”

白人妇女也连声道歉，问他：“要我赔吗？”

店主说：“您在告诉我，应该把东西摆在恰当的地方。请吧，欢迎您再来！”店主的真诚感动了顾客，白人妇女买走了一个古希腊的铜像。她的朋友也买走了两个彩色挂盘。诚信的优雅、风度化解了危机，迎来了春花的烂漫。

演讲者将一反一正两个故事进行对比，引人深思，耐人寻味。

4.6.6材料 我的故事以及背后的中国梦

③递进式。也称层层深入式。先将演讲主旨进行分析解剖，然后逐层进行论述和证明，从而形成剥笋式的论证步骤。它的层次一般是不可调动的。即提出论题后，或按由浅入深、由现象到本质的过程进行分析；或按由感性认识到理性认识、由片面到全面的层层递进过程拟写。论点与演讲时的态度和观念要明确，无论赞成或反对，表扬或批评，都不能含糊其辞，模棱两可。专题演讲如学术演讲、政治演讲因篇幅较长，所以特别看重讲述的层次。如白岩松在耶鲁大学的演讲《我的故事以及背后的中国梦》，作者以时间为序，用平实的语言进行叙说，层层深入地反映了中国近三十年跨越式的巨大变化，真诚平易中饱含强大的说服力和感染力。

(2) 善用多种表达方式、修辞手法

4.6.7材料 演讲注意二三事

主体部分的观点要展开，主要的论据材料要铺陈，仅仅简单罗列是不够的，需要巧妙运用多种表达方式、多种修辞手法，灵巧过渡。

①叙述要平中出奇。可具体叙述一件事，也可概括叙述多件事，然后再点题升华。如演讲稿《诚信》：

一位留日学生在餐厅洗碗，店主要求要洗七遍，后来他发现洗七遍与洗五遍是一样的结果，就偷工减料只洗五遍，他的高效率得到了远远超过同伴的奖励，他也为自己的小聪明洋洋得意。然而有一天，日本卫生机构检查餐馆，抽查碗碟并没有达到规定的洁净度，餐馆遭重罚，而他因为这次事件被辞退，许多家餐馆不再雇用他，连他的房东也对他下了逐客令，学校通知他转校……他为欺骗付出了沉重的代价。

在演讲中展开主体内容，叙述易平淡，因此需要演讲围绕主题进行概括，并在叙述中穿插议论进行点题，才能在生动或平实的故事中给人警醒。

②说理要充分。引证的事例要有代表性，论证要有逻辑性，论证手法要多样性，才能使人信服。如演讲稿《淡泊以明志》：

居里夫人将千辛万苦提炼出的价值连城的镭毫无保留地捐献，而将世界给予她的最高荣誉标志——诺贝尔奖章拿给小女儿当玩具。在她家的会客厅里，只有一张简单的餐桌和两把简朴的椅子。是他们太穷？不，他们拒绝居里父亲送给他们的豪华家具，只因为有了沙发软椅，就要人去打扫，在这方面花费时间未免太可惜了。

居里夫人后来说："我在生活中，永远是追求安静的工作和简单的家庭生活。"两张椅子，让他们有了事业上携手共进的伴侣；没有多余的椅子，使他们远离了人事的侵扰和盛名的渲染，终于攀上科学的顶峰，阅尽另一种瑰丽的人生景观。

这里用居里夫人对生活与荣誉的两种态度进行阐述，充实了内容，深化了主体。

③抒情要自然。在叙述议论中，可适当插入抒情，以渲染感情，无论精美的词句还是朴素的语言，都必须自然真挚。如演讲稿《诚在左信在右》：

把"诚"放在左心房，将紫色的灵魂袒露于广袤的天地之间，为自己交一份无愧的答卷；把"信"放在右心房，我们人生的大树就会参天，生命之花就会更加美丽，心中的天使便遨游于自由的天际。

4.6.8材料 诚在左信在右

这里运用了优美的语句适当抒情，也更有激情。

④综合运用多种修辞。讲演词中常常综合运用比喻、排比、反问等多种修辞手法，可以强调重点，加强气势，增强感染力。如演讲稿《诚在左信在右》：

还记得那个小男孩吗？还记得那棵被他砍断的樱桃树吗？那张稚气而纯真的脸上挂着几分懊悔和愧疚之色，在他向父亲坦白一切时，诚信便是他美好心灵的最真切体现。当年那个诚实的小男孩便是美利坚之父——华盛顿。那位伟人无疑拥有许多的美德，而诚信便是他最闪光的点。诚在左，信在右，这使他在政治长廊中辉煌一生，伟大一世。

这里用了设问、比喻等修辞手法进一步地强调了诚信的力量，生动感人。

(3) 巧妙设计高潮与升华主题

一般演讲稿有鲜明的主题是不够的，需要用各种方法对材料进行分析、概括、点拨、渲染，才能激起听众的心理共鸣。在演讲实践中，可运用以下方法来升华演讲主题。

①由此及彼法。即以某一典型事件或自然现象做触发点和媒介来加以引申，联系到另一类相关事物和事理，以此来启迪听众，创设充满哲理美的境界和氛围。例如，一位教师在对新入学的大专生做演讲时，先讲了一则小故事：

一天晚上，一群游牧部落的牧民正准备安营扎寨休息的时候，忽然被一束耀眼的光芒所笼罩。他们知道神就要出现了。因此，他们满怀殷切地期盼，恭候着来自上苍的重要旨意。神说话了："你们要沿路多捡一些鹅卵石，把它们放在你们的马袋里。明天晚上，你们会非常快乐，但也会非常懊悔。"

说完，神就消失了。牧民们感到非常的失望，因为他们原本期盼神能够给他们带来无尽的财富和健康长寿，但没想到神却吩咐他们去做这件毫无意义的事。但是不管怎样，那毕竟是神的旨意，他们虽然有些不满，但是仍旧各自捡拾了一些鹅卵石，放在他们的马袋里。

就这样,他们又走了一天,当夜幕降临,他们开始安营扎寨时,忽然发现他们昨天放进马袋里的每一颗鹅卵石竟然都变成了钻石。他们高兴极了,同时也懊悔极了,后悔没有捡拾更多的鹅卵石。

然后她进行转接:

也许你认为这只是个神话。但这绝不仅仅是神话!我们学习的每一堂课、每一个知识技能,相识的每一个人,参加的每一次活动,喜欢的不喜欢的,有趣的没趣的,有用的没用的,林林总总,都是我们生命中的鹅卵石,只有认认真真去捡拾,去珍惜,将来它们才有可能变成闪闪发光的钻石。

这里将神话故事的寓意巧妙地引申为珍惜今天,认真学习,不留遗憾,使演讲具有一种感召力。

②由表及里法。将蕴含着深层意义的事实材料,进行点拨,使听众理解演讲者所要表达的主旨,催人感悟,发人深思。

③由点及面法。将“这一个”具体事实的叙述推及包含“这一类”的全部或部分事的生活图景,由此抒发感慨,引发议论,做到由境及情,情景交融,情理相生,升华演讲的主题。

④由陈及新法。即在演讲中,套用仿拟一些过去的材料,并且进行由陈及新的点化,挖掘出具有现实意义的深刻内涵。例如,在弘扬爱国主义的主题演讲比赛上,一位演讲者讲述了盼望台湾回归、祖国统一的内容,最后他是这样升华主题的:

……有一位老知识分子病重期间叮嘱自己的子女:“祖国完成统一日,家祭毋忘告乃翁。”这句话比陆游的名句又有了新的内涵。它代表着多少老知识分子的心愿,代表着多少中国人的心愿啊!同志们,朋友们,我们盼望着这一天的到来!这一天一定能到来!

在这里,演讲者对这则典型材料中改过的陆游名句进行了由陈及新的点化,赋予其更深刻的现实意义,把演讲所体现的爱国主义思想感情推向了高潮。

总之,如何升华主题是演讲艺术的一种重要技巧。用好这种技巧,不仅可以使演讲掀起一次次波澜跌宕的高潮,而且使演讲者与听众之间形成感情共振,增强演讲的感召力、鼓动性和艺术魅力。

5. 演讲稿的结尾

结尾往往是讲演词最关键的部分,它影响着演讲的效果。一个好的结尾往往可以给听众带来意犹未尽的兴奋感。

(1)总结式。指用明确的言辞总结内容,点化主旨,给听众留下完整的总体印象。如白岩松在演讲稿《人格是最高的学位》中的结尾:

于是,我也更加知道了卡萨尔斯回答中所具有的深义。怎样才能成为一个优秀的主持人呢?心中有个声音在回答:先成为一个优秀的人,然后成为一个优秀的新闻人,再然后是自然地成为一名优秀的节目主持人。

我知道,这条路很长,但我将执着地前行。

这种结尾照应了开头,概括了内容,提升了主题,使文章有了灵气。

(2)抒情式。在叙述典型事例和生动事理后,用抒情方式结尾,言尽而意无穷。如一演讲者在《珍惜生命把握今天》中的结尾:

“大江东去,浪淘尽,千古风流人物。”平凡的,不平凡的,他们都曾站在我们脚下的地方生活,他们哭过,笑过,爱过,恨过……也曾立下惊世伟业,也曾一生碌碌无为,最终不过化作脚下一堆黄土。是啊,无论我们曾经多么伟大抑或平凡,最后的结局不过是回归于土。既然如此,我们为何不学会珍惜,努力拼搏呢?拼搏的生命就像冰川横流过山岩留下清晰的痕迹,珍惜的生命如流星燃烧过静夜留下闪亮的光迹。朋友,为书写美丽的生命,请把握今天,学会珍惜吧!

这里,以诗化的语言激励人们珍惜生命,努力拼搏,有很强的鼓动性。

(3)感召式。指用富有感召力、鼓动力的语言提希望、表决心、立誓言,激起听众的热情,使其感奋。如演讲稿《文明的净土》结尾:

让我们的双手将垃圾送到家,让我们的课桌洁净如初,让我们的笑脸荡漾着"你好,谢谢,请……"尊重别人,尊重自己,让天更蓝,让树更绿,让花更艳,让我们的语言更美。文明之泉浇灌校园,浇灌华夏大地。

这里用排比式的语句提出希望,描绘美景,文采飞扬,热情洋溢。

(4)诵唱式。用歌词或诗歌、格言、警句等结尾,言简意赅,富于韵律,给听众美的享受。如演讲稿《微笑》:

请把我的歌带回你的家,请把你的微笑留下。朋友们,请多微笑,把美留住!

(5)要点式。所谓要点就是把演讲的主要内容进行归纳,让听众对演讲内容留下完整印象。如以下结尾:

人文精神是由内而外的美,美在姿态,更美在内核,是点滴的累积,是文明的积淀。"人文奥运"的最重要主题在于,使北京奥运会成为歌颂人、尊重人、追求高尚精神文明的过程;使北京奥运会以独特的魅力体现"和谐、交流与发展"的文化主题,促进人类社会的和平、友谊和进步。

(6)余味式。以留余味、泛余波的方式结尾。这种结尾语尽而意不尽,像撞钟一样,余味袅袅,回味无穷。如演讲稿《人生的价值何在》的结尾:

我们的雷锋,在他短暂平凡的人生中,创造出了巨大的人生价值,给我们留下了无与伦比的精神财富,那么,亲爱的朋友们,在漫长而又短暂的人生之路上,我们将做些什么?创造些什么?留下些什么呢?

这个结尾采取对比和提问的手法,听后令人深思,发人深省,叫人不得不扪心自问,三省吾身,给听众留下了哲理性的思索和回味。

(7)名言式。这种结尾方式,是通过引用名言、警句、谚语、格言、诗句等作为结尾,这样不仅使语言表达得精炼、生动、富有节奏和韵律,而且还可以使演讲的内容丰富充实,具有启发性和感染力,同时还可以给人一种生动活泼、别开生面之感。

(8)点题式。用重复题目的方式结尾。演讲的题目是演讲的重要组成部分,是最具个性和特色的标志。在演讲结束时,如果重复题目,再一次点题,那么,就能加深听众对演讲的印象,使听众产生强烈的共鸣。如演讲稿《我爱长城,我爱中华》的结尾就是用点题式:

雄伟啊长城,伟大啊中华!我登上崇山峻岭的高峰之巅,我站在万里长城耸入云端的城楼之上,我昂首挺立在世界的东方,在祖国的山川大地,向世界的大洲、大洋,向天外的星球宇宙,纵声呼喊:"我爱长城!我爱中华!"

这种结尾方式,即表达了主题的需要,同时又对听众产生振聋发聩的冲击力。

（9）高潮式。演讲结束时，演讲者设法最后一次拨动听众的心弦，打开听众的心扉，掀起高潮。

三、演讲过程的控制

你在演讲前做的准备也许已经足够充分，你的演讲内容也能吸引听众，但是要达到完全的成功还需要一个因素，那就是你在台上的表现。知道说什么很重要，但是如何把话说出来同样重要。你要把热情传递给听众，过程的把握是演讲成功的关键。

4.6.9材料 精彩演讲10条秘诀

（一）演讲的非语言技巧

1. 声音控制

声音是与语言相伴随的有声的暗示信息，包括演讲的音量、音调、语速和演讲的重音和停顿等。

你的声音要足够响亮、清晰。要注意，在整个的演讲过程中要试图对离你最远的人演讲，要不断检查坐在最后的人能否听到；你的音调要具有弹性，避免单一不变的音调；适当的停顿、适当的调整变化语速，免得显得单调，避免太快或太慢。避免过度使用"嗯""啊"等填充词，要学会用停顿来代替。通过合适的重音来表达你要强调的内容。

2. 身体语言

身体的姿势应采用放松式，自然地直立，双脚应与肩同宽。身体是否要移动、移动多少，这些要根据演讲的内容、场合来决定。一般而言，内容严肃，场合正规时，要少动。其他场合则要根据听众的数量来决定，听众越多，移动的距离就要稍大一点。要自然地移动，身体前倾，避免随机的紧张移动。

4.6.10材料 演讲中的手势与表情

手和肩可以放松，做些帮助谈话的动作。避免遮羞布式（双手交叉在前面）、检阅式（双手叉在背后）、受伤式（手握另一侧胳膊）或紧抓讲台式。面部表情要放松，看上去显得生动，能在适当的时候微笑，并能随着主题与情景的变化而变化。和听众进行目光交流是你向听众展示自己信心的标志，也是你和听众最好的联系方式。目光交流要注意：环视整个房间，争取对每一个人产生印象，尤其对观众中的主要决策人；需要时，找一张友善的面孔来注视，将其当作你的加油站，帮助你渡过演讲中最困难的部分；避免总是看讲稿，或辅助图像，或目光交流。演讲后，如果你能记住听众面孔，则说明你的目光交流是合适的。

（二）演讲的辅助手段

演讲中恰当使用辅助手段能帮助你保持听众的注意力，能够让你的演讲更加生动，在某种意义上还可以让你增加自信。演讲的辅助手段有：多媒体、黑板、实物、模型、图解、挂图、表格、图示以及散发的材料等。

4.6.11材料 PPT的10、20、30

（1）如果采用图表或统计图，记得要够大，使每个人都能看清楚。假如你是一边讲解一边画图表，须记得迅速简洁。听众要的是简单易懂的图表，而非精致的艺术品。讲解图表时，要不时转过头来面对听众。

（2）当你采用模型或实物辅助演讲时，要注意把准备展示的东西先放一边。可将展示品置于身旁的桌子上，用东西盖起来，略具“神秘性”，直到用时拿出来，而展示品一一展示完毕，要尽快收起；别在讲话当中传递展示品，那样会分散听众的注意力；展示物品时，要高高举起，务使每个人都看到；动态展示要比静态展示更让人印象深刻，示范表演也是很好的展示方法。

4.6.12材料 演讲常用短语与手势

（三）即兴演讲的技巧

在一些场合你可能会被叫起来即兴发言，人们在这种情况下通常会有三种反应：第一是站起来以后发懵，不知从何谈起，结果造成冷场；第二是由于来不及思考，说出来的话欠妥当，甚至跑题；第三是没有思路，语无伦次，丢三落四，让听众云遮雾罩。

即兴演讲要打动听众，可从以下方面努力：上台前要激起满腔热情；赢得听众信任；动作要自然；语气要有力，结论要肯定；迷人的个性胜于巧辩。

即兴发言并不是信口开河，不是琐琐碎碎讲些毫不连贯的东西。你必须把所要表达的意思，很有条理地表达出来。为解决这些问题，你可以运用“4W 法则”的讲话思路，即Where、Who、When、What，具体如下：站起来先想，这是什么场合（Where）？联系场合说几句感谢或是点题的话；再问自己，现场都有什么样的人（Who）？在你的发言中提到现场的听众，会让大家感觉亲近；接着感觉一下，发言多长时间合适（When）？说一些和“时间”有关的概念，来让你最终想到发言的主题；最后问自己：现场的观众喜欢听什么（What）？这才是进入了真正的主题，可以说一些既符合自己的身份，又适合场合的话。

这个技巧的思路在于：当我们在毫无准备、站起来无话可说时，围绕前三个“W”说一些贴近现场的话，既显得从容不迫，又让我们能够争取到厘清思路的时间，最终解决最后一个“W”的难题。当然，如果你只通过“Where”就可以想起主题（What），那就可以直接进入主题。

能力测评

1. 演讲者自信心测评

4.6.13材料 演讲者自信心测评

2. 演讲过程控制能力测评

4.6.14材料 演讲过程控制能力测评

拓展训练

1. 以“这就是我”为题，按下面要求介绍自己：

（1）不慌不忙走上讲台，先站定，后抬头，面向大家说话。

（2）说话中，必须有2～3个富有个性的手势。

（3）说话时间不少于2分钟，不超过3分钟。

2. 班上将要开展一次阅读文学名著的竞赛活动，请你对大家讲一段话，鼓励同学们积极参与。

要求：除讲明活动的意义外，更需要用激情洋溢的语言，“点燃”现场的气氛，让大家产生跃跃欲试的冲动，激发起热情。

3. 请照着下面的提示训练手势：

（1）“只有这样，才会有充实的生活，才会有灿烂的人生！”（双手、手心向上，上区）

（2）“一个人如果没有远大的理想，那他将一事无成。”（双手由合而分，下区）

（3）“他们欢呼：胜利了，胜利了！”（双掌上竖，摇动，上区）

（4）“夜幕笼罩了群山。”（单手，手心向下，上区）

（5）“月光洒落在树枝上。”（单手，手心向下，中区）

（6）“伟大的人物也躺在他们倒下的地方。”（单手，手心向上，下区）

（7）“不要过分利用我的爱。”（单手，手掌竖立，中区）

4. 故事接龙

要求：先由一个学生开始讲故事，教师随时打断，再由其他人继续接下去。比如，第一位同学可能这样开始：“有一天，我正驾着直升机，忽然发现一群飞碟逐渐向我开来。我开始下降，但离我最近的一个飞碟有个体格瘦小的人开始向我开火。我……”这时，教师喊停，第二位同学接着故事讲下去。等每位同学都接上自己的部分，故事的结局往往是事前谁也预料不到的。最后，教师评出最符合逻辑奖、最生动离奇奖、最开心好笑奖等等。

5. 演讲展示

要求：学生分组，教师列出主题供小组选择，学生课前准备，课堂上逐组上台演讲，教师打分并点评。演讲主题如下：

（1）一分付出，一分收获

（2）同学之间该如何相处

（3）我心中的偶像

（4）梦想和现实

（5）“勤俭、节约”的作风是否已经过时

（6）如何维护班集体荣誉

（7）世界需要热心肠

（8）我的母亲

（9）如何培养好奇心

（10）我读的第一本书

（11）我最爱看的电视节目

（12）我最想读的一本书

（13）我的座右铭

（14）我的成长之路

（15）时尚与个性

（16）成人与成才的关系

（17）怎样面对学习、生活中遇到的挫折

（18）我们是否应有感恩之心

（19）“言行、仪表”与个人发展

（20）我们该张扬什么样的个性

（21）保护环境是每个人的责任

（22）书中那段话，我至今还在咀嚼

（23）尊重是孩子成长的基石

（24）恶语伤人六月寒

（25）珍惜现在

案例分析

1. 凡斯的启示　　2. 教授与老板的演讲

4.6.15 材料 凡斯的启示

4.6.16 材料 教授与老板的演讲

思考讨论

1. 以下是《机遇》演讲的主体部分，请为其添加一个开头或结尾，与大家分享。

曾经看到过这样一则故事：一个虔诚的教徒被洪水困在屋顶上，于是，他便向上帝祈祷，希望上帝能保佑他逃离灾难。不久，一块浮木漂了过来，教徒没有理会，继续祈祷。一会儿，一棵树干随洪水漂了过来，他只顾着低头祈祷没有看到。又一块木板漂了过来……

洪水最终还是将他淹没，将他送到上帝面前。他很愤怒地质问上帝为什么没有来救他。上帝说："我不是给你送去了浮木吗？"教徒愣住了……

故事的悲剧结局，是因为教徒没有及时地抓住逃生的机会，他忘了那一句话，"上帝只救自救之人"。而人生何尝不是如此？悲剧的发生往往也包含着我们自己本身的过失。即使天上真的掉下"馅饼"，你也需要弯下腰去捡，光站着是什么也得不到的。

2. 将你的演讲经历跟大家分享，并思考做一次成功的演讲，你还需要在哪些方面下功夫。

本章测试

4.6.17 本章测试

第五章 职业礼仪

学习目标

1. 掌握职场应展示出的仪容、仪表、仪态等相关知识。
2. 能够在不同场合穿戴得体、正确称呼与握手等。
3. 能正确使用名片的方法，显示出较高的职业修养。
4. 掌握乘车礼仪规范，做到文明出行。
5. 掌握中西餐饮食礼仪，能得体应对各种餐饮场合。
6. 掌握馈赠礼仪及相关技巧，能根据不同情境赠送适宜的礼品。
7. 掌握办公接待的礼仪规范，妥善接待各类来访客人。
8. 掌握办公通信礼仪，能正确接打电话，得体处理电子邮件。

第一节 职场形象礼仪

5.1.1 视频 职场形象礼仪

一、仪容礼仪

职场人员每天接触的人较多，清新自然的仪容有利于人际沟通，顺利开展工作。在工作时化妆宜淡不宜浓，合适的淡妆给人一种整洁、大方、淡雅、舒畅的印象。

职场人员在各种公务活动和日常工作场合中的仪容是个人的内在素质、文化素养、精神风貌的外在表现。职场人员必须养成随时随地注意保持良好职业形象的习惯，因为你代表着公司的形象。可以说，职场人员装扮的爱好和习惯，早已经超越了其本身的审美情趣，而是公司整体形象的客观要求。

仪容，通常是指人的外貌，是一个人的精神面貌和内在气质的外在体现。具体而言，仪容由一个人的面容、发式以及身体所有未被服饰遮掩的肌肤所构成。在人际交往中，每个人的仪容都会引起交往对象的特别关注，且会影响到对方对自己的整体评价。

（一）发式

常言道，“远看头，近看脚，”头发位于人体的“制高点”，它往往最先吸引别人的注意力，在职场人员的仪容中具有举足轻重的地位。因此，修饰仪容，头发不可忽略。

职场人员应保持头发的干净、清爽和整齐，不要让头皮屑和残发散落在上衣的肩背上。不可在人前梳理头发，以免残发、头屑影响他人。商界对头发的长度也有比较明确的限制：女士头发不宜长过肩部，必要时应盘发、束发；男士最好半个月至一个月理一次发，做到前不遮眼眉，后不压衣领，两侧不盖耳。

职场工作人员的发型应以庄重简约、典雅大方为主导风格，并与自己的脸型、体型、年龄、性格、气质等相符。

（二）化妆

“要不要化妆？”这个问题如今已无须再问。化妆可以增添自信，也是人际交往中相互尊重的一种表现。美丽的容貌令人赏心悦目，但是天生丽质的人毕竟是少数，恰到好处的化妆，可使自己光彩照人，更加美丽。

5.1.2视频 教你如何化职业妆

对职业女性来说，适当化些淡妆，是非常有必要的。

1. 化妆常见的几种类型

（1）工作妆。工作中宜化淡妆，妆容明朗、端庄，追求自然清雅的化妆效果，力求做到“妆成有却无”。

（2）晚宴妆。追求细致亮丽的化妆效果，妆容可化得浓艳些。

（3）舞会妆。突出个性，追求妩媚动人的化妆效果。舞会灯光幽暗，故妆容宜化得稍浓艳。

（4）休闲妆。妆面不需要太多的痕迹，用色应清新淡雅，整体妆面自然简洁，应体现出轻松愉快、健康舒适的效果，另外也可以根据场合在浓度上做相应的调整。

2. 化妆的基本步骤

（1）净面。用洗面奶彻底清洁之后涂抹适量的护肤品，使其吸收。

（2）涂粉底。各部位要衔接自然，不能有明显的分界线。在鼻翼两侧、下眼睑、唇周围等海绵难以深入的细小部位可用手进行调整。

（3）定妆。用粉扑将蜜粉扑在面部，但不要来回摩擦，以免破坏底妆。在鼻翼、唇部及眼部周围小心定妆。

（4）修眉。从眉腰处开始，顺着眉毛生长的方向，描画至眉峰处，形成上扬的弧线；从眉峰处开始，顺着眉毛的方向，斜向下画至眉梢，形成下降的弧线；由眉腰处向眉头进行描画；用眉刷刷眉，使其柔和，与各部位衔接。

（5）涂眼影，画眼线。涂抹时，注意使贴近睫毛的部位和两个眼角处浓重些。画眼线时，使用眼线笔紧贴睫毛根部画，上眼线可重一些，下眼线切记画得过重。

（6）涂腮红。涂腮红能改变脸型，正确涂法应该在颧骨位置，如果涂在颧骨下，会造成一个下垂的线条,使脸部肌肉看上去不那么美观。

(7) 涂唇膏。方法是应先用唇线笔勾出理想的唇形,唇线的颜色应略深于所用唇膏的颜色,从嘴角向中间勾画,勾完唇线再涂唇膏。

(8) 涂睫毛。方法是由睫毛根部向外侧涂,然后用睫毛专用梳同方向梳理。

3. 化妆要注意事项

(1) 需协调统一。化妆首先必须注意与时间相适应,与周围的环境相适应。随着时间与场合的改变,化妆应有相应的变化。职场人员白天最好略施粉黛。工作场合的妆容要与办公环境相协调,以淡雅、清新、自然最为合适。职场人员如果一味追赶潮流,将流行、前卫的东西都带到办公室,在脸上涂了厚厚的粉,嘴唇鲜红耀眼,这不仅是不懂礼仪的表现,也会给自己的工作带来意想不到的麻烦。

(2) 应扬长避短。化妆一方面要突出脸部最美的部分,使其显得更美丽动人;另一方面要遮盖或矫正缺陷或不足的部分。

(3) 勿当众补妆。职业女性是要注重自己形象,但也必须注意场合。不论是在工作还是在休闲,不论在自己家中还是出门在外,无论是一个人吃饭还是多人聚餐,一有空闲就会拿出化妆盒,"对镜贴花黄",一副旁若无人的样子是相当失礼的行为。化妆属个人的私事,只能在无人的情况下悄然进行,维护仪容仪表的全部工作应在"幕后"完成。

(4) 勿残妆示人。化妆要有始有终,维护妆面的完整性。化妆后要常检查,特别是在休息、用餐、饮水、出汗、更衣之后,要经常关注自己的妆容,发现妆面残缺,要及时在合适的地方补妆。

(5) 宜选择与肤色接近的粉底色。若粉底色太白,会与本来的肤色相冲突。所以在选择粉底的时候不应选用太浅的颜色。

(6) 巧用口红增色。许多职业女性都有这样的经验,因熬夜而苍白憔悴的脸,只需抹上一层口红便可大为改观,显得精神许多,所以许多职场女性即使平时不怎么化妆,手提袋里也会有一支口红。豆沙色、橘红色系口红在办公室里很受欢迎,两款口红可与任何色系的肤色或者服装相搭配。

5.1.3材料 仪容美的基本要求

职场工作人员的妆扮应该是理智的、温和的、清秀的妆型,不强调性感、浪漫、标新立异,最好给人以温和的印象。

二、服饰礼仪

服饰是人体物品的总称,包括服装、鞋、帽、袜子、手套、围巾、领带、胸针、提包等。服饰是人类文明的标志,又是人类生活的要素。它除了满足人们物质生活需要外,还代表着一定时期的文化。随着人们对于新事物的认识不断进步,服饰的材质、样式也变得多样化。

职场人员的外在形象非常重要,服装是外在形象的重要组成部分,职场人员的服饰即职业服饰,应当具有实用性、审美性和象征性的特点,其基本要求是:整洁、大方、得体、和谐、雅致。一位人事总监曾说过,"我认为你不可能仅仅因为戴了一条领带而取得一个职位,但是我可以肯定戴错了领带会使你失去一个职位"。

因此，服装应与自身形象相和谐，与出入场所相和谐；服装的色彩搭配要和谐，款式搭配要和谐。

（一）职场人员着装类别

职场人员着装大体可以分作三类：公务场合、社交场合和休闲场合。

1. 公务场合

指的就是职场人员上班处理公务的时间。在公务场合，职场人员的着装应当重点突出“庄重保守”的风格。

我国的涉外人员目前在公务场合的着装，最为标准的主要是深色的套装、套裙或制服。具体而言，男士最好是身着黑色、藏蓝色、灰色的西装套装或中山装，内穿白色衬衫，脚穿深色袜子、黑色系带皮鞋。穿西服套装时，务必要系领带。

公务场合女职员的最佳着装是：黑色或藏蓝色的西服套裙，内穿白色衬衫，脚穿肉色长筒丝袜和黑色高跟皮鞋。有时，也可以选择单一色彩的西服套装。

2. 社交场合

在社交场合，职场人员的着装应可突出“时尚个性”的风格。既不必过于保守，也不宜过分地随便邋遢。

目前的做法是，在需要穿着礼服的场合，男士穿着黑色的中山套装或西装套装，女士则穿着单色的旗袍或下摆长于膝部的连衣裙。其中，尤其以黑色中山装套装与单色旗袍最具有中国特色，并且应用最为广泛。

在社交场合，最好不要穿制服或便装。

3. 休闲场合

在休闲场合中，职场人员的着装应当重点突出“舒适自然”的风格。没有必要衣着过于正式，也不用穿西服套装或西服套裙、工作制服等。

（二）着装应遵循基本原则

1. TPO原则

目前，国际上通行的着装原则是TPO原则。TPO是英文time、place、object三个词首字母的缩写。T代表时间、季节、时令、时代，P代表地点、场合、职位，O代表目的、对象。该原则产生于1963年，之后便迅速传播，现已成为服装界公认的着装审美原则之一。

如今，有不少礼仪专家把TPO原则的内容做了进一步的延伸与拓展，增加了一个“role（角色）”，形成了着装中的TPOR原则。

（1）时间。即穿着要应时。穿衣服要考虑时间因素，考虑不同时代、时期的变化，一年中春、夏、秋、冬四个季节的变化，每天早、午、晚三段时间的变化。因时制宜，着装得体。

（2）地点。即穿着要因地制宜。在不同的地点，着装的款式理当有所不同，切不能以不变应万变。例如，穿泳装出现在海滨、浴场，是人们司空见惯的，但若是穿着泳装招摇过市则会令人瞠目结舌；大型严肃的会议穿着牛仔裤、T恤也是不合适的。

（3）目的。即着装要与场合氛围相和谐。工作场合的着装，要求与职业相协调；社交场合的着装，应根据所处场合氛围的变化来选择服饰。如在宴会、联欢会等喜庆的场合，服装颜色可相对鲜亮，款式可相对新颖；在庆典、仪式、接见外宾等庄重场合，穿着就要规范得体；在追悼会等悲伤、肃穆的场合，服饰应该庄重简洁，以深沉的颜色来应时应景。

（4）角色。人们的社会生活是多方面的、多层次的，人们经常在不同的社交场合，扮演不同的社会角色。在社会生活中，人们的仪表、言行必须符合他的身份、地位、社会角色，才能被人理解、被人接受。如一位成功人士，以蓬头垢面、破衣烂衫的形象出现在众人面前，就很难让人相信他的经济实力。因此，得体的着装，可以满足他人对自己社会角色的期待，促成社交的成功。

2. 色彩协调原则

女性职场人员的办公室服装以穿西装套裙或长裙为宜，尤其是黑色、藏青色、白色、蓝色、灰色的西服套裙，会显示出秘书的稳重端庄、高雅无华。如穿着其他服饰亦可，但颜色应以柔和为主，款式要简洁大方，忌装饰太多，大红大绿，花哨刺眼。一切以让别人注意你而不是注意你的打扮为标准。切记演示的是女职员形象，而不是时装模特。服装配色以“整体协调”为基本准则，全身着装颜色搭配最好不超过三种，而且以一种颜色为主色调，颜色太多则显得无序，不协调。

3. 整洁原则

无论是商务场合的正装，或是休闲场合的便装，均应以整齐、洁净为原则。如衣服不能沾有污渍，尤其要注意衣领和袖口处；衣服不能有脱线的地方，更不能有破洞。再新款的服装若不整洁，也将大大影响穿着者的仪表。

（三）不同场合的着装选择与搭配

职场工作人员在职业场合以着职业装为主，端庄稳重是着装风格的原则。男士以西装为宜，女士一般以裙式套装或裤式套装为宜。裙式套装既不失女性本色，又符合庄重大方的原则，也便于搭配，出入各种场合均显得十分协调。职业装颜色和款式切忌标新立异。

1. 男士西装

西装在欧洲已有一百多年的历史，清朝末年传入中国。西装造型优美，做工讲究，是全世界最流行的正装，对于职场人士来说是必不可少的“装备”之一。根据惯例，正式隆重的场合，如会见、访问、会谈、宴会、庆典仪式、婚丧等活动中，男士应该穿正式套装。一套合体的西装与衬衫、领带、皮鞋、袜子应是一个统一的整体。

（1）西装的分类。国际上男士西装分为美式西装、意式西装、英式西装、日式西装。

①美式西装。

特点：基本轮廓特点是O型，就是比较宽松，不太强调腰身，垫肩不是很明显，通常是后开。

适合人群：适合稍微宽松的一些场合和身材高大魁伟的一些男人，特别是肥胖一些的男人。

②意式西装（欧式西装）。

特点：基本轮廓是倒梯形，实际上就是宽肩收腰。相比美式西装，意式西装更严格和讲究，有特别夸张的垫肩，最明显的特征是一般是双排扣的，双排扣，驳领，裤子是卷边的。

适合人群：意式西装和欧洲男人比较高大魁梧的身材相吻合，对人的身材比较挑剔，身材过于矮小和身材比较肥胖的人不太适合这种西装的款式。最重要的代表品牌有杰尼亚、阿玛尼、费雷。

③英式西装。

特点:英式西装是意式的一个变种。英式西装多是单排扣,领子较狭长,强调掐腰,肩部也经过特殊的处理,后面一般是双开的(骑马衩),还有一种衩是中间衩。有两粒扣,但以三粒扣子居多。

适合人群:对身材方面不是特别的挑剔,适合普通身形的人。

④日式西装。

特点:基本轮廓是H型,一般而言,日本板型的西装多是单排扣式,衣后不开衩。

适合人群:适合亚洲男人的身材——肩不是特别宽,不高不壮。

(2) 西装的选择。西装的选择要符合"三色"原则。在正式场合,穿西服套装时,西服、西裤、衬衫、领带、皮鞋应在三种颜色以内。一般来说西服套装、鞋、腰带、公文包,应保持一个颜色,以黑色为主。西服的颜色主要有:

①黑色,属礼服类颜色,最沉稳。黑色西装适合的场合,一是隆重的庆典场合,二是婚礼和丧礼场合。

②深蓝色(推荐颜色),职场多穿深蓝色西装。

③深灰色,商务场合可穿深灰色西装。

④避免浅色西装。浅颜色一般不适合正式场合,但是可以在休闲场合穿。

(3) 穿西装的禁忌和注意事项。

①穿西装八忌:忌西服上衣、裤子过短过瘦;忌衬衫放在西裤外;忌不扣衬衫纽扣(如不系领带,领扣可以不扣);西服袖子长于衬衫袖;忌领带太短;忌西服上装两扣都扣上(双排扣西服除外);忌西服的衣、裤袋内鼓鼓囊囊;忌西服配便鞋(如旅游鞋等)。

②穿西装应注意:要拆除西装上的商标;西装要熨烫平整;要扣好纽扣(正式场合,单排2粒扣西装,扣上边1粒纽扣;单排3粒扣西装,扣上边2粒纽扣;双排扣西装,纽扣全部扣好);不卷不挽袖口裤脚;慎穿毛衫;巧配内衣;腰间无物(无钥匙等饰物);少装东西(西服、西裤口袋尽量不要装物品)。西装选择要合体,还要注意西装的长度、西装的肥瘦等,如图5-1-1所示。

图5-1-1 男士西装搭配示范

(4) 衬衫。衬衫的选择根据西装样式。衬衫的下摆要塞进西裤里,整装后,衬衣袖子应以抬手时比西装衣袖长出1～2厘米为宜,领子应略高于西装领1～2厘米。白色或者是浅色的衬衫是首选。

(5) 领带。领带被喻为"男人的第二张脸"。一条漂亮的领带,一个完美的领结扣,配上笔挺合身的西服,可以完全衬托出一位优秀男士的魅力和气质。一般来说,深色西服宜配深色领带,浅色西服宜配浅色领带,领带颜色同西服颜色相近,也可略深于西服。但是穿西服时,如果穿白色衬衣,领带颜色只要同西服相配即可,不必考虑同衬衣相配;如穿深色衬衣,则宜佩带浅色领带;如只穿衬衣,不穿西服,领带颜色的选择可更自由些。系好领带后,其大箭头应在皮带扣的地方。若穿毛衣或者毛背心时,领带必须置于毛衣或背心里面。领带夹是用来固定领带的,其位置不能太靠上,以衬衫的第4粒纽扣处为宜。

介绍5种常用的领带系法:平结(简式结,马车夫结);半温莎结(十字结,老爷节);温莎结;双环结;双交叉结。

①平结:平结为最多男士选用的领结打法之一,几乎适用于各种材质的领带。

要诀:领结下方所形成的凹洞需让两边均匀且对称,如图5-1-2所示。

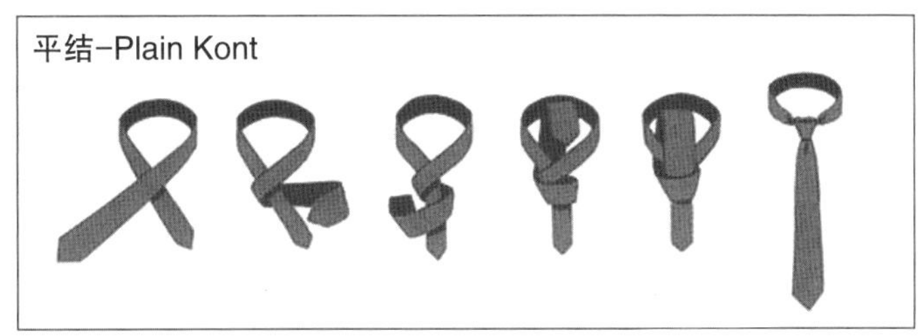

图5-1-2 平结领带系法

②半温莎结(老爷结):适合搭配浪漫的尖领及标准式领口系列衬衣,如图5-1-3所示。

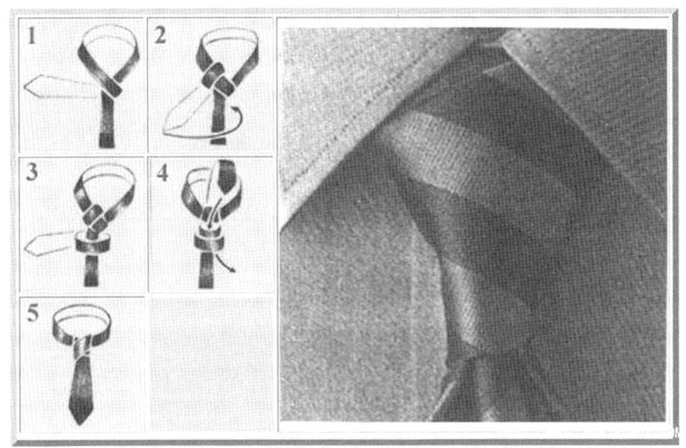

图5-1-3 十字结领带系法

③温莎结:温莎结适合用于宽领型的衬衫,该领结应多往横向发展。应避免材质过厚的领带,领结也勿打得过大,如图5-1-4所示。

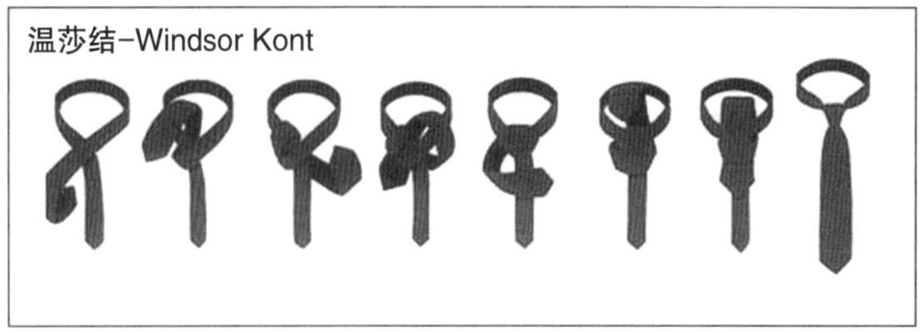

5.1.4视频 教你系温莎结领带

图5-1-4 温莎结领带系法

④双环结:一条质地细致的领带再搭配上双环结颇能营造时尚感,适合年轻的上班族选用。该领结完成的特色就是第一圈会稍露出于第二圈之外,可别刻意盖住了,如图5-1-5所示。

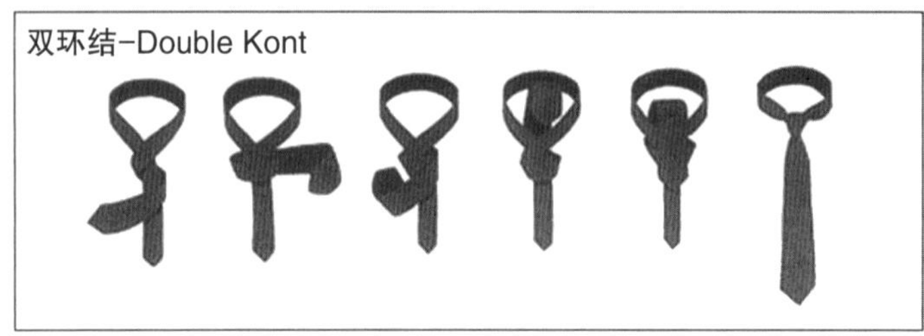

图5-1-5 双环结领带系法

⑤双交叉结:系法如图5-1-6所示。

图5-1-6 双交叉结领带系法

(6) 皮鞋与袜子。适合男士西装穿着的皮鞋为黑色,黑色皮鞋能配任何一种深颜色的西装,正规的男士皮鞋应该是系带子的。

5.1.5材料 男士着装应注意的细节

2. 女士西服套裙

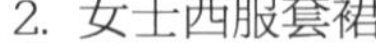

对职业女性来说,套裙是首选。它是西装套裙的简称,上身为女式西装,下身是一步短裙。有时候,也可见到三件套的套裙,即女式西装上衣、半截裙外加背心。

套裙,可以分为两种基本类型。一种是用女式西装上衣和随便的一条裙子进行的自由搭配组合成的“随意型”。一种是女式西装上衣和裙子成套设计、制作而成的“成套型”或“标准型”。秘书职场一般是穿着后者。

(1) 怎样选择套裙。一套在正式场合穿的套裙,应该由高档面料缝制,上衣和裙子要采用同一质地、同一色彩的素色面料,匀称、平整、滑润、光洁、丰厚、柔软、悬垂、挺括,不仅弹性、手感要好,而且要不起皱、不起毛、不起球。在造型上讲究为着装者扬长避短,所以提倡量体裁衣、做工讲究。上衣注重平整、挺括、贴身,较少使用饰物和花边进行点缀。裙子要以窄裙为主,并且裙长要到膝或者过膝。在色彩方面以冷色调为主,应当清新、雅气而凝重,以体现出职场女性的典雅、端庄和稳重,可以选择炭黑、藏青、雪青、茶褐等冷色调。

穿着同色的套裙,可以配不同色的衬衫、领花、丝巾、胸针、围巾等衣饰来加以点缀,显得生动、活泼。一套套裙的全部色彩不应超过两种。

女性工作人员职场穿的套裙讲究朴素而简洁,以黑色西装套裙为佳,配以白色衬衫,已显示出女性的精明干练。套裙上不要添加过多的点缀,否则会显得杂乱而小气。如果喜欢可以选择少而且制作精美、简单的点缀,如漂亮的胸针或颈间系一小丝巾等。

在套裙中,上衣和裙子的长短没有明确具体的规定。传统的观点是:裙短不雅,裙长无神。最标准、最理想的裙长,应是裙子的下摆恰好抵达膝盖的地方。对于职业女性来说,套裙中的超短裙,裙长应以不短于膝盖以上10厘米为限。过多地裸露自己的大腿无论如何都是不文明的。

(2) 穿套裙的注意事项。

一是大小适度。上衣的长度应在裙腰之下,裙子的长度可根据年龄而定,一般是年龄越大裙子越长。最短不短于膝盖以上10厘米,最长可以达到小腿的中部。上衣的袖长要盖住手腕。

二是认真穿好。上衣的领子要完全翻好,衣袋的盖子要拉出来盖住衣袋;衣扣一律全部系上。不允许部分或全部解开,更不允许当着别人的面随便脱下上衣。裙子要穿得端正,上下对齐的地方要注意。

三是兼顾举止。套裙最能够体现女性的柔美曲线,这就要求你举止优雅,注意个人的仪态。

穿上套裙后,要站得又稳又正,不可以双腿叉开,站得东倒西歪。就座以后,务必注意姿态,不要双腿分开过大,或是跷起一条腿来,抖动脚尖;更不可以脚尖挑鞋直晃。走路时不能大步地奔跑,步子要轻而稳。

(3) 鞋子的选择。鞋子虽小,对整体形象却大有影响。得体的鞋子,能让你的优雅风度无懈可击。注意以下几项原则,更能让你从头美到脚。

第一,穿鞋首选舒适度。长时间地工作,需要一双舒服的好鞋相伴。当脚部不再受到压迫束缚时,百分百的自信就会油然而生。建议在下午选购鞋子,因为双脚在下午会略微膨胀,此时选购的鞋穿起来最为舒服。

第二,职场应以黑色鞋子为首选。鞋子切忌成为全身颜色最鲜艳之处,黑色可与大多数颜色的服装相配,永远是职业女性的最佳拍档。鞋跟高度在3~5厘米左右的前后包头皮鞋,才是职业女性的最佳选择。

(4) 袜子的选择。袜子应选择过膝的长筒袜或连裤袜,最合适的颜色是肉色的,要接近肤色或稍深一些。白色、花色、带网眼和其他鲜艳色彩的丝袜,不适合在职场中穿着。

3. 职业装与配饰

男士的配饰总是有实用性的,公文包、眼镜、手表、皮带……更确切的说法应是随身物件。这些配饰要与西服套装颜色协调一致,起到画龙点睛的作用。

女士的配饰主要有:

(1) 帽子。能增加主人的风采,但要与本人身材相符,与着装相配。职业女性穿职业装时只能佩戴与职业装相配套的帽子,其他帽子最好不要佩戴。

(2) 首饰。职场佩戴首饰不要超过2件。

(3) 皮包。要与自己的身材和谐,与服装相配。职场以黑色公文拎包为宜。

(4) 丝巾。要考虑到服装整体颜色和款式的搭配,还要考虑丝巾的面料、花色与服装的搭配。丝巾的打法有多种多样,也要考虑与服装的协调。

4. 社交礼服

出现在庆典、聚会、宴席、访问、婚礼、丧礼等不同活动场合时,就需要穿着适宜的礼服。要根据时间、地点、环境等因素来确定礼服的种类。女士以旗袍、长裙为宜,西式晚宴礼服一般为肩、背裸露,上紧下松,曲线优美。男士以深色(如黑色、深蓝色)西装为宜,质地要好,款式简单。中式礼服也可选择毛料精制中山装,配黑色皮鞋,显得整齐而庄重。

5. 休闲便装

便装包括休闲服装、运动便装等。日常活动、外出旅游或休闲在家,着装可随意些,根据自己的特点、爱好去选择,但也要注意得体适度。

三、仪态礼仪

举止,指一个人的动作和表情。在日常生活中,人们的一举手一投足、一颦一笑都可概括为举止。从某种意义上来讲,人的行为举止也是一种语言,它是无声的,它反映了一个人的素质、受教育程度以及能够被人信任的程度。它包括人在社会活动中坐、立、行走的各种姿态以及手势与表情等。

(一) 站姿

站姿是人的静态造型动作,是其他动态美的起点和基础。古人主张“站如松”,这说明良好的站姿应给人一种挺、直、高的感觉。男士应刚毅洒脱、女士应秀美优雅。

1. 基本站姿

(1) 头正。双目平视前方,嘴唇微闭,下颌微收,面带微笑,动作平和自然。

(2) 肩平。双肩舒展,保持水平并稍微下沉。

(3) 臂垂。双臂放松,自然下垂于体侧,虎口向前,手指自然弯曲。

(4) 躯挺。挺胸、收腹、立腰、臀部肌肉收紧,重心有向上升的感觉。

(5) 腿并。双膝和双脚靠拢,男士两腿间可稍微分开,但不宜超过肩宽,

以上是基本站姿,工作中可在此基础上进行调整。

女士要求双腿并拢,双脚呈“V”字形或者是呈“丁字步”,右手搭握在左手四指上,贴在腹部,或一手垂于体侧,一手放腰部,如图5-1-7所示。

男士双脚也可调成“V”字形,或双脚与肩同宽,双手自然下垂于身体两侧;或一手背在后背,一手下垂,也可将双手放在后背,左手握住右手腕,贴在臀部,如图5-1-8所示。

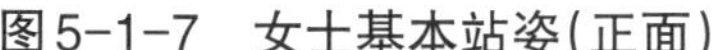

图5-1-7 女士基本站姿(正面)

图5-1-8 男士基本站姿(正面)

2. 站立注意事项

站立时,切忌东倒西歪,无精打采,懒散地倚靠在墙上、桌子上;站立时,不要低着头、歪着脖子、含胸、端肩、驼背;站立时,不要将身体的重心明显地移到一侧,只用一条腿支撑着身体;站立时,身体不要下意识地做小动作;在正式场合,不要将手叉在裤袋里面,切忌双手交叉抱在胸前,或是双手叉腰;男士双脚左右开立时,注意两脚之间的距离不可过大,不要挺腹翘臀;站立时,不要两腿交叉站立。

(二) 坐姿

正确的坐姿要求"坐如钟"。坐姿基本的礼仪规范是庄重、文雅、得体、大方,要求如下:

1. 基本坐姿

(1) 入座要稳要轻。准备入座时,可以小腿确认一下座椅的位置,小腿与椅子面约一拳距离,然后轻稳坐下,以坐椅子的2/3为好。女士入座时,若着裙装,应用手轻抚裙子。

(2) 落座后,立腰、挺胸,上体自然挺直,上身微向前倾,重心垂直向下,头部端正,两眼平视,目光柔和。

(3) 双膝自然并拢(男士可略分开,两膝距离以一拳左右为宜),双腿放正。

(4) 双肩平正放松,双臂自然弯曲轻放腿面上。

(5) 起身离座时,右脚向后收半步,再站起,轻稳离座。

2. 常用坐姿

(1) 开关式坐姿(男女适用)。在办工作桌或电脑前常用。坐正,双膝并紧,两小腿前后分开,两脚前后在一条直线上,两手扶于桌上或放在腿上。

(2) 女士左侧点式坐姿。坐正,双膝并紧,上身挺直,两小腿向左倾斜出,左脚靠近右脚内侧,左脚脚掌内侧着地,右脚脚跟微微提起,双手放置于右腿上,头向右侧转。

(3) 女士双脚交叉式。双膝并拢,双脚在踝部交叉。需要注意的是,交叉后的双脚可以内收,也可以斜放,但不要向前方远远地直伸出去。

（4）女士侧身重叠式。髋部左转45度，头胸向右转，右小腿垂直于地面，左腿重叠于右腿上，左腿向里收，左脚尖向下。

男女坐姿大体相同，只是细节上存在差别。整个入座过程应该无声无息、不慌不忙。比较正规的场合通常只坐椅子的2/3，挺拔身体，就是所谓的正襟危坐。当然，非正式场合我们可以适当随意一点，但不要过于随意，不要把你的两条腿形成一个"4"字形，即把你的一条小腿叠放在你另一条大腿上。非正式场合可以跷二郎腿，但是不能把你跷起的脚对着别人，或者把你的脚底朝向别人，这也是很失礼的举止。女士、男士坐姿可分别参见图5-1-9和图5-1-10。

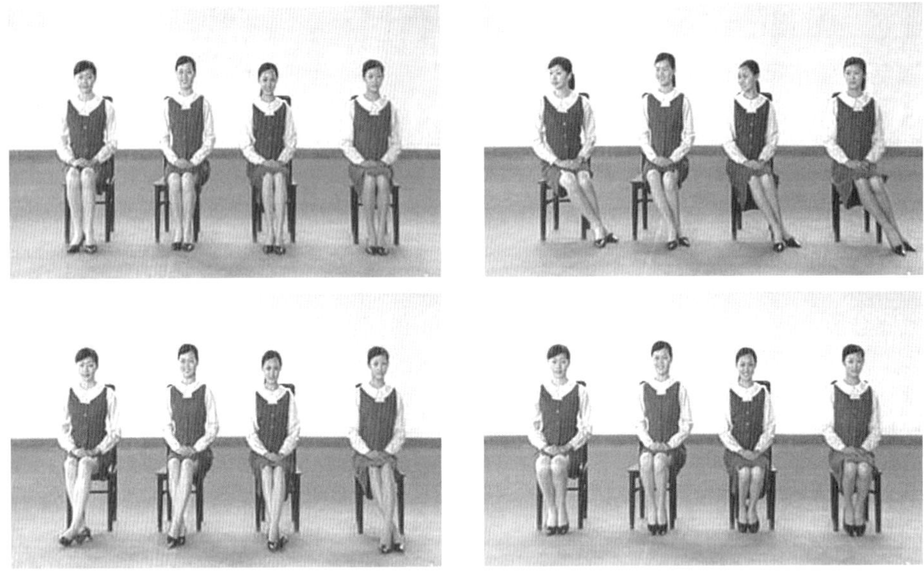

图5-1-9　女士坐姿

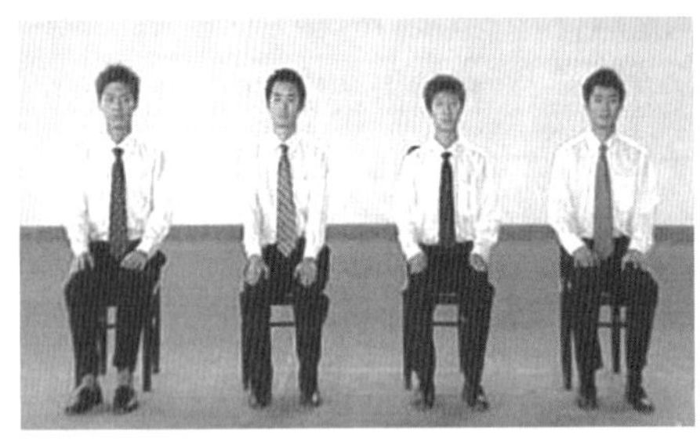

图5-1-10　男士坐姿

（三）走姿

走姿是人体所呈现出的一种动态，是站姿的延续。走姿是展现人的动态美的重要形式。古人说“站如松，坐如钟，行如风”，就是说要求人在行走的时候，如风行水上，轻快自然。步态直接体现了一个人的精神风貌，如图5-1-11所示。

1. 基本走姿

（1）目光平视，头部端正，微收下颌。

（2）双肩平稳，双臂自然摆动，摆幅在30～35度为宜。

（3）上身挺直，抬头挺胸，收腹、立腰，重心稍向前倾。

（4）注意步位，两脚内侧落于一条直线上。

（5）注意步幅，正常的步幅应该是一脚之长（前脚跟和后脚尖的距离）。

图5-1-11　基本走姿

2. 变向时的行走规范

（1）侧身步。当走在前面引导来宾时，应尽量走在宾客的左前方。髋部朝向前行的方向，上身稍向右转体，左肩稍前，右肩稍后，侧身向着来宾，与来宾保持两三步的距离。当走在较窄的路面或楼道中与人相遇时，也要采用侧身步，两肩一前一后，并将胸部转向他人，不可将后背转向他人。

（2）后退步。向他人告辞时，应先向后退两三步，再转身离去。退步时，脚要轻擦地面，不可高抬小腿，后退的步幅要小。转体时要先转身体，头稍候再转。

3. 不同场合的走姿

参加喜庆活动，步态应轻盈、欢快、有跳跃感，以反映喜悦的心情。

参观吊丧活动，步态要缓慢、沉重、有忧伤感，以反映悲哀的情绪。

参观展览、探望病人，环境安谧，不宜出声响，脚步应轻柔。

进入办公场所，登门拜访，在室内这种特殊场所，脚步应轻而稳。

4. 禁忌的走姿

方向不定，瞻前顾后，速度多变，声响过大，八字步态，低头驼背。

5. 走姿训练方法

在地面上放一条绳子或画一条直线，行走时双脚内侧踩在绳或线上。若稍稍碰到这条线，即证明走路时两只脚几乎是在一条直线上。训练时配上行进音乐，音乐节奏为每分钟60拍。

（四）蹲姿

当你在公共场所要捡起掉落在地上的物品时，又刚好是穿着裙子，如不注意背后的上衣自然上提，露出臀部皮肉和内衣很不雅观。即使穿着长裤，两腿展开平衡下蹲，撅起臀部的姿态也不美观。

1. 基本蹲姿

（1）下蹲拾物时，应自然、得体、大方。

（2）一脚在前，一脚在后，站在所取物品的旁边，屈膝蹲下去拿，而不要低头，也不要弓背，要慢慢地把腰部低下。

（3）一小腿基本垂直于地面，另一只脚跟提起，脚掌着地；两腿合力支撑身体，掌握好身体的重心。

2. 高低式蹲姿

下蹲时左（右）脚在前，右（左）脚稍后（不重叠），两腿靠紧向下蹲。左（右）脚全脚着地，小腿基本垂直于地面，右（左）脚脚跟提起，脚掌着地。右（左）膝低于左（右）膝，右（左）膝内侧靠于左（右）小腿内侧，形成左（右）膝高右（左）膝低的姿态，臀部向下。基本上以膝低的腿支撑。

3. 交叉式蹲姿

下蹲时，右（左）脚在前，左（右）脚在后，右（左）小腿垂直于地面，全脚着地，左（右）腿在后与右（左）腿交叉重叠，左（右）膝由后面伸向右（左）侧，左（右）脚跟抬起，脚掌着地，两腿前后靠紧，合力支撑身体。臀部向下，上身稍前倾。

交叉式蹲姿与高低式蹲姿如图5-1-12所示。

图5-1-12　交叉式蹲姿与高低式蹲姿

总之，体态体姿直接影响到一个人的自身形象及别人对你的看法。对个人来说，保持良好的人体姿势将终身受益。

能力测评

形象礼仪能力测评

5.1.6材料 形象礼仪能力测评

拓展训练

1. 微笑训练

因为人们微笑之时，嘴角两端会向上翘起。练习时，为使双颊肌肉向上抬，口里可念着普通话的“一”字音。

训练眼睛的“笑容”。取厚纸一张，遮住眼睛下边部位，对着镜子，回忆过去的美好生活，使笑肌抬升收缩，嘴巴两端做出微笑的口型，随后放松面部肌肉，眼睛随之恢复原形。具体训练方法如图5-1-13所示。

①手举到脸前。

②把手指放在嘴角并向脸的上方轻轻上提。

③一边上提，一边使嘴充满笑意。

④双手按箭头方向做“拉”的动作，一边想象笑的形象，一边使嘴笑起来。

⑤手张开举在眼前，手掌向上提，并且两手展开。

⑥随着手掌上提，打开，眼睛一下子睁大。

图5-1-13 微笑训练方法

2. 站姿训练

人靠墙站立，要求后脚跟、小腿、臀、双肩、后脑勺都紧贴墙，每次训练20分钟左右，每天一次。

在头顶放一本书使其保持水平促使人把颈部挺直，下巴向内收，上身挺直；在两膝之间夹一张纸，使纸张不掉落，每天训练20分钟左右，每天一次。

3. 走姿训练

在地面上画一条直线，行走时双脚内侧踩在线上。若稍稍碰到这条线，即证明走路是两只脚几乎是在一条直线上。训练时配上行进音乐，音乐节奏为每分钟60拍。

4. 手势训练

假设你是一公司的办公室职员，今天有重要客户来访，请演示在接待中“请进”“引导”“请坐”“奉茶”等情境中的手势语。

案例分析

1. 她的着装合适吗

5.1.7材料 她的着装合适吗

2. 小张的应聘

5.1.8材料 小张的应聘

思考讨论

在职场中，男士留胡须、女士梳披肩发属个人行为，对此你怎么看？

第二节 职场社交礼仪

社交礼仪是指人们在人际交往过程中所具备的基本素质、交际能力等。社交在当今社会人际交往中发挥的作用愈显重要。通过社交，人们可以沟通心灵，建立深厚友谊，取得支持与帮助；通过社交，人们可以互通信息，共享资源，对取得事业成功大有获益。

5.2.1视频 职场社交礼仪

一、称呼礼仪

称呼指的是人们在工作或日常交往应酬之中，所采用的彼此之间的称谓语。得体的称呼是日常交际的“敲门砖”。在人际交往中，选择正确、适当的称呼，反映着自身的教养、与交往对象的关系，以及对对方尊敬的程度，直接影响交际的成功。因此称呼不能随便乱用。

在商务活动以及各种正式场合中，对人的称呼一定要准确，这表明双方的关系和身份，以及对方对人的态度。因此，称呼是一种非常重要的礼节。如果一开口称呼都不对，对方可能失去了与你交谈的兴趣。

（一）常用称呼种类

1. 职务性称呼

在工作中，这种称呼的使用是最普遍的。一般有三种情况：称职务，如局长、总经理等；在职务前加上姓氏，如：张局长、王经理等；在完整职务前加上姓名（适用于极其正式的场合），如张正局长、王总经理等。

在使用职务性称呼时，对带有“总”字的头衔可用简称。如“李总”“周总”。如果是副职，在称呼时一般可去掉“副”字，如不称“王副经理”，而称“王经理”。但是，在特别正式、隆重场合不能使用简称。

2. 职称性称呼

对于具有职称者，尤其是具有高级职称者，在工作中直接以其职称相称。称职称时可以只称职称，如：教授。或在职称前加上姓氏，如：张教授、张总工程师（可简称为“张总”）。在职称前加上姓名（适用于十分正式的场合），如：张正教授、丁力总工程师等。

3. 行业性称呼

在工作中，有时可按行业进行称呼。对于从事某些特定行业的人，可直接称呼对方的职业，如老师、医生、会计、律师等，也可以在职业前加上姓氏、姓名。

4. 泛尊称

男性的称呼：在社交场合、公共场合，对于男性都可用“先生”这个称呼；对于从事体力劳动的男士，用“师傅”更容易被接受；在我国党政机关内，称“同志”更合适。

女性的称呼：对未婚女性称“小姐”；对已婚女性称“夫人”（一般用于正式场合）或“太太”（一般用于社交场合）；对于成年女性不明确其婚姻状况的可用“女士”这个通称。

在这些泛尊称之前，可加上对方的姓氏。尤其在双方被介绍后，更应该加上姓氏来称呼对方。如“李先生”“赵女士”“安迪小姐”，这样可以减少双方的距离感。

5. 姓名性称呼

在工作岗位上称呼姓名，一般限于年龄相仿的同事、熟人之间，或年龄大、职务较高、辈分较高的人对年龄小、职务较低、身份较低的人可直接称呼其姓名，也可以不带姓，这样会显得亲切。

6. 用“老”“大”“小”等称呼对方

这种称呼一般适用于文化界和政界的某些德高望重的长者，是一种非常尊敬的称呼，如“郭老”“钱老”等；对小于自己的平辈或晚辈可在对方姓氏前加“小”以示亲切，如“小王”“小李”等。

7. 国际交往中的称呼

在国际交往中，对于地位较高的官方人士（一般指政府部长以上的高级官员），按其国家情况可称“阁下”，如某某“总统阁下”“主席阁下”“部长阁下”等；对君主制的国家，按习惯对其国王、皇后可称为“陛下”；对其王子、公主或亲王可称为“殿下”；对其公、侯、伯、子、男等有爵位的人士，既可称呼其爵位，也可称呼“阁下”或者“先生”。但是美国、墨西哥、德国等国却没有称“阁下”的习惯，因此对这些国家的贵宾可称“先生”。

此外，有的时候还有一些称呼在人际交往中可以采用，比如可以使用表示亲属关系的爱称，如“叔叔”“阿姨”等。但是这样的称呼，并不意味着对方就一定是你的亲叔叔、亲阿姨。

（二）称呼禁忌

应对各种场合中称呼的禁忌应细心掌握，认真区别。在进行人际交往，使用称呼时，一定要避免以下几种错误，以免失敬于人。

1. 使用错误的称呼

使用错误的称呼，主要是由于粗心大意，用心不专。常见的错误称呼有两种。

（1）误读。一般表现为读错被称呼者的姓名。比如“郇”“查”“盖”“仇”这些姓氏就极易弄错。要避免犯此错误，就一定要做好先期准备，必要时不耻下问，虚心请教。

（2）误会。主要指对被称呼的年纪、辈分、婚否以及与其他人的关系做出了错误判断。比如，将未婚妇女称为“夫人”，就属于误会。相对年轻的女性，称“小姐”，一般对方乐意听，但有个别地方会把“小姐”与“三陪小姐”联系起来，这样就应了解本地方的语言习惯。

2. 使用不通行的称呼

有些称呼，具有一定的地域性，比如山东人喜欢称呼对方“伙计”，但南方人认为“伙计”指“打工仔”。中国人把配偶经常称为“爱人”，在外国人的意识里，“爱人”是“第三者”的意思。

3. 使用不当的行业称呼

教师之间喜欢互称“老师”，军人之间经常互称“战友”，工人之间可以互称“师傅”，用这些称呼去称呼其他行业人士，便有些不妥。

4. 正式场合使用庸俗的称呼

在社交等正式场合，有些称呼切勿使用。例如“兄弟”“哥们儿”“姐们儿”“老铁”等一类的称呼，就显得庸俗低级，档次不高，而且有点带有黑社会人员的风格。逢人便称“老板”，也显得不伦不类。

5. 使用绰号作为称呼

对人要尊重，切勿自作主张给对方起绰号，也不能随意以道听途说来的对方绰号去称呼对方。甚至用一些对对方具有侮辱性质的绰号，例如，“老冒”“乡巴佬”“秃子”“四眼”“肥婆”“傻大个”“麻秆儿”等。另外，还要注意，不要随便拿别人的姓名乱开玩笑。每个人都极为看重本人的姓名，而不容他人对此进行任何形式的轻贱，如“苟经理”的谐音。因此，在人际交往中，一定要牢记：要尊重一个人，必须首先学会尊重他的姓名。

5.2.2 材料 正式场合不能使用的称呼

一般情况下，同时与多人打招呼，应遵循先长后幼、先上后下、先近后远、先女后男、先疏后亲的原则。进行人际交往，在使用称呼时，一定要避免失敬于人。

二、介绍礼仪

介绍是人际交往中与他人进行沟通、增进了解、建立联系的一种最基本、最常规的方式，是人与人进行沟通的出发点。在社交场合，如能正确地利用介绍，不仅可以扩大自己的交际圈，广交朋友，而且有助于自我展示、自我宣传，在交往中消除误会，减少麻烦。

（一）介绍礼节

对职场人来说，介绍自己或介绍别人是常有的事。其实，在一个简单的介绍里面也有职场礼仪，了解了这些礼节就能帮助你更好地进行社交活动。

1. 正式介绍

在较为正式、庄重的场合，有两条通行的介绍规则：其一是把年轻的人介绍给年长的人；其二是把男性介绍给女性。在介绍时，最好是姓名并提，还可附加简短的说明，比如职务、职称、学位、爱好和特长等。这种介绍方式等于给双方提示了开始交谈的话题。如果介绍人能找出被介绍的双方某些共同点就再好不过了。如甲和乙是同乡，甲和乙是相距多少届的校友，甲和乙都曾有过什么样相同的经历等等。这样无疑会使初识的交谈更加顺利，找到共同的话题。

2. 非正式介绍

如果是在一般的、非正式的场合，则不必过于拘泥礼节，假若大家又都是年轻人，就更应以自然、轻松、愉快为宗旨。介绍人说一句，“我来介绍一下”，然后即做简单的介绍，也不必过于讲究介绍先后的规则。最简单的方式恐怕莫过于直接报出被介绍者各自的姓名。也不妨加上“这位是”“这就是”之类的话以加强语气，使被介绍人感到亲切和自然。在把一个朋友向众人作介绍时，说句“诸位，这位是我的好友李华”也就可以了。

3. 自我介绍

自我介绍的内容要根据交往的具体场合、目的、对象的特点等实际情况来确定，不可盲目。社交场合，对彼此不太熟悉的人，若一时没有合适的人为自己介绍，则可采用自我介绍的方法，并且一定要说明与主人的关系。在朋友生日聚会上，你可以这样介绍自己：“大家好，我是张三的大学同学，我叫李四。”公务场合，正式的自我介绍主要是以下几个要素：问候、姓名、单位、部门、职务，如“你好，我叫王蕾，是凯利集团总经理秘书”，有职务的一定要报出职务，如果职务较低或无职务，则可报出自己所从事的具体工作，以便对方心中有数，如“你好，我叫李达，在东方集团策划部做活动策划工作”。

4. 介绍后的应对

当介绍人做了介绍以后，被介绍的双方就应互相问候：“你好。”如果在“你好”之后再重复一遍对方的姓名或称谓，则更不失为一种亲切而礼貌的反应。对职场中的长者或有名望的人，重复对其带有敬意的称谓（官职或职称）无疑会使对方感到愉快。如果由你负责出面组织一个聚会，届时你就应站在门口欢迎来客。如果是正式一点的私人聚会，女主人则应站在门口，男主人站在她旁边，两人均须与每一位来客握手问候。按现代西方礼节，当一位妇女走进房内，在座的男子应起立为礼。但若在座之中也有妇女的话，则此礼可免，这时只需男女主人和其家人起身迎客就行了。一般来讲，男子应等女子入座后自己再就座。如果有位女子走过来和某男子交谈，他就应站起来说话。但如果是在某种公共场所，如剧院、餐馆等也不必过于讲究这种礼节，以免影响别人。

（二）介绍注意事项

1. 自我介绍

（1）自我介绍的时机。在下面场合有必要进行适当的自我介绍。职场中，第一次到某单位或部门办事时；应试或求职时；在交往中与不相识者相处时；有不相识者表现出对自己感兴趣时；有不相识者要求自己做自我介绍时；有求于人，而对方对自己不甚了解，或一无所知时；旅行途中，与他人不期而遇，并且有必要与之建立临时接触时；自我推荐、自我宣传时；如欲结识某些人或某个人，而又无人引见时，即可向对方自报家门，将自己介绍给对方。

（2）自我介绍注意事项。

注意时机：进行自我介绍，最好选择在对方有兴趣、有空闲、情绪好、干扰少的时候。如果对方兴趣不高、工作很忙、休息用餐或正忙于其他交际之时，则不太适合进行自我介绍。

态度诚恳：态度一定要自然、友善、亲切、随和。语言要清晰，应镇定自信、落落大方、彬彬有礼。既不能唯唯诺诺，又不能虚张声势，轻浮夸张；应该实事求是，不要把自己拔的过高，也不要自卑地贬低自己。语气要自然，语速要正常，语音要清晰。介绍时要留有余地，不宜用“最”“极”“特别”“第一”等表示极端的词语。

注意时间：自我介绍时还要简洁，言简意赅尽可能地节省时间，以半分钟左右为佳。不宜超过一分钟，而且愈短愈好。话说得多了，不仅显得啰唆，而且交往对象也未必记得住。为了节省时间，做自我介绍时，还可利用名片、介绍信加以辅助。

注意内容：自我介绍的内容包括三项基本要素，即本人的姓名、供职的单位以及具体部门、担任的职务和所从事的具体工作。这三项要素在自我介绍时，应一气连续报出，这样既有助于给人以完整的印象，又可以节省时间，不说废话。如对方表现出有认识自己的愿望，则可在此基础上简略介绍一下自己的籍贯、学历、兴趣、专长及与某人的关系等。

注意方法：进行自我介绍，应先向对方点头致意，得到回应后再向对方介绍自己。如果有介绍人在场，自我介绍则被视为不礼貌的。应善于用眼神表达自己的友善，表达关心以及沟通的渴望。如果你想认识某人，最好预先获得一些有关他的资料或情况，诸如性格、特长及兴趣爱好。这样在自我介绍后，便很容易融洽交谈。在获得对方的姓名之后，不妨口头加重语气重复一次，因为每个人都很乐意听到自己的名字被别人注意。

（3）自我介绍的具体形式。

应酬式：这种自我介绍较为简洁，往往只包括姓名一项就行，适用于某些公共场合和一般性的社交场合，这种自我介绍最为简洁，往往只包括姓名一项即可：“你好，我叫××。”

工作式：适用于工作场合，它包括本人姓名、供职单位及其部门、职务或从事的具体工作等。如：“你好，我叫××，是××公司的销售经理。”“我叫××，在××学校读书。”

交流式：适用于社交活动中，希望与交往对象进一步交流与沟通。它大体应包括介绍者的姓名、工作、籍贯、学历、兴趣及与交往对象的某些熟人的关系。如：“你好，我叫××，在××工作。我是××的同学，都是××人。”

5.2.3材料 交际场合为他人做介绍的方法

礼仪式：适用于讲座、报告、演出、庆典、仪式等一些正规而隆重的场合。包括姓名、单位、职务等，同时还应加入一些适当的谦辞、敬辞。如：

“各位来宾,大家好! 我叫××,是××学校的学生。我代表学校全体学生欢迎大家光临我校,希望大家……”

问答式:适用于应试、应聘和公务交往。问答式的自我介绍,应该是有问必答,问什么就答什么。

2. 他人介绍

(1) 介绍的时机。遇到下列情况,有必要进行他人介绍:与家人外出,路遇家人不相识的同事或朋友;本人的接待对象遇见了其不相识的人士,而对方又跟自己打了招呼;在家中或办公地点,接待彼此不相识的客人或来访者;打算推荐某人加入某一方面的交际圈;受到为他人做介绍的邀请;陪同上司、长者、来宾时,遇见了其不相识者,而对方又跟自己打了招呼;陪同亲友前去拜访亲友不相识者。

(2) 介绍的原则。为他人做介绍时必须遵守“尊者优先”的规则。即先把身份、地位较低的一方介绍给身份、地位较高的一方,让尊者优先了解对方的基本情况,以表示尊敬之意。例如,介绍晚辈和长辈时,一般要先介绍晚辈;介绍上级和下级时,一般要先介绍下级;介绍主人和客人时,一般要先介绍主人;介绍职务低的一方和职务高的一方,一般要先介绍职务低的。介绍个人和团体时,一般先介绍个人。男女间介绍,应先把男性介绍给女性;男女地位、年龄有很大差别时,若女性年轻,先把女性介绍给男性。

(3) 介绍者的神态与姿势。作为介绍人在为他人做介绍时,态度要友好热情,语言要清晰明快。介绍者的态度会影响到被介绍人在对方心中的地位。在介绍一方时,应微笑着用自己的视线把另一方的注意力引导过来。手势动作文雅,使用右手,掌心向上,五指并拢,胳膊略向外伸,斜向被介绍的一方,并向另一方点头微笑,上体前倾15度。介绍人不可以用手拍被介绍人的肩、胳膊和背部等部位,更不能用食指或拇指去指向被介绍的任何一方。

(4) 介绍的语言。介绍人在做介绍时要先向双方打招呼,使双方有思想准备。介绍时内容简明,使用礼貌用语。较为正规的介绍,应该使用敬称,如:“尊敬的凯莉女士,请允许我向您介绍一下……”较轻松的社交场合,可以这样说:“张先生,我来介绍一下,这位是xxx。”在介绍中要避免过分赞扬某个人,不可以对一方介绍得面面俱到,而对另一方简要至极,会给人留下厚此薄彼的感觉。

此外,在做介绍时还应注意:

①介绍者为被介绍者人介绍之前,一定要征求一下被介绍双方的意见,切勿上前开口即讲,显得很唐突,让被介绍者感到措手不及。

②被介绍者在介绍者询问自己是否有意认识某人时,一般不应拒绝,而应欣然应允。实在不愿意时,则应说明理由。

③介绍人和被介绍人都应起立,以示尊重和礼貌;待介绍人介绍完毕后,被介绍双方应微笑点头示意或握手致意。女士和长者可以例外。宴会或谈判桌上不必起立,只需略欠身微笑致意即可。

④在宴会、会议桌、谈判桌上,介绍人和被介绍人可不必起立,被介绍双方可点头微笑致意;如果被介绍双方相隔较远,中间又有障碍物,可举起右手致意,点头微笑致意。

三、握手礼仪

握手是日常交往的一般礼节，也是世界通行的礼节，握手通常用于和人初次见面，熟人久别重逢，告辞或送行等情况，也是表示自己善意的最常见的一种礼节。有些特殊场合，比如向人表示祝贺，感谢或慰问时；双方交谈中出现了令人满意的共同点时；或双方原先的矛盾出现了某种良好的转机或彻底和解时习惯上也以握手为礼。

握手，是交际的一个部分。握手的方式、时间长短、用力的大小、面部的表情等往往传达出你对对方态度的不同，稍不注意，就会给个人和公司体带来负面的影响。美国著名盲聋女作家海伦·凯勒说："我接触的手有些拒人千里之外；也有些充满阳光，你会感到很温暖……"

（一）握手的要求

1. 握手的次序

（1）"尊者决定"的原则。根据礼仪规范，握手时双方伸手的先后次序，应当在遵守"尊者决定"原则的前提下，具体情况具体对待。"尊者决定"原则的含义是，在两人握手时，首先应确定握手双方身份的尊卑，然后以此决定伸手的先后。先由位尊者伸出手，即尊者先行。位卑者只能在此后予以响应，而绝不可贸然抢先伸手，不然就是违反礼仪的举动。

在握手时，之所以要遵守"尊者决定"的原则，既是为了恰到好处地体现对位尊者的尊重，也是为了维护在握手之后的寒暄应酬中位尊者的自尊。因为握手往往意味着进一步交往的开始，如果位尊者不想与位卑者深交，他是大可不必伸手与之相握的。换言之，如果位尊者主动伸手与位卑者相握，则表明前者对后者印象不坏，而且有与之深交之意。

（2）具体涉及情况。具体而言，握手时双方伸手的先后次序大体包括如下几种情况：年长者与年幼者握手，应由年长者首先伸出手来；长辈与晚辈握手，应由长辈首先伸出手来；老师与学生握手，应由老师首先伸出手来；女士与男士握手，应由女士首先伸出手来；已婚者与未婚者握手，应由已婚者首先伸出手来；社交场合的先至者与后来者握手，应由先至者首先伸出手来；上级与下级握手，应由上级首先伸出手来；职位、身份高者与职位、身份低者握手，应由职位、身份高者首先伸出手来。

（3）某些特殊情况。若是一个人需要与多人握手，则握手时亦应讲究先后次序，由尊而卑，即先年长者后年幼者，先长辈后晚辈，先老师后学生，先女士后男士，先已婚者后未婚者，先上级后下级，先职位、身份高者后职位、身份低者。在公务场合，握手时伸手的先后次序主要取决于职位、身份。而在社交、休闲场合，它则主要取决于年龄、性别、婚否。在接待来访者时，这一问题变得较为特殊一些。当客人抵达时，应由主人首先伸出手来与客人相握。而在客人告辞时，则应由客人首先伸出手来与主人相握。前者是表示"欢迎"，后者则表示"再见"。若这一次序颠倒，则极易让人发生误解。

应当强调的是，上述握手时的先后次序可用以律己，却不必处处苛求于人。要是当自己处于尊者之位，而位卑者抢先伸手要来相握时，最得体的做法，还是要与之配合，立即伸出自己的手。若是过分拘泥于礼仪，对其视若不见，置之不理，使其进退两难，当场出丑，也是失礼于对方的。

2. 握手时的体态语。握手的体态语包括“表情”“距离”“姿势”“力度”和“时间”五个方面。

表情:握手时,要面带微笑,目视对方,表示你的诚恳、热情和自信。同时要有相应的问候语,如“你好”“见到你很高兴”“祝贺你”等。

距离:握手时两人相距一米。

姿势:双腿立正,上身略向前倾,伸出右手四指并拢,大拇指张开,掌心向内,手掌与地面垂直,肘关节微曲与对方相握,上下稍许晃动三四次(3秒左右),随后松开手来,恢复原状。

力度:握手力度要适中,稍许用力。握得太紧给人过分热情之感;握得柔软无力或伸而不握,给人缺乏热忱或敷衍之感。不同对象使用不同的力度,也能传达不同的心意。久别重逢的亲朋好友,握手的力度可稍微大些;对异性或初次见面的朋友,千万不可用力过猛。

(二) 握手注意事项

(1) 握手时目光应热情地注视对方,不可左顾右盼,心不在焉。

(2) 与人握手的时候必须要脱掉手套,以表示尊重。(女性社交场合穿着的薄纱手套或军人身穿制服执行公务除外)

(3) 与人握手最好是站立着的。除年老体弱或残疾人可以坐正握手外,其他人都应站立行礼。

(4) 握手时间不宜太久,要求在3秒钟以内。

(5) 握手的力度应该稍许用力。

(6) 如果你有抽烟的习惯,当你要和人家握手时,应该是把烟放下或是扔掉,不要换手持烟。

(7) 握手一般只用右手,特别熟悉或是久违的好友,双手环握表示心情激动也是允许的,初次见面或是异性之间却不适用。

(8) 即使有人违背握手顺序原则,也应迎握对方,否则就是失礼。

5.2.4材料 握手的八大禁忌

四、名片礼仪

朋友相见、相识,互换名片早已成为人们互做介绍并建立联系的一个重要做法。在商务活动中,名片的使用更频繁、更普遍。

(一) 名片索要

1. 索要

社交场合,想要认识一个人,冒冒失失向对方索要名片是极不礼貌的。按照名片礼仪,一般是长者或职位高者采取主动。如果他们没有表示,而你又非常想结识他们,最好的方式就是递上自己名片,懂得礼仪规则的人就自然会给你他的名片。此外,还可以婉转地问“很高兴认识您,不知道能不能有幸跟您交换一下名片”,或是“希望以后还能够见到你,不知道怎么跟你联络比较方便”等话语。如果对方有心跟你交朋友，肯定会给他(她)的名片。

2. 如何索要名片

(1) 联络法——主动递上自己的名片(如:你好! 这是我的名片，以后多保持联系或请多关照!)

(2) 交换法——向对方提议交换名片(如:我们可互赠名片吗? 或很高兴认识你，不知能不能跟您交换一下名片?)

(3) 谦恭法——向地位高、长辈索取名片(如:久仰大名，不知以后怎么向您请教? 又如:很高兴认识您! 以后向您讨教，不知如何联系?)

(二) 名片的递送

如何交换名片，往往反映了一个人的礼仪修养，也是对交往对象尊重与否的直接体现。

1. 时机适宜

递送名片一般选择在初识之际或者分别之时，可以表示出尊重对方、希望保持联络的诚意。

2. 递送有序

一般由职位低者先向职位高者、晚辈先向长辈、男士先向女士递上名片，然后再由后者予以回赠。在向多人递送名片时应由尊而卑、由近而远，如果坐的是圆桌可按顺时针依次进行。

3. 方法得当

初次见面，首先要以亲切的态度打招呼，并报上自己所在组织的名称，然后将名片递给对方。递送名片时应起身站立，面带微笑，身体稍微前倾，用双手拇指和食指执名片两角，举止胸前递送，并将名片正面朝向对方，并加上“请多多关照”“请多联系”等谦辞。递接名片时，如果是单方递、接，应用双手;如果是双方同时交换名片，应右手递，左手接。不要用手指夹着给人，在递送名片时，如果是坐着，应起身或欠身，如图5-2-1所示。

图5-2-1　递送名片方法

(三) 接收名片

接名片时要站立并用双手接，认真看一遍上面的内容，还可以轻声读出对方的头衔和名字，让别人感受到你的重视。接受后回敬自己的名片，若刚好没带名片或者是用完，要表示歉意。具体如图5-2-2和图5-2-3所示。接收名片要注意以下几点。

1. 态度谦虚有礼

接收名片时，要暂停手中一切事情，并起身站立，面带微笑，双手接受，致意道谢。

2. 认真阅读名片

接过名片后，要认真读一遍，或者热情地称呼一下对方，以示尊重。

3. 要有来有往

接受他人名片后，一般应立即回给对方一张自己的名片，如果刚好没有名片，应向对方做出诚恳解释并致以歉意。

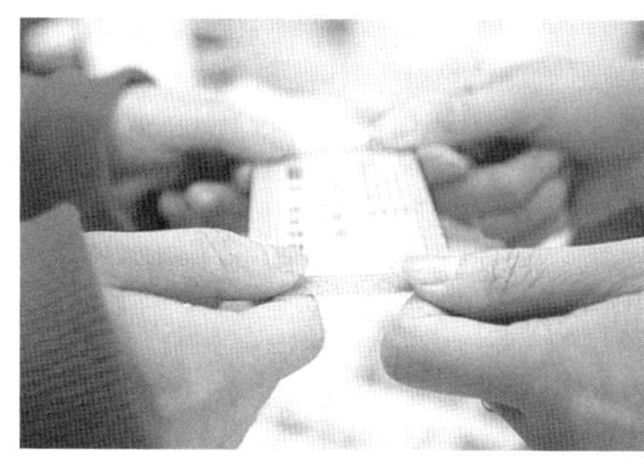

图5-2-2接收名片

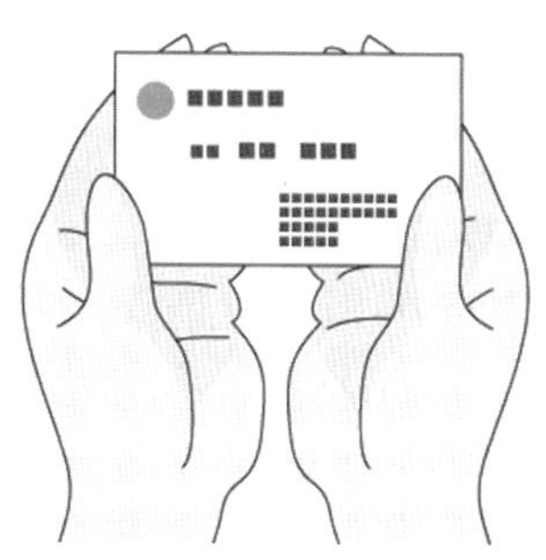

图5-2-3 接收名片并阅读

（四）名片的收藏

收到名片的时候，假若与对方的谈话尚未结束，不要着急把对方的名片收藏起来，等待谈话结束可以把名片收藏到自己的上衣的口袋或者是名片夹里，如若穿的是西服，最好将名片放在左胸的内衣袋，以示珍藏。自己的名片也应该保存妥帖，最好放在同一个地方，有需要马上迅速可以拿出。尤其是女性，别人与你交换名片的时候，埋头在包里一阵翻找，一会儿摸出化妆包，一会儿摸出纸巾，一会儿……等你翻出你的名片夹之前，你的个人形象已经消退殆尽了。

（五）名片使用中的注意问题

1. 名片的规格

国际规格：6cm×10cm；国内规格：5.5cm×9cm。

2. 色质

最好选用质地柔软、耐磨、美观、大方的白板纸、布纹纸。色彩以白色为主，也可用米色、淡蓝色、灰色等庄重朴素的颜色，最好只用一个基础色，杂色令人眼花缭乱。

3. 名片的类别

（1）公务名片。公务名片是指在政务、商务、学术等正式场合使用的个人名片。标准的公务名片包括单位信息、个人信息、联络方式等三方面内容。

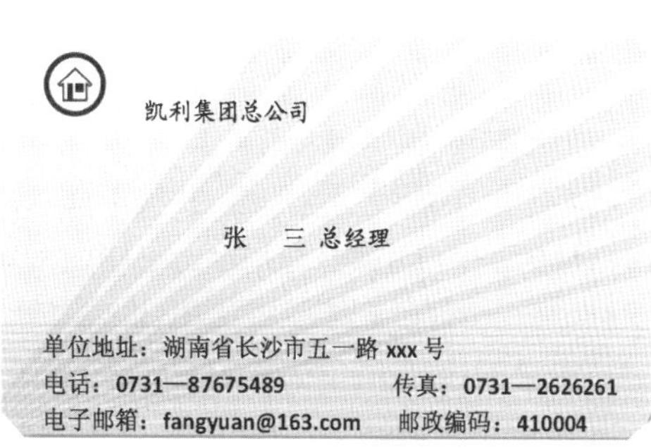

图5-2-3 公务名片

（2）社交名片。用于自我介绍和保持联系，内容主要有本人姓名、联络方式。社交名片可以不印办公室地址，以示公私分明。

（3）应酬名片。内容通常就是个人姓名一项，也可加上本人的籍贯。这种名片主要用于社交场合的一般性应酬，拜会他人时说明身份，馈赠时替代礼单，或做便条、短信之用。

4. 不使用涂改过的名片

有些人换了电话号码或者地址，就把原来没用完的名片用水笔或是圆珠笔涂改后使用，这不仅是破坏了你的名片，更是破坏你个人的形象。

5. 名片上一般不提供住宅地址和电话

如若在公务场合，使用的名片最好不提供家庭住址和宅电，以便公私分明。但是一般应酬场合或者是社交场合本来就是交友的好机会，使用的名片则需要提供家庭住址和电话，以方便日后联系。

6. 不印两个以上的头衔

名片上的头衔不宜过多，避免出现两个以上的头衔。"闻道有先后，术业有专攻"，不同的场合可以使用不同的名片，很多有地位有身份的人会同时准备好几种名片，对不同的交往对象强调自己不同身份的时候，会使用不同的名片。

能力测评

社交礼仪能力测评

5.2.5材料 社交礼仪能力测评

拓展训练

1. 介绍训练

一位客户到某公司洽谈业务，公关经理在机场接到了这位客户，然后要安排他和公司总经理、副总经理、业务员见面，请根据情境演示介绍的先后顺序，介绍的语言和手势。

2. 名片制作

假设你是某市大众汽车有限公司的业务主管，请根据名片的制作要求，制作一张公务名片（电话、地址等可以虚拟）。

3. 握手训练

根据以下情境回答问题，并实际演示。

场景一：王明（男）与张艳（女）毕业两年后偶遇，谁先伸手？

场景二：你受到校长的接见，谁先伸手？

场景三：你带同学去表姐家做客，表姐与你同学见面后，谁先伸手？告辞时，谁先伸手？

场景四：你路遇同学的母亲，谁先伸手？

案例分析

1. 机场偶遇

5.2.6材料 机场偶遇

2. 餐桌上的名片

5.2.7材料 餐桌上的名片

思考讨论

1. 酒桌上，一男一女在交谈。

男：听说你们公司员工工资很高？

女：还可以。

男：你每月能开多少钱？

女不悦：没准儿。

男：年底还发红包吧？

女：也不一定。

男士刨根问底：你年底能得多少红包？

女：您不是税务局的吧？

男士哑口无言了。

你认为是男士有违礼仪还是那位女士待人失礼，为什么？

2. 在广告公司上班的王先生与公司新来的小刘关系处得好，平时进出见面时，小刘都对王先生以"王哥"相称，王先生也觉得这种称呼很亲切。这天王先生陪同几位来自香港的客人一同进入公司，小刘看到王先生一行人，又热情地打招呼："王哥好！几位大哥好！"谁知随行的香港客人觉得很诧异，其中有一位还面露不悦之色。

为什么小刘平时亲切的称呼，在这时却让几位香港客人诧异甚至不悦？小刘的称呼有何不妥？

第三节 职场接待礼仪

职场接待礼仪是指职场工作人员在接待他人时向对方表示尊重所必须遵守的行为准则和处事方式。作为职场人员，必须懂得职场接待礼仪，否则就会贻笑大方，影响自身及组织形象，不利于合作交流。

5.3.1视频 职场接待礼仪

一、乘车礼仪

(一) 乘坐轿车的位次礼仪

1. 由主人亲自驾驶轿车

由主人亲自驾驶轿车时,一般前排为上,后排为下。

双排五人座轿车其他四个座位的座次,由尊而卑依次为:副驾驶座,后排右座,后排左座,后排中座。双排六人座轿车,座次由尊到卑依次为:前排右座,前排中座,后排右座,后排左座,后排中座。三排七人座轿车(中排为折叠座),座次由尊到卑依次为:副驾驶座,后排右座,后排左座,后排中座,中排右座,中排左座。三排九人座轿车,座次由尊到卑依次为:前排右座,前排中座,中排右座,中排中座,中排左座,后排右座,后排中座,后排左座。

当主人亲自驾车时,如果只有一个人乘车,那么必须坐在副驾驶座上,如果多人乘车,必须推举一人在副驾驶座上就座,否则就是对主人的失敬。

2. 由专职司机驾驶轿车

由专职司机驾驶轿车时,后排为上,前排为下;以右为尊,以左为卑。

双排五人座轿车其他四个座位的座次,由尊而卑依次为:后排右座,后排左座,后排中座,副驾驶座。双排六人座轿车,座次由尊到卑依次为:后排右座,后排左座,后排中座,前排右座,前排中座。三排七人座轿车(中排为折叠座),座次由尊到卑依次为:后排右座,后排左座,后排中座,中排右座,中排左座,副驾驶座。三排九人座轿车,座次由尊到卑依次为:中排右座,中排中座,中排左座,后排右座,后排中座,后排左座,前排右座,前排中座。

根据常识,轿车的前排,特别是副驾驶座,是车上最不安全的座位。在公务活动中,副驾驶座,特别是双排五人座轿车上的副驾驶座,被称为“随员座”,专供秘书、翻译、警卫、陪同等随从人员就座。

3. 轿车上嘉宾的本人意愿

在正式场合乘坐轿车时,应请尊长、女士、来宾就座于上座,这是给予对方的一种礼遇。当然,不要忘了尊重嘉宾本人的意愿和选择,这点极为重要。嘉宾坐在哪里,即应认定哪里是上座。即便嘉宾不明白座次,坐错了地方,轻易也不要对其指出或纠正。

(二) 乘坐轿车的举止礼仪

1. 不抢座位

上下轿车时,要互相礼让,不要争抢座位。

2. 坐姿端正

乘坐轿车时,注意坐姿端正,不要东倒西歪。穿短裙的女性,要注意上下车的仪态,上车时,应双腿并拢,背对车座坐下后,再收入双腿;下车时,应双脚着地后,再移身车外。

3. 要讲卫生

不要在车上吸烟,或是连吃带喝,随手乱扔。不要往车外丢东西、吐痰或擤鼻涕。不要在车上脱鞋、脱袜、换衣服,或是用脚蹬踩座位;更不要将手或腿、脚伸出车窗之外。

4. 顾及安全

不要与驾车者长谈，以防其走神。不要让驾车者听移动电话。协助尊长、女士、来宾上车时，可为之开门、关门、封顶。在开、关车门时，不要弄出大的声响，以免夹伤人。在封顶时，应一手拉开车门，一手挡住车门门框上端，以防止其碰人。当自己上下车、开关门时，要先看后行，不要疏忽大意，以免伤人。

（三）上下车的顺序礼仪

1. 上下车的顺序礼仪

上下车的基本礼仪原则是“方便领导，突出领导”。一般是让领导和客人先上，自己后上。下车时，我们先下，领导和客人后下。上车时，为领导和客人打开车门的同时，左手固定车门，右手护住车门的上沿（左侧下车相反），防止客人或领导碰到头部，确认领导和客人身体安全进车后轻轻关上车门。下车时，方法相同。如果很多人坐一辆车，那么谁最方便下车谁先下车。无论是先上后上，还是先下后下，我们都要遵循这一原则。

2. 主人驾驶轿车

主人驾驶轿车时，应后上车，先下车，以便照顾客人上下车。

3. 专职司机驾驶轿车

乘坐由专职司机驾驶的轿车，并与其他人同坐于后一排时，应请尊长、女士、来宾从右侧车门先上车，自己再从车后绕到左侧车门后上车。下车时，则应自己先从左侧下车，再从车后绕过来帮助对方。若左侧车门不宜开启，于右门上车时，要里座先上，外座后上。下车时，要外座先下，里座后下。总之，以方便易行为宜。乘坐多排座轿车，通常应以距离车门的远近为序。上车时，距车门最远者先上，其他人随后由远而近依次而上。下车时，距车门最近者先下，其他随后由近而远依次而下。

5.3.2 材料 乘坐火车的礼仪规范

二、职场宴请礼仪

（一）中餐宴请礼仪

1. 用餐方式

（1）宴会，通常指的是以用餐为形式的社交聚会。可以分为正式宴会和非正式宴会两种类型。正式宴会，是一种隆重而正规的宴请。它往往是为宴请专人而精心安排的，在比较高档的饭店，或是其他特定的地点举行的，讲究排场、气氛的大型聚餐活动。对于到场人数、穿着打扮、席位排列、菜肴数目、音乐演奏、宾主致辞等，往往都有十分严谨的要求和讲究。非正式宴会，也称为便宴，也适用于正式的人际交往，但多见于日常交往。它的形式从简，偏重于人际交往，而不注重规模、档次。一般来说，它只安排相关人员参加，不邀请配偶，对穿着打扮、席位排列、菜肴数目往往不做过高要求，而且也不安排音乐演奏和宾主致辞。

（2）家宴，也就是在家里举行的宴会。相对于正式宴会而言，家宴最重要的是要制造亲切、友好、自然的气氛，使赴宴的宾主双方轻松、自然、随意，彼此增进交流，加深了解，促进信任。通常，家宴在礼仪上往往不做特殊要求。为了使来宾感受到主人的重视和友好，基本上要由女主人亲自下厨烹饪，男主人充当服务员；或男主人下厨，女主人充当服务员，来共同招待客人，使客人产生宾至如归的感觉。如果要参加宴会，那么就需要注意，首先必须把自己打扮得整齐大方，这是对别人也是对自己的尊重。

（3）便餐，也就是家常便饭。用便餐的地点往往不同，礼仪讲究也最少。只要用餐者讲究公德，注意卫生、环境和秩序，在其他方面就不用介意过多。

（4）工作餐，是在商务交往中具有业务关系的合作伙伴，为进行接触、保持联系、交换信息或洽谈生意而用用餐的形式进行的商务聚会。它不同于正式宴会和亲友们的会餐。它重在一种氛围，意在以餐会友，创造出有利于进一步进行接触的轻松、愉快、和睦、融洽的氛围。这是借用餐的形式继续进行的商务活动，把餐桌充当会议桌或谈判桌。工作餐一般规模较小，通常在中午举行，主人不用发正式请柬，客人不用提前向主人正式进行答复，时间、地点可以临时选择。出于卫生方面的考虑，最好采取分餐制或公筷制的方式。

（5）自助餐，是近年来借鉴西方的现代用餐方式。它不排席位，也不安排统一的菜单，是把能提供的全部主食、菜肴、酒水陈列在一起，根据用餐者的个人爱好，自己选择、加工、享用。采取这种方式，可以节省费用，而且礼仪讲究不多，宾主都方便；用餐的时候每个人都可以悉听尊便。在举行大型活动，招待为数众多的来宾时，这样安排用餐，也是最明智的选择。

2. 菜单安排

根据我们的饮食习惯，与其说是“请吃饭”，还不如说成“请吃菜”。所以对菜单的安排马虎不得。它主要涉及点菜和准备菜单两方面的问题。

点菜时，不仅要吃饱、吃好，而且必须量力而行。如果为了讲排场、装门面，而在点菜时大点特点，甚至乱点一通，不仅对自己没好处，而且还会招人笑话。这时，一定要心中有数，力求做到不超支，不乱花，不铺张浪费。可以采用点套餐或包桌的方式，这样费用固定，菜肴的档次和数量相对固定，省事；也可以根据“个人预算”，在用餐时现场临时点菜，这样不但自由度较大，而且可以兼顾个人的财力和口味。

被请者在点菜时，一是告诉做东者，自己没有特殊要求，请随便点，这实际上正是对方欢迎的。或是认真点上一个不太贵、又不是大家忌口的菜，再请别人点。别人点的菜，无论如何都不要挑三拣四。

一顿标准的中餐大菜，不管什么风味，上菜的次序都相同。首先是冷盘，接下来是热炒，随后是主菜，然后上点心和汤，最后上果盘。如果上咸点心的话，讲究上咸汤；如果上甜点心的话，就要上甜汤。不管是不是吃大菜，了解中餐标准的上菜次序，不仅有助于在点菜时巧做搭配，而且还可以避免因为不懂而出洋相、闹笑话。

在宴请前，主人需要事先对菜单进行再三斟酌。在准备菜单的时候，主人要着重考虑哪些菜可以选用、哪些菜不能选用。优先考虑的菜肴有四类：

（1）中餐特色的菜肴。宴请外宾的时候，这一条更要重视。像炸春卷、煮元宵、蒸饺子、狮子头、宫保鸡丁等，并不是佳肴美味，但因为具有鲜明的中国特色，所以受到很多外国人的推崇。

（2）本地特色的菜肴。比如西安的羊肉泡馍、湖南的毛家红烧肉、上海的红烧狮子头、北京的涮羊肉等，在当地宴请外地客人时，上这些特色菜，恐怕要比千篇一律的生猛海鲜更受好评。

（3）餐馆的特色菜。很多餐馆都有自己的特色菜。上一份餐馆的特色菜，能说明主人的细心和对被请者的尊重。

（4）主人的拿手菜。举办家宴时，主人一定要当众露上一手，多做几个自己的拿手菜。其实，所谓的拿手菜不一定十全十美。只要主人亲自动手，单凭这一条，足以让对方感觉到尊重和友好。

在安排菜单时，还必须考虑来宾的饮食禁忌，特别是要对主宾的饮食禁忌高度重视。这些饮食方面的禁忌主要有四条：

对于宗教的饮食禁忌，一点也不能疏忽大意。例如，穆斯林不吃猪肉。

出于健康的原因，对于某些食品，也有所禁忌。比如，有心脏病、动脉硬化、高血压和中风后遗症的人，不适合吃狗肉，肝炎病人忌吃羊肉和甲鱼，胃肠炎、胃溃疡等消化系统疾病的人也不合适吃甲鱼，高血压、高胆固醇患者要少喝鸡汤等。

不同地区的人们饮食偏好往往不同。对于这一点，在安排菜单时要兼顾。比如，四川、湖南人普遍喜欢吃辛辣食物，少吃甜食。

有些职业，出于某种原因，在餐饮方面往往也有各自不同的特殊禁忌。例如，国家公务员在执行公务时不准吃请，在公务宴请时不准大吃大喝，不准超过国家规定的标准用餐，不准喝烈性酒。再如，驾驶员工作期间不得喝酒。要是忽略了这些，还有可能使对方犯错误。

在隆重而正式的宴会上，主人选定的菜单也可以在精心书写后，每人一份，用餐者不但餐前心中有数，而且餐后也可以留做纪念。

3. 席位的排列

中餐席位的排列，在不同情况下，有一定的差异。可以分为桌次排列和位次排列两方面。

（1）桌次排列。在中餐宴请活动中，往往采用圆桌布置菜肴、酒水。排列圆桌的尊卑次序，有两种情况。

第一种情况，是由两桌组成的小型宴请。这种情况，又可以分为两桌横排和两桌竖排的形式。

当两桌横排时，桌次是以右为尊，以左为卑。这里所说的右和左，是由面对正门的位置来确定的。当两桌竖排时，桌次讲究以远为上，以近为下。这里所讲的远近，是以距离正门的远近而言。

第二种情况，是由三桌或三桌以上的桌数所组成的宴请。在安排多桌宴请的桌次时，除了要注意“面门定位”“以右为尊”“以远为上”等规则外，还应兼顾其他各桌距离主桌的远近。通常，距离主桌越近，桌次越高；距离主桌越远，桌次越低。

在安排桌次时，所用餐桌的大小、形状要基本一致。除主桌可以略大外，其他餐桌都不要过大或过小。

为了确保在宴请时赴宴者及时、准确地找到自己所在的桌次，可以在请柬上注明对方所在的桌次、在宴会厅入口悬挂宴会桌次排列示意图、安排引位员引导来宾按桌就座，或者在每张餐桌上摆放桌次牌(用阿拉伯数字书写)。

(2) 位次排列。宴请时,每张餐桌上的具体位次也有主次尊卑的分别。排列位次的基本方法有四条,它们往往会同时发挥作用。一是主人大都应面对正门而坐,并在主桌就座。二是举行多桌宴请时,每桌都要有一位主桌主人的代表在座。位置一般和主桌主人同向,有时也可以面向主桌主人。三是各桌位次的尊卑,应根据距离该桌主人的远近而定,以近为上,以远为下。四是各桌距离该桌主人相同的位次,讲究以右为尊,即以该桌主人面向为准,右为尊,左为卑。

另外,每张餐桌上所安排的用餐人数应限在10人以内,最好是双数。人数如果过多,不仅不容易照顾,而且也可能坐不下。

根据上面四个位次的排列方法,圆桌位次的具体排列可以分为两种具体情况。它们都是和主位有关。

第一种情况:每桌一个主位的排列方法。特点是每桌只有一名主人,主宾在右首就座,每桌只有一个谈话中心。

第二种情况:每桌两个主位的排列方法。特点是主人夫妇在同一桌就座,以男主人为第一主人,女主人为第二主人,主宾和主宾夫人分别在男女主人右侧就座。每桌从而客观上形成了两个谈话中心。

如果主宾身份高于主人,为表示尊重,也可以安排在主人位子上坐,而请主人坐在主宾的位子上。

便餐位次的排列,可以遵循四个原则。一是右高左低原则,两人一同并排就座,通常以右为上座,以左为下座。这是因为中餐上菜时多以顺时针方向为上菜方向,居右坐的因此要比居左坐的优先受到照顾。二是中座为尊原则,三人一同就座用餐,坐在中间的人在位次上高于两侧的人。三是面门为上原则,用餐的时候,按照礼仪惯例,面对正门者是上座,背对正门者是下座。四是特殊原则,高档餐厅里,室内外往往有优美的景致或高雅的演出,供用餐者欣赏。这时候,观赏角度最好的座位是上座。在某些中低档餐馆用餐时,通常以靠墙的位置为上座,靠过道的位置为下座。

4. 中餐席间礼仪

(1) 进餐时注意吃相文雅。就餐的动作要文雅,夹菜动作要轻。而且要把菜先放到自己的小盘里,然后再用筷子夹起放进嘴。送食物进嘴时,要小口进食,两肘向内靠,不要向两边张开,以免碰到邻座。不要在吃饭、喝饮料、喝汤时发出声响。用餐的时候,不要吃得摇头摆脑,宽衣解带,满脸油汗,汁汤横流,响声大作。这样不但失态欠雅,而且还会败坏别人的食欲。可以劝别人多用一些,或是品尝某道菜肴,但不要不由分说,擅自做主,主动为别人夹菜、添饭,这样不仅不卫生,而且还会让人为难。

5.3.3材料 敬酒礼仪

(2) 取菜时要相互礼让,取菜要适量。取菜的时候,不要在公用的菜盘内挑挑拣拣。要是夹起来又放回去,就显得缺乏教养。多人一桌用餐,取菜要注意相互礼让,依次而行,取用适量。不要敲敲打打,比比画画。还要自觉做到不吸烟。

(3) 用餐的时候,注意举止得体。用餐时应该着正装,不要脱外衣,更不要中途脱外衣、脱袜、脱鞋。女性在用餐时不要梳理头发、化妆补妆等,如必要可以去化妆间或洗手间。用餐的时候不要离开座位，四处走动。如果有事要离开，也要先和旁边的人打个招呼，可以说声“失陪了”“我有事先行一步”等。

（4）遵守餐具使用礼仪。筷子是中餐最主要的餐具。使用筷子，通常必须成双使用。用筷子取菜、用餐的时候，要注意以下四个问题：一是不论筷子上是否残留着食物，都不要去舔；二是和人交谈时，要暂时放下筷子，不能一边说话，一边挥舞筷子；三是不要把筷子竖插放在食物上面；四是筷子只是用来夹取食物的，用来剔牙、挠痒或是用来夹取食物之外的东西都是失礼的。

5.3.4 材料 落筷风波

（二）西餐宴请礼仪

1. 西餐点菜及上菜顺序

（1）头盘。西餐的第一道菜是头盘，也称为开胃品。开胃品的内容一般有冷头盘和热头盘之分，常见的品种有鱼子酱、鹅肝酱、熏鲑鱼、鸡尾杯、奶油鸡酥盒、焗蜗牛等。因为是要开胃，所以开胃菜一般都有特色风味，味道以咸和酸为主，而且数量少，质量较高。

（2）汤。和中餐不同的是，西餐的第二道菜就是汤。西餐的汤大致可分为清汤、奶油汤、蔬菜汤和冷汤等4类。品种有牛尾清汤、各式奶油汤、海鲜汤、美式蛤蜊汤、意式蔬菜汤、俄式罗宋汤、法式焗葱头汤。冷汤的品种较少，有德式冷汤、俄式冷汤等。

（3）副菜。鱼类菜肴一般作为西餐的第三道菜，也称为副菜。品种包括各种淡、海水鱼类、贝类及软体动物类。通常水产类菜肴与蛋类、面包类、酥盒菜肴品都称为副菜。因为鱼类等菜肴的肉质鲜嫩，比较容易消化，所以放在肉类菜肴的前面，叫法上也和肉类菜肴主菜有区别。西餐讲究使用专用的调味汁，品种有荷兰汁、白奶油汁、美国汁、水手鱼汁等。

（4）主菜。肉、禽类菜肴是西餐的第四道菜，也称为主菜。肉类菜肴的原料取自牛、羊、猪、小牛仔等各个部位的肉，其中最有代表性的是牛肉或牛排。牛排按其部位又可分为沙朗牛排（也称西冷牛排）、菲利牛排、“T”骨型牛排、薄牛排等。其烹调方法常用烤、煎、铁扒等。肉类菜肴配用的调味汁主要有西班牙汁、浓烧汁精、蘑菇汁、白尼斯汁等。禽类菜肴的原料取自鸡、鸭、鹅，通常将兔肉和鹿肉等野味也归入禽类菜肴。禽类菜肴品种最多的是鸡，有山鸡、火鸡、竹鸡，可煮、炸、烤、焖，主要的调味汁有黄肉汁、咖喱汁、奶油汁等。

（5）蔬菜类菜肴。蔬菜类菜肴可以安排在肉类菜肴之后，也可以和肉类菜肴同时上桌，所以可以算为一道菜，或称为一种配菜。蔬菜类菜肴在西餐中被称为沙拉，一般用生菜、西红柿、黄瓜、芦笋等制作。沙拉的主要调味汁有醋油汁、法国汁、干岛汁、奶酪沙拉汁等。

沙拉除了蔬菜之外，还有一类是用鱼、肉、蛋类制作的，这类沙拉一般不加味汁，在进餐顺序上可以作为头盘。

还有一些蔬菜是熟的，如花椰菜、煮菠菜、炸土豆条。熟食的蔬菜通常和主菜的肉食类菜肴一同摆放在餐盘中上桌，称为配菜。

（6）甜品。西餐的甜品是在主菜后食用的，可以算作是第六道菜。从真正意义上讲，它包括所有主菜后的食物，如布丁、煎饼、冰淇淋、奶酪、水果等。

（7）咖啡、茶。西餐的最后一道是上饮料，咖啡或茶。喝咖啡一般要加糖和淡奶油。

茶一般要加香桃片和糖。

2. 西餐位次问题

即使来宾中有地位、身份、年纪高于主宾的，在排定位次时，仍要紧靠主人就座。男主人坐主位，右手是第一重要客人的夫人，左手是第二重要客人的夫人，女主人坐在男主人的对面。她的两边是最重要的第一、第二位男客人。现在，如果不是非常正规的午餐或晚餐，这样一男一女的间隔坐法就不重要了。

3. 刀叉的使用

使用刀叉时，从外侧往内侧取用刀叉，要左手持叉，右手持刀；切东西时左手拿叉按住食物，右手拿刀切成小块，用叉子往嘴里送。用刀的时候，刀刃不可以朝外。进餐中途需要休息时，可以放下刀叉并摆成"八"字形状摆在盘子中央，表示没吃完，还要继续吃。每吃完一道菜，将刀叉并排放在盘中，表示已经吃完了，可以将这道菜或盘子拿走。如果是谈话，可以拿着刀叉，不用放下来，但不要挥舞。不用刀时，可用右手拿叉，但需要做手势时，就应放下刀叉，千万不要拿着刀叉在空中挥舞摇晃，不要一手拿刀或叉，而另一只手拿餐巾擦嘴，也不要一手拿酒杯，另一只手拿叉取菜。任何时候，都不要将刀叉的一端放在盘上，另一端放在桌上。

4. 餐桌上的注意事项

5.3.5材料 自助餐礼仪

不要在餐桌上化妆，用餐巾擦鼻涕。用餐时打嗝是大忌。取食时，拿不到的食物可以请别人传递，不要站起来。每次送到嘴里的食物别太多，在咀嚼时不要说话。就餐时不可以狼吞虎咽。对自己不愿吃的食物也应要一点放在盘中，以示礼貌。不应在进餐中途退席，确实需要离开，要向左右的客人小声打招呼。饮酒干杯时，即使不喝，也应该将杯口在唇上碰一碰，以示敬意。当别人为你斟酒时，如果不需要，可以简单地说一声"不，谢谢！"或以手稍盖酒杯，表示谢绝。进餐过程中，不要解开纽扣或当众脱掉外套。如果主人请客人宽衣，男客人可以把外衣脱下搭在椅背上，但不可以把外套或随身携带的东西放到餐台上。

三、职场馈赠礼仪

馈赠，是与其他一系列礼仪活动一同产生和发展起来的。"礼"的内涵中，除了有表示尊敬的态度、言语、动作、仪式外，还有一个重要的含义，就是礼物。随着社会生活的进化和演变，物能传达情感的观念被广大人民所接受和认同，从而使馈赠在内容和形式上，逐渐融汇在社会交往中，并成为人们联络和沟通感情的最主要方式之一。需要注意的是，我们要把馈赠礼物、正常交往中的送礼与收买贿赂、腐蚀拉拢区别开。

在现代人际交往中，礼物是人们往来的有效媒介之一，它像桥梁和纽带一样传递着情感和信息，寄托着人们的情意，表达着人与人之间的真诚关爱。

（一）馈赠原则

馈赠作为社交活动的重要手段之一，受到人们普遍重视。得体的馈赠，恰似无声的使者，给交际活动增添色彩，给人们之间的感情和友谊注入新的活力。研究和把握馈赠的基本原则，是馈赠活动顺利进行的重要前提条件。

1. 轻重原则

礼品有贵贱厚薄之分，有善恶雅俗之别。礼品的贵贱厚薄，往往是衡量交往人的诚意和情感浓烈程度的重要标志。然而礼品的贵贱与其价值并不总成正比。因为礼物是言情寄意表礼的，是人们情感的寄托物，人情无价而物有价，有价的物只能寓情于其身，而无法等同于情。也就是说，就礼品的价值含量而言，礼品既有其物质的价值含量，也有其精神的价值含量。“千里送鹅毛”的故事，在我国妇孺皆知，寓意礼轻情意重，“折柳相送”也常为文人津津乐道。我们不妨既要注意礼轻情意重，又要入乡随俗地择定不同的礼物。

2. 时机原则

就馈赠的时机而言，及时适宜是最重要的。中国人很讲究“雨中送伞”“雪中送炭”，即要注重送礼的时效性，因为只有在最需要时得到的才是最珍贵的，才是最难忘的。我国是一个节日较多的国家，在传统节日相互赠送相应的礼品，会使双方感情更为融洽。另外，在对方的某些纪念日，以礼品相送也会起到很好的效果。因此，要注意把握好馈赠的时机，包括时间的选择和机会的择定。一般说来，时间贵在及时，超前滞后都达不到馈赠的目的；机会贵在情感及其他需要的程度。“门可罗雀”时和“门庭若市”时，人们对馈赠的感受会有天壤之别。所以，对于处境困难者的馈赠，其所表达的情感就更显真挚和高尚。

3. 效用原则

同一切物品一样，当礼以物的形式出现时，礼物本身也就具有了价值。就礼品本身的实用价值而言，人们经济状况不同，文化程度不同，追求不同，对于礼品的实用性要求也就不同。

一般说来，物质生活水平的高低，决定了人们精神追求的不同，在物质生活较为贫寒时，人们多倾向选择实用性的礼品，如食品、水果、衣物、现金等；在生活水平较高时，人们则倾向于选择艺术欣赏价值较高、趣味性较强和具有思想性纪念性的物品为礼品。因此，应视受礼者的物质生活水平，有针对性地选择礼品。

4. 投好避忌的原则

由于民族、生活习惯、生活经历、宗教信仰以及性格、爱好的不同，不同的人对同一礼品的态度是不同的，因此我们要把握住投其所好、避其禁忌的原则。喜欢收藏的人，可以送字画或邮票等。

5.3.6材料 国内外送礼禁忌

馈赠前一定要了解受礼者的喜好，尤其是禁忌。例如，中国人普遍有“好事成双”的说法，因而凡是大贺大喜之事，所送之礼均好双忌单，但忌讳“4”这个偶数，因为“4”的读音听起来就像是“死”，是不吉利的。再如，白色虽有纯洁无瑕之意，但中国人比较忌讳，因为在中国，白色常是悲哀之色和贫穷之色；同样，黑色也被视为不吉利，是凶灾之色、哀丧之色；而红色，则是喜庆、祥和、欢庆的象征，受到人们的普遍喜爱。另外，我国人民还常常讲究给老人不能送“钟”，给夫妻或情人不能送“梨”或“伞”，因为“送钟”与“送终”，“梨”与“离”，“伞”与“散”谐音，是不吉利的。

(二)馈赠的注意事项

1. 注意礼品的禁忌

职场馈赠,不能送现金、信用卡、有价证券;不能送昂贵的奢侈品;不能送烟酒等礼品;不能送触犯对方禁忌的物品。

2. 注意礼品的包装

馈赠时应注意礼品的包装。精美的包装不仅使礼品的外观更具艺术性和高雅的情调,并显现出赠礼人的文化和艺术品位,而且还可以使礼品产生一种神秘感,既有利于交往,又能引起受礼人的兴趣和探究心理,从而令双方愉快。好的礼品若没有讲究包装,不仅会使礼品逊色,使其内在价值大打折扣,使人产生"人参变萝卜"的缺憾感,而且还易使受礼人轻视礼品的内在价值,而无谓地折损了由礼品所寄托的情谊。

3. 注意赠礼的时机

赠礼要把握好机会,可以选择节假日、喜庆日或其他特别的时间以示对对方的关心和重视。

(三)受礼礼仪

1. 双手接收

在一般情况下,对于一件得体的礼品,受礼人应当郑重其事地收下。在赠送者递上礼品时,受礼者要尽可能地用双手前去迎接。不要一只手去接礼品,特别是不要单用左手去接礼品。在接受礼品时,勿忘面带微笑,双目注视对方。在赞美礼物的同时,双手接过礼品。

2. 表示感谢

接受礼物时,不管礼品是否符合自己的心意,受礼者都应表示对礼物的重视,向对方道谢。对贺礼以及精美礼物,一般可当面打开欣赏(欧美人喜欢当着客人的面,小心地打开礼物欣赏;而中国人在接受礼品时,一般不会当着送礼者的面把礼物打开,而是把礼物放在一边留待以后再看)并赞美一番。

3. 适当回赠

接受了他人的馈赠,如有可能应予以回礼。有礼有节的馈赠活动,有利于拉近双方的距离,增加合作的机会。

能力测评

餐饮礼仪能力测评

5.3.7材料 餐饮礼仪能力测评

拓展训练

1. 天盛公司销售部助理王力陪同李明经理乘坐小轿车去机场接一位重要客户,如果王力作为来回接送的司机,李经理和客人的座位应该怎么安排?如果来回路上一直由李经理开车,那么王力和客人的座位又该如何安排?请数位同学分角色扮演展示,其他同学做评论。

2. 你的客户因为有求于你,赠送贵重礼品给你,你知道这种贵重礼品不能收,那么怎么婉拒客户的礼物呢?请分角色演示拒收礼品的场景。

3. 天泽贸易公司总经理程刚夫妇决定在本市的某家大酒店宴请合作伙伴方总夫妇,同时邀请了公司副总张华夫妇。程刚还叫助理李琳也一起作陪出席晚宴,请完成以下工作任务,并进行情景演示。

(1) 宴前邀请,确定宴请的时间、地点、形式和对象;

(2) 宴请的桌次和座位安排;

(3) 点菜单,菜肴搭配,菜式的数量安排;

(4) 宴请宾客现场接待;

(5) 敬酒场景。

案例分析

1. 王先生乘车记

5.3.8材料 王先生乘车记

2. 郑秘书的疏忽

5.3.9材料 郑秘书的疏忽

本章测试

1. 结合你参加各种场合的餐饮经历,谈谈中餐或西餐宴请礼仪上要注意哪些事项。

2. 针对不同对象、不同场合,谈谈馈赠礼物有哪些礼仪讲究。

第四节 职场办公礼仪

5.4.1视频 职场办公礼仪

一、办公接待礼仪

(一) 接待工作类型

根据不同的标准,可将接待划分为不同的类型。按来访者的国别分类,接待可分为内宾接待和外宾接待；按来访者事先是否预约分类，接待可分为有约接待和无约接待；按来访者的人数分类，接待可分为个别接待和团体接待。不同的接待类型有不同的特点和要求。

1. 内宾接待

内宾接待是指接待国内的来访者，包括本系统内外的所有个人或集体来访者。内宾接待工作一般由秘书人员或专职接待人员负责，如果有重要的来访者，本单位领导应出面接待。

2. 外宾接待

外宾接待是指接待境外的来访者，包括海外侨胞和港澳台同胞的接待。接待对象可能是政府官员、代表团，也有可能是商人、专家或学者。外宾接待，事先应有计划并报上级主管部门批准。接待工作一般由领导负责，秘书人员协助。在接待过程中，接待人员要注意礼仪，生活安排也要顾及外宾的民族或地区的风俗和饮食习惯。

3. 有约接待

这是指对事先与本单位有约定的来访者的接待。这种接待应该比较正规，在程序上周密布置，在人力、财力、物力上有充分准备，不应该遗忘或出现差错。

4. 无约接待

这是指对事先与本单位无约定的来访者的接待。在无约接待中，接待人员要随机应变，灵活处理，既不失礼貌风度，又不能让无约来访者耽误领导和自己的正常工作。

5.4.2材料 未预约客人的接待

（二）办公接待原则

1. 诚恳热情

对于来访者，不管是何身份，过门是客，接待人员都应给予尊重和礼遇，脸带微笑，温和亲切，热情有礼地接待，不能以衫看人。

2. 讲究礼仪

我国是礼仪之邦，接待活动作为一项典型的社会交际活动，务必以礼待人，要求专司其职的接待人员在接待工作中，明确地树立起礼宾的意识。礼宾，简而言之，在从事接待工作的整个过程中，自始至终都要对自己的一切来宾以礼相待，待之以礼。具体而言包括：仪表方面——面容清洁，衣着得体，和蔼可亲；举止方面——稳重端庄，风度自然，从容大方；言语方面——声音适度，语气温和，礼貌文雅。

3. 细致周到

接待工作既是琐碎的，又是严谨重要的。这就要求接待人员在接待工作中心细如发，综合考虑问题，把工作做得面面俱到，细致入微，有条不紊。假如某一个环节没考虑周全，就容易使人感到不热情、不重视，以至影响全局。

4. 按章办事

“无规矩，不成方圆”，许多公司都制定有关接待方面的规章制度，接待人员必须严格遵照执行。例如：不得擅离接待岗位，重要问题时请示汇报，对职责范围以外的事项不可随意表态，不准向客人索要礼品，对方主动赠送，应婉言谢绝，无法谢绝，要及时汇报，由组织处理，要根据不同国家、民族、地区的风俗习惯来区别接待客人。

5. 保守秘密

每个单位都有不得对外宣讲的机密事情，接待人员在办公接待时要注意保守秘密，不能泄密。

（三）办公接待的礼仪

迎客、待客、送客是接待工作中的基本环节，也是接待工作的礼仪要求。

1. 亲切迎客

接待人员看到来访的客人进来时，应马上放下手中的工作，站起来，面带微笑，有礼貌地向来访者问候。见到客人的第一时间，应该马上做出如下动作表情，简称为“3S”：站起来（stand up）、注视对方（see）、微笑（smile）。

初见面的迎客语言：“您好，欢迎您！”“您好，我能为您做些什么？”“您好，希望我能帮助您。”

对于来访的客人，无论是事先预约的，还是未预约的，都应该亲切欢迎，给客人一个良好的印象。如果客人进门时秘书正在接打电话或正在与其他客人交谈，也应用眼神、点头、伸手表示请进等身体语言表达你已看到对方，并请对方先就座稍候，而不应不闻不问或面无表情。如果手头正在处理紧急事情，可以先告诉对方，“对不起，我手头有紧急事情必须马上处理，请稍候”，以免对方觉得受到冷遇。遇有重要客人来访，接待人员需要到单位大门口或车站、机场、码头迎接，且应提前到达。当客人到来时，接待人员应主动迎上前去，有礼貌地询问和确认对方的身份，如：“请问先生（小姐），您是从××公司来的吗？”对方认可后，接待人员应做自我介绍，如“您好，我是××公司的接待人员，我叫××”或“您好，我叫××，在××单位工作，请问您怎样称呼”。介绍时，还可以互换名片。如果客人有较重的行李，还需要伸手帮助提携。要给客人指明座位，请其落座，迎接以客人落座而告终。

2. 热情待客

接待人员要热情周到地接待来访者。当客人落座后，要负责端茶倒水。在给客人送茶时，不能用没有洗干净的茶具或有缺口的茶杯，这既有损本单位的形象，也显得对来宾不够尊重。

此外，还要注意以下环节中的礼节：

（1）交谈。接待人员在交谈时，必须精神饱满，表情自然大方，语气和蔼亲切。与客人交谈时要保持适当距离，不要用手指指人或拉拉扯扯。要善于聆听来访客人的谈话，目视对方以示专心。谈话中要使用礼貌语言并注意内容，一般不询问女士年龄、婚否；不径直询问对方的个人私生活以及宗教信仰、政治主张等问题；不宜谈论自己不甚熟悉的话题。

（2）引见。接待人员在问清来访者的身份、来意后，需要领导出面会见或其他部门人员出面会见的，接待人员要在请示领导并得到领导同意后，为其引见。

（3）介绍。接待人员引领来访者进入会客室或领导的办公室后，当领导与来访者双方见面时，如果是第一次来访的客人，应由接待人员简洁地将双方的职务、姓名、来访者的单位和来访的主要目的一一做介绍。

3. 礼貌送客

当接待人员与来访者交谈完毕或领导与来访客人会见结束，一般接待人员都应有礼貌地送别客人。“出迎三步，身送七步”是迎送宾客最基本的礼仪。当客人起身告辞时，接待人员应马上站起来相送。一般的客人送到楼梯口或电梯口即可，重要的客人则应送到办公楼外或单位门口。如果以小轿车送客，还要注意乘车的座次。乘小轿车时通常“右为上，左为下；后为上，前为下”。小轿车后座右位为首位，左位次之，中间位再次之，前座右位殿后。送客时，接待人员应主动把车门打开，请客人上车并坐在后排右侧。

送行是决定来访者能否满意离开的最后一个环节。因此，能否将这最后一个环节的工作做好，是接待人员能否善始善终地接待好来访者的具体体现。送要有送的语言，要说“再见，欢迎您下次再来”“慢走”等礼貌用语；送也要有送的姿态和行为，当客人带有较多或较重的物品，接待人员应帮客人代提重物；与客人在门口、电梯口或汽车旁告别时，要与客人握手话别。接待人员要以恭敬真诚的态度，笑容可掬地送客，目送客人上车或离开。

（四）接待过程中的次序礼仪要求

1. 就座

就座时，右为上座，即将客人安排在组织领导或其他陪同人员的右边位置。

2. 上楼梯

上楼梯时，客人走在前，主人走在后；下楼时，主人走在前，客人走在后。

3. 迎客

迎客时，主人走在前；送客时，主人走在后。

4. 进电梯

进电梯时，有专人看守电梯的，客人先进，先出；无人看守电梯的，主人先进，后出并按住按钮，以防电梯门夹住客人。

5. 奉茶、递名片、握手、介绍

奉茶、递名片、握手、介绍时，应按职务从高至低进行。

6. 进门

进门时，如果门是向外开的，把门拉开后，按住门，再请客人进。如果门是向内开的，把门推开后，请客人先进。

二、通信礼仪

随着现代信息技术的飞速发展，通信设备在人与人之间的交往中使用越来越频繁，特别是电话与电子邮件的使用，关于电话的使用在本书的第三章有过论述，此处不再赘述，以下只就电子邮件的使用礼仪做些介绍。

1. 发送电子邮件的礼仪规范

（1）慎重选择发信对象。传送电子讯息之前，须确认收信对象地址是否正确，以免造成不必要的困扰。若要将信函副本同时转送相关人员以供参考时，可用抄送的功能，但要将人数降至最低，否则，传送与副本转送的用途将混淆不清，也制造了一大堆不必要的垃圾。

（2）标题明确且具描述性。电子邮件一定要注明标题，因为有许多网络使用者是以标题来决定是否继续详读信件的内容。此外,邮件标题应尽量写得具有描述性,或是与内容相关的主旨大意,让人一望即知,以便对方快速了解与记忆。

(3) 信件内容应简明扼要。沟通讲求时效,收信较多的人多具有不耐等候的特性,所以电子邮件的内容应力求简明扼要,并求沟通效益。尽量掌握"一个讯息、一个主题"的原则。

5.4.3材料 电子邮件正文的礼仪规范

(4) 理清建议或意见。若要表达对某一事情的看法,可先简要地描述事情缘起,再陈述自己的意见;若是想引发行动,则应针对事情可能的发展提出看法与建议。若讯息太过简短或表述不够清楚,收信对象可能会不清楚发信者陈述的到底是建议或是意见,因而造成不必要的误解或行动。

(5) 避免使用太多的标点符号。经常会看到一些电子信件中夹杂了许多的标点符号,特别是惊叹号。若真要强调事情,应该在用词遣字上特别强调,而不应使用太多不必要的标点符号。

(6) 注明送信者及其身份。除非是熟识的人,否则收信人一般无法从账号解读出发信人到底是谁,因此标明发信人的身份是电子邮件沟通的基本礼节。在发送邮件时注意标识名字,对中国人尽可能使用中文姓名,以便于理解记忆。

(7) 小心附件功能的使用。如果附件内容不长时,可以把附件内容直接撰写于信件中,以便于收信人不打开附件也可阅读。

(8) 不重复传送同一讯息。重复传送相同的讯息给相同的对象,这不仅会使网络超载而降低传输速率,同时占用他人的信箱容积。此外,传送电子信件时也须注意,不要分别发送相同的讯息给多个组群,因为接受者可能同时隶属于几个不同的电子邮件组群,这样的传送方式势必使他们重复收到相同的讯息。若要传送邮件给多个组群,尽量一次传送完毕,网络会自动识别相同的邮件地址。

(9) 定期检查电脑系统的时间与日期的自动标示。电子邮件传送时会以所用电脑的日期与时间来标示邮件发送的时间,为避免不必要的误会发生,使用者须定期检查电脑系统时间与日期是否正确。

2. 回复电子邮件的礼仪规范

(1) 及时回复邮件。收到他人的重要电子邮件后,应即刻回复对方,这是对他人的尊重,理想的回复时间是2小时内,特别是对一些紧急重要的邮件。对每一份邮件都立即处理是很占用时间的,对于一些优先级低的邮件可集中在一特定时间处理,但一般不要超过24小时。如果事情复杂,无法及时明确答复,至少应该及时回复说"收到了,我们正在处理,一旦有结果就会及时回复"云云。不要让对方等待时间过久,一定要及时做出响应,哪怕只是确认一下收到了。如果正在出差或休假,应该设定自动回复功能,提示发件人,以免影响工作。

(2) 同一问题不应多次回复。如果收发双方就同一问题的交流回复超过3次,这只能说明交流不畅。此时应采用电话沟通等其他方式进行交流后再做判断。电子邮件有时并不是最好的交流方式。对于较为复杂的问题,多个收件人频繁回复,发表看法,这将导致邮件过于冗长而表述不清。此时应对之前讨论的结果进行小结,突出有用信息,并及时结合电话或者会议沟通的方式推动后续进展。

（3）阅读信件时应设法理清建议与意见。如同撰写传送邮件时须注意理清建议与意见一样，阅读他人邮寄来的信件也须注意这项原则。详细辨明来信到底只是表达看法、反映需求还是提出方案、付诸行动，如此，才能适当地回复来信。

（4）避免非相关主题性的言语。回复他人建议与意见时，必须扣紧主题，并提出相关的实证予以说明，尽量避免非相关主题的言论涉入回复信函的内容中。此外，要回复他人信件时，请使用回复的功能，不要另起标题使对方混淆。

（5）勿将他人信函转送给第三者。把他人的来函转送给第三者之前，要先征询来信者的同意，否则犯了网络礼仪的大忌！对来信者而言，邮件内容是针对收信者所撰写的信函，不一定会同意他人阅读。

三、交谈礼仪

（一）交谈的态度

在与人交谈时应当体现出以诚相待、以礼相待、谦虚谨慎、主动热情的基本态度，而绝对不能逢场作戏、虚情假意或应付了事。

1. 表情自然

（1）专注。交谈时目光应当专注，或注视对方，或凝神思考，这样才能和对方交谈顺畅。眼珠一动不动，眼神呆滞，甚至直愣愣地盯视对方，都是极不礼貌的。目光东游西走，四处“扫瞄”，漫无边际，则是对对方不屑一顾的失礼之举，也是不可取的。如果是多人交谈，就应该不时地用目光与众人交流，以表示彼此是平等的。

（2）配合。交谈时可适当运用眉毛、嘴、眼睛在形态上的变化，来表达自己对对方所言的赞同、理解、惊讶、疑惑，从而表明自己的专注之情，使交谈顺利进行。

（3）协调。交谈时的表情应与说话的内容相配合。与上级领导谈话，应恭敬而大方；与客人谈话，则应亲切而自然。

2. 说话礼貌

（1）注意语音。与人进行交谈时，尤其是在大庭广众之下，必须有意识地压低自己说话时的音量。最佳的说话声音标准是，只要交谈对象可以听清楚即可。如果粗声大气，不仅有碍于他人，而且也说明自己缺乏教养。

（2）注意语态。与人交谈时，在神态上要既亲切友善，又舒展自如、不卑不亢。自己说话时，要恭敬有礼，切忌指手画脚、咄咄逼人。最佳的语态是平等待人、和缓亲善、热情友好、自然而然。当别人讲话时，则要洗耳恭听，最忌三心二意、用心不专。

（3）注意语气。在与别人交谈时，语气应当和蔼可亲，一定要注意平等待人、谦恭礼貌。讲话的速度稍微舒缓一些，讲话的音量低一些，讲话的语调抑扬顿挫一些。在交谈时既不要表现得居高临下，也不宜在语气上刻意奉迎，故意讨好对方，令对方反感。同时，在语气上一定要力戒生硬、急躁或者轻慢。

（4）注意语速。在交谈之中，语速应保持相对的稳定，既快慢适宜，舒张有度，又在一定时间内保持匀速。语速过快、过慢，或者忽快忽慢，会给人一种没有条理、慌慌张张的感觉,是应当力戒的。

3. 举止得体

（1）善于运用举止传递信息。例如,发言者可用手势来补充说明其所阐述的具体事由,适度的举止既可表达敬人之意,又有助于双方的沟通和交流。

（2）避免过分或多余的动作。与人交谈时可有动作,但动作不可过大,更不要手舞足蹈、拉拉扯扯、拍拍打打。为表达敬人之意,切勿在谈话时左顾右盼,或是双手置于脑后,或是高架“二郎腿”,甚至修指甲、挖耳朵等。交谈时应尽量避免打哈欠,如果实在忍不住,也应侧头掩口,并向他人致歉。尤其应当注意的是,不要在交谈时以手指指人,否则就有训斥他人之意。

4. 遵守惯例

（1）注意倾听。在交谈时务必要认真聆听对方的发言,以表情举止予以配合,从而表达自己的敬意,并为积极融入交谈做最充分的准备。切不可追求“独角戏”,对他人的发言不闻不问,甚至随意打断对方的发言。

（2）谨慎插话。交谈中不应当随便打断别人说话,要尽量让对方把话说完再发表自己的看法。如确实想要插话,应向对方先打招呼:“对不起,我插一句行吗?”所插之言亦不可冗长,一句两句点到为止即可,不能接过话茬就开始长篇大论,完全不顾及对方的感受,也不管对方是否已经阐述完毕。

（3）重视交流。交谈是一种双向或多向的交流过程,需要各方的积极参与。因此在交谈时切勿造成“一言堂”的局面。自己发言时要给其他人发表意见的机会,别人说话时自己则要适时发表个人看法,互动式地促进交谈进行。同时,要以交谈各方都共同感兴趣的话题为中心,并利用双方均能接受的方式进行。若发现话不投机,需及时调整话题。

（4）礼让对方。在与他人进行交谈时,不要以自我为中心,而忽略了对对方的尊重。正常情况下,在谈话中不要随便否定对方或是质疑对方,不要动辄插嘴、抬杠,不要一人独霸“讲坛”,或者一言不发、有意冷场。

5.4.4材料 交谈的技巧

（5）委婉表达。在陈述自己的见解时,应该力求和缓、中听,不仅要善解人意,而且要留有余地。即使是提出建议或忠告,也可以采用设问句,最好不用有命令之嫌的祈使句。在任何时候,都不要强人所难。

（二）交谈的语言

语言运用是否准确恰当,直接影响着交谈能否顺利进行。所以,在交谈中尤其要注意语言的使用问题。

1. 通俗易懂

（1）说明白话。交谈所使用的语言最好是让人一听便懂的明白话,切不可满口“之乎者也”,滥用书面语言、专业术语或名词典故。在交谈时,要以务实为本,应当通俗活泼、生动形象、浅显易懂,犹如家常话一般。

（2）说通俗话。为了避免自己谈话时语言枯燥乏味,应充分考虑到对方的职业、受教育程度等因素,努力使自己的语言生动、形象、具体、鲜明,所说的话应力求平易通俗,以利于沟通交流。如果“官话”连篇,不仅有碍信息的传达,而且容易脱离群众。

2. 灵活简洁

（1）机动灵活。在交谈过程中随时对自己说话的具体内容与形式进行适度的调整。从表面上来看，口语大都语句简短，结构松散，多有省略之处。有时，它甚至会出现话题转变、内容脱节、词序颠倒等现象。然而由于口头交际具有一定的双向性、互动性，这些问题往往瑕不掩瑜，反而更能显示口语生动活泼的特性。

（2）简明扼要。一方面要求发音标准，吐字清晰；另一方面则要求所说之话含义明确，不可模棱两可产生歧义，以免造成不必要的误会。

3. 文明礼貌

（1）尽量使用尊称，并善于使用一些约定俗成的礼貌用语，如“您”“谢谢”“对不起”等。

（2）多使用文明用语，在语言的选择和使用之中，应当既表现出使用者良好的文化素质、待人处事的实际态度，又能够令人产生优雅、温和、脱俗之感。

（3）在交谈时不可意气用事，以尖酸刻薄的话对他人冷嘲热讽，也不可夜郎自大，处处卖弄才识指正别人。

（4）交谈中应当尽量避免某些不文雅的语句和说法，对于不宜明言的一些事情，可以尽量用委婉的词句来表达，多用一些约定俗成的隐语。例如想要上厕所时，可以说：“对不起，我去一下洗手间。”或者说：“不好意思，我去打个电话。”

（三）交谈的内容

交谈内容的选择，应遵守一定的原则。

1. 切合语境

（1）交谈内容务必要与交谈的时间、地点与场合相对应，否则就有可能出错。

（2）交谈内容还应符合自己的身份。工作中的谈话内容应符合我国的法律法规，并与单位和领导的立场保持一致。切勿与单位或领导唱反调，切勿泄露本单位的机密。

2. 因人而异

在交谈时要根据交谈对象的不同而选择不同的交谈内容。谈话的本质是一种交流与合作，因此在选择交谈内容时，就应当为谈话对象着想，根据对方的性别、年龄、性格、民族、阅历、职业、地位等而选择适宜的话题。

3. 回避禁忌

在与别人交谈时，应当把握好“度”。在态度上要注意克制，不要引起对方的不快，不可一言不发，不可没完没了，不可讽刺挖苦，不可骄傲自大。在内容上要慎重斟酌，不宜对自己的单位或领导横加非议，必须时刻维护单位的声誉，绝对不能对自己的领导、同事、同行说三道四。不应涉及对方单位内部事务，不要涉及对方弱点与短处。同时，如果双方不是十分熟识，也不要涉及对方的个人隐私，如年龄、收入等。

能力测评

1. 接待礼仪能力测评　　2. 聆听能力测评

5.4.5材料 接待礼仪能力测评

5.4.6材料 聆听能力测评

拓展训练

1. 经理正在开会,有一位客户要找经理,当作为助理的你告诉他经理正在开会后,他仍坚持要见经理,请问你应该怎样处理?

2经理正在会见一位客人,有一位自称是经理朋友的人要经理接电话,请问作为助理的你该如何处理?

3. 有一位客户的电话经理交代你不要转给他,请问当这位客户来电话时你该怎样应对?

4. 有一位客户,所选购的产品出了一些问题,打电话来时火气很大,请问你作为接待者应该如何应对?

5. 一位顾客冲进客户服务部办公室,怒气冲天,因为她上个月买的洗衣机坏了,让客户服务部派人前去修理,却迟迟未见答复。这时,作为客户部负责人的你该如何接待这位客人?

6. 秘书张艳正在公司前台接电话,电话是一个客户打来的,事情较为复杂。这时候进来两位客人,一位是已经预约的,一位还未预约,如果你是张艳,如何处理才能使电话里的客户和来访客人都满意?

7. 天泽公司的胡芳是总经理助理,这天上午在半个小时内连续来了四位客人:第一位客人是个中年女士,她自称是李总经理的姐姐,有事情找李总;第二位是销售部经理,称有急事找李总;第三位是一位西装革履的男士,自称与李总经理约好,胡助理一查经理的日程安排,却并没有发现有约会,但既然说与李总经理有约,也可能是经理亲自约定的,结果一看对方名片,是某家杂志社广告业务部的方经理;最后一位客人是来投诉产品质量的,要求退货赔偿。胡助理了解情况后,应该怎样接待上述四位客人?

训练要求:

(1) 情景演示分流客人的情形,有的客人属于总经理接待的,有的客人属于总经理助理接待的。

(2) 情景演示为总经理挡驾客人的规范做法。

(3) 情景演示接待投诉客人的规范做法,安抚投诉者的情绪,妥善解决投诉问题。

案例分析

1. 如此接待

5.4.7材料 如此接待

2. 李经理谈生意

5.4.8材料 李经理谈生意

思考讨论

结合实际谈谈办公接待不同类别的客人时要注意哪些礼仪问题。

本章测试

5.4.9本章测试

第六章 就业创业

学习目标

1. 了解当前大学生就业形势,熟悉就业相关制度和政策;
2. 收集就业信息和制作简历,掌握求职基本技巧和面试礼仪;
3. 了解就业合法权益,能用法律知识保护就业权益;
4. 理解创业的基本理论和知识,能编写创业计划书;
5. 熟悉开办企业的流程,掌握中小企业组织形式的特征。

第一节　职业选择与就业准备

6.1.1 视频　职业选择与就业准备

一、大学生就业形势与政策

(一) 大学生就业形势

就业乃民生之本,大学生是就业的主体,每年新增劳动力中大部分来自大学生。近年来由于大学生数量的急剧增长形成了庞大的大学毕业生队伍,大学生就业形势严峻,而且这种形势还将持续相当长的一段时间。

从宏观上讲,当前我国就业市场机制进一步深化改革,市场在人力资源配置中逐步占据主导地位,就业形势受市场发展态势影响因素逐步加大。整体上大学生面临的就业市场,劳动力供大于求的矛盾将进一步加剧。按照教育部公布的数据,2018 年全国普通高校毕业生的数量为 860 万人,大学生就业形势仍然复杂严峻。今后几年大学毕业生数量增长快而社会对高校毕业生的需求增加幅度不会有大的变化,就业压力将进一步加大,大学生就业竞争将更加激烈。从微观上讲,就业市场的各个元素均存在不同程度的结构性矛盾。

具体表现为:区域性人才供需不平衡,不同类别院校人才分配不平衡,专业供需不平衡。东部发达地区需求旺盛,需求总量大于当地的生源数。中西部不少省区虽然有较大的用人需求,但面临的问题是工作和生活条件艰苦,出现"有地方没人去,有人没地方去"的现象。一些紧缺专业如计算机、通信、电子、土建、自动化、机械、医药等科类的毕业生需求旺盛,毕业生供不应求,而一些长线专业如哲学、社会学、经济学、法学等科类的毕业生需求较少。

目前一些本科生甚至研究生苦于找不到工作,许多高学历毕业生为就业而发愁,而高职毕业生的就业却可以一枝独秀,成为就业市场的"香饽饽"。有些热门应用性专业的高职毕业生还没走出校门,就被用人单位一抢而空或提前预订。据教育部发布数据显示,高职院校毕业生的初次就业率已经连续保持稳定增长。尤其是社会上高新技术型企业以及一些非公有制企业对技能型人才的需求越来越大,高职毕业生在"高端"与"低端"之间的谋求空间比较大。相对研究生、本科生而言,高职毕业生在学历上存在劣势;但其务实的心态,以及在生产、管理、经营和服务等方面具有一定知识文化并经历了较好的技能训练,这样的高技能型人才日益受到用人单位的认可。

在就业率方面,2019年依旧延续了2018年的趋势。根据麦可思报告,2018届大学毕业生的就业率是91.5%,其中本科生的就业率是91%,高职高专的就业率是92%。简单计算一下可知2018届毕业生的未就业率大约是8.5%。2014届—2018届大学生就业率详见图6-1-1。

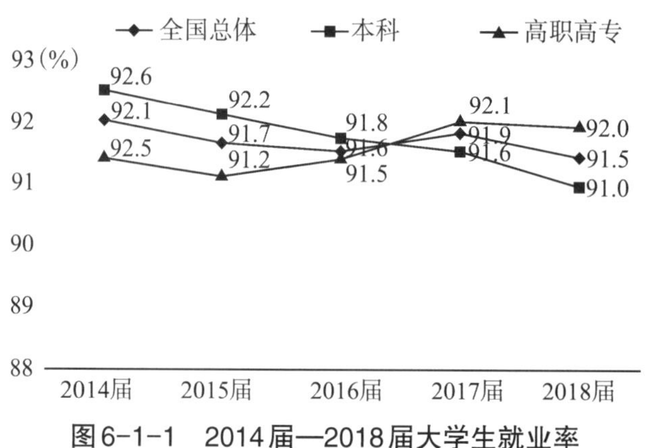

图6-1-1　2014届—2018届大学生就业率

政府、高校、用人单位、毕业生,四位一体的就业市场正在形成。政府为促进社会安定和谐,不断出台相应的政策以引导和促进就业,从而形成了各方主体积极参与、共赢发展的就业市场环境。毕业生在求职择业前,要对自身就业力进行清楚的认知和评价,对自己的专业特长、兴趣爱好、社交能力以及个人的职业理想等做出全面的分析,对自己将来的事业发展有一个相对明晰的定位,并根据社会对人才的基本要求塑造自己。

(二)大学生就业制度及政策

大学生要了解就业相关的制度和政策,知晓就业工作的运行机制,充分准备,才能做到主动出击、从容应对、顺利就业。

1. 大学生就业制度概述

我国经历了从计划经济到市场经济两种体制的转变过程，大学生就业制度也随之转变。总体来说，大学生就业从纯粹的计划经济也就是统包统分转向双向选择，市场经济制度逐步在人才资源配置过程中起到了主要作用。

计划经济体制下的统包统分制度有其历史必然性和时代意义，在当时达成了制度均衡。新中国成立后，国家经济建设和重点建设项目需要大量人才。在此背景下我国实行计划分配这种制度安排，一方面有利于国家对人才资源的宏观调控，另一方面在很大程度上鼓舞了年轻知识分子建设国家的热情。政府开列计划，学校开设专业，学生就业由政府包揽，这体现了社会主义制度的高效率。随着经济体制的改革，计划体制的弊端也开始日益显露：在分配计划中，很多学生所分配的工作岗位与所学专业并不对口，学非所用，造成了人才资源的浪费。政府行政主导型的运行机制使得学校处于从属地位，缺乏与用人单位直接沟通的渠道，高校的专业设置、课堂教学存在与需求脱节的问题。而计划分配制度也影响了用人单位择优选拔的积极性和自主性，大学生的竞争和自主意识也不能很好地调动起来。在这种情况下，以市场为导向的就业制度应运而生。

目前我国大学生就业实行的是市场导向，学校推荐，学生和用人单位双向选择的就业制度，取得了良好的运行效果。第一，大学生的就业自主性得到了充分发挥，很多大学生能自主择业、自谋职业甚至自主创业；第二，用人单位也具备了主动权，可根据岗位要求，招聘与之相符的毕业生，减少人才资源的浪费；第三，与市场配置占主导的就业制度相呼应的是高校内部教育管理制度的改革，包括教学计划改革、教学管理改革、课程建设改革、培养方式改革等；第四，国家坚持以市场为导向，相继出台了一系列引导毕业生面向基层和西部地区就业、灵活就业、自主创业的政策文件，在国家宏观调控和相关政策的引导下，毕业生面向基层和西部地区就业人数和比例不断增长，缓解了部分劳动力市场结构失衡问题。当然，现行就业制度在现阶段也存在缺陷，如户籍制度改革不彻底、社会保障制度不完善等。就业工作的市场化发展趋势与人才市场发育滞后的矛盾、导向性政策与配套性政策失衡的矛盾等也集中表现出来。虽然这不是一朝一夕能改变的，但政府一直在致力于改进和完善就业政策，以适应大学生就业发展趋势。

2. 大学生就业政策

针对高校毕业生就业的严峻形势，国务院办公厅近几年每年都会发布《关于加强普通高等学校毕业生就业工作的通知》（以下简称《通知》），要求把高校毕业生就业摆在当前就业工作的首位，采取切实有效措施，拓宽就业门路，鼓励高校毕业生到城乡基层、中西部地区和中小企业就业，鼓励自主创业，鼓励骨干企业和科研项目单位吸纳高校毕业生。

6.1.2 材料 就业协议书制度

（1）鼓励去基层工作

为鼓励高校毕业生去基层就业，《通知》提出了就业补贴政策，对到农村基层和城市社区从事社会管理利和公共服务工作的高校毕业生，符合公益性岗位就业条件并在公益性岗位就业的，给予社会保险补贴和公益性岗位补贴。对到基层其他岗位就业的，给予薪酬或生活补贴。据国家人力资源和社会保障部负责人介绍，基层社会管理和公共服务岗位，包括村干部、支教、支农、支医、乡村扶贫，以及城市社区的法律援助、文化科技服务、养老服务等岗位。其中,公益性岗位是指全部由政府出资开发,以满足社区及居民公共利益为目的的岗位。其他岗位,是指在街道社区、乡镇等基层开发或设立的相应岗位。为缓解到基层就业毕业生的后顾之忧,《通知》提出了学费和助学贷款代偿政策,对到中西部地区和艰苦边远地区县以下农村基层就业并履行一定服务期限的高校毕业生、应征入伍服义务兵役的高校毕业生,实施相应的学费和助学贷款代偿。同时,对有基层经历的高校毕业生在公务员招录和事业单位选聘时实行优先原则,在地市以上党政机关考录公务员时进一步扩大对其招考录用的比例。

(2) 鼓励到中小企业和非公企业就业

目前,到中小企业和非公有制企业就业,已成为大学生就业的主要渠道。不过,过去到中小企业和非公有制企业就业这一渠道还不够通畅,存在一系列制度性障碍和限制。落户限制一直是影响大学生到中小企业就业的重要障碍。《通知》明确提出,对企业招用非本地户籍的普通高校专科以上毕业生,各地城市应取消落户限制(直辖市按有关规定执行)。企业招用符合条件的高校毕业生,将可享受相应的就业扶持政策。所谓符合条件的高校毕业生主要指就业困难人员,扶持政策包括对企业的社会保险补贴,以及定额税收减免政策;劳动密集型小企业招用登记失业的高校毕业生达到规定比例,可享受高至200万元的小额担保贷款。

(3) 鼓励参与科研项目

《通知》规定,鼓励承担国家和地方重大科研项目的单位积极聘用优秀毕业生参与研究,给予其劳务性费用和有关社会保险费补助,并提出了一系列新政策,如参与项目期间,毕业生户口、档案可以存放在项目单位所在地的人才交流机构。聘用期满,可续聘或者到其他岗位就业,聘用期间工龄、社会保险缴费年限连续计算。高校毕业生参与科研项目,既可以促进科研的发展,又可以延长毕业生学习和研究时间,对"缓解"当前就业压力有积极作用。为提高骨干企业人力资源质量和科研项目质量,《通知》提出鼓励国有大中型企业特别是创新型企业更多地吸纳高校毕业生,以加强人才培养使用和储备;支持困难企业更多地保留学生技术骨干,并给予社会保险补贴、岗位补贴或职业培训补贴。

(4) 鼓励自主创业

国家鼓励和支持大学毕业生自主创业。从事个体经营和自由职业的毕业生,可将档案存放在其常住地经人事部门授权的人才交流机构或县级以上政府授权的公共职业介绍机构,并按当地政府的规定,到社会保险经办机构办理社会保险登记,缴纳社会保险费。为鼓励和支持高校毕业生自主创业,工商和税收部门要简化审批手续,积极给予支持。凡高校毕业生从事个体经营的,除国家限制的行业外,自工商部门批准其经营之日起3年内免交登记类和管理类的各项行政事业性收费。有条件的地区由地方政府确定,在现有渠道中为高校毕业生提供创业小额贷款和担保。地方政府鼓励大学生自主创业的政策有:税费减免政策、贷款担保政策、财政补助政策、促进就业和社会保障政策等。

二、职业选择与就业信息采集

（一）职业选择

在就业起步的关键时刻，需要重新审视自己的职业规划，依据求职方向和目标进行职业选择。

1. 准确判断就业环境

求职的策划要从环境和形势的分析开始，对当前的就业形势、不同职业的就业环境、就业机会、相关工作岗位信息等情况要有基本了解，在此基础上再看自己的各方面情况。职业环境分析、就业形势等部分此前已经做过介绍，可以参照进行。

最关键的还是对工作岗位信息要详细掌握，便于直接对求职机会进行分析把握。求职就像一场战役，知己知彼、百战不殆，不仅要了解哪些单位可能需要哪些人才，而且要知悉用人单位对人才各方面的要求，才能有针对性地采取策略。用人单位对毕业生有什么要求？据麦可思公司调查，对大学本科毕业生工作要求最重要的五项能力排第一位的就是“积极学习”，其次是“有效的口头沟通”“学习方法”“积极聆听”“理解他人”。对于这五项能力，大学毕业生普遍达不到要求，因此学习能力的培养显得尤为重要。

2. 客观总结和评价自我

6.1.3材料 就业者的五项基本能力和三项基本素质

知名漫画家蔡志忠曾经说过：做人最重要的就是要了解自己，有人适合做总统，有人适合扫地，如果适合扫地的人以做总统为人生目标，那只会一生痛苦不堪，受尽挫折。一个人能否在事业上顺利发展，关键在于能否找到一个既适合自己发展，又能最大限度发挥自己才能的工作岗位，为达到这一目的，还是要正确认识自己、了解自己，这是大学生顺利择业就业的前提。大学生通过自我探索，认清自身的性格兴趣、能力、价值观、目标、信念和情商等方面的情况，综合分析和鉴定自身各方面的因素，为更好地选择自己理想的职业打下基础。能客观总结和评价自我，就会对自我有个相对清晰、准确的定位，就能快速地做出最佳选择，相反，在不了解自己的情况下仓促找工作，往往事与愿违。

求职前的自我认知，主要是对自我进行重新总结和分析，检查以往自我认知是否正确以及新的能力评估，如在专业知识和技能方面新的收获，综合素质方面新的提高等，形成了哪些就业优势以及还存在哪些劣势。将自我因素与当前就业形势进行比对，发现自己适合又可能存在机会的工作有哪些。大学生活是个人职业生涯的准备阶段，大学教育有两个方面：一是素质教育，它肩负着帮助学生完善自我的重任；另一个就是专业教育，它必须教给学生专业知识和专业技能，另外，还要帮助学生进行相关的职业生涯准备。大学生要学会把自己的学业目标和职业目标有机结合起来，在专业知识技能基础上发展自己的职业知识和职业技能，为将来职业发展打好基础。俗话说人要有“一技之长”，而且“技不压身”，大学生要在大学期间掌握一两门甚至更多的专业技能，以备不时之需。因此，当大学生准备求职时，就要盘点一下大学生活，以便于制作简历等求职材料。

（1）盘点专业与学业。大学教育是分专业的教育，从这个意义上来说，大学生的专业学习，确实可以发展学生的专业知识和专业技能，并在这个过程中，培养专业思维，从而形成未来的职业知识、职业技能和职业意识。除此以外，专业学习过程中，还有利于大学生获得通用的知识和技能，这些对于提高大学生在相关职业中的竞争力都将至关重要。因此我们要盘点一下大学里都学了什么课程，每个课程的功用是什么，与企业实际需要和岗位胜任资格之间的契合度有多大等。

（2）盘点社会实践。大学生参加的社会活动，对于大学生的专业学习来说是重要的补充，对于将来的职业生涯更是宝贵的积累。所以，要盘点自己的个人经历，自己做了什么、做到了什么、做成了什么、做失败了什么、怎样做、为什么那么做等。大学期间所参加的社会实践活动包括课外的兼职、实习等，将社会实践总结提炼成相应的职业能力，就可以明确个人的能力和核心竞争力，也容易发现自身的能力短板。这样在准备求职材料中的社会实践一栏就有了足够的信息。

（3）盘点能力与技能。任何职业活动都需要具备一定的技能，有些是专业技能，通过专业的学习和训练可以获得；而大多数是通用技能，如人际交往与沟通能力、组织能力等，不仅可以从专业学习中获得，更需要通过不同形式的社会活动得到提升。因此大学生参加社会活动，是有利于其职业技能的获得的。事实上，用人单位往往也很注重毕业生社会实践方面的信息，一些在学校更多参加社会实践活动的学生，毕业后更能做出一番成就。

（4）盘点人脉网络。人脉网络在求职中既是得到就业信息的一个渠道，也是求职的一种策略。因此，在就业前我们要盘点一下自己在大学中建立的社会人脉网络，可以根据关系远近和对求职的重要性分类，盘点自己的同学、师长、校友、亲戚、活动中结识的人以及他们能给予你的帮助等。

3. 合理确定求职目标和方向

根据环境的评估和自我总结，可以大致清楚求职方向和就业前景，结合职业决策的方法确定求职目标。

我们以企业就业为例，说明如何运用“五路线分析法”确定求职目标。

6.1.4材料 马努杰的故事

第一，确定职业。企业里通常有销售、技术、研发、质检、管理等不同职业类别，首先要确定自己将选择从事哪种职业或工种。结合以往的职业决策方法，在了解各项工作的特点、工作内容、需要的素质和能力等信息基础上，基于自己的兴趣及特长选择职业方向。如选择从事企业管理工作的，可进一步选择人力资源管理、行政管理或财会等职业或工种。

第二，选择行业。同样的职业分布在各个行业之中，进入哪个行业也是需要做出的决策。要在了解各行业特点、发展现状和趋势、能提供的岗位和发展机会、需要的素质和能力基础上，结合个人兴趣和特长情况进行选择。行业的选择主要看行业的景气度和发展阶段以及新人的成长空间等。

第三，选择企业。企业有国企、民企、外企、股份制企业和合资企业等各种不同的类别。同一行业内也有不同类别的企业，往往不同类别的企业有不同的特点，在选企业时主要考虑的是个人与企业的相容性，所以通常是基于文化、规模、发展阶段、产品、战略及提供的事业平台等选择企业。

第四，确定事业。一个企业内可能经营着不同的细分类别的产品，或者不同的企业经营着同一行业内的不同类别产品，如同是家电行业，做电视机生产经营的与空调生产经营的与洗衣机生产经营的也有许多不同。因此要基于产品种类确定未来事业路线。

第五，确定区域。长期工作生活的地点也是一个人一生重要的选择。随着我国社会的发展，居住地点选择的余地越来越大。大学生选择工作区域，主要是基于个人或家庭的愿望，也可以结合个人发展的有利条件、生活成本等进行综合考虑。但也要注意避免一些非理性因素影响决策。

在求职择业过程中，大学生不仅要了解就业求职运行的流程，同时也应当遵循合理的择业程序，以便最终顺利地达到就业目的。大致而言，一个完整的大学生择业程序应当包括以下几个主要步骤:收集信息、自我分析、确立目标、准备材料、参加招聘会(投递材料)、参加笔试、参加面试、签订协议、走上岗位等环节。

4. 确定择业目标

(1) 择业的领域。即在沿海城市就业，还是在内地就业；是留在本地，还是去外地就业。此时，既要考虑是否符合政策规定，同时还要考虑生活习惯及今后的发展等因素。

(2) 择业的行业范围。即在本专业范围内就业，还是跳出本专业到其他行业就业；是从事本专业范围内的技术工作、管理工作、社会工作，还是从事教学工作、科研工作等。此时应多考虑自己的综合素质、能力及兴趣、特长等。

(3) 择业的单位。是去大企业，还是去小公司或应聘公务员；是选择国有企业，还是选择三资企业或民营企业。在这些单位中，有哪些前来招聘，自己是否符合条件，自己最希望到哪一家企业工作。对于愿从事教育工作的大学生，是选择高校，还是选择中等职业学校或者其他学校等等。

择业过程中，当然会遇到不少不可预测的变化。但是，事前给自己的择业确定一个比较明确的目标，可以使整个就业进程有的放矢，有条不紊。

(二) 毕业生就业信息采集

1. 收集和处理就业信息

大学毕业生求职择业不仅取决于整个社会的政治、经济状况及自身的能力素养，而且也取决于是否掌握大量的就业信息。应该说就业信息是毕业生求职择业的基础和必备条件，谁能及时获取信息，谁就获得了求职的主动权。因此，毕业生应当及时地、全面地掌握有关就业方面的种种信息，并认真地对这些信息进行分析、筛选、整理，最终做出正确选择。

(1) 收集就业信息。收集就业信息是大学生求职择业前的一项重要任务，职业信息是广泛的，并不仅仅是指需求数量，还包括对人的素质要求以及需求单位的隶属关系、单位的性质、人才结构、发展前景等等。因此，必须充分利用各种渠道、运用各种手段准确地收集与择业有关的各种信息，为择业做好充分准备。获取就业信息的途径一般有:个人走访收集，学校就业指导部门提供，参加毕业生供需见面会和人才招聘会，通过互联网获取，通过社会关系获取，社会实践过程和毕业实习机会，通过新闻媒介等途径获取。

(2) 就业信息的分析处理。在已经收集到的大量就业信息中，由于信息来源和获取方式的不尽相同，内容当然是杂乱的，也难免有虚假不真实的。求职者可结合自己的实际情况，对获得的信息进行去粗取精、去伪存真地分析、筛选、整理、鉴别，使信息具有准确性、全面性和有效性，更好地为自己择业服务。

2. 获取就业信息的有效途径

（1）参加各地的招聘会。由国家劳动部门牵头在各省组织大学毕业生网上招聘会；由国家主管部门和学校组织供需见面会、招聘会以及供需信息交流活动等。毕业生通过参加这些活动，可以了解较多的需求信息。

（2）与学校就业指导中心保持密切联系。学校就业指导中心为毕业生提供的就业信息无论是数量上还是质量上，都比其他部门提供的就业信息有明显的优势，其消息来源渠道主要是主管部门和各毕业生分配调剂中心以及各用人单位，中心会“走出去”，有目标地去一些单位“推荐”毕业生，也会将用人单位“请进来”，以及广泛联系需要毕业生的单位，再将这些需求信息发布给毕业生。所以学校就业指导中心提供的信息准确、可靠，成功率也高。

（3）通过网络和报纸杂志以及广播电视获取社会需求信息。传统集市形式的招聘会，开始在网络平台上展示，为求职者提供了一个全新的平台。相对于人头攒动、水泄不通、令人窒息的传统招聘会，网上求职以免费浏览大量的求职者信息、岗位信息及随时随地进入的方便性吸引了大量的求职者和招聘企业。毕业生在网络求职的过程中，要学习一些网络求职技巧，随时关注自己心仪企业的招聘信息，以提高求职的成功率。

（4）招聘网站。通过招聘网站招聘人才是目前许多企业招聘人才的主要途径。专业的招聘网站不乏知名企业的招聘信息，另外还会根据情况举办不同类型的网上招聘会。

（5）去职业介绍服务机构咨询。随着劳动力市场的形成，各级各类职业介绍服务机构应运而生，如职业介绍服务中心、人才交流中心、就业咨询服务中心、职业介绍所、劳务市场等。各职业介绍服务机构实现了“一站式”服务，毕业生可直接前往服务机构了解职业供求信息。

3. 收集筛选就业信息的原则

（1）真实性、准确性原则。真实性，是指收集的信息要具体、准确、真实。对用人单位的地点、环境、人员构成、生活待遇、发展前景、使用意图、联系方式等各方面的信息掌握得越具体越好。准确性的要求就是对用人单位需要的是什么层次、什么专业的人才，对生源、性别、外语和计算机等方面有哪些特殊要求等都要搞准，以避免盲目性。

（2）针对性、适用性原则。就业信息纷繁复杂，形形色色，并不是每一条信息都适合自己，因而要求毕业生准确认识自身的学历层次、专业、特长、能力、性格、气质等，明确自己就业的范围，做到有的放矢。

（3）计划性、条理性原则。计划性，是指根据事先拟定的计划收集不同类型企业、事业或公司的就业信息，并根据自己希望就业的地区有重点的收集，避免大海捞针。同时，将收集来的信息进行归类，以便于方便、快捷地使用这些就业信息。

筛选出就业信息后，对用人单位的情况应尽可能详细了解。例如，用人单位的准确全称、隶属关系，用人单位的性质（国有、私有、股份制、合资、外商独资、党政机关、学校、科研设计单位、部队等），用人单位需要的专业、层次、具体工作岗位，用人单位的规模、发展前景、地理位置、经营范围和种类、主营业务和行业排名等，用人单位的福利待遇（包括薪金、福利、保险、奖金、住房、培训、休假、工作时间、提薪机会等)，用人单位的联系方式等。

4. 就业信息处理的"四象限"模式

就业信息处理的"四象限"是一个就业信息处理的简单模式，可以帮助毕业生在处理信息时做出理智的选择，如图6-1-2所示。

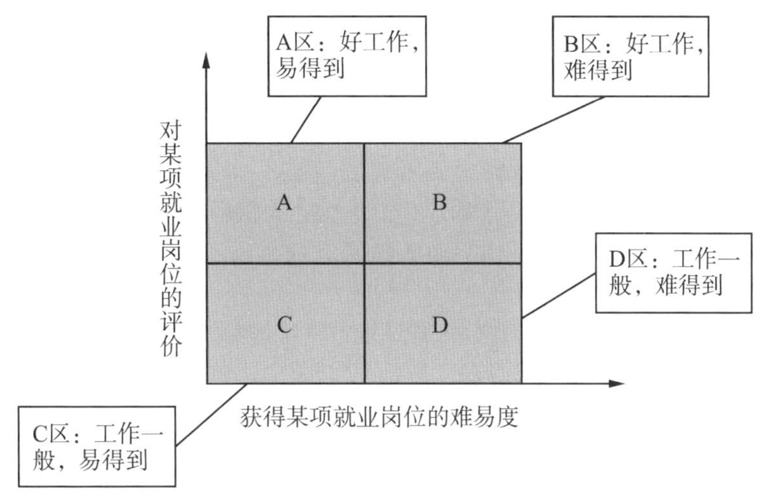

图6-1-2 就业信息处理的"四象限"

在图示的四个象限中，A象限：既是好工作，又容易得到；B象限：工作不错，但竞争者众多，或要求很高，得到这个工作的可能性很小；C象限：工作一般，但比较容易得到；D象限：不符合自己理想中的工作，也不容易得到。一般来说，在高职毕业生收集到的信息中，幸运地落在A区间的机会极少，大多数高职大学生最后的就业也是落在C区。对待B区信息，要倾注时间和精力认真分析研究，并精心准备应对之策，努力争取成功。对待A区的信息，要持审慎态度，既不能放过机会，也要防止这类信息中诱人的陷阱。D区的信息对毕业生的价值不大，可以排除在外。

三、简历制作与面试技巧

（一）求职材料的撰写

1. 简历的内容

简历主要是针对想应聘的岗位，将个人情况以及相关的经验列举出来，以达到推荐自己的目的。除简历之外还要有一套支持简历的证书或材料。

简历的基本内容一般分为：个人资料部分、教育背景（包括所有相关的专业技能培训等）、与应聘的职位及业务相关的经验、曾经获得过的荣誉及奖励、自我评价（优点阐述）、对如何开展业务方面的想法（没有把握的话建议不要写）。

个人资料包括姓名、性别、毕业学校、所学专业、学历、毕业时间、政治面貌、联系方式等基本内容。

简历应该力求用简单的话把实质内容说翔实。例如:“张三,男,××市人,×年×月生,××大学,××专业,×年毕业。”然后在下面的表格中详列各项目。

教育经历要用最少的话把最得意的、最实质的内容写清楚。很多人在写简历时,喜欢从过去讲到现在。建议最好采用倒叙的方式来写,直接从最近的时间入手,让简历筛选者更容易获得重要信息。必要时,一些重要信息可以重点处理,但千万不要处理得太花哨,便于阅读是最主要的原则。这样可以让“考官”对你目前的状况一目了然。

实习经验可以把课程实习、社会实践活动、毕业实习写入,但要注明实习单位、实习内容,并强调通过实习你已掌握了什么样的技术,以此来弥补所欠缺工作经验的不足,重点突出与应聘工作有关的内容。并不是经历越多越复杂越好,大部分同学的实习都是和专业或求职相关的,所以一般人的实习经历都比较对口,但也有很多同学因为实习经历少,就把家教、导游、编程和管理等一大堆风马牛不相及的经历编到一起,这样容易让人认为你的职业规划不清,反而弄巧成拙。

自我评价应列出你拥有的各项技能,包括语言文字能力、计算机能力及兴趣爱好等,虚的话少写。比如说“性格活泼”是可以的,但是说“我工作认真努力”就不是很合适。对于自己的实力,要用可以信服的词汇去说明。简历里面有些夸张是常理,但一定要让别人信服,不能过分,关键是把真正属于你自己的那些内容说透。对于自己的能力要估计适当,很多管理类专业毕业生说自己擅长管理,不如说“自认为在这方面有兴趣和潜力”,能用具体数字说明的当然最好。如果你应聘文秘岗位,可以把在报纸、刊物上发表过的东西写上,若写上一句“打字速度每分钟多少字以上”就很有优势。

在校内外参加的各种培训,最好与应聘的工作有一定的联系。另外,接受过什么样的培训,一般应该放在附注中,不要把它和教育经历混为一谈。

最后一定要写明应聘该公司的什么岗位,简历整体都要围绕着应聘岗位来描述。

2. 书写简历的注意事项

随着校园招聘的启动,各类简历模板、样本、范文流传于各大高校中,没有经验的学生,从浩如烟海的指导文章中提炼要义并非易事,稍有不慎,简历不但成不了敲门砖,还会变成绊脚石。所以在你送出简历之前,需要用八大标准来检查一下。

(1) 简单但要厚实。不宜长篇累赘,但也不宜任何简历都只用一张纸就可以了。简单的意思是,不要像写论文那样写厚厚的一叠。一位“考官”看简历的时间一般不会超过30—40秒,没有哪位“考官”会耐心读你的“专著”。冗长的简历会让“考官”心生厌烦,越简洁精炼,越能吸引住“考官”的眼球。建议长度不要超过2页A4纸。一份“一目了然”的简历,一定要把应聘者的最大特点放在简历最突出的位置,千万不能让筛选简历的人,从简历中去总结、提炼你的特点。厚实是指简历内容要丰富,传递的信息量必须大。要把自己的教育背景、工作经验、能力优势都一一表达清楚。

(2) 简历的包装要适度。大学生为简历做的包装分为两种情况:第一种情况,不求简历整洁美观,但求实惠。注意:不要因为省钱而使用粗劣的纸张,简历纸张与证明纸张要尺寸一致。第二种情况,简历做得太豪华。如用数码冲印照片、Photoshop特制的自荐信纸等。甚至有学生随简历附送VCD,还有学生在简历里作诗、配卡通图案等。

提示:简历不要设计得过于华丽,这会让用人单位觉得你太会包装自己,把功夫都用在了外表上，甚至认为你的简历是请专门的设计公司“装潢”出来的，既浪费“考官”的时间，又浪费纸张。为简历“扮靓”也要分职位，比如会计、硬件工程师等强调严谨性的职位，需要的是朴素的简历，而有的广告公司招募“创意鬼才”，应聘这种职位时在简历设计上动动脑筋是很有必要的。

（3）简历的内容要真实。诚实是简历最基本的要求。诚实的记录和描述，能够使阅读者首先对你产生信任，而用人单位对求职者最基本的要求就是诚实，阅历丰富的“考官”都有敏锐的分析能力，遮遮掩掩或夸大其词总会露出破绽，何况还有面试的考验呢。恰当的用语是一份合格的简历所必需的，如在描述实习经历时，为了表现自己的组织协调能力，有的大学生会用“负责公司某某项目”这样的表述，其实，人事部门都清楚，一个实习生是不可能独立承担公司项目的。“负责”之类的语句会给人夸大其词的感觉，用“参与”“协助”会更合适。

（4）评价自己要正确，“推销”勿过度。适度“推销”在求职中必不可少，但不可夸大其词，应避免使用“肯定”“最好”“第一”“绝对”“保证”等词，似乎人家不录用你，就会遭受不可弥补的损失。同时又不可过分谦虚，要自信一些。如“我虽刚刚毕业，但我年轻，有朝气，有能力完成任何工作；尽管我还缺乏一定的经验，但我会用时间和汗水去弥补；请领导放心，我一定会保质保量地完成各项工作任务”。口气坚决，信心十足，给人以精力旺盛，“初生牛犊不怕虎”的感觉。

（5）切勿千篇一律。现在，很多学生都广投简历，而为了省事，不少人不管面对的是哪家公司、哪种职位，都会递上一份内容相同的简历，这样没有针对性的投递，根本不会赢得面试机会。因此，可以制作一份通用模板的简历，在突出个人实习经历的同时，面面俱到，然后根据自身特点和用人单位的性质、对照职位的需求，修改简历。应聘者千万要记住：应聘不同的企业，一定要用不同的简历。这并不是主张应聘者简单地变更一下原来的简历就可以，而是建议应聘者必须结合要应聘的企业，修改自己的简历。比如招聘技术型人才时，招聘单位看简历时会比较注重应聘者的专业成绩、在校是否有过相关作品；如果招聘管理型人才，除了看应聘者所学专业和学习成绩外，还会注重他在校时担任的工作、参加的社会活动等。

（6）简历的排版打印要精心设计。一份简历四周必须留出足够的空白，显得比较美观，每行之间要有一定的空间便于人们阅读，各项目的名称应使用较粗一些、较大一些的字体与字号，以便同正文有所区别，切忌简历中出现以下几种情况：(1)跳字；(2)文字不在同一行；(3)用改正液涂改过的痕迹。千万不能把复印得模糊不清的简历四处发放，容易给人造成“求职专业户”的印象。

简历写完后让别人看看也很重要，因为别人会看出你看不出的错误。简历初稿完成后，可请老师或同宿舍的同学帮助查找错误、提供改进意见和建议，校对无误后再复印，多参考别人的，改进自己的不足。

一份好的简历，最主要的是先把自己经历说清楚，同时可显示出自己的与众不同。简历就是个人广告，别人买不买你的账就从你的简历开始，如果人家看到你的简历就想面试你，说明你的简历写得好，所以简历的意义重大。

（二）面试的基本礼仪

大学生在求职过程中，要想把握住更多的机会，就必须具备较高的综合素质。在知识面广、专业技术精通、业务能力强的基础上，还必须提高个人的修养，在日常的生活、学习中养成良好习惯，以避免因为一些细节问题而影响自己的前程。要想提高个人的修养，就必须掌握一些必备的礼仪知识。虽然大学生的主要任务是学习文化知识，但要想塑造良好的大学生形象，给人以良好的第一印象，就必须注意学习一些礼仪知识。比如修饰、化妆、仪态、服装、谈话等等。

1. 着装

在市场经济下，每个企业都在塑造自己良好的形象，其中就包括员工的形象。一位打扮不合时宜或粗心邋遢的大学生与形象良好的大学生在同等条件下参加面试，前者肯定是落选者。因为员工的不良形象也有损企业的形象，给企业带来损失。

有这样一位男孩，他在面试时穿了一件刚买的深色西装、一双黑色皮鞋和一双白色的袜子，希望自己形象不俗，能给“考官”留下良好的第一印象。但他不知自己已违背了西装着装的基本规则。他虽然穿上了深色的西装和黑色的皮鞋，却不合时宜地穿了一双与前者反差过大的白色袜子，而且在他所穿的西装上衣的左侧衣袖上，本当先行拆掉的商标，依旧历历在目。可想而知，本想给考官留下良好印象的这位大学生得到了相反的结果。

应聘场合是正式场合，应穿着适合这一场合的衣服，着装应该较为正式。男生理好头发，剃好胡须，擦亮皮鞋，穿上干净整洁的服装。朝气蓬勃的男孩没有必要非得穿上一身西服，配上白衬衣，打领带，显得很成熟。我们完全可以穿休闲服——夹克衫。女生穿着应有上班族的气息，裙装、套装是最合时宜的装扮，切勿浓妆艳抹，包括头发、指甲、配件等细节都应干净清爽，给人良好的印象。女士最好不要涂指甲油，穿西装要配深色袜子，女孩子切忌穿吊带衣服。

如果你要去应聘一些非常有创意的工作，你可以穿得稍微休闲一点，时髦一点。配饰应该简单高雅，不要佩戴造型过于夸张、会叮当作响的饰品。

2. 入座礼仪

参加应聘应特别注意遵守时间。一般应提前5～10分钟到达面试地点，以表示求职的诚意，给对方以信任感。先去洗手间放松一下，整理一下思路，还可最后检查一下自己的仪容，整理因挤公交而弄乱的发型，女士还可乘机补补妆。进入应聘室之前，不论门是开是关，都应先轻轻敲门，得到允许后才能进入，切忌冒失入内。入室应整个身体一同进去，入室后，背对招聘者将门关上，然后缓慢转身面对招聘者。见面时要向招聘者主动打招呼问好致意，称呼得体(需要在出行前准备工作中问清招聘者姓名)。在招聘者没有请你坐下时，切忌急于落座。请你坐下时应道声“谢谢”，然后等待询问。

同你的主考官握手，态度要坚定，双眼直视对方，自信地介绍自己，握住对方的手，要保证你的整个手臂呈L形(90度)，有力地摇两下，然后把手自然放下。同时握手应有感染力。你若是与对方握手时用力过大或是时间过长都是不妥的，这些动作证明你过于紧张，会让对方感到恐惧或是不舒服。而采取“轻触式”会显得你的胆怯和对别人的不尊重。

坐姿要端正，切忌跷二郎腿并不停抖动，两臂不要交叉放在胸前，更不能把手放在邻座椅背上，或者不断揉搓手指，那样，你会使对方感到你缺乏信心，或显得十分紧张，而且给别人一种轻浮傲慢、有失庄重的印象。稳稳当当地坐在座位上，将双掌伸开，并随便自在地放在大腿上，你就会给人一种镇静自若、胸有成竹的感觉。不要紧贴着椅背坐，不要坐满，坐下后身体应略往前倾，一般以坐满椅子的2/3为宜，这样可以让你腾出精力来轻松应对考官的提问。

面部表情应谦虚和气，有问必答，眼睛是心灵的窗户，应聘过程中最好把目光集中在招聘人的额头上，且眼神自然，以传达你对别人的诚意和尊重。

3. 眼神

与主考官保持视线的接触，但不要紧盯对方的眼睛，眼睛切勿乱瞟乱看。眼神一向被认为是人类最明确的情感表现和交际信号，在面部表情中占据主导地位。眼神与谈话之间有一种同步效应，它忠实地显示着说话的真正含义。与人交谈，要敢于并善于同别人进行目光接触，这既是一种礼貌，又能帮助维持一种联系，使谈话在频频的目光交接中持续不断。

有的人不懂得眼神交流的价值，总习惯于低着头看地板或盯着对方的脚，谈话中不愿进行目光接触，往往叫人觉得在企图掩饰什么或心中隐藏着什么事；眼神闪烁不定则会显得不够诚实；如果几乎不看对方，那是怯懦和缺乏自信心的表现。这些都会妨碍交谈。招聘者问完问题后，略做思考，我们的眼神可以移开，然后再抬起头回答问题。

当然不能老盯着对方看。长时间的凝视有一种蔑视和威慑功能，有经验的警察、法官常常利用这种手段来迫使罪犯坦白。因此，在一般场合不宜使用凝视。

在整个面试过程中，目光接触的时间最好在整个面试时间的30％—60％之间，既让招聘者感到我们的自信和对他的重视，又不失礼貌。

4. 交谈礼仪

在应聘中对招聘者的问题要一一回答。回答时尽量不要用简称、方言、土语和口头语，以免对方难以听懂。切忌把面谈当作是你或她唱独角戏的场所，更不能打断招聘者的提问，以免给人以急躁、随意、莽撞的坏印象。当不能回答某一问题时，应如实告诉对方，含糊其辞和胡吹乱侃会导致失败。

5. 告别的常规与礼仪

面试结束后，应该把刚才坐的椅子扶正，一面徐徐起立，站在椅子的旁边，一面以眼神正视对方，与“考官”以握手的方式道别，乘机做最后的“表白”，以显示自己的满腔热忱，边点头边说：“谢谢，请多关照”，“谢谢您给我一个面试的机会，如果能有幸进入贵单位服务，我必定全力以赴。”然后拿好随身携带的物品，到刚进门时的位置，先打开门，在出去之前要转向屋内，并有礼貌地鞠躬行礼，再次说“谢谢您，再见！”之类的话，特别要注意的是，告别话语要说得真诚，发自内心，才能给招聘者留下良好的印象。然后转过身轻轻地退出面试室，再轻轻地将门关上。

离开办公室，在走廊里和公司范围以内，尽量不要和别人讲述面试过程。经过前台或接待处归还来宾证时，要主动与工作人员边点头致谢边说：“多谢关照。”有些应聘者对面试官彬彬有礼，走出门却对普通员工或其他工作人员傲慢无礼。不要忘记，进入公司，就要接受所有人的面试，公司里的每个人都是你的面试官。

（三）面试的基本技巧

1. 面试前的准备

（1）了解自己。面试之前，要了解自己能给用人单位提供什么，能为用人单位做出哪些贡献。同时，要了解自己的弱点，对应聘的岗位有哪些不足、怎么克服。

（2）了解用人单位。了解用人单位需要什么样的人，特别是所应聘的岗位要求，对面试的要求。可以通过网络了解用人单位及其相关行业的情况。

（3）加强演练。提高面试技能的最好方法是在面试之前进行角色扮演练习、模拟面试等。练习时，要避免背诵。不管是谈论自己还是其他的事，要自然地说出来。如果让主试人感觉到是在背诵，就会影响面试效果。

（4）面试前的物件准备。面试前的物件准备包括公文包、打印好的简历、学校成绩单复印件、个人身份证等，所有准备好的文件都应该平整地放在一个文件袋里。除此以外，还应准备好笔、学历证书、所获奖励证书等备查文件的正本和复印件。如果面试时，公司人事主管提出查看一些文件的正本而面试者又没有带的话，主试人会认为你根本不重视这次面试，这是面试中应该要避免的疏漏。

2. 面试语言技巧

（1）口齿清晰、语言流利、文雅大方。面试时注意发音准确，吐字清晰，注意控制说话的速度，以免磕磕绊绊，影响语言的流畅。为了增添语言的魅力，应注意修辞，忌用口头禅，更不能有不文明的语言。

（2）注意语气、语调的正确运用。语气是指说话的口气，语调是指语音的高低轻重。自我介绍时，最好多用平缓的陈述语气，不宜使用感叹语气或祈使句。声音过大令人厌烦，声音过小则难以听懂。音量的大小要根据面试现场的情况而定。两人面谈且距离较近时声音不宜过大，群体面试而且场地开阔时声音不宜过小，以每个主试人都能听见为原则。

（3）语言要含蓄、机智、幽默。说话时除了清晰表达以外，适当的时候可以插进幽默的语言，增加轻松愉快的气氛，也会展示出自己的从容风度，尤其是当遇到难以回答的问题时，机智幽默的语言会显示出自己的聪明智慧，给人以良好的印象。

（4）注意面试者的反应。求职面试不同于演讲，交谈中应随时注意主试人的反应。例如，对方心不在焉，可能表示他对这段话没有兴趣，就要设法转移话题。对方侧耳倾听，可能说明由于自己音量过小使对方难以听清。皱眉、摆头可能表示自己言语有不当之处。根据对方的这些反应，要适时地调整自己的语气、语调、音量、措辞等。

3. 面试手势技巧

（1）表示关注的手势。面试时，要关注对方的谈话，表示出是在聚精会神地听。对方在感到自己的谈话被人关注和理解后，才能愉快专心地听取你的谈话并产生好感。一般表示关注的手势是双手交叉，身体前倾。

（2）表示开放的手势。这种手势表示你愿意与听者接近并建立联系，它使人感到你的热情与自信，觉得你对所谈问题已是胸有成竹。这种手势的做法是手心向上，两手向前伸出，手要与腹部等高。

（3）表示有把握的手势。如果你想表现出对所述主题的把握，可先将一只手伸向前，掌心向下，然后从左向右做一个大的环绕动作，就好像用手“覆盖”着所要表达的主题。

（4）表示强调的手势。如果想吸引听者的注意力或强调很重要的一点，可把食指和大拇指捏在一起，以示强调。

以上介绍的是面试中常见的手势，但要达到预期的目的，还应注意因时、因地、因人灵活运用。

4. 面试回答问题的技巧

（1）切忌答非所问。面试中，如果对主试人提出的问题，一时摸不到边际，以致不知从何答起或难以理解对方问题中的含义时，可将问题复述一遍，并先谈自己对这一问题的理解，请教对方以确认内容。对不太明确的问题，一定要搞清楚，这样才会有的放矢，不致答非所问。主试人接待应试者若干名，相同的问题会问若干遍，类似的回答也要听若干遍。因此，主试人难免会有枯燥乏味之感，只有具有独到的个人见解和个人特色的回答，才会引起对方的兴趣和注意。

6.1.5 材料 面试的99个关键问题

（2）把握重点条理清楚。一般情况下，回答问题要结论在先议论在后，先将自己的中心意思表达清晰，然后再做叙述和论证。否则，长篇大论的话会让人不得要领。面试时遇到自己不知、不懂、不会的问题时，回避闪烁，默不作声，牵强附会，不懂装懂的做法均不足取，诚恳坦率地承认自己的不足之处，反倒会赢得主试者的信任和好感。

（3）讲清原委避免抽象。主试人提问，总是想了解一些应试者的具体情况，切不可简单地仅以“是”和“否”作答。针对所提问题的不同，有的需要解释原因，有的需要说明程度。不讲原委，过于抽象的回答，往往不会给主试者留下具体的印象。

5. 消除过度紧张的技巧

（1）面试前可翻阅一本轻松活泼、有趣的杂志书籍，转移注意力，调整情绪，避免紧张、焦虑情绪的产生。

（2）面试过程中注意控制谈话节奏，若感到紧张先不要急于回答，应集中精力听完提问，再从容应答。

（3）正确对待面试中的失误，切不可因一时的失误而丧气。一时失误不等于面试失败，不要轻易地放弃机会。

6.1.6 材料 缓解心理压力的方法

四、就业心理调适与权益保护

（一）做好择业的思想准备与心理准备

毕业生择业前的思想准备包括：树立正确的择业观、客观的自我分析与评价、确定合适的择业目标等。在收集信息的基础上，大学生要联系自身实际，客观地进行自我分析。自我分析包括以下五点：

（1）自身综合素质、能力的自我测评。如学习成绩在全专业中的名次，自己的兴趣、特长、爱好是什么，有何出众的能力（包括潜能）等。

（2）分析自己的性格、气质。一个人的性格和气质对所从事的工作有一定的影响，如果能从事与自己的性格、气质相符合的工作，就容易出成绩。可以用一些测评表对自己的性格、气质进行一定的分析。

（3）自己在择业过程中，具有哪些优势，哪些劣势，应该如何扬长避短。

（4）问问自己究竟想做什么。即自己想在哪一方面有所发展，想成为什么样的人。换句话说，即自己的"满足感"是什么，价值标准是什么。

（5）问问自己究竟能做什么。一位哲学博士曾经这样吐露他大学毕业时的求职经历："我当初毕业时独自来北京找工作，每天拿一张地图，一大早就出门，很晚才拖着疲惫的身子回到招待所。如果某一天没有面试的机会，我会感到极不踏实。我开始问自己'我在找工作，还是在找我自己？'找工作的过程让我不断认识了自己，让我感觉到了自己真正热爱的是什么。"最终，他选择了继续深造。

（二）就业权益保护

1. 就业信息的辨别

目前，有许多隐蔽的非法招聘者混迹于各种人才市场，他们利用应聘者求职心切的心态，收取报名费、培训费等。不少毕业生不明内情，上当受骗者屡见不鲜。还有一些求职者会去企业面试后大呼上当，说这个企业的招聘是假的。那么，我们该如何辨别那些真真假假、形形色色、令人眼花缭乱的招聘信息呢？

求职者只要在各大网站的搜索引擎中输入相关的求职信息，各类招聘网站及招聘单位就会罗列其中。它们有的是社会公益性质的公共职业介绍所发布的信息，有的是以盈利为目的的各类企业所发布的信息。其中的信息有真有假。对于一些缺乏上网经验和急于找工作的求职者来说很容易会被一些虚假信息所误导。在此为大家介绍一些辨别网站真假招聘信息的方法。

6.1.7材料 就业安全警示

（1）浏览招聘信息尽可能到官网。浏览招聘信息要尽可能去一些政府办的网站，如中国人才网、新职业网等。同时也可以到一些有一定规模和知名度的私营网站，如前程无忧网、百大英才网等。

（2）对网站和网上信息要有一定的辨别能力。国家规定正规网站在其主页上必须有相关标识。其次要核实主要的招聘信息，如：招聘截止日期，应聘的附加条件等。

（3）对网上招聘的单位需进行必要的核查。许多大型单位招聘人员时会到比较知名的网站上发布信息，同时单位又会在自己的公司网站上发布招聘信息，可以同时到这两个网站上去看一下或直接把简历以E-mail的形式发给单位。

（4）不要随意在网上发布个人信息。随着网络技术的日益发展，人们对网络的依赖程度也越来越高，同时网络中的陷阱也越来越隐蔽。当我们在网络上寻找信息时，一定要学会保护自己。

2. 求职择业中常见的侵权类型

（1）试用期的侵权。试用期是用人单位与劳动者建立劳动关系后，双方为了相互了解而协商约定的考察期限。这个考察是双方面的，毕业生考察用人单位，用人单位也考察毕业生，谁不满意都可以拒绝对方。只是由于目前就业市场供大于求，就业形势严峻，导致试用期成了用人单位单方面的考察。少数不良企业甚至把试用期设置成敲诈劳动者的陷阱，最主要的表现方式就是以试用期的名义来获取廉价的劳动力。试用期侵权主要有两种形式：一种是以各种理由告诉试用期满的求职者他不合格，公司解聘他是无奈之举，从而以同样的方式继续招聘新的求职者。另一种就是非法延长试用期。试用期本意是用人单位和劳动者相互了解、相互选择的期限，但是一些用人单位为了减低用人成本，利用试用期的底薪，签订半年的合同，试用期就有了三个月。这种情形一般多发生在一些小企业。非法试用期侵权屡屡得逞的原因，首先是求职者对国家现行的劳动法律法规不甚了解，一切都以企业经营者的说法为准，这是很危险的。

6.1.8材料《劳动合同法》关于试用期的规定

（2）随意收费。招聘中以不同名目收取各种费用是最常见的招聘侵权情形之一，如风险押金、培训费等。这个招数对于很多应聘者来说都具有极强的欺骗性和掩饰性。用人单位往往打着看似合理的幌子，以冠冕堂皇的名义收取不正当的钱财，损害求职者权益；往往以招聘录用收取押金、保证金的借口，或者以入职培训的名义，骗取求职者的费用。这类欺诈性的面试过程往往比较简单，对于学历、工作经验基本没有要求，对于公司的具体情况也避而不谈，同时还会许以高薪，同时提出收费要求。求职心切的毕业生在交钱之后，往往不了解情况就与之签约，将来后悔莫及。

（3）成果的侵权。有些用人单位以考核求职者为借口，堂而皇之地无偿占有应聘者的劳动成果，如在招聘时要求应聘者翻译复杂的文章、策划方案、设计程序等。目前，很多中小企业甚至个别大型企业都利用求职者在应聘考试中急于表现自己的心理，将公司已接下的项目作为考试题目直接交给应聘者完成，在不付出任何成本的情况下骗取应聘者的劳动成果。招聘公司往往以考试为名，要求求职者提供劳动，并无偿占有其程序设计、广告设计、策划方案、文案翻译等成果。

（4）捏造虚假用人信息。有些招聘单位捏造虚假用人信息，诱骗求职者上当。这种情况主要存在于一些非正规的职业介绍所中，它们一般号称只要缴纳一定的费用，就能帮求职者找到合适的工作。这类招聘一般会主动出击，承诺帮求职者推荐工作，前提是必须缴纳推荐费。当求职者交了钱，拿到所谓的推荐信后，才发现该单位根本没有委托别人来进行招聘。

3. 维护自身的合法权益

（1）了解相关法律规定，树立法律意识。一旦毕业生的合法就业权益受到侵害，要积极运用法律手段维护自己的合法权益。只有养成了积极主张权利的维权意识，才能够平等地与用人单位据理力争，维护自己的合法权益。

6.1.9材料 签订劳动合同的注意事项

（2）运用法律手段维护合法权益。毕业生应学会运用法律手段维护自身的合法权益。针对侵犯自身就业权益的行为，有权向用人单位上级主管部门和学校进行申诉并听取他们的处理意见，同时也可提交给当地的劳动争议仲裁机构进行调解和仲裁，也可以直接向人民法院提出诉讼。面对就业市场上各种各样的侵权行为，高职毕业生要倍加小心，提高警惕，做好防范措施。如果一不小心误入求职陷阱，或合法权益遭受侵害，被欺诈或误入非法行业，应当立即向警方报案。如果遇到无证或证照不全的黑中介，应及时向相关劳动部门、工商管理部门或公安部门反映，有关部门可以根据相应管理条例规定对其进行处罚。如果遇到用人单位发布虚假招聘信息，信息中所列的待遇、薪酬与实际情况严重不符合的，求职者应向劳动部门反映，请求查处。劳动部门可根据有关管理条例规定处罚该用人单位，求职者遭受的损失应按有关规定予以赔偿。用人单位以收取培训费、押金、保证金、担保金作为录用条件的，其行为违反相关规定，求职者可及时向劳动部门反映，请求查处，要求退还所交费用。

能力测评

职业测评

6.1.10材料 职业测评

拓展训练

1. 模拟面试和个人形象设计

活动目标：通过个人形象设计实训，做好求职择业参加面试、招聘会的准备工作。

活动内容：求职礼仪规范设计；参加面试的个人形象设计；模拟面试训练。

活动方法：采用求职角色扮演、模拟面试的方式，对参加练习的高职生进行观察评价和交流研讨。每个人上台展示和模拟面试，回答问题的时间控制在5—10分钟。

活动步骤：

（1）课前准备

学生分成若干小组，每组5—8人，并向每位同学下发一份个人形象设计评价表，如下图所示。图中，1—7项最高分为3分，最低分为0分，第八项为总评分。课前每位同学以参加模拟面试为课题，从着装、发型、坐姿、面谈等方面对自己进行形象设计，并在实训活动中现场演练。

个人形象设计评价表

评审日期: 评审人:

姓名	站姿	走资	坐姿	态度	化妆	发型	服饰	总评	最佳点	不足点	备注
	1	2	3	4	5	6	7	8			

（2）模拟面试现场布置

以教室讲台为中心，布置场地和演练区。每位同学抽签并按照抽签顺序分别进行自我演示。台下同学以小组为单位，对演示者进行评审打分。模拟面试现场设计参考如下图所示。

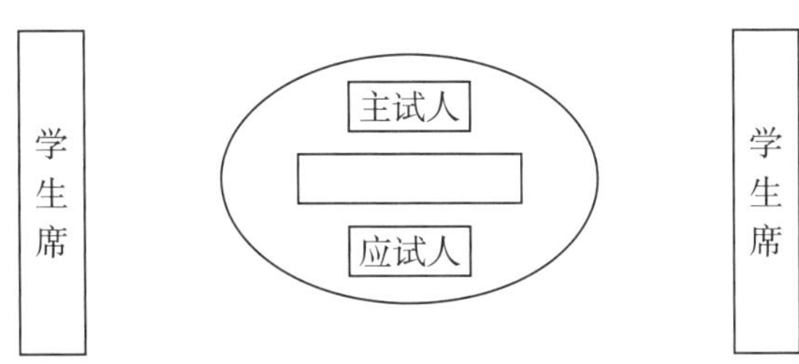

模拟面试现场设计

（3）模拟面试现场演练

教师或一名学生扮演面试主试人，每组派出2～3个学生代表上台演示。演示包括站姿、坐姿、走姿和回答问题等行为举止，并认真做好记录。

演示者在教室门口站立等候，听到主试人指令后，步入讲台中间站立；向主试人问好；进行2分钟左右的自我介绍；转身面向同学进行2种以上坐姿展示。然后转身面向主试人回答其提出的问题。结束后，起立从教室另一侧下台。时间为5～10分钟。台下同学认真填写个人形象设计评价表，最终评选出5名最佳个人形象设计者。

（4）交流研讨

学生以小组为单位，由组长负责，以正确行为举止为主题，讨论10分钟，并选出最佳个人形象者。

2. 制作一份求职简历，并找出一份优秀的简历范文进行对比，找出差距。

案例分析

1. 因不了解就业政策而不能落户

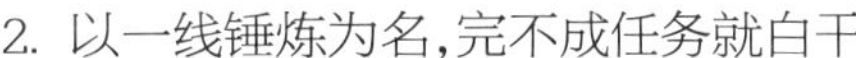

2. 以一线锤炼为名，完不成任务就白干

6.1.11 材料 因不了解就业政策而不能落户

6.1.12 材料 以一线锤炼为名完不成任务就白干

思考讨论

1. 在面试之前，你应该做哪些必要的准备？
2. 应该如何保护就业权益？

第二节 创新与创业精神

一、创新与创业的概述

6.2.1 视频 创新意识与创业精神

（一）创新

创新即创造新事物，是指根据一定目的，针对研究对象，运用全新的知识与方法或引入新事物，产生出某种新颖、有社会或个人价值成果的活动。这里的成果，是指以某种形式存在的创新成果，它既可以是一种新概念、新设想、新理论，又可以是一项新技术、新工艺、新产品，还可以是一个新制度、新市场、新组织。这一定义是根据成果来判别创新性的，判别标准有两个：一是成果是否新颖，二是是否有社会或个人价值。“新颖”主要是指对现有的东西进行变革，使其更新，成为新的东西，即破旧布新，不墨守成规。“有社会价值”是指对人类、国家和社会的进步具有重要意义，如重大的知识创新、技术创新和产品创新等。“有个人价值”则强调了对于个体发展的意义。

1. 创新的特征

创新是人类特有的活动。创新是在意识支配下进行的创造性活动，在人类社会之外，其他动植物只是进化、演化，而不是创新。创新是有规律的实践活动。它以扎实的专业知识为基础，以艰苦卓绝的精神劳动为途径，以敏锐的观察力、丰富的想象力、深刻的洞察力为导向，反映符合事物发展要求的基本规律，是一种有规律的实践活动。创新是突破性的实践活动。它不是一般的重复劳动，更不是对原有内容的简单修补，而必须是突破性的发展、根本性的变革、综合性的创造。

创新具有以下几个方面特征：一是目的性，任何创新活动都有一定目的，这个特性贯穿于创新过程的始终；二是变革性，创新是对已有事物的改革和革新，是一种深刻的变革；三是新颖性，创新是对现有不合理事物的扬弃，革除过时的内容，确立新事物；四是超前性，创新以求新为灵魂，具有超前性，这种超前是从实际出发、实事求是的超前；五是价值性，创新有明显、具体的价值，对经济社会具有一定的效益。

2. 创新的分类

创新虽有大小、层次之分，但无领域、范围之限。从不同角度可以对创新做出各种不同的类型划分。经济合作与发展组织、欧盟统计局《创新测度手册》把创新分为4类：产品创新、工艺创新、营销创新和组织创新。

（1）产品创新。产品创新可分为全新产品创新和改进产品创新。全新产品创新成果是指产品用途及原理有显著的变化。改进产品创新成果是指在技术原理没有重大变化的情况下，基于市场需要对现有产品进行功能上的扩展和技术上的改进所取得的成果。

（2）工艺创新。工艺创新是指企业通过研究和运用新的方式、方法和规则体系等，提高企业的生产技术水平、产品质量和生产效率的活动。工艺创新的方法主要有：应用信息化手段,使用先进设备,使用集成技术,使用优化理论。创新成果在这里包括技术、设备和软件革新方面的成果。

(3) 营销创新。营销创新是指新的营销方式的实现,包括产品的设计、包装、分销渠道、促销方式及定价等方面的重大变革。营销创新成果旨在更好地满足消费需求,开辟新市场,或重新配置企业在市场上的产品,以提高企业的销售额。

(4) 组织创新。组织创新是指企业的运营策略、工作场所组织或外部关系等方面组织方式的实现。组织创新成果可以用于减少管理成本或交易成本,提高工作的满意度和劳动生产力,获得不可交易资产或减少供应承办以提高企业的绩效。

(二) 创业

1. 创业及其要素

创业就是指创业者对自己拥有的资源或通过努力能够拥有的资源进行优化整合,发现和识别商业机会,成立活动组织,创造出产品和服务,从而创造出更大经济价值或社会价值的过程。

创业过程中,创业机会、创业团队和创业资源是不可缺少的要素。创业机会就是创业者可以利用的商业机会。从创业过程的角度来说,创业机会是创业的起点,创业过程就是围绕创业机会进行识别、开发、利用的过程。创业团队是指在创业初期(包括企业成立前或成立早期),由一群才能互补、责任共担、愿为共同目标而奋斗的人组成的特殊群体。创业资源是指新企业在创造价值的过程中需要的特定资产,包括有形资产与无形资产。它是企业创立和运营的必要条件,主要表现为创业人才、创业资本、创业技术和创业管理等。没有机会,创业活动就成了盲目的行动,机会虽然普遍存在,但是如果没有创业团队去识别和开发,创业活动也不能发生,创业团队不仅需要把握机会,还需要获得资源,否则机会将无法被开发利用。

2. 创业过程与阶段

创业一般情况下起源于一个好的创意想法,当创业者发现这种创意能够带来商业机会,获得利润时,就可以着手创业了。从产生创业的想法到创建新企业或开创新事业并获取回报的整个过程可大致划分为机会识别、资源整合、创办新企业、新企业的管理四个主要阶段。创业者如果能够理解、遵循并执行这四个阶段的基本步骤,就可以提高创业的成功率。

(1) 机会识别。识别创业机会是对可能成为创业机会的各种事件的分析和对创业预期结果的判断。其核心活动包括:创新并勾画愿景、进行市场分析与研究、竞争评估、商业模式开发等。

(2) 资源整合。资源是创业的基础性条件,整合资源是创业者开发机会的重要手段。其核心活动包括:流程与技术调研、确定价格、市场与营销模式、保障启动资本、管理资金、制订成长期资金计划、投资谈判等。

(3) 创办新企业。创建新企业需要进行大量的准备工作,其核心活动包括:创业计划、创业融资、注册登记等。

(4) 新企业的管理。企业管理是创业过程中的重要环节,确保新创建的企业生存是创业者必须面对的挑战，但是创业者不能仅仅考虑企业的生存，还要考虑其成长。其核心活动包括：制订企业发展计划、寻找合作联盟、出售或并购、继续管理或退出等。

创业并不像想象的那么简单，对于想创业的人来说，需要非凡的勇气、高度的自信和专业的技能，有时还要加上一点点好运气，所有的这些决定着创业的成功。

（三）创新与创业的关系

1. 创新是创业的源泉

创新是创业的源泉，是创业的本质和灵魂。创业因创新而生，创新因创业而实现其价值。创业通过创新拓展商业视野、获取市场机遇、整合独特资源、推进企业成长。没有创新的企业，生存空间就会不断缩小，就不可能产生自己的核心竞争力并获得必要的竞争优势。

创新的前提是创意，创新的延续是创业。创意和创新本质上属于思维、观念、方法、模式等上层建筑，并不能从根本上解决经济基础问题，唯有通过创业才能将创意和创新落到实处。从某种程度上讲，创新的最终价值就是在于将潜在的知识、技术和市场机会转化为现实生产力，实现社会财富增长，造福社会。否则，创新也就失去了意义，而实现这种转化的根本途径就是创业，创业者通过创业实现创新成果的商品化和产业化，将创新的价值转化为具体、现实的社会财富。创业者不一定是创新者或发明家，但必须具有能发现潜在商业机会并敢于冒险和勇于开拓创新的特质；创新者也未必是创业者或企业家，其产生的科技创新成果则必须经由创业者推向市场，使其潜在价值市场化，创新成果因此才能转化为现实生产力。否则，哪怕创意再好的创新成果，也难以转化为社会财富。

2. 创业的本质是创新

创业的本质在于创新，创业的过程就是永远不断创新的过程。对于创业者来说，光有创新是不够的，但没有创新的创业活动是不会长久的。创新与变革紧密关联。创业者不改变自己长期形成的思维模式，就难以识别出行业机会，也无法做到创新。很多时候，创业行为很难开创新的行业，但是可以在传统行业里做出了不平凡的业绩，这背后就是创新，其中有技术创新，更有制度创新、管理创新和模式创新。

要进行创业必须具备一定的条件，资金、设备、技术、创业团队、知识和社会关系等都是重要的创业资本，但其中创新能力可以说是最重要的，创业者在创业过程中需要具有持续旺盛的创业精神、创新意识，需要独特、活跃、科学的思维方式，这样才能产生富有创意的想法或方案，才可能不断寻求新的思路、新的方法、新的模式、新的出路，最终获得创业成功。创业企业的不断发展壮大更是必须依靠持续创新。绝大多数的伟大公司，一开始都是名不见经传的小公司，之所以能够获得今天的辉煌，其根本原因在于不断地创新，追求卓越，从而推进了企业持续快速发展。

3. 创业推动并深化创新

创业企业要取得持续竞争优势，求得更大的生存发展空间，就必须进行组织战略上的优化更新、经营业务上的拓展更新或生产技术上的发展创造等来增强自身的竞争力。可见，创新就是将新的理念和设想通过新的产品、新的流程、新的市场，以及新的服务方式等有效地融入市场，创造新的价值。缺乏创新，就不会有新企业的诞生和成长壮大。创业可以推动新发明、新产品或新服务的不断涌现，创造出新的市场需求，提高企业或整个国家的创新能力，推动经济增长。

二、创业者与创业团队

（一）创业者的概念

创业者被定义为组织、管理一个生意或企业并承担其风险的人，这是由法国经济学家坎蒂隆于1755年首次引入经济学领域的。创业者的概念经历了一个长期的发展演变过程，香港创业学院院长张世平认为：创业者是一种主导劳动方式的领导人；是一种具有使命、荣誉、责任能力的人；是一种组织、运用服务、技术、器物作业的人；是一种具有思考、推理、判断能力的人；是一种能使人追随并在追随的过程中获得利益的人。

综上所述，我们认为创业者的定义有广义和狭义之分，广义是指参与创业活动的全部人员，包括管理者和普通员工；从狭义上来说，创业者是参与创业活动的核心成员，包括企业开创者或开创团队。

（二）创业者的分类

对于创业者的分析和理解应该结合具体特点来进行。有研究根据国内创业者的素质和性格等将其划分为以下几种类型：

1. 生存型创业者

这类创业者大多是迫于生存压力不得不进行创业活动。比如失业下岗的工人，没有土地的农民，毕业后无法顺利就业或还没有毕业已经对就业失去希望的大学生等。从总量上来说，这类创业者在我国是数量最多的。同时，他们由于创业成本的局限多从事餐饮业、加工工业等，一般较少从事实业。

2. 变现型创业者

这类创业者是将本身所掌握的社会资源通过创业活动转变为有形资本。他们有些本身在某些行业领域任职，从而掌握一定的人脉资源等，创业时将其充分利用。还有一些创业者本身并不具备任何相关行业经历，而是通过亲朋或其他关系间接掌握社会资源，借助这些资源进行创业活动。

3. 主动型创业者

这类创业者可以进一步细分为冲动型和冷静型。前者性格活跃、冲动，平时善于展示自己，较为自信，并且敢于冒险，是典型的机会主义者，会将创业活动视为一场赌博。此类型创业者的创业活动往往成功率较低，然而一旦成功将会取得较高的回报率。后者性格沉稳、冷静，奉行谋定而后动的行事准则。在创业活动中，他们会充分分析了解整个市场和创业项目，掌握取得创业成功必不可少的优势资源，如先进和创新的技术、广博的人脉等，从而提高创业成功率。

（三）创业者的素质与能力

1. 创业者的素质

为什么有些人能成为创业者而其他人却不能？为什么有些创业者能成功创业而其他创业者却不能？这其中，创业者素质起到了关键的作用。

创业者素质就是创业者在创业活动中所需要的基本品质，是创业者在后天环境影响和创业教育训练下获得的稳定的、长期发挥作用的基本品质和能力结构。

（1）较强的创业意识。创业意识是指一个人根据社会和个体发展的需要所引发的创业动机、意向或愿望。创业意识是人们从事创业活动的出发点和内驱力，是创业思维和创业行为的前提，也是创业者创业的必备素质之一。增强创业意识，首先要有一个明确的创业目标。明确的创业目标是一切创业活动的原动力。

6.2.2 材料 目标管理的SMART原则

既然创业意识如此重要，那么大学生创业者应该怎样培养创业意识呢？

首先，要刻苦学习创业方面的有关知识。有了知识的积累，才能更好地指导创业活动。

其次，要勤于和善于观察思考。客观事物总是不断发展和变化的，只有勤于观察分析事物，收集和利用信息，主动并善于思考，创业者才能发现潜藏的机遇。

最后，要积极主动地寻找和创造创业机会。创业成功者赢得财富的关键在于比一般人更能把握机遇。但是，机遇不是靠等来的，创业活动中更需要的是主动寻找机遇、创造机遇。

（2）丰富的知识储备。对于一个成功的创业者来说仅仅具备良好的创业意识和迫切的创业愿望是远远不够的。要实现创业目标必须要有丰富的知识储备，包括深入扎实的专业知识和广博稳固的非专业知识。

专业知识不仅对于创业者确定目标有直接作用，而且影响创业活动的开展。大学生对社会其他领域的了解不多，为了减少创业成本，增加创业的成功率，选择在自己学习的专业领域内创业是十分有效的手段。同时，对所学专业知识体系了解和研究得越深入透彻，对该领域活动和发展的规律把握得越清晰，创业活动越能够有效地开展。

非专业知识对创业目标的实现同样起着十分重要的作用。知识经济时代的创业活动已经不能靠敢打敢拼或是撞大运来取得成功，创业者的知识结构扮演越来越重要的角色。专业知识的精深仅仅是取得创业成功的前提之一，另一前提就是与专业相关的广博的知识体系。对大学生创业者而言，如果所掌握的知识只停留在专业范围内，则很有可能由于视野的局限而无法看到事物之间的普遍联系；而相反，其他知识掌握得再多，对创业领域的知识一窍不通的话，则对事物的认知会浮于表面，不能认清其本质，无法创业成功。

对大学生而言，如何丰富自己的知识储备，进而为成功创业打下坚实的基础呢？关键是要树立终身学习的理念。终身学习理念的根本是养成一种良好的学习习惯，不断提升自我能力和素养。终身学习理念的关键是形成适合自身的科学学习方法。大学的学习方式与小学、中学完全不同，自主学习是不可忽视的主流。总结出一套科学的、行之有效的学习方法不仅对大学阶段的学习有帮助，更会对今后的创业活动起到至关重要的作用。

（3）百折不挠的意志品质。人生并不是一帆风顺的，这是个再浅显不过的道理了。在创业活动中,挫折甚至失败会常常伴随在创业者左右。一个合格的创业者应该是不畏惧任何艰难险阻的,是对创业有着无比耐心和毅力的,是对困境和失败有着清晰认识的,是能够从失败中吸取教训,不断调整方向努力获得成功的。百折不挠的精神是创业者坚定信念不断奋进的动力,是创业者所应具备的重要意志品质。

(4) 富有爱心。爱心是创业成功的"催化剂"。一个合格的创业者在创业之初就应该对产品的定位和新创企业的社会责任有清晰合理的规划。在创业过程中,激烈的竞争和严峻的挑战是不会消失的,爱心作为企业的"商标"具有强大的宣传推广作用,要占据市场优势地位,提高创业的成功率,爱心是最深入人心的企业文化和共同价值观。富有爱心,是构成诚实、良好商业氛围的重要因素。

(5) 务实。创业活动不是过家家,只有具备务实的精神才能取得成功。创业者的务实精神会影响整个创业团队,甚至影响企业文化的形成。新创企业只有务实才能打造优质的产品和服务,赢得市场占有率,取得消费者的认可和信赖,在日益激烈的市场竞争中立于不败之地,进而保持持久旺盛的生命力。

(6) 勤奋努力。"天才是百分之一的灵感加百分之九十九的汗水",这一金科玉律在创业活动中同样适用。每一个成功的创业者几乎都是勤奋努力的典范,他们怀着极大的创业热情,勤奋不辍,努力耕耘。对待每一份工作都力争做到最好,全力以赴地交出最好的成绩单。他们信奉"一分耕耘一分收获",为了取得成功,勤奋和努力是必须要经历的过程。

(7) 良好的身体素质。良好的身体素质体现在强健的体魄、旺盛的精力、敏捷的思维等方面。当代大学生创业活动的主体大多是小企业,经营活动异常艰苦而复杂。创业者时刻面对着繁重的工作和巨大的压力,如果没有良好的身体素质,必然无法承受创业的重担,导致创业失败。

对大学生创业者而言,拥有良好的身体素质关键是要做到:第一,养成良好的作息习惯。繁重的课业压力和过分沉迷网络成为大学生身体素质下降、亚健康状态以及心脑血管疾病频发的主要根源。想要成功创业,首先要戒除"网瘾",调整作息时间,改善身体状况。第二,加强锻炼。培养一个或多个体育运动方面的兴趣,养成勤于参加体育活动的习惯。第三,劳逸结合。不管是学习还是创业,都是体力劳动和脑力劳动的结合,如何在有效的时间内科学发挥自身的能力、体现自己的价值是大学生创业者从现在起就要实践研究的一个课题。

2. 创业者的能力

如果说创业者素质相当于人的心脏,那么创业者能力则相当于人的大脑。创业者素质更多地体现在情感和意志品质方面,具有隐藏性的特点,而创业者的能力相比来说具有一定的外显性特征。创业者能力在创业活动中更能够被他人识别和认知,并且能够产生较为直观的作用。

6.2.3材料 潘石屹的融资妙招

(1) 人际交往能力。创业活动并不是孤立、割裂的个体行为,而是整体、社会性活动。因此,创业活动需要外部资源,对创业者来说,就是其构建人际网络的能力。创业者建立的广泛的人际关系网络会成为创业活动的重要助力和关键因素。如果一个创业者能够在较短时间内建立起较为广泛的人际网络,那么他的创业之路将会避免许多困境。创业者的人际关系网络主要由同学资源、同乡资源、朋友资源等组成。

同学资源对大学生创业者而言，是最为丰富的人脉资源之一。电影《中国合伙人》讲述的就是同学合伙创业的故事，腾讯的马化腾也是与大学同学一起创业的。每名大学生都经过小学、中学时代，今后还有可能参加各种诸如进修班、研修班等成人学习培训。同学之间的情谊是其他感情无法比拟的，彼此频繁的接触和交往可以建立起十分牢固的信任基础。

谈及家乡往往能够引发人们情感上的共鸣和认同感。共同的地理环境和人文特色，使老乡有一种天然的熟悉和亲近之感。历史上最成功的徽商和晋商就是靠同乡之间相互扶持、相互帮助才成就了辉煌的过往。同乡情谊也可以是创业的一大助力。

朋友是一个十分广泛的概念，对创业者来说，也是不可多得的珍贵财富。一个合格的创业者应该善交朋友，广交朋友，付出真心来换回珍贵的友谊。“多一个朋友多一条路”这句话对创业者来说再贴切不过了。在创业之初，即使朋友不能给你提供实实在在的利益，但是朋友的支持将会是一股强大的力量、一笔无形的财富，支撑着你克服困难勇往直前。

对于大学生创业者来说，建立人际网络、丰富人脉资源应该注意以下几点：

首先，建立稳固的关系。多数情况下，我们每个人的交际范围都是有限的，朋友圈也会相对狭小和固定。通过朋友的关系来结识新的朋友是一种十分有效地扩大朋友圈的方式。但是，不是每一个朋友都是能够经得住考验的。稳妥的办法是将自己人际网络的核心固定在若干个靠得住的朋友范围内。这些人可以是家庭成员、交往时间较长的真心朋友，也可以是在未来的职业生涯中将会保持紧密联系的人。这样建立起来的稳固朋友圈会成为创业者的最有效人脉资源。

其次，保持联系。保持联系是维系关系网络的有效手段，情感需要经营和维系。朋友之间有时不需要时时刻刻记挂对方，时常的问候，就让对方感受到你的关爱。同样的，维系人际关系网络并不需要经常赠送礼物或是聚会吃喝，更多的时候可以打个电话，挂断之前说句“常联系”。

最后，表现出支持。人的一生都会有顺境与逆境，成功与失败。成功需要有人分享，面对挫折与失败更需要鼓励和安慰。关注你关系网中的每个个体，在他们升职或调离时及时送去祝贺，当他们面对事业低谷时，表达你强有力的支持与鼓励。同时，也要及时让他们了解你的近况。

6.2.4 材料 打破关住自己的门

（2）创新能力。创新是创业的本质属性和灵魂，同时也是新创企业在市场中赢得竞争优势的关键，创新能力则是创业者实践创业活动的生命之水，一个优秀的创业者，必须具备较强的创新能力。创业者创新能力往往体现在技术、管理以及营销等方面。例如，近年来微信的使用给很多“微商”提供了营销创新的平台。对每一个创业者来说，他们的创业活动都是独一无二的，没有现成的模板任其复制，可以一劳永逸。从这一点上来看，创新能力不仅影响新创企业的竞争力，更影响了企业的生命力和发展潜力。

（四）创业团队

创业团队是由两个或两个以上的创业者共同组成的创业组织。组织成员具有共同的创业理念和价值追求，在风险共担、利益共享的前提下，努力实现创业目标，获得创业成功。

1. 创业团队的发展演变

创业团队并非在组建之初就是一成不变的，一般要经历周期式的发展过程。初创期，人员结构并不明确，组织管理较为混乱，创业团队的能力得不到有效体现；磨合期，人员职责明确，在有效沟通前提下不断探索合适的成员交往和合作方式，组织管理开始进入轨道；成熟期，团队人员协调合作，凝聚力、工作能力等各方面都趋于成熟和稳定，能最大化地发挥团队优势；消亡期，长时间的团队合作使得团队成员之间趋同性增加，团队活力大大降低，随时有解散的可能。

2. 创业团队的组成要素

健全的创业团队是一个由许多复杂要素组成的科学系统。组成团队的要素包括以下方面。

（1）人。人是创业行为的具体实施者，是创业活动的主体，也是创业团队中最核心的要素及组成部分。创业目标是靠人来实现的，因此创业团队的人员配置十分重要。一般而言，创业团队在人员的选择上要同时具备同一性和差异性的特点。同一性指团队成员应该“志同道合”，有共同的价值观、创业观等。这些价值认知标准的同一性是组建科学创业团队的前提。而差异性并非只是简单的不同，而是指团队成员之间优势互补。既要有性格上的互补，也要有技能、专业、特长方面的互补，还要有人脉资源上的互补，没有一个创业者是创业活动的“上帝”。以技能、专业、特长互补为例，创业的复杂性和过程的不确定性给创业者提出了极高的素质能力要求，但每个创业者都无法完全符合这些要求。对一个创业团队而言，有人善于领导，有人善于沟通交流，有人善于营销策划……物尽其用，人尽其才就可以产生“1＋1>2”的积极效果。这也是创业团队组建的意义所在。

（2）目标。创业团队的建立必须有一个明确的创业目标。它是创业团队形成的基础，是创业团队凝聚力的载体，是创业活动取得成功的关键。明确的目标可以使团队认清创业方向，使团队成员知道应该用怎样的方式和手段进行创业，以及需要把握或创造何种机会。明确的创业目标能够使团队明确企业对员工的素质、技能等方面的要求，在团队组建和招聘员工、员工培训等方面有科学的指导作用。明确的目标能够有效提升创业团队的素质能力和综合实力。

（3）职能分配。科学、合理的职能分配是组建优秀创业团队不可或缺的条件之一，创业团队在组建之初就要有明确的职能分配。明确规定每一名成员在创业活动过程中负责的主要工作岗位、岗位的职责和岗位拥有的权力是职能分配的主要内容和意义所在。在职能分配过程中，首先要“人尽其才”。根据团队成员的专业、优势等确定其岗位和职责，保证个人能力得到最大化的发挥；其次，在明确岗位和职责的基础上明晰岗位权力。权力的科学划分和有效行使是科学决策的前提和保障；最后，避免岗位职责、权力出现交叉、缺位。

3. 创业团队的类型

创业团队的类型多种多样，采取的角度不同，对创业团队的划分也会不同。按照是否有主导人物划分，有星状创业团队、网状创业团队和虚拟星状创业团队三种。

（1）星状创业团队。这类型的创业团队有一个明确的主导成员，一般是在主导人物发现创业项目或拥有创业机会的前提下组建的。这一主导人物在团队中是绝对的核心，拥有极大的威信和决策权，创业团队成员的选择一般也由其自主决定。这一类型的创业团队具有以下特点:组织紧密、向心力强;主导成员对其他成员影响巨大;决策简单,工作高效;权力集中,决策风险大;主导成员主观因素易造成团队成员之间的分歧,影响团队合作甚至创业团队的生命力等。

(2) 网状创业团队。团队成员之间因为共同的价值观、创业理念、金钱观等因素组合在一起,为一个共同的创业目标而努力。团队中并没有明确的主导者,成员根据自身特点自发地担任团队的某一角色。这一团队具有以下特点:结构松散;通过大量沟通交流集体决策,效率低;易形成多个领导;一旦分歧无法通过沟通解决时,团队容易解散等。

(3) 虚拟星状创业团队。团队成员通过推选产生一个或多个主导者。主导者并非团队的绝对核心,而是扮演着团队成员的代言人、协调者、信息收集者等角色。这一类型的团队特点与前两者相比,权力既不过于集中,又不太分散,决策时,既能充分考虑大家的意见,又能在有意见冲突时,果断地做出决定,既提高了组织效率,又降低了决策风险;核心人物有足够的威信来领导整个团队,但不会损害个别成员的利益,保证团队和谐稳定。缺点是缺乏绝对的权威会导致团队成员与主导者的冲突,影响团队的发展。

按是否有创业项目划分,有项目型创业团队和情感型创业团队。项目型创业团队目标明确,向心力强,干劲十足,创业活动效率高;创业目标的选择对项目型团队的创业活动影响巨大,一旦目标选择出现偏差不仅会创业失败,还可能导致团队解散。而情感型创业团队以亲情、友情等纽带为基础,初期可能缺乏明确的创业目标,但团队凝聚力较强;但长期找不到创业目标将会打击团队成员的积极性,甚至会导致他们中途放弃。

按创业团队成员的专业结构划分,可分为多元化和单一化两种。多元化创业团队可以实现团队成员之间的互补,达到技术、资源等利用效率最大化,但专业学习的差异容易使团队成员之间产生分歧,破坏组织的凝聚力和团队创造力。单一化创业团队成员由于专业背景的一致性,理论和实践能力较强,易达成共识,提高团队效率。但是,过于单一的专业能力会使团队在职能上出现明显的能力偏差,资源结构也较为单一。

每一种类型的创业团队都各有优劣。对大学生的创业实践而言,创业团队建立时类型的选择并不拘泥于某一种类型而完全摒弃其他。可以结合团队成员特点等因素选择多种团队类型,以团队能力最大化、创业效果最优化为宗旨形成新的科学团队类型。

4. 优秀创业团队的组建

(1) 共同的创业理念。组建一个优秀的创业团队首先要有共同的创业理念支撑。共同的创业理念是创业团队形成强大凝聚力和向心力的有效保证。团队中的每一名成员都是不可或缺的组成部分,心往一处想,力往一处使,才能保证团队能力的最大化发挥,才能成功达成创业目标。

(2) 团队协作。优秀的创业团队应该是职能划分科学明晰的团队,团队成员优势互补。每一名团队成员各司其职是关键,在此基础上的团队协作是将凝聚力和向心力转化为实际工作能力和创业能力的有效途径,也是取得创业成功的必备条件之一。由此可见,团队协作对创业团队来说是十分重要的。

6.2.5材料 向竹子学习团队协作

(3) 和谐的人际关系。优秀的创业团队在创业过程中需要和谐的人际关系作为“润滑剂”。“世界上没有两片完全相同的树叶”,创业团队成员也是如此。团队成员之间由于成长环境、教育背景、个性特点的差异以及在利益分配中无法达成共识等原因会产生矛盾和冲突，而有效地解决矛盾和冲突的关键就是和谐的人际关系。和谐的人际关系有益于团队成员的身心健康，有助于团队协作，能够极好地提高团队的运行效率。和谐人际关系的建立应该以尊重每一名成员的个性为前提，以包容彼此的缺点为核心，以有效沟通为手段。

（4）科学管理。科学管理是创业团队能有效发挥作用和维持旺盛生命力的保障。一个优秀的创业团队需要职能明晰、权责明确，需要沟通顺畅、关系和谐等，这一切是建立在科学的管理思想和统筹的管理方法基础上的。如果将创业团队看作一艘海上的轮船，科学管理则是轮船平稳航行，成功快速到达目的地的船舵。

（5）较强的意志品质。创业活动由于其复杂性和决策效果的不确定性，本身充满了未知挑战和艰辛坎坷。如果创业团队成员没有顽强的意志、坚忍不拔和吃苦耐劳的精神作为支撑，很难继续在创业道路上走下去，更不可能实现创业目标，取得创业成功。因此，培养创业团队每个成员的顽强意志品质尤为重要。

6.2.6材料 海尔团队的“不可能”

（6）良好的外部环境。良好的创业外部环境会使创业活动事半功倍。以“互联网＋”创业模式为例，政府针对互联网迅猛发展的社会现状，制定扶持创业的政策，促进互联网创业如雨后春笋般蓬勃发展起来。优秀的创业团队要能够认清外部发展的大环境，在充分考察、调研的基础上选择创业目标，制定创业方案。在此基础上，取得创业成功的概率将会极大地提高。

（7）领导的魅力。团队创建之初领导者的个人魅力会影响整个团队的风格。对每一个团队成员来讲，领导者的个人品行、素质、能力、领导风格等是否被认同，领导权威是否使人信服，关系到他们对团队的归属感，关系到整个团队的凝聚力和向心力。因此，领导者个人魅力在创业团队中的作用不可轻视。

（8）公平的内部环境。创业团队组建之初，成员在个人创业动机的驱使下，在创业前景的渴望和激励下，普遍具有极大的创业热情。这种热情可能会忽略其他因素，比如职能划分等。随着创业活动的进行，公平的创业环境和团队归属感会逐渐替代创业热情，成为支撑团队发展和创业活动有序进行的强大力量。科学合理的激励政策就变得十分必要了。在创业的不同阶段，激励政策并不是一成不变的。不同时期创业团队成员的个人诉求是不断变化的，以此为依据调整激励政策，才能保证每一名成员在每一个时期都能为团队的发展发挥最大的能力，做出最大的贡献。

对大学生创业者来说，组建一个组织健全、机构合理的创业团队是不容易的，将一个团队打造成优秀的“金牌团队”更是难上加难。创业者要真正认清优秀创业团队的重要性，高度重视创业团队建设，为创业成功打下坚实的基础。

三、创新方法与创业精神

（一）创新思维的方法

创新思维的方法很多，这里简要介绍几种市场经济中常用的方法。

（1）逆向思维。逆向思维是相对于顺向思维而言的，是从相反的角度思考产品开发，把市场最终目标作为产品研究的出发点，沿着为实现未来而思考现在，为到达终点而把握起点的思路。

（2）心理思维。抓住人们的心理追求去开发创造新产品，往往可以收到妙不可言的市场效果。

（3）跟踪思维。即通过对社会消费迹象进行跟踪调查之后，进行综合、分析和思考，从中发现未来产品的开发创新。

（4）替代思维。如果一种产品在消费实践中已证明是过时落后的，人们希望有新的更好的东西替代它。而一旦有了优于或完全不同于这种产品的另一种新产品问世，市场销路往往会出人意料的好，经济效益也会出人意料的高。

（5）发散思维。即从某一研究和思考对象出发，充分展开想象的翅膀，从一点联想到多点，在对比联想、接近联想和相似联想的广阔领域分别涉猎，从而形成产品的扇形开发格局，产生由此及彼的多项创新成果。

（二）创新能力的概念

创新能力是个人运用知识和理论完成创新过程、产生创新成果的综合能力。创新能力的表现就是发明和发现，是人类创造性的外化。创新能力包含着创新思维能力和创新实践能力。

创新思维能力就是产生新的思想的能力。行成于思，行为的创新始于思维的创新，思维的创新是创新初始的关键一环。创新思维能力的内在因素主要有知识、逻辑思维能力、非逻辑思维能力。

1. 知识

要具有产生新思想的思维能力就必须具有一定的知识。要在某一领域产生新思想就必须具有相关领域的知识，要产生较高层次的新思想（如爱因斯坦的相对论）就必须具有较高层次的知识。知识是人类思维的原材料，知识是人类进步的阶梯。一般来说，一个人所掌握的知识越丰富，可供调动的积累越多，产生新思想的机遇就会越大，能力就会越强。

2. 逻辑思维能力

逻辑思维能力是指导人们言行的理性思维能力。要具有产生新思想的思维能力还必须具有一定的逻辑思维能力。如果没有理性思维，新思想提出后就不会得到充分论证，新创意可能就会不正确、不科学，就会在市场经济的大潮中落水。

3. 非逻辑思维能力

要具有产生新思想的能力，还必须具有一定的非逻辑思维能力，此种能力仿佛思维的雷达，没有它我们就不能捕捉到未知的对象。实际上，很多人经常把有没有悟性看作是智慧的主要衡量标准。许多人之所以不能超越自己，打不破已有的思维框架，是因为悟性不足，难以前进。悟性往往来自非理性与非逻辑。这种非理性非逻辑的新思维越多，新创意产生的机会就越多。

（三）创业精神

1. 创业精神

创业精神是指创业者的意识、思维活动和一般心理状态。具体来说，创业精神是创业者主观世界的思想，是创业者具有的开创性思想、观念、个性、意志、作风和品质等。

创业精神有三个层次的精神内涵：一是哲学层次的创业思想和创业观念，是人们对创业的理性认识；二是心理学层次的创业个性和创业意志，是人们创业的心理基础；三是行为学层次的创业作风和品质，是人们创业的行为模式。

创业精神是一种能够持续创新成长的生命力，一般可区分为个体的创业精神及组织的创业精神。所谓个体的创业精神，是指以个人力量为主，在个人愿景的引导下，从事创新活动，并进而创造一个新企业；而组织的创业精神则存在于组织内部，以群体力量追求共同愿景，从事组织创新活动，进而创造组织的新面貌。

2. 创业精神的本质

创业精神既是创业的源泉和动力，也是创业的支柱。创业过程充满了艰难和困苦，没有创业精神，就不会有创业活动，创业也就无从谈起；即使有创业，也往往是浅尝辄止、半途而废。因此，创业精神对创业来说至关重要。创业精神是创业者在创业过程中重要行为特征的高度凝练，主要表现为创新、冒险、务实、合作、执着。

（1）创新是创业精神的灵魂。美国著名管理学大师德鲁克认为："创业就是标新立异，打破已有的秩序，按照新的要求重新组织。"创新意味着突破，这种突破可以是产品的创新、技术的创新，也可以是商业模式的创新。创新就是要将新的理念和设想通过新的产品、新的流程、新的市场需求，以及新的服务方式有效地融入市场中，进而创造出新的价值或财富的过程。

（2）冒险是创业精神的天性。任何一项创业活动都不可能是一帆风顺的，特别是在当下的环境中，创业者必须具有较强的风险意识。对于缺乏资金和经营经验的大学生来说，面对机会能否冒险并果断做出决策是决定他们能否创业的关键第一步。创业充满风险，有研究指出，创业者为追求成功就必须承担风险，而且追求的利润越高，风险越大。创业者成功的要素之一就是要敢于承担风险。中外无数创业者虽然成长环境和创业机缘各不相同，但无一例外都是在条件极不成熟和外部环境极不明确的情况下，敢为人先，勇于做"第一个吃螃蟹的人"。

（3）合作是创业精神的精髓。社会发展到今天，行业的分工越来越细，没有谁能一个人完成创业所需要完成的所有事情。真正的创业者都是善于合作的，而且还能将这种合作精神扩展到企业的每一个员工。面临困境时，团队成员能齐心协力，团结一心，共闯难关。因此，合作是创业精神的精髓，是创业成功的重要影响因素。

（4）务实是创业精神的归宿。务实精神是中华民族自古以来就非常重视和提倡的一种精神，它要求人们办实事、求实效。创业是一种实实在在的实践活动，需要扎扎实实地付出努力。要实现创业的目标，就必须脚踏实地。没有这种务实精神，创业者就无法确定创业精神与社会需要之间的价值关系，就无法使创业的理念变为现实，使创业计划变成财富，也无法实现创业的根本价值。

（5）执着是创业精神的本色。创业的道路是坎坷的，选择了创业就是选择面对更多的困难，迎接更多的挑战，而创业精神就体现在战胜困难与挑战的过程中。因此，创业者必须坚持不懈，知难而进，在战胜困难中学会成长，才能抓住属于自己的机会。

能力测评

创业能力测评

6.2.7材料 创业能力测评

拓展训练

1. 质疑思维训练

将学员分为A、B两组，每组5～8人。质疑“人必有死”，质疑“司马光砸缸”。先由A组对上述问题展开质疑，由B组对A组学员质疑的创新性进行打分评价。然后，由B组质疑A组学员提出质疑的理由。

2. 发散思维训练

将学员分为A、B两组，每组5～8人。回答用“吹”“吸”的方法可以办成哪些事情或解决哪些问题。由A组回答“吹”的办法，B组学员回答“吸”的办法，5分钟内有效回答办法最多的组胜出。再由两组学员分别评出对方组中最有创意的“吹”“吸”的办法。

3. 联想思维训练

联想接龙游戏，“想到……就想到……”如：想到米饭，就想到碗。楼下的接：想到碗，就想到筷子。想到筷子，就想到……以此类推。A组和B组分别进行接龙游戏，时间最短的胜出。

4. 强制联想练习：风——(　　)——(　　)——(　　)——收音机。由第一个组员开始依次联想，到最后一个组员可以联想到收音机的组胜出。

案例分析

1. 俞敏洪创业团队

6.2.8材料 俞敏洪创业团队

2. 易得方舟的沉没

6.2.9材料 易得方舟的沉没

思考讨论

1. 如何增强创业意识,提高创业能力?

2. 你是否有创业的打算?你觉得创业难吗?如果要想创业成功,你觉得自己还欠缺什么?请分享。

第三节 创业计划与法律责任

一、创业计划书的撰写

创业计划书是商业计划书的一种,是由创业者准备的书面计划,分析和描述创办一个新的风险企业时所需的各种因素,其目的是通过撰写计划的过程对企业自身进行自我评估,从而对创业前景有更加清晰的认识,并且期望通过计划书获得风险投资家的风险资本。

6.3.1 视频 创业计划与法律责任

(一) 怎样写好创业计划书

那些既不能给投资者以充分的信息也不能使投资者激动起来的创业计划书,最终结果只能是被扔进垃圾箱里。为了确保创业计划书能"击中目标",创业者应做到以下几点。

1. 关注产品

在创业计划书中,应提供所有与企业产品或服务有关的细节,包括企业进行的所有调查。这些问题包括:产品正处于什么样的发展阶段?它的独特性怎样?企业分销产品的方法是什么?谁会使用企业的产品,为什么?产品的生产成本是多少,售价是多少?企业发展新产品的计划是什么?把出资者拉到企业的产品或服务中来,这样出资者就会和创业者一样对产品有兴趣。在创业计划书中,创业者应尽量用简单的词语来描述每件事——商品及其属性的定义对企业家来说是非常明确的,但其他人却不一定清楚它们的含义。制定创业计划书的目的不仅是要出资者相信企业的产品会在世界上产生革命性的影响,同时也要使他们相信企业有证明这一结论的论据。创业计划书对产品的阐述,要让出资者感到:"噢,这种产品是多么美妙、多么令人鼓舞啊!"

2. 敢于竞争

在创业计划书中,创业者应细致分析竞争对手的情况。竞争对手都是谁?他们的产品是如何工作的?竞争对手的产品与本企业的产品相比,有哪些相同点和不同点?竞争对手所采用的营销策略是什么?要明确每个竞争者的销售额、毛利润、收入以及市场份额,然后再讨论本企业相对于每个竞争者所具有的竞争优势,要向投资者展示,顾客偏爱本企业的原因是什么——本企业的产品质量好、送货迅速、定位适中、价格合适等等,创业计划书要使它的读者相信,本企业不仅是行业中的有力竞争者,而且将来还会是确定行业标准的领军者。在创业计划书中,企业家还应阐明竞争者给本企业带来的风险以及本企业会采取的对策。

3. 了解市场

创业计划书要给投资者提供企业对目标市场的深入分析和理解。要细致分析经济、地理、职业以及心理等因素对消费者选择购买本企业产品这一行为的影响,以及各个因素所起的作用。创业计划书中还应包括一个主要的营销计划,计划中应列出本企业打算开展广告、促销以及公共关系活动的地区,明确每一项活动的预算和收益。创业计划书中还应简述一下企业的销售战略:企业是使用外面的销售代表还是使用内部职员?企业是使用转卖商、分销商还是特许商?企业将提供何种类型的销售培训?此外,创业计划书还应特别关注销售中的细节问题。

4. 表明行动的方针

企业的行动计划应该是全面翔实的。创业计划书中应该明确下列问题:企业如何把产品推向市场?如何设计生产线,如何组装产品?企业生产需要哪些原料?企业拥有哪些生产资源,还需要什么生产资源?生产和设备的成本是多少?企业是买设备还是租设备?以及固定成本和变动成本的情况等。

5. 展示你的管理队伍

把思想、设计、研究转化为一个成功的风险企业,其关键因素就是要有一支强有力的管理队伍。这支队伍的成员必须有较高的专业技术知识、管理才能和多年工作经验,要给投资者这样一种感觉:“看,这支队伍里都有谁!如果这个公司是一支优秀的足球队的话,他们就会一直杀入世界杯决赛!”管理者的职能就是计划、组织、控制和指导公司实现目标。在创业计划书中,应首先描述一下整个管理队伍及其职责,然后再分别介绍每位管理人员的特殊才能、特点和造诣,细致描述每个管理者将对公司做出的贡献。创业计划书中还应明确管理目标以及组织机构图。

6. 出色的计划摘要

创业计划书中的计划摘要也十分重要。它必须能让投资者有兴趣并渴望得到更多的信息,给他们留下深刻印象。计划摘要是出资者首先要看的内容,它将从计划书中摘录出与筹集资金最相关的细节,包括公司内部的基本情况,公司的能力以及局限性,公司的竞争对手,营销和财务战略,公司的管理队伍等情况。如果公司是一本书,它就像是这本书的封面,做得好就可以把投资者吸引住。它会给风险投资者这样的印象:“这个公司将会成为行业中的巨人,我已等不及要去读计划的其余部分了。”

(二) 创业计划书的结构

除封面与目录外,一份完整的创业计划书应包括摘要、主体、附录三个部分。摘要是对整个创业计划书的高度概括,主体部分是整个创业计划书的核心(在这一部分应说明创业者想要介绍的全部内容),附录部分是对主体的补充(以提供更多、更详细的补充信息,完成主体部分未能充分说明的事项)。其中,摘要和主体是创业计划书的必备部分。

6.3.2 材料 创业计划书模板

1. 摘要

在这部分,应简短明晰地摘选出创业计划书中每章的重点内容,尤其应包括以下内容:

企业简介、产品的基本情况、市场情况、竞争优势和特点、管理团队情况、未来阶段性计划以及财务情况。为了精简篇幅，在摘要部分可以把相关的内容合并。

注意：尽管在书面形式上，摘要是创业计划书的第一部分，但事实上，这一部分内容反映了创业计划书的全部内容，故应放在最后完成。

2. 主体

（1）企业概况：写明企业名称、法律形式、联系地址、企业所有者信息等内容。

（2）商业构想和市场分析：描述顾客，充分解释什么样的人会购买你的产品或服务；同时对企业所处的市场环境进行分析，如地域、顾客种类、市场规模、竞争对手情况、新企业所占的市场份额等。在这一部分，应着重分析竞争对手的情况，说明它们的优势与劣势。

（3）主营产品：详细描述主营的产品或服务，着重说明它们的特色。

（4）定价计划：解释你的价格策略。注意：在定价过程中，除考虑顾客所接受的价格与竞争对手的价格外，还应考虑我方所有的管理费用，包括材料费、仓储费、暖气、电费、租金、人力成本、行政管理费等，此外，还要考虑是否能够获取一定的利润。

（5）选址计划：描述选址计划，说明选择此地的原因，并说明分销渠道。

（6）促销计划：从广告、公共宣传、销售促进、人员推销四种不同的促销方式说明向顾客宣传企业的行动计划，并计算各种不同促销方式的费用。

（7）法律形式：详细描述企业所选择的法律形式以及采用这一法律形式的原因。

（8）组织机构与员工：列明企业的组织机构、每位员工的职责与资质，并分职位列明企业的人工成本。用一个图表来显示实际的或建议的组织机构非常有必要。当然，小公司没有必要这样做。大量的小公司在起步时只有一个管理主任，而没有其他关键人物。但是，你所建议的业务越复杂，机构间的相互关系就越显重要，也就越有必要画出企业的组织机构图。

（9）启动资金及资金来源：计算企业的启动资金，描述启动资金的来源，例如自有资金、借贷等。

（10）企业营运与成本预测：列明企业月度销售计划，并基于此计划列明企业的月度成本费用计划。

（11）现金预算：基于销售计划和成本费用计划完成企业一年的现金流量计划。在进行现金预算时应注意以下问题：①注意销售额与管理费用的季节性变化，如冬季的取暖费和电费；②销售与收入之间可能会有一定的拖延，即一月份完成的销售可能要到三月份才能拿到销售款；③不要过高地估计库存水平，要切合实际；④有些成本可能是按月或按季度在12个月内付完；⑤有些贷款期的开始日可能会有变化（有些情况下，可以说服银行和其他金融机构同意推迟几个星期还款）。

（12）年盈利情况预测：基于销售预测和成本费用预测数据进行年度盈利情况预测。

（13）资产负债表：提供创业后某一时点企业公开的资产负债表，注意在编制报表时可以根据各自企业的不同情况选择项目的详细性。

（14）风险因素和退出机制：分析企业可能面临的风险，如技术风险、市场风险、管理风险、财务风险以及其他不可预见的风险等及应对风险的策略，并在此基础上描述投资者退出企业的方式，如利润分红、股权回购、股权转让、股票上市等。

3. 附录

附在创业计划书后面与正文有关的文章、数据信息或参考资料，是作为解释说明创业计划书的补充部分，并不是必需的。主要有附件、附表等形式。

4. 注意事项

（1）制定创业计划书必须小心谨慎，数据收集必须慎重。

（2）撰写创业计划书最重要的问题是如何找到一个好的企业想法，识别和评估商业机会将说明你的企业想法是否能转化为商业机会。

（3）在识别和评估商业机会的过程中所进行的市场调查还将说明市场是否有竞争对手，新的企业是否还有生存空间以及可能占据的市场份额是多少。

（4）识别和评估商业机会的结果是创办企业、制定计划的基础。如果市场评估过于乐观，那么企业开始经营后，将很难生产出或者提供预计数量及价格的产品或服务。这样的话，企业将可能面临倒闭；如果评估过于悲观，那么企业预计的收入会看起来太低，以至于难以有一个成功的开始。

（5）客观谨慎的市场评价有助于拟建企业降低失败风险方案。

（6）必须真实地估测成本。成本是创业计划书的另一个重要因素。低估启动成本与经营费用，账面上也许能显示良好的利润，但是一旦企业开始经营，将会入不敷出。此外，应该为无法预料到的成本留出一定的比例。

（7）创业计划书的最后部分将说明企业创立的可行性。

二、初创企业的法律形态

（一）企业的法律形态特点

完成了创业的前期准备工作，有了项目和资金后，开始进入为企业申请合法地位的阶段，需要按照我国法律规定，到相关管理部门进行工商注册和税务登记等，企业拿到营业执照，就可以正式营业了。为确保企业登记注册的顺利进行，申办企业前，要对创业企业的性质有一些基本的认识。要认识创业企业可以申办哪一类型企业，即哪种法律形态以及不同法律形态的企业各有什么要求和特点。

对于初创企业，比较常见常用的法律形态有：

1. 个体工商户

个体工商户是指经依法核准登记、从事工商业经营的公民。所以，严格意义上讲，个体工商户不是企业。个体工商户有以下特点：个体工商户不具有法人资格，是以个人或家庭的财产对外承担债务；个体工商户只能经营法律、政策允许个体经营的行业；个体工商户可以起字号、刻印章、在银行开设账户及申请贷款、与劳动者签订劳动合同等，但个体工商户雇工人数一般不超过7人，且不得设立分支机构。

个体工商户是一种具有中国特色的经济形式，它是在我国由计划经济向市场经济转变过程中产生的。随着我国市场经济的逐步完善，尤其是《中华人民共和国个人独资企业法》颁布实施后，相当数量的个体工商户（特别是有自己的字号名称，有一定出资，有固定生产经营场所和生产经营条件的个体工商户)将转变为个人独资企业。

2. 个人独资企业

个人独资企业是指由一个自然人投资,财产为投资人个人所有,投资人以其个人财产对企业债务承担无限责任的经营实体。个人独资企业有以下特点:个人独资企业的出资人是一个自然人;个人独资企业的财产归投资人个人所有,该企业财产不仅包括企业成立时投资人投入的初始资产,而且包括企业存续期间积累的资产,投资人是个人独资企业财产的唯一合法所有者;个人独资企业不具个人独资企业经营所负的债务时,投资人就必须以其个人财产甚至是家庭财产来清偿债务。

3. 合伙企业

合伙企业是指由各合伙人订立合伙协议,共同出资、合伙经营、共享收益、共担风险,并对合伙企业债务承担无限连带责任的营利性组织。合伙企业有以下特点:合伙协议是合伙企业成立的基础;合伙人之间是平等的,合伙企业的盈利和亏损,由合伙人依照合伙协议约定的比例分配和分担,合伙协议未约定利润分配和亏损分担比例的,由各合伙人平均分配和分担;合伙企业不具有法人资格;合伙企业的合伙人对企业债务承担无限连带责任。所谓无限连带责任,是指合伙企业财产不足以抵偿企业债务时,合伙人应以其个人甚至家庭财产清偿债务,而且债权人可以就合伙企业财产不足清偿的那部分债务,向任何一个合伙人要求全部偿还。

4. 有限责任公司

有限责任公司是指依法设立的、有独立的法人财产、以其全部财产对其债务承担有限责任的、以营利为目的的企业法人。有限责任公司有以下特点:公司须依法成立,并须依照公司法规定的设立条件和设立程序才能取得法人资格;公司具有法人资格,公司财产独立于股东个人财产,公司责任独立于股东个人责任;公司以其全部财产对公司的债务承担责任,股东以其认缴的出资或认购的股份为限对公司承担责任;公司以营利为目的,公司设立的最终目的是为了获得利益并且将所得利益分配于股东。

(二)选择合适的法律形态

不同的法律形态对企业的经营各有利弊,为自己的企业选择一个合适的法律形态,需要考虑的主要因素有:企业的规模、行业类型和发展前景、投资人的数量、投资数量、创业者的观念等。

从最低级的市场竞争主体个体工商户开始,个人独资企业、合伙企业、有限责任公司等,是一个由小到大、企业治理制度由任意到严格、承担责任由无限到有限的进化链。独资企业和合伙企业都是企业的低级形态。随着资本的积累,企业类型和组织形式都在向规模化方向和更高层次发展。所以,在选择企业法律形态时需要考虑以下几个方面。

第一,要考虑个人投资还是与他人合作投资。个人投资的,可以选择个体工商户、个人独资企业、一人有限责任公司;合作投资的,可以选择合伙企业、公司等。

第二,要考虑企业规模的大小。规模小的,可以考虑个体工商户、个人独资企业、合伙企业;规模大的,应当考虑有限责任公司甚至股份有限公司,中小企业经营者一般选择有限公司形式。

第三，要考虑企业经营风险的评估以及投资人承担风险的能力或预期。风险大或投资人承担风险的能力较差的，宜选用公司；风险小的，可以选择个体工商户、个人独资企业、合伙企业等。

第四，要考虑企业管理与控制能力的差异。对企业的管理与控制能力强的，可以选择风险较大的个体工商户、个人独资企业、合伙企业等；否则，应当选择公司。

（三）企业申办应具备的基本条件

1. 申请个体工商户的基本条件

（1）有经营能力的城镇待业人员、农村村民以及国家政策允许的其他人员，可以申请从事个体工商业经营，个体工商户可以个人经营，也可以家庭经营。

（2）申请人必须具备与经营项目相应的资金、经营场地、经营能力及业务技术。

（3）缴纳相关的费用。个体工商户办理登记，应当按照国家有关规定缴纳登记费。登记机关办理年度验照不得收取任何费用。当前，有的地区对创业有优惠政策，免收了个体工商户的管理费，简化了办理执照的手续，同时税收上也有一定的优惠。

2. 设立个人独资企业的基本条件

个人独资企业是指依照《中华人民共和国个人独资企业法》在中国境内设立的，由一个自然人投资，财产为投资人个人所有，投资人以其个人财产对企业的债务承担无限责任的经营实体。

（1）投资人为一个自然人，法律、法规禁止从事营利性活动的人，不得作为投资人申请设立个人独资企业。

（2）有合法的企业名称，名称中不得使用“有限”、“有限责任”或“公司”字样。

（3）有投资人申报的出资额。

（4）有固定的生产经营场所和必要的生产经营条件。

（5）有必要的从业人员。

3. 设立合伙企业的基本条件

合伙企业是指自然人、法人和其他组织依照《合伙企业法》在中国境内设立的普通合伙企业和有限合伙企业。设立合伙企业必须具备如下条件：

（1）有两个以上合伙人。合伙人为自然人的，应当具有完全民事行为能力。

（2）有书面合伙协议。

（3）有合伙人认缴或者实际缴付的出资。

（4）有合伙企业的名称，名称中的组织形式后应标明“普通合伙”“特殊普通合伙”“有限合伙”等字样。

（5）有经营场所和从事合伙经营的必要条件。

（6）法律、行政法规禁止从事营利性活动的人，不得成为合伙企业的合伙人。

合伙人应当按照合伙协议约定的出资方式、数额、期限缴付出资额，履行出资义务。各合伙人按照合伙协议实际缴付的出资是对合伙企业的出资。

4. 设立有限责任公司的基本条件

有限责任公司是依照《中华人民共和国公司法》设立，股东以其出资额为限对公司承担

责任,公司以其全部财产对公司债务承担责任的经济组织。设立有限责任公司必须具备如下条件:

（1）股东符合法定人数。法定人数是《公司法》规定的注册有限责任公司的股东人数。《公司法》对有限责任公司的股东限定为1个(含1个)以上50个(含50个)以下。一人有限公司为一个股东。

（2）股东共同制定章程。制定有限责任公司章程,是设立公司的重要环节,公司章程由全体出资者在自愿协商的基础上制定,经全体出资者同意,股东应当在公司章程上签名、盖章。

（3）有公司名称,建立符合公司要求的组织机构。公司的名称应符合名称登记管理有关规定,名称中标明“有限责任公司”或“有限公司”字样。公司的组织机构为股东会、董事会(执行董事)、经理。

（4）有固定的生产经营场所和必要的生产经营条件。公司以其主要办事机构的所在地为住所,经公司登记机关登记的公司经营场所只能有一个,并在其公司登记机关辖区内。

（四）不同企业法律形态比较

创业者在选择企业的法律形态时,要综合考虑不同企业法律形态的特点(详见表6-3-1),结合自己的实际情况,选择最适合自己的一种法律形态,以保证自己的创业企业顺利开办。

表6-3-1　不同企业法律形态的特点

法律形态	业主数量	成立条件	经营特征	利润分配和债务责任
个体工商户	业主是一个人或家庭	要有相应的经营资金; 要有经营场所; 要有字号	资产属于私人所有; 业主既是所有者,又是劳动者和管理者	利润归个人或家庭所有; 由个人经营的,以其个人资产对企业债务承担无限责任; 由家庭经营的,家庭财产承担无限责任
个人独资企业	业主是一个人	投资者是一个自然人; 有合法的企业名称; 有申报的出资; 有必要的从业人员; 有固定的生产经营场所	财产为投资个人所有; 业主既是投资者,又是经营管理者	利润归个人所有; 投资人以其个人资产对企业债务承担无限责任
合伙企业	业主两个以上	由两个以上的合伙人,并且都依法承担无限责任; 有书面合伙协议和实际出资; 有合伙企业的名称; 有经营场所	依照合伙协议,共同出资,合伙经营,共享收益,共担风险	按照合伙协议分配利润,并共同对企业债务承担无限连带责任

续 表

法律形态	业主数量	成立条件	经营特征	利润分配和债务责任
有限责任公司	1人(含1人)以上50人以下	股东符合法定人数; 股东共同制定公司章程; 有公司的名称并建立相应的组织机构; 有固定的生产经营场所和必要的生产经营条件	设立股东会、董事会和监事会; 由董事会聘请职业经理管理公司经营业务	股东按出资比例分配利润; 以出资额为限承担有限责任

(五) 常见法律风险

1. 盲目选择公司形态的法律风险

公司股东承担有限责任,这对于多数的投资者无疑是具有诱惑力的,实践中在不了解公司的其他弊端情况下,盲目设立公司的投资者大量存在。主要的风险点有:资金不足的法律风险、特定项目周期与公司存续矛盾的法律风险、缺乏法定人数的法律风险。

2. 合伙企业合伙人选择的法律风险

合伙企业的合伙人往往私交较好,从企业发展需要角度的考虑可能不足。一些人甚至认为自己办企业赚钱,应该让自己的亲戚朋友都沾光,将与自己关系密切的亲朋好友都列为合伙人。一旦企业经营出现问题,所有合伙人承担无限连带责任,其法律风险不容忽视。

3. 盲目建立股份公司的法律风险

企业上市是一种有效的融资途径,在企业发展并不缺乏资金的情况下,盲目改股份制上市必然给企业增加法律风险。公司在严格的监督之下,不规范操作产生的法律风险更容易转化为法律危机,公司识别法律风险和采取相应措施的时间更为紧迫,因此法律风险程度明显增大。

三、企业的法律责任

创业者要知道法律既对你的企业有约束的一面(规范企业活动),也会给你的企业以保护(保护企业的正当权益)。遵纪守法的企业将赢得客户的信任、供应商的合作、员工的信赖、政府的支持,甚至会赢得竞争对手的尊重,从而为自己营造一个良好的生存发展空间。

(一) 工商登记注册

新办企业必须有一个明确的合法身份,就像企业的"户口"一样。我国法律规定,新办企业要经工商行政管理部门核准登记,领取营业执照。

营业执照是企业主依照法定程序申请的规定企业经营范围等内容的书面凭证。企业只有领取了营业执照，才算是有了“正式户口”般的合法身份，才可以开展各项法定的经营业务。

小微企业工商登记注册的一般流程如表6-3-2所示。

表6-3-2 小微企业工商登记注册的一般流程

名称预先核准	准予设立登记	领取营业执照	刻章
咨询后领取《企业名称预先核准申请书》，递交资料后等待领取《企业名称预先核准通知书》	递交申请资料，资料齐全、符合法定形式的，等候领取《准予设立登记通知书》	领取《准予设立登记通书》和营业执照	领取营业执照后，需刻制公章、财务章和私人章

小微企业在工商登记注册过程中，应注意以下事项。

（1）企业名称预先核准：为你的企业取名时，应注意不能重名、侵权、违规。你可以预先准备至少5个企业名称，以备工商登记注册机关在一定时间和范围内核查。

（2）企业名称预先核准需递交的资料：申请人的身份证明、填写《企业名称预先核准申请书》、法规及政策规定需要提交的文件和证明。

（3）办理营业执照需递交的资料：申请人签署的个体开业登记申请表、从业人员证明、经营场所证明、家庭成员关系证明、从业人员照片（1张）。

（4）行政许可：经营特殊行业的，必须在获得经营许可后，才可以继续办理工商登记注册。

对于企业工商登记注册，从2016年10月1日起，我国全面实施“五证合一、一照一码”登记制度，企业无须再单独办理组织机构代码证、税务登记证、社会保险登记证、统计登记证，只需办理加载统一社会信用代码的营业执照即可。

对于个体工商户工商注册登记，从2016年12月1日起，我国将个体工商户登记时依次申请，分别由工商部门核发营业执照、税务部门核发税务登记证，改为一次申请并由工商部门核发“两证合一”的营业执照。

1. 企业名称设立

在正式申请公司设立之前，应先将拟设立公司的名称依照规定向公司登记机关提出申请。企业（公司）名称应由以下部分依次构成：行政区＋字号＋行业或经营特点＋组织形式。如广州市东达贸易有限公司。

除国务院批准设立的企业外，企业名称不得冠以“中国”“中华”“全国”“国家”“国际”等字样。如需冠此字样，需向国家工商总局申请批准；如需冠“广东”“湖南”等需向各省工商局申请批准。企业名称的字号应当有两个以上的字组成，行政区划不得用作字号。企业名称可以使用自然投资人的姓名作字号。企业名称应当使用符合国家规范的汉字，不得使用外国文字、汉语拼音、阿拉伯数字、标点符号。企业名称中不得含有其他法人的名称。企业名称中的行业表述应当与企业经营范围相一致。

企业名称有下列情形之一的，不予核准。

（1）与同一工商行政管理机关核准或者登记注册的同行业企业名称字号相同，有投资关系的除外。

（2） 与同一工商行政管理机关核准或者登记注册符合须知第八条的企业名称字号相同，有投资关系的除外。

（3） 与其他变更名称未满一年的原名称相同。

（4） 与注销登记或者被吊销营业执照未满三年的企业名称相同

（5） 其他违反法律、行政法规的。

申请名称预先核准应提交下列文件：

（1） 有限责任公司的全体股东签署的公司名称预先核准申请书。

（2） 全体股东的法人资格证明或自然人的身份证明

（3） 全体股东签署的授权委托意见书

（4） 代理少的法人资格证明或自然人身份证明。

2. 新创业企业注册成立程序

以设立有限责任公司为例，一般要经过以下步骤：

第一步，咨询后领取并填写《名称（变更）预先核准申请书》，同时准备相关材料。

第二步，递交《名称（变更）预先核准申请书》及其相关材料，等待名称核准结果。

第三步，领取《企业名称预先核准通知书》，同时领取《企业设立登记申请书》等有关表格；经营范围涉及前置许可的，办理相关审批手续；经工商局确认的入资银行开立入资专户；办理入资手续并到法定验资机构办理验资手续（以非货币方式出资的，还应办理资产评估手续及财产转移手续）。

第四步，递交申请材料，材料齐全，符合法定形式的，等候领取《准予设立登记通知书》。

第五步，领取《准予设立登记通知书》后，按照《准予设立登记通知书》确定的日期到工商局交费并领取营业执照。

6.3.3材料 公司章程

3. 开立银行账户

凭公章、财务章、法人代表私章、工商营业执照、法人代码证（预先受理代码证明文件）前往开立临时户的银行转为基本户，并取得基本户证明，也可到另一银行开立基本户。

（二） 依法纳税

依法纳税是公民和企业应尽的义务和责任。我国税法规定，所有企业都要报税和纳税。与企业和企业主有关的主要税种有：增值税、企业所得税、个人所得税、城市维护建设税、教育费附加等。

社会经济活动过程为生产—流通—分配—消费。国家对生产流通环节征收的税种称为流转税，它是以销售收入为对象征收的一种税，如增值税等；对分配环节征收的税种称为所得税，它是以企业生产经营所得和个人收益为对象征收的一种税，如企业所得税、个人所得税。此外，还有以流转税为基础征收的附加税费，如城市维护建设税、教育费附加等。

6.3.4材料 增值税税率及征收率

1. 增值税税率及征收率

根据纳税人的经营规模以及会计核算的健全程度，增值税纳税人可以分为小规模纳税人和一般纳税人。

增值税税率就是增值税税额占货物或应税劳务销售额的比率，是计算货物或应税劳务增值税税额的尺度。我国现行增值税属于比例税率，根据应税行为一共分为13%、9%、6%三档税率及5%、3%两档征收率。

2. 企业所得税和个人所得税税率

企业所得税税率分为法定税率和优惠税率，法定税率为25%，优惠税率分别为小型微利企业20%、国家需要重点扶持的高新技术企业15%。

国家对个体工商户、个人独资企业和合伙企业的投资者，不征收企业所得税，而按5%～35%的5级超额累进税率征收个人所得税。

3. 附加税费税率

城市维护建设税以流转税为基础，纳税人所在地在市区的，税率为7%；纳税人所在地在县城、镇的，税率为5%；纳税人所在地不在市区、县城或镇的，税率为1%。

教育费附加税率为3%。

随着经济发展，国家还会出台更多的关于企业注册、税收等方面的政策，创业者可以登录相关网站及时关注相关政策的变化。

（三）尊重员工的合法权益

企业竞争力的一个关键影响因素是员工的素质和积极性。在劳动力流动加快和竞争加剧的形势下，优秀的劳动者越来越成为劳动力市场上炙手可热的重要资源。所以，创业者在创业之初就要特别重视以下四个方面的问题。

1. 订立劳动合同

劳动合同是劳动者与企业签订的确立劳动关系、明确双方权利和义务的协议。劳动合同对双方都产生约束力，不仅保护劳动者的利益，也保护企业的利益，它是解决劳动争议的法律依据，绝对不能嫌麻烦或者为了眼前的小利而设法逃避签订劳动合同。

劳动合同的基本内容包括：工作内容和工作地点；工作时间和休息休假（法定工作时间和年假、病假、事假等）；劳动保护和劳动条件；劳动报酬（工资形式、标准工资、奖金、津贴、加班工资等）；社会保险和福利待遇；劳动合同的变更、解除、终止、续订；其他约定条款。

在劳动合同中，用人单位与劳动者除约定上述基本内容外，还可以约定试用期、培训、保守秘密等其他事项。

一般来说，各地都有统一的劳动合同文本，有关信息可以从当地人力资源社会保障部门获取。

2. 劳动保护和劳动条件

尽管创业期资金紧张，但是企业仍然要尽量创造良好的工作条件，防止发生工伤事故和职业病，做好危险品和有毒物品的使用和储存工作，改善声、光、气、温、行、居等条件，以保证员工的人身安全并提高他们的工作积极性和工作效率。

6.3.5 材料 劳动保护的基本内容

3. 劳动报酬

劳动合同中有关劳动报酬的约定要符合我国有关最低工资标准的规定，并且必须按时以货币形式发放给劳动者本人。有关最低工资标准的规定可以从当地人力资源社会保障部门获得。另外，还要了解我国法律对于加班工资报酬的规定：安排劳动者延长工作时间的，应支付不低于劳动者工资150％的工资报酬；休息日安排劳动者工作又不能安排补休的，应支付不低于劳动者工资200％的工资报酬；法定休假日安排劳动者工作的，应支付不低于劳动者工资300％的工资报酬。

4. 社会保险

社会保险是通过国家立法强制实行的，由劳动者、企业或社区、国家三方共同筹资，建立保险基金，在劳动者因年老、工伤、疾病、生育、残疾、失业、死亡等原因丧失劳动能力或暂时失去工作时，给予劳动者本人或供养直系亲属物质帮助的一种社会保障制度。

我国社会保险法规定，国家建立基本养老保险、基本医疗保险、失业保险、工伤保险和生育保险等社会保险制度，用人单位和个人依法缴纳社会保险费，其中前三项保险由单位和职工共同缴费，后两项保险仅由单位缴费。

办理社会保险的具体程序和要求，可向当地人力资源社会保障部门咨询。要履行企业主的职责，主动去查询有关规定。

能力测评

撰写创业计划书

6.3.2材料 创业计划书模板

拓展训练

1. 参加浙江省大学生“互联网＋”创新创业大赛。

6.3.6材料 全国大学生创业服务网

2. 学习劳动合同法。

6.3.7材料 智慧普法平台

案例分析

1. 有限责任公司与合伙企业纳税有何差异

6.3.8材料 有限责任公司与合伙企业纳税有何差异

2. 矿工离职未体检,后查出有病谁担责

6.3.9材料 矿工离职未体检,后查出有病谁担责

思考讨论

1. 企业的法律形态有哪些?其特征都有哪些区别?
2. 围绕企业的法律责任,谈谈你的理解与看法。

本章测试

6.3.10本章测试

第七章 职场安全

学习目标

1. 掌握安全用电常识,了解触电原因并能紧急救护,养成规范用电习惯。

2. 掌握安全用气常识,了解常用燃气器具的安全使用要求,掌握煤气中毒的预防与急救方法。

3. 了解火灾类别与危害以及灭火的基本原理,掌握灭火的基本方法,能正确使用常用的灭火器,熟练掌握火场逃生的方法。

4. 掌握昏厥、休克的基本知识与救护方法,能熟练正确地开展心肺复苏。

5. 了解人身安全的相关常识并掌握预防与逃生技能,了解车间工场中的机械安全知识以及生产与消防相关法律法规。

第一节　安全用电常识

7.1.1 视频　用电安全

一、安全用电常识

要做到安全用电,我们每个人在日常生活中都应自觉遵守用电规章制度,在使用电气设备设施或接近通电的设备设施时,要提高警惕,以防触电等安全事故的发生。

(1) 禁止私拉电网、私安电炉、用电捕鱼等。

(2) 晒衣服的铁丝不要靠近电线,更不要在电线上晒衣服、挂东西,不可将铁丝、铝丝、铜丝等金属丝缠绕在电线上,防止藤蔓、瓜秧、树木等接触电线。

(3) 不要到电动机和变压器四周玩耍,不要攀爬电杆、变压器或摇摆电杆拉线,严禁私自开启配电室和楼内开关箱门。

(4) 不要在电线四周放风筝,万一风筝落在电线上,要由电工来处理,不要自己猛拉硬扯,不可在电线附近打鸟,以防打坏、打断电线。

(5) 修房屋或砍树木时,对可能碰到的电线,要拉闸停电。砍伐树木时,应先砍树枝,后断树干,并使树干倒向没有电线的一侧。

(6) 不要在电线下盖房子、堆柴草和打场等。在灯泡开关、保险丝盒和电线四周,不要放置油类、棉花、木屑等易燃物品。

(7) 船只从电杆下面通过时,要提前放下桅杆。汽车、拖拉机载货时,不要超高。电线下方不要立井架,严禁在架空电力线路附近进行吊车作业或搭脚手架。

(8) 开挖地面必须先到变电高缆管理处或与当地供电部门联系,看清标明地下电缆位置的标记,采取可靠措施,防止误伤电缆,引起伤亡、停电等事故。平整土地和拖拉机、插秧机进行田间作业时,应注意不要碰断地埋线。

(9) 不要在电杆和拉线四周挖坑、取土,更不要在电杆和拉线附近放炮崩土,以防倒杆断线,不要把牲畜拴在电杆或拉线上,以防电杆倾斜、电线相碰,甚至发生倒杆断线事故。

(10) 发现落地的电线,切不可靠近,6～10千伏的高压线,应至少离开8～10米以外,更不要用手去拾。同时,要设法看护落地电线,以防他人走近而发生触电,并尽快请电工来处理。

(11) 无论是集体或个人,需要拉接临时电线时,都必须经供电局同意,由电工安装,禁止私拉乱接临时电线。

(12) 无论是集体或个人,需要安装电气设备和电灯等用电器具时,应由电工进行安装,在使用中,电气设备出现故障时,要由电工进行修理。

(13) 不要用湿手去摸灯口、开关和插座等电气设备。不要用湿布擦带电设备,不要将湿手帕挂在电扇或电热取暖器上。更换灯泡时,先关闭开关,然后站在干燥绝缘物上进行。灯线不要拉得太长或到处乱拉,灯头离地面应不小于2米,应固定在一个地方,不要拉来拉去,否则会损坏电线或灯头,甚至造成触电事故。

(14) 安装电气设备时,应符合安装要求,不能使用有裂纹或破损的开关、灯头和破皮的电线。电线接头要牢靠,并用绝缘胶布包好,发现有破损现象时,要及时找电工修理。

(15) 移动电气设备时,一定要先拉闸停电,后移动设备。把电动机等带金属外壳的电气设备移到新的地点后,要先安装好接地线,并对设备进行检查,确认设备无问题后,才能开始使用。

(16) 在雷雨时,不可走近高压电杆、铁塔、避雷针的接地线和接地体四周,以免因跨步电压而造成触电。

(17) 不要在电杆、配电室、楼内开关箱上随意张贴宣传品,以免覆盖运行标志,影响急修工作进行。也不要在此附近堆放煤等易燃品和其他物品。

(18) 保险丝要符合规格,要根据用电设备的容量(瓦数)来选择。安装保险丝时,先要拉闸,后断电源,然后再装上合乎要求的保险丝,假如保险丝经常熔断,应由电工查明原因,排除故障。不能用熔点高的铜丝、铝丝、铁丝代替铅锡熔丝做熔断器的保险丝。不能用信号传输线代替电源线,不能用医用白胶布代替绝缘黑胶布,不能用漆包线代替电热丝自制电热褥等代用品。一旦电气设备发生漏电故障,应查明漏电故障原因再送电,严禁将漏电保护器退出运行。

（19）家庭用电一定要在自家电度表的出线侧安装一只漏电流过电压双功能保护器，以使在家电设备漏电、人身触电、供电电压太高或太低时自动跳闸切断电源，保护人身和设备安全。

（20）所有的电源设备（导线、闸刀开、关漏电流保护器、插头、插座）、家庭用电设备都要选用经技术质检合格的产品，不能图便宜买假冒产品。

（21）电源插座安装要高于地面1.6米，触电时便于脱离电源，亦可保证幼童安全。

（22）用电设备在使用中，发现电压异常升高，或发现用电设备有异常的响声、气味、温度、冒烟、火光，一时无法判断原因，要立即断开电源，断电时不得用手拔掉插头或拉闸刀，应用绝缘物拨开插头或拉开闸刀，再进行检查或灭火抢救。在未切断电源以前，不能用水或酸、碱泡沫灭火器灭火。

（23）在使用电器时，应先插电源插头，后开电器开关。用完后，应先关掉电器开关，后拔电源插头，在插、拔插头时，要用手握住插头绝缘体，不要拉住导线使劲拔。

（24）使用电熨斗时，不得与其他功率较大的家用电器，如电饭锅、微波炉、电冰箱、电取暖器、洗衣机等同时使用一插座，以防线路超载引起火灾。

（25）在使用电吹风、电热梳等家电产品时，用后立即拔掉电源插头，以免因忘记导致长时间工作，致使温度过高而发生事故。

（26）要养成好习惯。要做到人走断电，停电断开关，维护检查要断电，断电要有明显断开点。家用电器运行一段时间后，想了解设备外壳是否发热时，不能用手掌去摸外壳，应用手背轻轻接触外壳，即使外壳漏电也便于迅速脱离电源。

二、触电原因及其急救

（一）触电原因

电击俗称触电，是指一定量的电流或电能量（静电）通过人体，引起组织损伤或器官功能障碍，甚至发生死亡。电击包括三种类型：低压电（≤380V）电击；高压电（≥1000V）电击；超高压电（或雷电，电压10000万V、电流30万A）电击。

电击常见原因是人体直接接触电源，或在超高压电或高压电电场中，电流或静电电荷经空气或其他介质电击人体。意外电击常由于风暴、火灾、地震等使电线断裂，或违反用电操作规程等。雷击多见于农村旷野。

影响电击损伤程度的因素很多。电压越高、电流强度越大，电流通过人体内时间越长，对机体的损害也越重。在相同电压下，电阻越大则进入人体的电流越小，损害越轻。人体各组织对电流的阻力由大到小排列为：骨—肌腱—脂肪—皮肤—肌肉—神经—血管，因此，血管和神经因电阻小，受电流损伤常常最重。凡电流流经心脏、脑干、脊髓，即可导致严重后果。

（二）损伤机制

人体也是导电体，在接触电流时，即成为电路中的一部分。电流对机体的伤害包括电流本身及电流转换为电能后的热和光效应。电流本身对机体的作用一是引起心室颤动、心脏停搏,此常见于低压电电击死亡的原因,也是生活中最多见的;二是对延髓呼吸中枢的损害,抑制、麻痹呼吸中枢、导致呼吸停止,此常见于高压电电击死亡原因。电流转化为热和光效应,可使局部组织温度升高(可达2000～4000℃),多见于高压电对机体的损伤。闪电为直流电,电压为300万～20000万V,电流在2000A～3000A,闪电一瞬间的温度极高,可引起局部灼伤甚至"炭化"。触电时从高处坠落还可造成骨折、各种内脏损伤等,使后果更加严重。

(三)电击方式

1. 单相触电

人体直接碰触带电设备其中的一相时,电流通过人体流入大地,形成电流环形通路,称为单相触电。此种电击方式在日常生活中最常见。对于高压带电体,人体虽未直接接触,但由于超过了安全距离,高电压对人体放电,造成单相接地而引起的触电,也属于单相触电。如图7-1所示。

2. 两相触电

人体同时接触带电设备或线路中的两相导体,或在高压系统中,人体同时接近不同相的两相带电导体,而发生电弧放电,电流从一相导体通过人体流入另一相导体,构成一个闭合回路,这种触电方式称为两相触电。如图7-2所示。

3. 跨步电压触电

当架空线路的一根带电导线断落在地上时,落地点与带电导线的电势相同,电流就会从导线的落地点向大地流散,于是地面上以导线落地点为中心,形成了一个电势分布区域,离落地点越远,电流越分散,地面电势也越低。以带电导线落地点为圆心,画出若干个同心圆,近似表示出落地点周围的电势分布。

在导线落地点20米以外,地面电势就近似等于零了。但当人走进电场感应区,特别是离电线落地点10米以内区域时,如果两只脚站在离落地点远近不同的位置上时,两脚之间的电势差就称为跨步电压,这种触电方式叫作跨步电压触电。落地电线的电压越高,离落地点越近,跨步电压也就越高。人受到跨步电压时,电流虽然是沿着人的下身,从脚经腿、胯部又到脚与大地形成通路,没有经过人体的重要器官,好像比较安全。但因为人受到较高的跨步电压作用时,双脚会抽筋,使身体倒在地上。这不仅使作用于身体上的电流增加,而且使电流经过人体的路径改变,完全可能流经人体重要器官,如从头到手或脚。如图7-3所示。

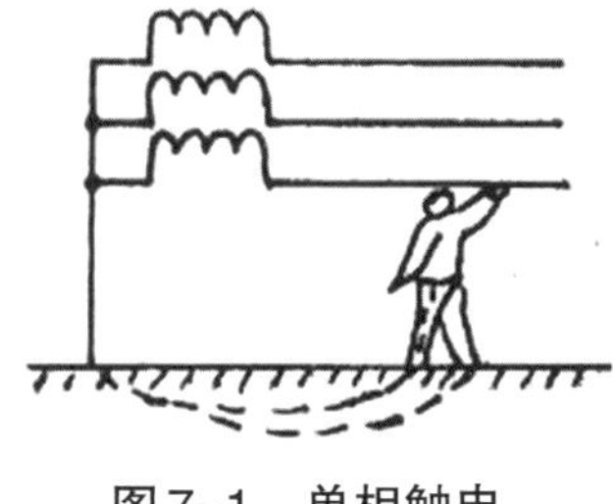

图7-1 单相触电

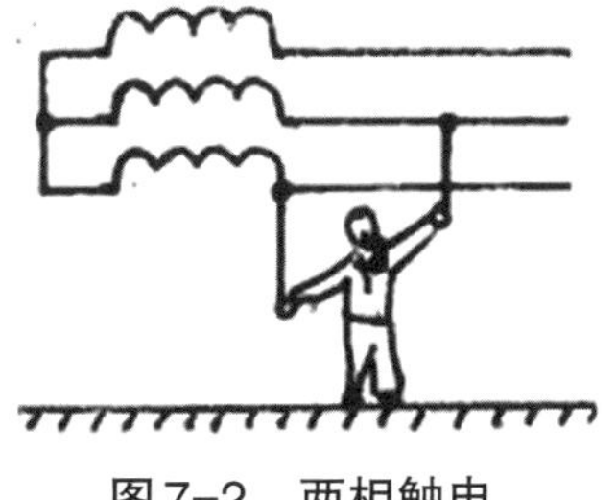

图7-2 两相触电

图7-3 跨步电压触电

（四）症状

1. 全身表现

（1）轻度：常因瞬间接触电流弱、电压低的电源而引起。表现为面色苍白、精神紧张、头晕、心悸、表情呆滞，甚至发生晕厥、短暂意识丧失。一般很快自行恢复，恢复后可有肌肉疼痛、头痛、疲乏及神经兴奋症状。体检一般无阳性体征，但需密切监测心电变化。

（2）重度：多因接触高压电、电阻小、电流强度大的电源，或触电后未能及时脱离电源，遭受电损害时间较长的病人。表现为恐惧、惊慌、心悸、呼吸增快，甚至出现昏迷、肌肉抽搐、血压下降、皮肤青紫、呼吸不规则或停止，心律严重紊乱，很快致心脏停搏。若不及时脱离电源立即抢救，大多死亡。体格检查有呼吸改变和心脏听诊异常。

2. 局部表现

主要表现为电流通过的部位出现电烧伤，烧伤程度与电压高低密切相关。

低压电引起的烧伤多局限于电流进出口部位，创面小，直径0.5～2厘米左右，呈圆形或椭圆形，烧伤部位边缘整齐，与健康皮肤分界清楚，多无疼痛，呈焦黄或灰黑色干燥创面，偶可见水泡。

高压电流损伤时，面积较大，伤口较深，可深达肌肉和骨骼等。伤口处可有大片焦痂、组织坏死，以后脱落、感染、渗出，愈合缓慢，形成较大溃疡。少数病人体表烧伤不重，但由于电离子的强大穿透力，可致机体深层组织烧伤极为严重，随病程进展，逐渐出现深部坏死、出血、感染等。

3. 并发症和后遗症

电击后24～48小时常出现严重室性心律失常、神经源性肺水肿、胃肠道出血、弥散性血管内凝血、继发感染等。若电击后从高处跌落，还可致骨折和颅脑、胸、腹部等外伤。大概有半数电击者可有单侧或双侧鼓膜破裂，也有精神失常、永久性耳聋、多发性神经病变等。孕妇电击后常导致流产或死胎。

（五）急救

发生触电，应迅速切断电源，立即脱离危险区；准确评估病人有无心搏骤停，对心搏骤停者立即实行心肺复苏；同时，积极与当地医院联系，做好转运工作。

1. 迅速脱离电源

根据现场的情况，分秒必争地采取最安全、最迅速的方法切断电源或使触电者脱离电场。常用方法有：

（1）关闭电闸、电源开关：这是最简单、安全有效的方法。最好是电闸就在触电现场附近，此刻应立即关闭电闸，尽可能打开保险盒，拨开总电闸；同时派专人守护总电闸，以防止忙乱中不知情者重新合上电闸，造成进一步伤害。若救护者不能及时找到电闸的位置，应尽可能选择其他的救护措施。

（2）挑开电线：若是因高处垂落电源线导致触电，电闸离触电现场又较远时，可用干燥木棍或竹竿等绝缘物将电线挑开。注意妥善处理挑开的电源线，避免再次引起触电。

（3）斩断电线：在野外或远离电闸的地方，或高压线断落引起电磁场效应的触电现场，尤其是下雨或地面有水时，救护者不便接近触电者挑开电线时，可以在20米以外处斩断电线。可用绝缘钳子、带绝缘把的干燥铲子、锄头、刀、斧等斩断电线。注意妥善处理电线断端。

（4）拉开触电者：若触电者卧在电线或漏电电器上，上述方法都不能采用时，可用干燥木棒等绝缘物品将触电者推离触电处；还可用干燥绝缘的绳索或布带，套在触电者身上，将其拖离电源。

在脱离电源的整个抢救过程中，救护者必须做好自我保护，并尽量不给触电者造成其他伤害。应注意：①保证自身安全，未脱离电源前决不能与触电者直接接触，应选用可靠的绝缘性能器材，若无把握，可在脚下垫放干燥的木块、厚塑料块等绝缘物品，使自己与大地隔绝。②野外高压电线触电，最好在20米以外处切断电源。若确需进出危险地带，切不可双脚同时着地，应用单脚着地的跨跳步进出。③雨天野外抢救触电者时，一切原有绝缘性能的器材都因淋湿而失去绝缘性能。④避免给触电者造成其他伤害，如高处触电时，应采取防护措施，防止触电者脱离电源后从高处坠下造成损伤或死亡。

2. 迅速进行心肺复苏

轻型触电者，神志清醒，仅感四肢发麻、乏力、心慌等，则就地休息1～2小时，并监测病情变化，一般恢复较好。重型触电者，脱离电源后应立即进行心肺复苏，并及时呼救，有条件者可供氧。

3. 转运

严重者经初步处理后应迅速送至医院，转运途中需注意保持呼吸道通畅，有条件者保证输氧输液持续通畅，有较大烧伤创面者，注意保护，最好用无菌敷料或干净布巾包扎，禁涂任何药物。合并骨折者，按外伤骨折的要求处理。若电流伤害到病人脊髓应注意保持脊椎固定，不能随意搬动病人，防止脊髓再次受损。到达医院后向接诊医护人员详细交代触电现场情况和救护经过。

三、雷击急救与预防

中国国际防雷论坛2009年3月3日透露：我国每年因雷击造成的人员伤亡数达3000人至4000人。雷击常见的原因：雨中骑车，雷雨天打手机，雷雨天使用金属杆雨伞，雷雨天下河游泳，雷雨天高处避雨。

（一）急救

（1）及时心肺复苏。

（2）迅速送医院，保持呼吸道通畅。

（3）大面积烧伤者，注意保护创面。

（二）预防

（1）尽快转移到房子里或汽车里，关好门窗。

（2）无法进入房屋或与其他人一起避难时，彼此之间要保持一人长的距离。

（3）不要在孤立的大树下避雨。

（4）最好不骑自行车。

（5）更不要手持金属物，金属杆的雨伞易导电。

总之，到比较低的地方，双脚合拢蹲下。尽量降低身体高度，低头，避免凸出而被闪电直接击中。

案例学习

1. 无保护接地或接零措施导致触电

7.1.2 材料 无保护接地或接零措施导致触电

2. 带电搬移电器设备导致触电

7.1.3 材料 带电搬移电器设备导致触电

3. 严重违章验电导致触电

7.1.4 材料 严重违章验电导致触电

4. 大学生在宿舍内用电热水器触电身亡

7.1.5 材料 大学生在宿舍内用电热水器触电身亡

5. 日常中的事故

7.1.6 材料 日常中的事故

第二节 用气安全

7.2.1 视频 用气安全

一、安全用气常识

我们生活中常说的煤气，是泛指一般可燃性气体，如天然气、液化石油气等，通常是由固体燃料（或重油）经过干馏或气化等过程而得到的气体产物。主要成分为可燃性气体，如氢、一氧化碳、碳氢化合物等，并含有氮、二氧化碳等不可燃气体。煤气在我们的生产生活中发着重大作用，但如使用不当也会造成诸多事故。

（一）燃气胶管的使用

（1）燃气用软管应采用专用的耐油橡胶管。

（2）经常检查和清洁胶管，发现老化、龟裂、烤焦、鼠虫啮咬痕迹，应立即更换，建议在正常情况下，两至三年更换一次胶管。

（3）燃气胶管的长度不能超过2米。

（4）胶管不要靠近炉面，以免被火焰烧坏。

（5）不要穿越墙体、门窗。

（6）不要压、折胶管，以免造成堵塞，影响连续供气。

（7）胶管与燃具、管道的接口处，请用管卡扎紧，防止脱落漏气。

（二）燃气燃具的使用

（1）仔细阅读使用说明，正确使用。

（2）燃气气源类型是多种多样的，必须使用与其匹配的燃具，错用了燃具，会导致燃气燃烧不完全，产生一氧化碳，致人中毒、死亡。

（3）燃点煤气时，先将锅或水壶等用具底面的水擦干净，然后放在煤气灶上，用火柴或点火棒头伸入锅底空间或灶底火圈，同时打开煤气灶开关点燃使用，这样可避免煤气空烧和空放煤气。电子打火的，在拧开燃具开关后，要确定燃具已经打着火才离开，如果燃具失灵，没点着火，而燃具开关一直开着，会造成燃气泄漏。如果连续三次打不着火，应停顿一会儿，确定燃气消散后，再重新打火，因为燃具虽未点着火，但燃气已多次释放，遇到明火极易燃爆，使用热水器尤其要注意这个问题。

（4）在使用锅子烧煮食物或水壶烧水时，要根据锅底面积的大小和火力大小的需要，随时调节火焰，火焰不要超出锅底、壶底面积。

（5）切勿在无人照看的情况下使用燃具，汤水、牛奶、面食等烹煮时容易溢出，一定要多加照看，以免溢出的汤水淋熄炉火，造成燃气泄漏。

（6）在停止使用煤气时或临睡前，应该将煤气灶的开关检查一遍，要做到所有开关全关闭。要养成人走火熄的好习惯。如果离家外出时间较长，应关闭燃气表前的球阀，彻底切断气源。

（7）煤气有一种特殊的臭味，这种臭味能够让我们注意到是否有煤气泄漏。

（8）在煤气表的附近不要堆放纸箱、塑料品、干柴、蜂窝煤等易燃物品，防止引起更大的事故，而且会妨碍维修工作。

（9）有煤气表、煤气灶和煤气管的房间或厨房绝对不能作为卧室和休息室，如果煤气表、煤气灶和煤气管损坏漏气，就有煤气中毒的危险。

（10）经常清洗煤气灶，去除上面的污渍、油垢，防止煤气灶生锈；燃烧器火眼易被杂物堵塞，可经常用铁丝或旧牙刷疏通；燃烧器的进气口有时可能被各种杂物塞住，可取下来清理。

（三）煤气罐的使用

煤气罐的正确称呼是液化石油气钢瓶，也叫液化气罐，天然气和煤气没有罐装的。煤气罐在使用时容易受到碰撞、暴晒、腐蚀的伤害，使用时间长了罐体会变形，这些原因都可能导致煤气罐发生爆炸，使用液化气瓶应严格遵守以下安全规定：

（1）应使用有制造许可证企业生产的合格产品，不使用超期未检的气瓶。

（2）民用气瓶，自制造之日起，前3次检验周期为4年，第4次为3年。使用期超过15年的气瓶，不予检验，按报废处理，依法予以销毁。

（3）使用者必须到已办理充装注册的单位或经销注册的单位购气。装有液化石油气的气瓶，运输距离不得超过50公里。

（4）气瓶使用前应进行安全状况检查，必须按使用说明书要求使用气瓶，不符合安全技术要求的气瓶禁止使用。

（5）气瓶的放置地点，不得靠近热源和明火，应保证气瓶瓶体干燥。

（6）气瓶立放时，应采取防止倾倒的措施。

（7）夏季应防止暴晒。

（8）严禁敲打、碰撞气瓶。

（9）严禁在气瓶上进行电焊引弧。

（10）严禁用温度高于40℃的热源给气瓶加热。

（11）液化石油气用户及经销者，严禁将气瓶内的气体向其他气瓶倒装，或直接由罐车对气瓶进行充装，严禁自行处理气瓶内的残液。

（12）气瓶投入使用后，不得对气瓶进行挖补、焊接修理。

（13）严禁擅自更改气瓶的铅印和颜色标记。

（14）液化石油气钢瓶不可卧放。因为当钢瓶立放时，瓶内的下部是液体，上部是气体，当打开角阀时，冲出的是气体，如果钢瓶卧放，则靠近瓶口处多是液体，当打开角阀时，冲出的液体迅速汽化；此外，打一盆热水从煤气罐上面浇下，或者直接把煤气罐放在热水盆里等，都是非常危险的。

（四）燃气热水器的使用

家用燃气热水器顾名思义是以燃烧气体进行水加热的热水器。使用热水器要注意安全。

（1）详细阅读使用说明书，按操作步骤正确使用。

（2）开启热水器前，应按操作说明确定好各功能旋钮所处的位置。

（3）开启水阀后热水器即点燃流出热水，如开启水阀后热水器不能点燃，应迅速关闭水阀检查：气源是否打开；水压情况如何（水压太低会影响热水器的点燃）；脉冲点火器是否工作，一般有指示灯指示，电池失电也会影响燃气热水器的点燃。

（4）使用中途暂停后，在约10分钟之内重新开启时，流出的热水可能会很烫，应注意先放去积聚在热水器内的热水数秒后，再进行沐浴，否则会烫伤皮肤。

（5）使用中途发现热水器突然熄火或突然出冷水，应迅速关闭，待专业人员检查后再用。

（6）冬天使用可能出现水温偏低现象，此时可将水量减小。

（7）使用完毕必须关闭气源，避免燃气泄漏造成事故。

（五）燃气泄漏的处理办法

1. 查漏

当怀疑燃气泄漏时，可用以下方法简单查漏：肥皂液查漏。任选肥皂、洗衣粉、洗涤精三者之一，加水制成肥皂液，涂抹在燃具、胶管、旋塞阀、燃气表、球阀、调压阀，尤其是接口处，有气泡鼓起的部位就是漏点；眼看、耳听、手摸、鼻闻配合查漏。注意：严禁用明火查漏。

2. 燃气泄漏应急措施

发现有燃气泄漏时要保持冷静，采取以下措施：

（1）切断气源。立即关闭燃具开关、旋塞阀、球阀、气瓶气栓。

（2）勿动电器。严禁打开和关闭任何电器，如电灯、电扇、排气扇、抽油烟机、空调、电闸、有线与无线电话、门铃、冰箱等，都可能产生微小火花，引致爆炸。

（3）疏散人员。迅速疏散家人、邻居，阻止无关人员靠近。

（4）打开门窗。让空气流通，以便燃气散发。

（5）电话报警。在没有燃气泄漏的地方，打110报警或报告燃气公司。

二、煤气中毒原因、症状

一氧化碳（CO）是煤气的主要成分，为无色、无臭、无味、不溶于水的窒息性的气体。急性一氧化碳中毒是指吸入高浓度一氧化碳所致的急性缺氧性疾病。

（一）原因

一氧化碳中毒的主要原因是环境通风不良或防护不当，以致空气中一氧化碳浓度超过允许范围。空气中一氧化碳浓度达12.5%时，有爆炸的危险。人体吸入空气中一氧化碳含量超过0.01%时，即有急性中毒的危险。

1. 生活性中毒

家用煤炉产生的气体中一氧化碳浓度为6%～30%，若室内门窗紧闭，火炉无烟囱或烟囱堵塞、漏气、倒风，以及在通风不良的浴室内使用煤气热水器都可发生一氧化碳中毒；失火现场空气中的一氧化碳浓度可达10%，也可发生急性中毒。

2. 职业性中毒

煤气发生炉中一氧化碳的浓度高达30%～35%，水煤气含一氧化碳浓度高达30%～40%。在炼钢、炼焦、烧窑等工业生产中，煤炉或窑门关闭不严，煤气管道泄漏及煤矿瓦斯爆炸等均可产生大量一氧化碳。

（二）症状

1. 轻度中毒

病人可有剧烈头痛、头晕、心悸、恶心、呕吐、乏力、意识模糊、嗜睡、谵妄、幻觉、抽搐等，原有冠心病者可出现心绞痛。脱离中毒环境并吸入新鲜空气或氧气后，症状很快可以消失。

2. 中度中毒

除上述症状加重外，可出现口唇黏膜呈樱桃红色、呼吸困难、多汗，血压、脉搏可有改变，甚至出现浅昏迷。若能及时脱离中毒环境，积极抢救，可恢复正常且无明显并发症。

3. 重度中毒

病人出现深昏迷、抽搐、呼吸困难、脉搏微弱、血压下降、四肢湿冷、全身大汗。长时间昏迷者常有心律失常、肺炎、肺水肿等并发症，最后可因脑水肿、呼吸循环衰竭而危及生命。死亡率高，抢救能成活者可留有神经系统后遗症。

4. 迟发性脑病

急性一氧化碳中毒病人经抢救复苏后经约2～60天的“假愈期”，可出现下列表现之一：①精神意识障碍：如幻视、幻听、烦躁等精神异常，甚至出现谵妄、痴呆或呈现去大脑皮质状态；②大脑皮质局灶性功能障碍：如失语、失明、不能站立及继发性癫痫等；③锥体外系神经障碍：出现震颤麻痹综合征；④锥体系神经损害：如偏瘫、病理反射阳性或大小便失禁等。

三、煤气中毒急救及预防

（一）急救

1. 立即脱离中毒环境

立即将病人转移到空气新鲜处，并开窗通风；松开病人的衣领、裤带，保持呼吸道通畅，注意保暖。呼吸、心跳停止的应立即进行心肺复苏。

2. 迅速改变缺氧情况

氧疗能增加一氧化碳排出，因此，有条件者最好尽快进行高压氧治疗。高压氧治疗最好在4小时内进行。如无高压氧设备，应采用高浓度面罩给氧或鼻导管给氧。

（二）预防

（1）居室内火炉要安装烟囱管道，防止管道漏气。

（2）厨房的烟囱必须通畅，以防废气倒流。

（3）使用煤气热水器者切勿安装热水器在浴室内，并应装有排风扇或有通风的窗户。

（4）加强矿井下空气中一氧化碳浓度的监测和报警制度。在有可能产生一氧化碳的场所生活、工作时若出现头晕、恶心等先兆症状应立即离开原有环境，以免继续中毒。

（5）教会自救与互救方法。发现中毒时立即开窗通风，迅速脱离现场，将患者移到空气新鲜处，就近送医院治疗或呼叫120出诊抢救。

案例学习

1. 西安肉夹馍店爆炸事件

7.2.2材料 西安肉夹馍店爆炸事件

2. 少女洗澡时煤气爆炸导致全身烧伤

7.2.3材料 少女洗澡时煤气爆炸导致全身烧伤

3. 吃火锅导致全家一氧化碳中毒

7.2.4材料 吃火锅导致全家一氧化碳中毒

第三节 消防安全

7.3.1视频 消防安全

一、火灾的分类与危害

(一) 燃烧发生的条件

燃烧现象发生必须具备一定的条件,包括助燃物(氧化剂)和可燃物(还原剂),还要有引发燃烧的引火源。

1. 助燃物

燃烧反应中氧化助燃物(也称氧化剂)是引起燃烧反应必不可少的条件。在一般火灾中,空气中的氧是最常见的氧化剂。在工业企业火灾中,引起燃烧反应的氧化剂则是多种多样的,如氯酸钠、氯酸钾、高锰酸钾等。

2. 可燃物

凡是能与空气中的氧或其他氧化剂起燃烧反应的物质,均称为可燃物。可燃物按其物理状态分为气体、液体和固体。凡是在空气中能燃烧的气体都称为可燃气体,如氢、一氧化碳、甲烷、乙烯等。液体可燃物大多数是有机化合物,分子中都含有碳、氢原子,有些还含氧原子. 如乙醇、汽油、油漆等。凡遇明火、热源能在空气中燃烧的固体物质均称为可燃固体,如木材、纸、布、棉花、塑料、谷物等。

3. 引火源

凡是能引起物质燃烧的引燃能源,统称为引火源。引起火灾爆炸事故的引火源可分为四种类型,即化学引火源,如明火、自然发热;电气引火源,如电火花、雷电;高温引火源,如高温表面、热辐射;冲击引火源,如摩擦撞击。

4. 相互作用

上述三个条件通常被称为燃烧三要素。燃烧三要素同时存在,相互作用,才会发生燃烧。

(二) 火灾的分类

按可燃物的类型和燃烧特性,火灾被分为Ａ类、Ｂ类、Ｃ类、Ｄ类、Ｅ类和Ｆ类火灾。

(1) Ａ类火灾:固体物质火灾。

（2）B类火灾：液体或可熔化的固体物质火灾。

（3）C类火灾：气体火灾。

（4）D类火灾：金属火灾。

（5）E类火灾：带电火灾。

（6）F类火灾：烹饪器具的烹饪物（如动植物油脂）火灾。

按起火直接原因分类，火灾有以下类型：

（1）放火。刑事犯放火，精神病人、智障人放火，自焚。

（2）违反电气安装安全规定。电气设备安装不合规定，导线熔丝不合格，避雷设备、排除静电设备未安装或不符合规定要求。

（3）违反电气使用安全规定。电气设备超负荷运行、导线短路、接触不良、静电放电以及其他原因引起电气设备着火。

（4）违反安全操作规定。在进行气焊、电焊操作时，违反操作规定；在化工生产中出现超温超压、冷却中断、操作失误而又处理不当；在储存运输易燃易爆物品时，发生摩擦撞击，混存，遇水、酸、碱、热。

（5）吸烟。乱扔烟头、火柴杆。

（6）生活用火不慎。炉灶、燃气用具、煤油炉发生故障或使用不当。

（7）玩火。小孩玩火，燃放烟花、爆竹。

（8）自燃。物质受热，植物、涂油物、煤堆垛过大、过久而又受潮、受热，危险化学品遇水、遇空气，相互接触、撞击、摩擦引起自燃。

（9）自然灾害。雷击、风灾、地震及其他自然灾害。

（10）其他。不属于以上九类的其他原因，如战争。

（三）火灾的危害

火灾现场对人体的危害主要有四种，即缺氧、高温、烟尘、毒性气体。

1. 缺氧

由于火场上可燃物燃烧消耗氧气，同时产生毒气，使空气中的氧浓度降低。特别是建筑物内着火，在门窗关闭的情况下，火场上的氧气会迅速降低，使火场上的人员由于氧气减少而窒息死亡。但在濒临死亡之前，用新鲜空气或氧气及时救治，可使缺氧的人慢慢复活。

2. 高温

由于火场上可燃物质多，火灾发展蔓延迅速，火场上的气体温度在短时间内即可达到几百摄氏度。空气中的高温能损伤呼吸道。当火场温度达到49～50℃时，能使人的血压迅速下降，导致循环系统衰竭。吸入的气体温度超过70℃，会使气管、支气管内黏膜充血起水泡，组织坏死，并引起肺水肿而窒息死亡。

3. 烟尘

火场上的热烟尘由燃烧中析出的碳粒子、焦油状液滴，以及房屋倒塌时扬起的灰尘等组成。这些烟尘随热空气一起流动，若被人吸入呼吸系统后，能堵塞、刺激内黏膜，甚至危害人的生命。

4. 毒性气体

火灾中可燃物的燃烧会产生大量烟雾,其中含有一氧化碳、二氧化碳、氯化氢、氮的氧化物、硫化氢、氰化氢、光气等有毒气体。这些气体对人体的毒害作用很复杂。由于火场上的有害气体往往同时存在,其联合效果比单独吸入一种毒气的危害更严重。这些毒性气体对人体有麻醉、窒息、刺激等作用,损害呼吸系统、中枢神经系统和血液循环系统,在火灾中严重影响人们的正常呼吸和逃生,直接危害人的生命安全。

二、火灾扑救

(一) 灭火的基本原理

燃烧发生需具备一定的条件,即同时存在可燃物质、助燃物质和点火源三个要素。这三要素缺少任何一个,燃烧便不能发生。灭火的基本原理就是在发生火灾后,通过采取一定的措施,把维持燃烧所必须具备的条件之一破坏,燃烧就不能继续进行,火就会熄灭。因此,采取降低着火系统温度、断绝可燃物、稀释空气中的氧浓度、抑制着火区内的连锁反应等措施,都可达到灭火的目的。

(二) 灭火的基本方法

根据物质燃烧原理和同火灾做斗争的实践经验,灭火的基本方法主要有四种,即冷却、窒息、隔离和化学抑制。前三种方法通过物理过程进行灭火,后一种方法则通过化学过程灭火。

1. 冷却灭火法

根据可燃物质发生燃烧时必须达到一定的温度这个条件,将灭火剂直接喷洒在燃烧着的物体上,使可燃物质的温度降到燃点以下,而停止燃烧。

运用冷却法灭火时,可考虑选择以下措施:

(1) 用大量的水冲泼火区来降温。

(2) 用二氧化碳灭火剂灭火。由于雪花状固体二氧化碳本身温度很低,接触火源时又吸收大量的热,从而使燃烧区的温度急剧下降。

(3) 用水冷却火场上未燃烧的可燃物和生产装置,以防止它们被引燃或受热爆炸。

2. 窒息灭火法

根据可燃物质燃烧需要足够的助燃物质(空气、氧)这个条件,采取阻止空气进入燃烧区的措施,或断绝氧气而使燃烧物质熄灭。为使火灾窒息,需要将水蒸气、二氧化碳等气体引入着火区,以稀释着火空间的氧浓度。

运用窒息法灭火时,可考虑选择以下措施:

(1) 可采用石棉被、浸湿的棉被、帆布、灭火毯等不燃或难燃材料,覆盖燃烧物或封闭孔洞。

(2) 用低倍数泡沫覆盖燃烧液面灭火。

(3) 用水蒸气、惰性气体(如二氧化碳、氮气等)、高倍数泡沫充入燃烧区域内。

（4）利用建筑物上原有的门、窗以及生产储运设备上的部件，封闭燃烧区，阻止新鲜空气流入，以降低燃烧区氧气的含量，达到窒息灭火的目的。

（5）在万不得已而条件又允许的情况下，也可采用水淹没（灌注）的方法扑灭火灾。

3. 隔离灭火法

根据发生燃烧必须具备可燃物质这一条件，将燃烧物质与附近的可燃物隔离或疏散，中断可燃物的供应，使燃烧停止。

运用隔离法灭火时，可考虑选择以下措施：

（1）将火源附近的可燃、易燃、易爆和助燃物质，从燃烧区转移到安全地点。

（2）关闭阀门，阻止气体、液体流入燃烧区；排除生产装置、设备容器内的可燃气体或液体。

（3）设法阻拦流散的易燃、可燃液体或扩散的可燃气体。

（4）拆除与火源相毗连的易燃建筑结构，形成防止火势蔓延的空间地带。

（5）用水流或用爆炸等方法封闭井口，扑救油气井喷火灾。

4. 化学抑制灭火法

使灭火剂参与到燃烧反应中去，起到抑制反应的作用。具体而言就是使燃烧反应中产生的自由基与灭火剂相结合，形成稳定分子或低活性的自由基，从而切断了自由基的连锁反应链，使燃烧停止。

采用干粉、卤代烷灭火剂灭火，就是抑制着火区内的连锁反应，减少自由基的灭火方法，灭火速度快，使用得当，可有效地扑灭初期火灾，减少人员和财产损失。

（三）常用的灭火器

按充装灭火剂的种类不同，常用灭火器有水型灭火器、空气泡沫灭火器、干粉灭火器、二氧化碳灭火器。

1. 水型灭火器

这类灭火器中充装的灭火剂主要是水，另外还有少量的添加剂。清水灭火器、强化液灭火器都属于水型灭火器。主要适用于扑救可燃固体类物质如木材、纸张、棉麻织物等的初起火灾。

2. 空气泡沫灭火器

这类灭火器中充装的灭火剂是空气泡沫液。主要适用于扑救可燃液体类物质如汽油、煤油、柴油、植物油、油脂等的初期火灾；也可用于扑救可燃固体类物质如木材、棉花、纸张等的初起火灾。

3. 干粉灭火器

这类灭火器内充装的灭火剂是干粉。根据所充装的干粉灭火剂种类的不同，有碳酸氢钠干粉灭火器、钾盐干粉灭火器、氨基干粉灭火器和磷酸铵盐干粉灭火器。碳酸氢钠适用于扑救可燃液体和气体类火灾，其灭火器又称BC干粉灭火器。磷酸铵盐干粉适用于扑救可燃固体、液体和气体类火灾，其灭火器又称ABC干粉灭火器。因此，干粉灭火器主要适用于扑救可燃液体、气体类物质和电气设备的初起火灾。ABC干粉灭火器也可以扑救可燃固体类物质的初起火灾。

4. 二氧化碳灭火器

这类灭火器中充装的灭火剂是加压液化的二氧化碳。主要适用于扑救可燃液体类物质和带电设备的初起火灾,如图书、档案、精密仪器、电气设备等的火灾。

(四) 灭火器的选择

(1) A类火灾是普通可燃物如木材、布、纸、橡胶及各种塑料燃烧而成的火灾。对A类火灾,一般可采取水冷却灭火,但对于忌水物质,如布、纸等应尽量减少水渍所造成的损失。对珍贵图书、档案资料应使用二氧化碳灭火器、干粉灭火器灭火。

(2) B类火灾是油脂及液体如原油、汽油、煤油、酒精等燃烧引起的火灾。对B类火灾,应及时使用泡沫灭火剂进行扑救,还可使用干粉灭火器、二氧化碳灭火器。

(3) C类火灾是可燃气体如氢气、甲烷、乙炔燃烧引起的火灾。对C类火灾,因气体燃烧速度快,极易造成爆炸,一旦发现可燃气着火,应立即关闭阀门,切断可燃气来源,同时使用干粉灭火剂将气体燃烧火焰扑灭。

(4) D类火灾是可燃金属如镁、铝、钛、锆、钠和钾等燃烧引起的火灾。对D类火灾,燃烧时温度很高,水及其他普通灭火剂在高温下会因发生分解而失去作用,应使用专用灭火剂。金属火灾灭火剂有两种类型:一是液体型灭火剂,二是粉末型灭火剂。

(五) 灭火器的使用

1. 水型灭火器

将清水或强化液灭火器提至火场,在距离燃烧物10米处,将灭火器直立放稳。

(1) 摘下保险帽,用手掌拍击开启杆顶端的凸头。这时储气瓶的密膜片被刺破,二氧化碳气体进入筒体内,迫使清水从喷嘴喷出。

(2) 立即一只手提起灭火器,另一只手托住灭火器的底圈,将喷射的水流对准燃烧最猛烈处喷射。

(3) 随着灭火器喷射距离的缩短,使用者应逐渐向燃烧物靠近,使水流始终喷射到燃烧处,直到将火扑灭。

2. 空气泡沫灭火器

使用时,手提空气泡沫灭火器迅速赶到火场。

(1) 在距燃烧物6米左右,先拔出保险销,一手握住开启压把,另一手握住喷枪,紧握开启压把,将灭火器密封开启,空气泡沫即从喷枪喷出。

(2) 泡沫喷出后对准燃烧最猛烈处喷射。如果扑救的是可燃液体火灾,当可燃液体呈流淌状燃烧时,喷射的泡沫应由远而近地覆盖在燃烧液体上;当可燃液体在容器中燃烧时,应将泡沫喷射在容器的内壁上,使泡沫沿壁淌入可燃液体表面而加以覆盖。灭火时,应随着喷射距离的减缩,使用者逐渐向燃烧处靠近,并始终让泡沫喷射在燃烧物上,直至将火扑灭。在使用过程中,应紧握开启压把,不能松开。也不能将灭火器倒置或横卧使用,否则会中断喷射。

3. 二氧化碳灭火器

二氧化碳灭火器的密封开启后,液态的二氧化碳在其蒸气压力的作用下,经虹吸管和喷射连接管从喷嘴喷出。由于压力的突然降低,二氧化碳液体迅速气化,但因气化需要的热量供不应求,二氧化碳液体在气化时不得不吸收本身的热量,结果一部分二氧化碳凝结成雪花状固体,温度下降至-78.5℃。所以,从灭火器喷出的是二氧化碳气体和固体的混合物。当雪花状的二氧化碳覆盖在燃烧物上时即刻升华,对燃烧物有一定的冷却作用。但二氧化碳灭火时的冷却作用不大,而主要通过稀释空气,把燃烧区空气中的氧浓度降低到维持物质燃烧的极限氧浓度以下,从而使燃烧窒息。

手提式二氧化碳灭火器,在距起火点大约5米处使用灭火器。

(1) 一只手握住喇叭形喷筒根部的手柄,把喷筒对准火焰,另一只手压下压把,二氧化碳就喷射出来。

(2) 当扑救流淌液体火灾时,应使二氧化碳射流由近而远向火焰喷射,如果燃烧面积较大,操作者可左右摆动喷筒,直至把火扑灭。

(3) 当扑救容器内火灾时,应从容器上部的一侧向容器内喷射,但不要使二氧化碳直接冲击到液面上,以免可燃物冲出容器而扩大火灾。

4. 干粉灭火器

(1) 上下颠倒摇晃使干粉松动;

(2) 拔掉铅封;

(3) 拉出保险销;

(4) 保持安全距离(距离火源约2～3米),左手扶喷管,喷嘴对准火焰根部,右手用力压下压把;

(5) 注意:经常检查灭火器压力阀,指针应指在绿色区域,红色区域代表压力不足,黄色代表压力过高。

(六) 人身着火的扑救

人身着火多数是由于工作场所发生火灾、爆炸事故或扑救火灾引起的,也有因用汽油、苯、酒精、丙醇等易燃油品和溶剂擦洗机械或衣物,遇到明火或静电火花而引起的。当人身着火时应采取如下措施:

(1) 若衣服着火又不能及时扑灭,则应迅速脱掉衣服,防止烧坏皮肤。若来不及或无法脱掉应就地打滚,用身体压灭火种。切记不可跑动,否则风助火势会造成严重后果。就地用水灭火效果会更好。

(2) 如果人身溅上油类而着火,其燃烧速度很快。人体的裸露部分,如手、脸和颈部最容易烧伤。此时疼痛难忍,神经紧张,会本能地以跑动逃脱。在场的人应立即制止其跑动,将其搂倒,用石棉布、棉衣、棉被等物覆盖,用水浸湿后覆盖效果更好。用灭火器扑救时,不要对着脸部。

三、火场逃生

(一)火场逃生的准备

1. 加强逃生知识的学习和演练

了解有关科学知识,学习火场逃生知识,掌握火场逃生方法;进行逃生技能应用训练,熟悉疏散路线;定期不定期地进行演练,实际检验每条逃生路线,确保每条计划逃生路线在紧急情况下都能使用。

2. 熟悉环境

熟悉自己居住、工作的建筑结构,清楚楼梯、电梯、大门、通道,尤其是安全门、消防通道等疏散途径。即使出差旅游在外入住酒店,也应该留意观察楼梯、消防通道、紧急指示标志等的方向和位置,以防万一。通常在酒店房间的大门背后都贴有紧急疏散路线示意图,它简明扼要地介绍了逃生路线。即使平时不看,至少在发生火灾冲出大门逃生前抓紧时间看一下,避免在火场中蒙头转向。在环境陌生的公共场所突然遭遇火灾,就必须以紧急通道的指示灯(标志)来判别正确的逃生方向。

3. 保持通道畅通无阻

楼梯、通道、安全出口等是火灾时最重要的逃生之路,平时应保持畅通无阻,不可堆放杂物或设闸上锁。

4. 配置救生器材

新建民用建筑,特别是高层建筑、地下建筑、商场、宾馆、歌舞厅、劳动密集型工厂等人员聚集场所,疏散楼梯数量、宽度、形式及火灾自动报警、自动灭火系统等应符合规范要求,应配备必要的应急灯、疏散标志和救生网、救生袋、救生软梯、自救绳、救生气垫、滑竿、滑梯、缓降器等逃生器材。

(二)火场逃生的方法

1. 扑灭小火,惠及他人利自身

发生火灾时,如果发现火势并不大,且尚未对人造成很大威胁时,当周围有足够的消防器材,如灭火器、消火栓等,应奋力将小火控制、扑灭,千万不要惊慌失措地乱叫乱窜,或置他人于不顾而只顾自己"开溜",或置小火于不顾而酿大灾。

2. 保持镇静,明辨方向,迅速撤离

遭遇火灾,面对浓烟和烈火时,首先要强令自己保持镇静,迅速判断危险地点和安全地点,决定逃生办法。尽快撤离险地。千万不要盲目跟从人流、乱冲乱窜。从火场撤离时,尽量朝空旷处跑,要尽量往较低楼层跑(特殊情况例外),如果通道已被烟火封阻,则应背向烟火方向离开,通过阳台、气窗、天台等快速往住室外面逃生。

3. 不入险地,不贪财物

在火场中,人的生命是最重要的。身处险境,应尽快撤离,不要因害羞或顾及贵重物品,而把宝贵的逃生时间浪费在穿衣或寻找、撤离贵重物品上。已经逃离险境的人员切莫重返险地。

4. 简易防护，蒙鼻匍匐

逃生时经过充满烟雾的路线，要防止烟雾中毒，预防窒息。为了防止火场浓烟呛入，可采用毛巾、口罩蒙鼻，匍匐撤离的办法。烟气温度高，较空气轻而漂浮于上部，贴近地面撤离是避免烟气吸入的最佳方法。穿过烟火封锁区，应佩戴防毒面具、头盔、阻燃隔热服等防护品，如果没有这些防护品，可向头部、身上浇冷水或用湿毛巾、湿棉被、湿毯子等将头、身裹好，再冲出去。

5. 善用通道，莫入电梯

按规范标准设计建造的建筑物，都会有两条以上逃生楼梯、通道或安全出口，发生火灾时，要根据情况选择进入相对较为安全的楼梯通道，除可利用楼梯外，还可以利用建筑物的阳台、窗台、天面屋顶等攀到周围的安全地点，沿着落水管、避雷线等建筑结构中凸出物滑下楼也可脱险。在高层建筑中，电梯的供电系统在火灾时随时会断电或因热的作用导致电梯变形而使人被困在电梯内，同时由于电梯井犹如贯通的烟囱一样直通各楼层，有毒的烟雾直接威胁被困人员的生命，因此，千万不要乘普通电梯逃生。

6. 缓降逃生，滑绳自救

高层、多层公共建筑内一般都设有高空缓降器或救生绳，人员可以通过这些设施安全地离开危险的楼层。在没有这些专门设施，而安全通道又已被堵，救援人员不能及时赶到的情况下，可以迅速利用身边的绳索或床单、窗帘、衣服等自制简易救生绳，并用水打湿从窗台或阳台沿绳缓滑到下面楼层或地面，安全逃生。

7. 创造避难场所，固守待援

假如用手摸房门已感到烫手，此时一旦开门，火焰与浓烟势必迎面扑来，导致逃生通道被切断且短时间内无人救援。这时候，可采取创造避难场所、固守待援的办法。首先应关紧迎火的门窗，打开背火的门窗，用湿毛巾或湿布塞堵门缝或用水浸湿棉被、门窗，然后不停用水淋透房间，防止烟火渗入，固守在房内，直到救援人员到达。

8. 吸引注意，寻求援助

被烟火围困暂时无法逃离的人员，应尽量待在阳台、窗台等易于被人发现和能避免烟火近身的地方。在白天，可以向窗外晃动鲜艳的衣物，或外抛晃眼的东西，在晚上即可以用手电筒不停地在窗口闪动或者敲击东西，及时发出有效的求救信号，引起救援者的注意。因为消防人员进入室内都是沿墙壁摸索行进，所以，在被烟气窒息失去自救能力时，应努力滚到墙边或门边，便于消防人员寻找、营救；此外，滚到墙边也可防止房屋结构塌落砸伤自己。

9. 跳楼有术，虽损求生

处在火灾烟气中的人，精神上往往极端恐惧和接近崩溃，惊慌的心理极易导致不顾一切的行为，如跳楼逃生。应该注意的是，只有消防队员准备好救生气垫，并指挥跳楼时或楼层不高(一般在三层以下)，才能采取跳楼的方法。即使已没有任何退路，如果生命还未受到严重威胁，也要冷静地等待消防人员的救援。跳楼也要讲技巧，跳楼时应尽量往救生气垫中部跳或选择有水池、软雨篷、草地等方向跳；如有可能，要尽量抱些棉被、沙发垫等松软物品或打开大雨伞跳下，以减缓冲击力。如果徒手跳楼一定要扒窗台或阳台使身体自然下垂跳下，以尽量降低垂直距离。落地前要双手抱紧头部身体弯曲卷成一团，以减少伤害。跳楼虽可求生，但会对身体造成一定的伤害，所以要慎之又慎。

10. 身处险境，自救莫忘救他人

任何人发现火灾，都要尽快拨打“119”电话呼救，及时向消防队报火警。火场中的儿童和老弱病残者，他们本人不具备或者丧失了自救能力，在场的其他人除自救外，还应当积极救助他们尽快逃离险境。

（三）火场逃生中常见的错误行为

1. 原路脱险

这是人们最常见的火灾逃生行为模式，一旦发生火灾时，人们总是习惯沿着进来的出入口和楼道进行逃生，当发现此路被封死时，才被迫去寻找其他出入口。殊不知，此时已失去最佳的逃生时间。因此，当我们进入新的大楼或宾馆时，一定要对周围的环境和出入口进行必要的了解，以备不测。

2. 向光亮处逃生

这是在紧急危险情况下，由于人的本能、生理、心理所决定，人们总是向着有光、明亮的方向逃生，以为它能为逃生者指明方向道路、避免瞎摸乱撞。然而这时的火场中，90%的可能是电源已被切断或已造成短路、跳闸等，光亮之地正是火魔肆无忌惮地逞威之处。

3. 盲目追随

当人的生命突然面临危险状态时，极易因惊慌失措而失去正常的判断思维能力，当听到或看到有什么人在前面跑动时，第一反应就是盲目紧紧地追随其后。常见的盲目追随行为模式有跳窗、跳楼，逃（躲）进卫生间、浴室、门角等。只要前面有人带头，追随者也会毫不犹豫地跟随其后。克服盲目追随的方法是平时要多了解与掌握一定的消防自救与逃生知识，避免事到临头没有主见而随波逐流。

4. 自高向下逃

俗话说，人往高处走，火焰向上飘。当高楼大厦发生火灾，特别是高层建筑一旦失火，人们总是习惯性地认为：火是从下面往上着的，越高越危险，越下越安全，只有尽快逃到一层，跑出室外，才有生的希望。殊不知，这时的下层可能是一片火海，盲目地朝楼下逃生，会自投火海。随着消防装备现代化的不断提高，在发生火灾时，有条件的可登上房顶或在房间内采取有效的防烟、防火措施后等待救援也不失为明智之举。

5. 冒险跳楼

人们在开始发现火灾时，会立即做出第一反应，这时的反应大多还是比较理智的分析与判断。但是，当选择的路线逃生失败，发现判断失误而逃生之路又被大火封死，火势越来越大，烟雾越来越浓时，人们就很容易失去理智。此时的人们也不要轻率从高层跳楼、跳窗等，不可盲目采取冒险行为，而应积极另谋生路，争取更好的求生机会。

（四）火场逃生应注意的问题

（1）保持镇静，克服惊慌心理，谨防心理崩溃。许多火灾死亡者都是“先亡于心，后亡于身”的，这就要求我们具备良好的心理素质，遇事沉着冷静。烟火的出现，并非意味着我们已无路可逃，相反，要坚定求生信念，正确估计火灾形势，利用一切可能利用的逃生条件脱离险境。在危难时刻，不要局限于利用原有的疏散通道，应多想办法，才能死里逃生。

（2）起火初期逃生时，报警和呼救要同时进行。不要只顾逃生忘记报警，延缓报警会给自己和他人带来极大的危害。处于烟雾之中时不应采用呼喊的方法，防止吸入烟气中毒，而应采用向窗外扔东西等方法。

（3）逃生时要随手关闭通道上的门窗，这样可以阻止和延缓烟雾向逃离的通道流窜。

（4）克服盲目从众行为。人员聚集场所一旦起火，人们往往蜂拥而出，极易造成安全出口堵塞和挤伤踩死现象。这时要果断放弃从安全出口逃生的想法，积极寻找多种途径逃生。

（5）不要向狭窄的角落退避。火场上经常在壁橱或床下发现尸体，火和烟是可怕的，躲避也是正常的，但不要躲藏在诸如床下、墙角、衣柜等不利逃生和不便查找的地方。

（6）不要重返火场。逃生者一旦脱离危险，就要留在安全区域，有情况及时向救助人员反映，切不可因抢救贵重物品或亲人盲目重返火场。

（7）要正确估计火势的发展和蔓延势态。不得盲目采取行动，要先考虑安全及可行性后方可采取措施。同时防止产生侥幸心理。

（五）烧烫伤的急救

1. 离开热源，快速散热

处理小面积表皮浅层烧伤的简便而又有效的措施，即是立即让伤者离开热源，脱去着火的衣物，迅速用清洁的水、冰水浸泡或冲洗被烧伤部位，不便浸泡的胸、背部位可用冷水浸湿毛巾冷敷。

2. 保护创面，防止感染

应特别注意保护烧伤部位，不要碰破皮肤。烧伤面水泡若已破损，不要随便涂抹药水或敷涂未经消毒的东西，用干净的布、手帕、毛巾进行包扎，防止创面感染。天气寒冷时还要注意保暖。

3. 补充盐水，避免休克

注意烧伤者是否有外伤或骨折，若有大出血的伤口，应用干净的带子扎捆止血，每隔15分钟松开一次，若骨折应用夹板包扎固定，脊椎骨折要平卧于硬板上，搬运到医院，以防止加重伤者的痛苦。为防止休克，应给受伤者口服止痛片或饮淡盐茶水、淡盐水等，一般以多次喝少量为宜，如发生呕吐、腹胀等，应停止口服。禁止给受伤者喝白开水或糖水，以免引起脑水肿等并发症。

4. 积极抢救，防治窒息

大面积烧伤患者往往会因为伤势过重而休克，此时伤者的舌头容易收缩而堵塞咽喉，发生窒息而死亡。在场人员应将伤者的嘴撬开，将舌头拉出，保证其呼吸畅通。同时用被褥将伤者轻轻裹起，送往医院治疗。

案例学习

1. 深圳舞王俱乐部特大火灾事故

7.3.2 材料 深圳舞王俱乐部特大火灾事故

2. 鞋厂宿舍门反锁,起火后无处可逃

7.3.3 材料 鞋厂宿舍门反锁,起火后无处可逃

3. 掌握火灾逃生技巧幸免于难

7.3.4 材料 掌握火灾逃生技巧幸免于难

4. 东北大学学生沉着冷静面对火灾

7.3.5 材料 东北大学学生沉着冷静面对火灾

第四节　昏厥、休克与心肺复苏

7.4.1 视频 昏厥、休克与心肺复苏

一、昏厥救护

昏厥,又称晕厥、昏倒,是指突然发生短暂意识丧失的一种综合征。晕厥的发生往往与体位改变有关。发生快,消失快,数秒后或调整姿势后可自行恢复。

(一) 原因

分为心源性晕厥、血管反射性晕厥、血源性晕厥、脑源性晕厥和药物性晕厥。心源性晕厥为心脏射血功能障碍导致心搏骤停。血管反射性晕厥最常见,多见于年轻体弱女性,在其情绪紧张、悲伤、惊恐、疼痛、饥饿、疲劳、闷热拥挤、站立过久、看见出血等情况下出现。体位性晕厥是由于身体位置突然发生改变引起大脑暂时缺血而致昏厥。

(二) 症状

发作前,伤病员一般无特殊症状或自觉头晕、恶心,但很快感到眼前发黑,全身软弱无力,继而倒下。此时,伤病员面色苍白,四肢发凉,脉细且弱,血压下降。持续时间很短,几秒钟或经调整姿势即可恢复。

(三) 救护

(1) 仰卧于通风处抬高下肢,保持室内空气清新,维持伤员呼吸道通畅;
(2) 按压:人中、内关、百会、涌泉;

（3）经处理仍不见好转，应立即呼叫急救中心；
（4）出现心脏骤停时，立即心肺复苏。

二、休克救护

休克是一急性的综合征。系各种强烈致病因素作用于机体，使循环功能急剧减退，组织器官微循环灌流严重不足，致重要生命器官机能、代谢严重障碍的全身危重病理过程。

（一）分型

1. 心源性休克

由于各种心脏病导致的心功能障碍，以致心脏射出的血压不能满足机体组织器官的需要而出现的休克症状。

2. 感染性休克（中毒性休克）

各种病原微生物及其毒素侵入人体引起。

3. 低血容量性休克

创伤、出血、烧伤、严重腹泻等导致循环血量急剧减少，最终导致组织器官血液灌注不足而出现休克。

4. 过敏性休克

人体对某些生物性或化学性物质产生的速发型变态反应所致，如青霉素药物过敏等。

5. 神经源性休克

外伤、剧痛、脊髓损伤或麻醉意外等使血管扩张，外周阻力降低，有效血容量不足导致。

（二）症状

（1）自感头昏不适或精神紧张，过度换气；
（2）血压降低，收缩压低于90毫米汞柱；
（3）肢端湿冷，皮肤苍白，口唇发绀，大汗；
（4）脉搏搏动未扪及或细弱；
（5）烦躁不安，易激惹或神志淡漠，嗜睡，昏迷；
（6）尿量减少或无尿。

（三）急救

（1）取仰卧位头部和下肢略抬高10°～30°；
（2）心源性休克采取半卧位；
（3）创伤性休克需及时止血；
（4）过敏性休克需要迅速脱离过敏环境；
（5）保持呼吸道通畅；
（6）注意保暖或降温；
（7）有条件的吸氧。

拨打急救电话送医院抢救。

三、心肺复苏

心肺复苏是指由专业或非专业人员(第一反应人)在事发现场对患者所实施的徒手救治,以迅速建立人工的呼吸和循环,其目的是尽早供给心、脑等重要脏器氧气,维持基础生命活动,为进一步复苏创造有利条件。

院前心肺复苏有CABD四个步骤:C(circulation),循环支持或建立人工循环,让机体血液流动起来,把携有氧气的红细胞带向全身,并促使自主心跳呼吸恢复;A(airway),开放气道,使气道保持通畅以保证空气能进入肺中;B(breathing),呼吸支持或人工呼吸,把空气吹入患者肺中,把大气中的氧送入肺泡,使肺内气体氧分压升高,氧气可以弥散到肺泡壁的毛细血管内;D(defibrillation)为除颤。快速采取BLS是心肺脑复苏成功的关键,也是保护脑的先决条件。在实施CABD前需要完成:快速识别呼吸或循环停止;启动EMSS(应急医疗服务体系);复苏的体位摆放。

(一) 心肺复苏前的准备

1. 评估与判断

求援者到达现场后,必须快速判断现场是否安全,判断患者是否有意识,采取“轻拍重喊”的方法,即大声呼唤患者有无反应,轻拍患者肩膀有无反应。绝不能摇头或轻易搬动患者,以免引起脊髓损伤而导致患者截瘫。救护者在判断意识同时快速判断呼吸,通过注视或观察胸部运动检查呼吸是否缺失或异常(无呼吸或仅有喘息),呼吸评估的时间为5～10秒。患者无反应且没有呼吸或呼吸异常(或仅有喘息),立即启动EMSS,尽快开始胸外按压。

2. 启动EMSS

(1) 立即由“第一反应人”(专业或非专业人员)实施CPR(心脏复苏)。

(2) 由现场的第二人寻求救援 ①院外现场:应该快速接通当地急救电话120,通知急救机构,并报告事发地点(街道名称、就近建筑物醒目标志)、正在使用的电话号码、发生了什么事件、多少人需要救治、发病者的情况、正给予什么样的处置等信息;②院内则应在救治的同时,接通院内的紧急呼救系统,或大声呼叫以寻求帮助。

3. 体位

救护时,患者及救护者应有正确体位,以利救护。

(1) 复苏体位。现场复苏必须将患者就地仰卧于坚硬的平面上(地上或垫有硬板床上)。如果患者病后呈俯卧或侧卧位,则应立即将其翻转成仰卧位。翻身方法:①将患者双上肢向头部方向伸直;②将患者离救护者远侧小腿放在近侧小腿上,两腿交叉;③救护者一只手托住患者颈部,另一只手托住离救护者远侧患者的腋下或胯部,使头、颈、肩和躯干同时翻向救护者;④最后将患者两上肢放于身体两侧,解开患者衣领、裤带、女性胸罩。对疑有颈髓损伤患者的搬动一定要做好头颈部的固定,防止颈部扭曲,如图7-4-1所示。如果患者躺卧在软床上,可将一块宽度不小于70厘米的木板置于患者背部,以保证复苏的效果。

图7-4-1　反转患者的方法

（2）侧卧体位（康复位）。患者无意识，但有心跳和呼吸；或患者经过心肺复苏后，心跳呼吸恢复但意识仍不清，为防止舌后坠，或分泌物、呕吐物阻塞呼吸道，应将患者置于侧卧体位。方法：①将靠近救护者侧的上肢向头部侧方伸直，另一上肢肘弯曲于胸前；②将患者救护者远侧的小腿弯曲；③救护者一只手扶住救护者远侧的患者的肩部，另一只手扶住患者救护者远侧的膝部或胯部，轻轻将患者侧卧向救护者；④最后将患者上方的手放置于面颊下方，保持头后仰并防止面部朝下。

（3）救护者体位。救护者应双腿跪于（或立于）患者一侧。单人抢救时，救护者两膝分别跪于患者的肩和腰的旁边，以利于吹气和按压，应避免来回移动膝部。双人抢救时，两人相对，一人跪于患者的头部位置负责人工呼吸，另一人跪于胸部负责胸外心脏按压。

（二）心肺复苏步骤

1.建立人工循环

（1）评估循环 。

医务人员判断是否心脏停搏应先检查有无大动脉搏动。主要选择浅表的大动脉进行检查。颈动脉易暴露便于迅速触摸，检查极为方便，是成人最常选用的部位。颈动脉搏动最明显处位于喉头平面，方法是用左手扶住患者的头部，右手的食、中指先触及颈正中部位（甲状软骨）中线，男性可先触及喉结，向旁滑移2～3厘米，在气管与胸锁乳突肌之间的凹陷深处触摸，如图7-4-2所示。检查时要轻触，用力不可过大，时间为5～10秒。如无搏动就可判定为心搏骤停。非医务人员触诊大动脉搏动有困难，无须检查大动脉搏动，根据患者突发意识丧失、呼吸停止、面色苍白或发绀等做出心搏骤停的判断，并立即实施胸外心脏按压。

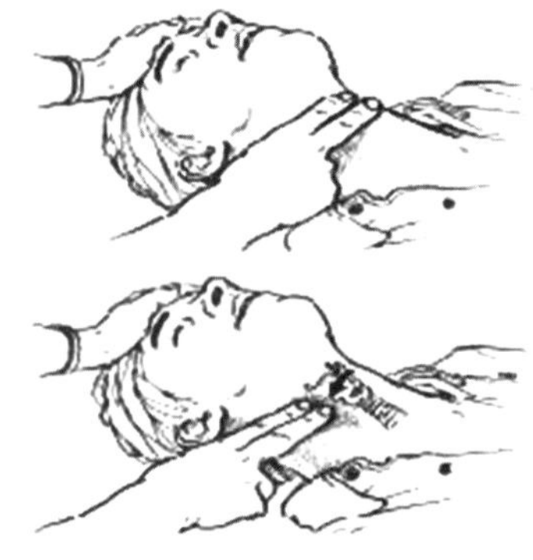

图7-4-2　颈动脉搏动触摸

（2）胸外心脏按压。

一旦诊断为心搏骤停，应立即进行胸外心脏按压，以维持循环功能。

①体位。置患者去枕平卧于地面或硬板上，头部位置低于心脏，以避免按压时呕吐物反流至气管，也可防止因头部高于心脏水平而影响脑血流。复苏者应根据患者位置高低，分别采取跪、站、踩脚凳等姿势，以保证按压力垂直并有效地作用于患者胸骨。

②确定按压部位。施救者移开或脱去患者胸前的衣服，按压的部位为患者胸骨下的1/2。1）救护者右手中指置于近侧患者一侧肋弓下缘，沿患者肋弓下缘上滑至胸骨下切迹（双侧

肋弓的汇合点),中指定位于此,示指紧贴中指。救护者左手手掌根部贴于右手的示指并平放,使手掌根部的横轴与患者胸骨长轴重合,定位的右手手掌在左手背上,两手掌根重叠,十指相扣跷起,手指离开胸壁,如图7-4-3所示。2)快速简便的定位是患者乳头连线与胸骨交界处为按压部位。

③按压的姿势。急救人员的上半身前倾,双肩位于双手的正上方,两臂伸直(双肘伸直),垂直向下用力,借助自身上半身的体重和肩臂部肌肉的力量进行操作,如图7-4-4所示。

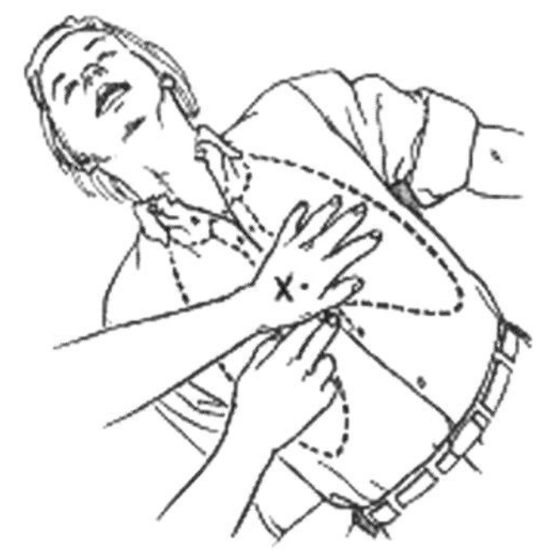

图7-4-3 胸外心脏按压定位

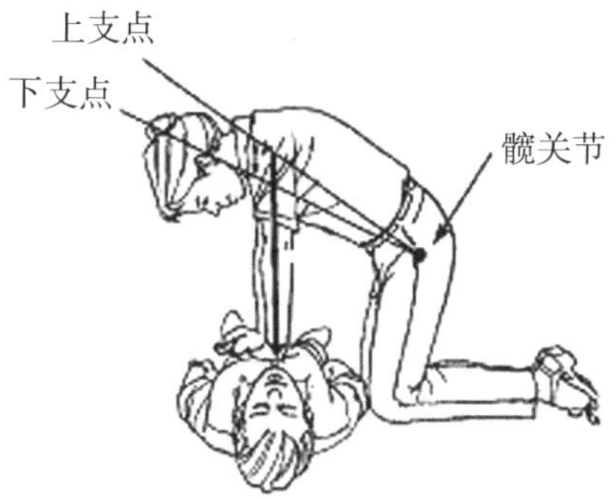

图7-4-4 胸外心脏按压手法与姿势

④按压深度。成人胸骨下压深度至少5.0厘米,每次按压后应让胸壁完全回复,放松后掌根不能离开胸壁,以免位置移动。

⑤按压频率。至少为100次/分钟,按压与放松时间基本相等,按压中尽量减少中断(少于10秒)。然后每5个循环或每2分钟检查心电及脉搏1次,在10秒内完成。

⑥按压–通气比值。胸外心脏按压必须同时配合人工呼吸,成人心肺复苏无论单人还是双人操作,胸外按压和人工呼吸的比例均为30:2。未建立人工气道前,进行人工呼吸时,须暂停胸外心脏按压。

为避免急救者过度疲劳,专家建议实施胸外心脏按压者应2分钟交换一次。但两人交换位置所用的时间要尽可能短,不应超过5秒。

双人复苏时,一人在患者一侧完成胸外按压,另一人在患者头部,维持气道开放,进行人工呼吸,并观察有否动脉搏动。如图7-4-5、6-4-6所示。

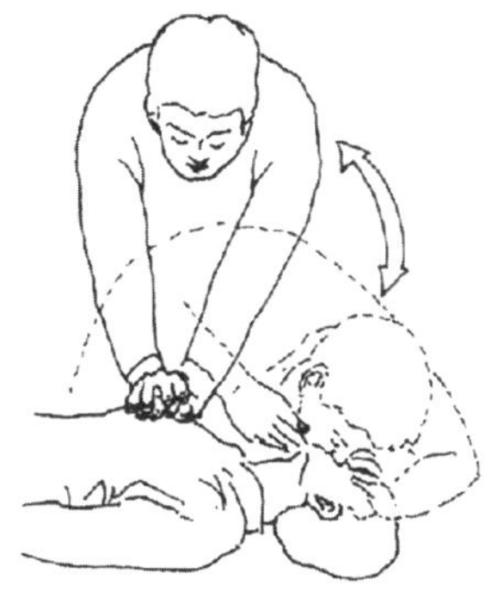

图7-4-5 单人复苏

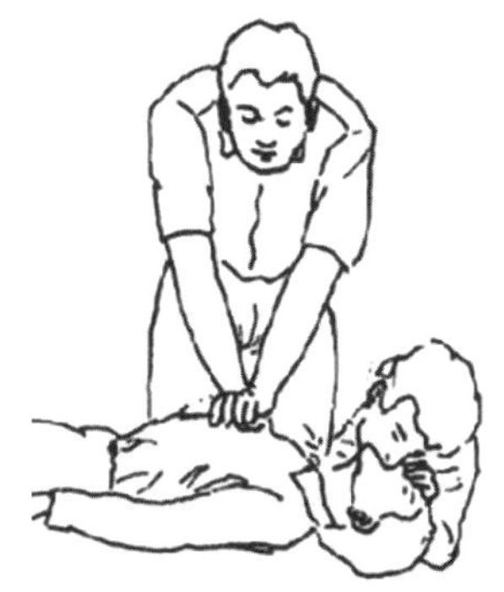

图7-4-6 双人复苏

胸外心脏按压常见并发症有肋骨骨折、胸骨骨折、血气胸、肺损伤、胃扩张，心包填塞、肝脾损伤和脂肪栓塞等。这些并发症多由于按压位置不当或用力不当所致。预防的方法是首先要掌握方法和要领，复苏后常规做X线检查及加强监护，以及时了解有无并发症，以便及时给予相应的处理。

2. 畅通气道

（1）去除呼吸道异物。

用手指挤压前鼻腔挤出分泌物，挖去口腔内的血凝块、污物、淤泥、呕吐物等异物，如发现义齿将其取下，以防掉入气管。

（2）开放呼吸道。

昏迷患者全身肌肉包括下颌、舌、颈部肌肉松弛，舌根后坠，在咽部水平堵塞气道，如图7-4-7所示。应将患者以仰头举颏法、下颌前推法使舌根离开声门，保持呼吸道通畅。

图7-4-7　舌后坠堵塞气道

①仰头举颏法。无颈椎损伤的患者可用此法。术者一手掌置于患者的前额，用力使头向后仰，后仰的程度是保持患者下颌角与耳垂连线与水平面垂直；另一手食指和中指置于患者的下颌近颏的骨性部分，向上抬起下颌，使牙齿几乎咬合。注意手指不要压迫颈部软组织，以免造成气道梗阻，如图7-4-8所示。适用于专业人员和非专业人员，也是非专业人员的唯一方法。

②下颌前推法。此法用于已存在或疑有颈椎损伤的患者。急救人员将两手置于患者头部两侧，肘部支撑在患者所躺平面上，双手手指放在患者下颌角，向上提起下颌，如图7-4-9所示。这种操作技术要求高，仅为医务人员使用。

图7-4-8　仰头举颏法打开气道

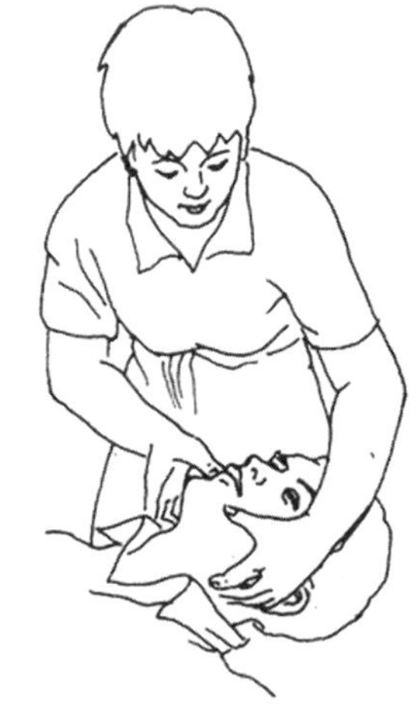

图7-4-9　下颌前推法打开气道

如患者有口咽部的严重创伤上述方法无效时，应采用气管插管或气管切开等措施。

3. 人工呼吸

人工呼吸是用人工方法（手法或机械）借外力来推动肺、膈肌或胸廓的活动，使气体被动进入或排出肺脏，以保证机体氧的供给和二氧化碳排出。人工呼吸法包括口对口、口对鼻、口对口鼻、口对阻隔装置、口咽通气管或鼻咽通气管吹气及专业的气管插管、呼吸机等。口对口、口对鼻、口对口鼻、口对阻隔装置、口咽通气管或鼻咽通气管吹气的人工呼吸方法简便易学，"第一反应人"在事发现场可以用此实施。

（1）口对口人工呼吸。在众多的徒手人工呼吸呼吸中，口对口人工呼吸简单易行，潮气量大，效果可靠，是目前公认的首选方法。口对口的呼吸支持技术，每次可提供500～600毫升的潮气量，能快速、有效地给患者提供足够的氧需求。

口对口人工呼吸的具体方法是：①患者仰卧，开放气道；②复苏者吸一口气，用一手拇指和食指捏住患者鼻翼，防止吹气时气体从鼻孔逸出；同时用嘴唇封住患者的口唇，给患者吹气，时间在1秒以上，并用眼睛余光观察患者的胸廓是否抬高；③术者头稍抬起，嘴唇离开患者口部，半侧转换气，同时松开捏闭鼻翼的手指，让患者的胸廓及肺弹性回缩，排出肺内气体，患者自动完成一次呼气动作；④重复上述步骤再吹一次气，连续吹气二次。吹气频率为10～12次/分，即每5～6秒吹气一次，如图7-4-10所示。

（2）口对鼻人工呼吸。对不能经口吹气的患者，如口唇不能被打开、口腔严重损伤、口不能完全被封住等，可应用口对鼻人工呼吸。其方法是：使患者头后仰，一只手按压前额，另一只手上抬下颌并把嘴合住。复苏者吸一口气，用口封住患者鼻子向鼻腔吹气，然后将口从鼻上移开，让气体被动呼出。

（3）口对阻隔装置吹气。通过口对面膜、口对面罩吹气，可保护术者不受感染。

面膜是一张清洁的塑料和防水过滤器以隔断患者和救护者的接触。口对面膜吹气时把面膜放在患者口和鼻上，面膜中心对准口，人工吹气方法同口对口人工呼吸。

口对面罩吹气救护者位于患者头部一侧，将面罩置于患者面部，以鼻梁为导向放好位置，应双手固定面罩和维持气道通畅，救护者口对面罩通气孔缓慢吹气。

（4）口咽通气管或鼻咽通气管吹气。口咽通气管或鼻咽通气管可以使舌根离开咽后壁，解除舌后坠所致的气道梗阻，在一定程度上减少了口腔部的呼吸道无效腔，如图7-4-11所示。鼻咽通气管长约15厘米，管外涂润滑剂后，从鼻孔插入下行直达下咽部。复苏人员可以对通气管吹气，不必和患者直接接触。

图7-4-10　口对口人工呼吸

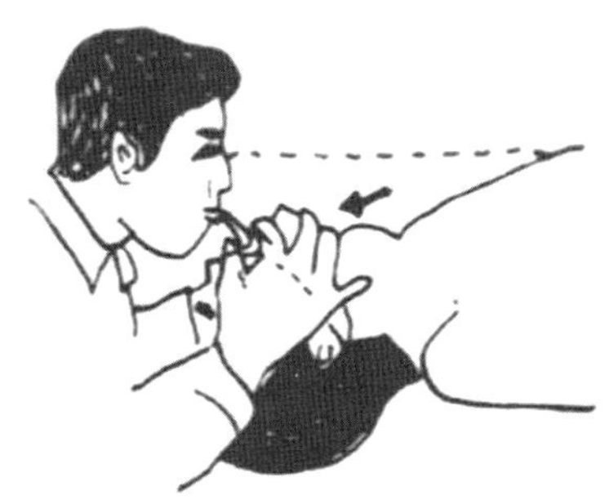

图7-4-11　口对口咽通气管吹气

无论以何种形式进行人工呼吸，都必须注意避免过度通气（每分钟人工呼吸次数过多或每次人工呼吸给予的潮气量过大）。过度通气会增加胸廓内压，减少心脏的静脉回流，降低心输出量，所以对患者有害。过大的通气量和过快的通气速度会引起咽喉部的压力过高使食道开放，气体进入胃内，导致胃胀气，甚至可引起呕吐和胃内容物误吸。复苏者每次吹气时只需看到患者胸廓有明显起伏并维持1秒，应避免吹气容积太大及吹气次数太多。成人10～12次/分钟的频率（约5～6秒吹气1次）。

4. 除颤

（1）除颤策略。如果患者无脉搏，则需在AED或手动除颤器到位后立即检查是否有可电击心律，按指示实施电击，每次电击后立即从胸外按压开始实施CPR。

（2）除颤的次数及能量。研究显示，连续采用3次除颤会延误胸外心脏的实施，而采用单次除颤足以消除90%以上的室颤（VF）。如果在1次除颤后仍不能消除室颤，其原因为心肌缺氧，需要继续进行2分钟CPR，以重新恢复心脏的氧供，这样可使随后施行的除颤更有效。除颤所用的能量为：单相波除颤采用360J；双相波除颤采用120～200J（或按除颤器制造厂商推荐的能量），能量可以不变或按需要增加。

（3）检查除颤的效果。因为即使除颤能消除室颤，但很多患者会转为无脉心电活动或停搏，并且心脏会因血液灌流不足导致心脏收缩无力。所以每次除颤后应继续施行2分钟CPR（或直至患者恢复正常窦性心律后才停止），以增加心脏血液灌流，使心脏有能量进行有效的收缩和泵血。除颤程序为①除颤1次；②CPR 5个循环或大约2分钟；③心电图检查；④重复此循环。

（三）心肺复苏有效表现

在完成5个循环人工呼吸和胸外按压操作后或每隔2分钟，复苏者应检查患者颈动脉搏动、呼吸等。如仍未恢复呼吸、心跳，应重新开始胸外按压，在呼吸、心跳未恢复情况下，不要中断CPR。心肺复苏有效的标志是：

（1）颈动脉搏动出现；

（2）自主呼吸恢复；

（3）面色、口唇由苍白、发绀变红润；

（4）瞳孔由大变小，对光反射恢复；

（5）患者出现眼球活动、呻吟、手脚抽动等现象。

成人现场CPR操作流程图：

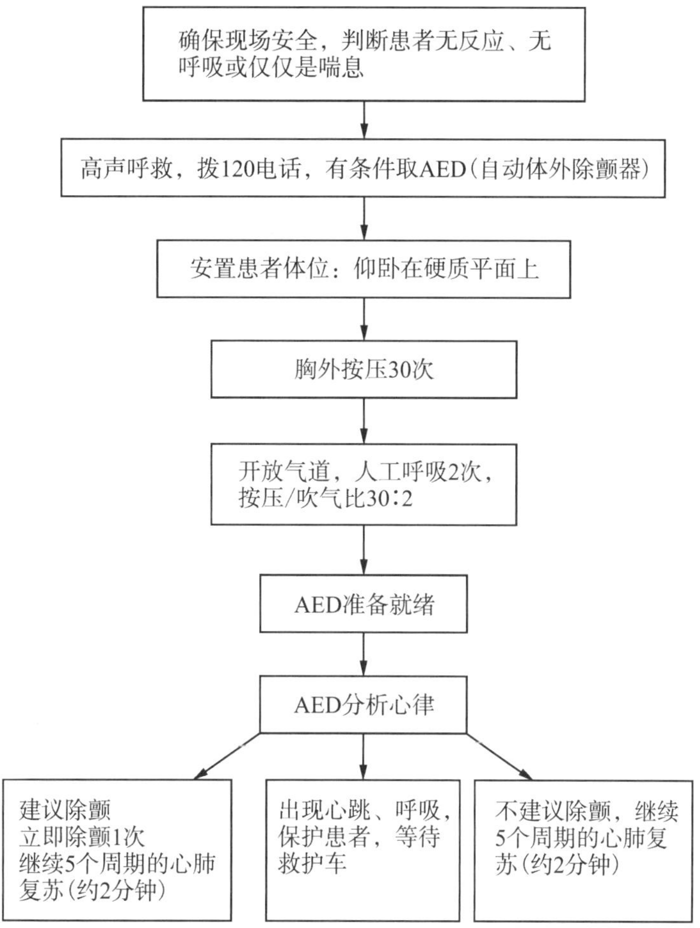

案例学习

1. 多人接力救回一命

7.4.2材料 多人接力救回一命

2. 篮球场馆中的急救

7.4.3材料 篮球场馆中的急救

3. 除夕夜急救

7.4.4材料 除夕夜急救

4. 陪护男子突然心脏骤停，幸获急救

7.4.5材料 陪护男子突然心脏骤停，幸获急救

7.4.6 本章测试

参考文献

[1]毛庆根.职业素养与职业发展[M].北京:科学出版社,2012.

[2]王攀,布俊峰.大学生职业生涯规划与就业指导[M].武汉:华中师范大学出版社,2014.

[3]孙志新,郭薇.大学生职业生涯发展与规划[M].武汉:华中师范大学出版社,2014.

[4]程社明.你的船 你的海:职业生涯规划[M].北京:新华出版社,2007.

[5]Robeert D. Loch.把握你的职业发展方向:第五版[M].北京:中国轻工业出版社,2006.

[6]史瑞杰,魏胤亭.诚信导论[M].北京:经济科学出版社,2009.

[7]宦平.诚信教育读本[M].北京:中国劳动社会保障出版社,2014.

[8]榕汀.诚信,未来社会的通行证[M].福州:海峡文艺出版社,2002.

[9]江万秀.做一个诚实守信的人[M].北京:中国方正出版社,2003.

[10]张云霞.职业素养养成教育[M].北京:人民出版社,2017.

[11]高亚军.大学生职业生涯规划:职业素养与能力篇[M].北京:北京理工大学出版社,2015.

[12]刘明新,冯国忠.职业伦理与职业素养:第2版[M].北京:机械工程出版社,2014.

[13]吕国荣.一流员工的10大职业素养[M].北京:中国纺织出版社,2014.

[14]王易,邱吉.职业道德[M].北京:中国人民大学出版社,2009.

[15]李珊.优秀员工的九堂素质提升课[M].北京:中华工商联合出版社,2017.

[16]阿顿.哈佛经典谈判课[M].北京:北京联合出版公司,2018.

[17]哈丁厄姆.团队合作[M].上海:上海人民出版社,2006.

[18]许湘岳,徐金寿.团队合作教程[M].北京:人民出版社,2011.

[19]吕红,喻永均,王忠.高职学生劳动教育[M].重庆:重庆出版社,2020.

[20]徐国庆.劳动教育[M].北京:高等教育出版社,2020.

[21]袁国,徐颖,张功.新时代劳动教育教程[M].北京:航空工业出版社,2020.

[22]何光明,张华敏.高职学生劳动教育教程[M].北京:高等教育出版社,2020.

[23]武洪明,许湘岳.职业沟通教程[M].北京:人民出版社,2011.

[24]编委会.职业沟通能力训练[M].北京:中国书籍出版社,2014.

[25]叶蓉,文峥嵘.职业素养通修教程[M].天津:天津大学出版社,2014.

[26]胡伟,胡军,张琳杰.沟通交流与口才[M].北京:清华大学出版社,2013.

[27]劳丽蕊,吴小菲.大学语文[M].北京:中国轻工业出版社,2016.

[28]王岩.秘书礼仪[M].北京:中国人民大学出版社,2016.

[29]王芬.秘书礼仪实务[M].北京:电子工业出版社,2009.

[30]简成茹. 商务礼仪[M]. 北京:教育科学出版社,2013.

[31]胡晓涓. 商务礼仪:第二版[M]. 北京:中国人民大学出版社,2012.

[32]金正昆. 接待礼仪[M]. 北京:中国人民大学出版社,2009.

[33]崔海潮. 商务礼仪[M]. 北京:北京师范大学出版社,2013.

[34]余琛. 人力资源选聘与测试[M]. 哈尔滨:哈尔滨地图出版社,2006.

[35]吴亚平. 大学生职业生涯规划与就业指南[M]. 天津:天津大学出版社,2009.

[36]金海燕. 大学生就业指导[M]. 杭州:浙江科学技术出版社,2012.

[37]杨艳. 学生社团建设视阈下的高校大学生就业能力培养探析[J]. 湖北开放职业学院学报,2019,32(05):41-42.

[38]刘锰,邹华. 大学生创新创业能力培养方法研究[J]. 才智,2019(08):26.

[39]本书编写组. 用电安全简明读本[M]. 乌鲁木齐:新疆美术摄影出版社,2011.

[40]国家安全生产监督管理总局信息研究院. 家庭安全知识手册[M]. 北京:煤炭工业出版社,2018.

[41]本书编委会. 消防安全[M]. 长春:吉林出版集团有限责任公司,2014.

[42]窦英茹,张菁. 现场急救知识与技术[M]. 北京:科学出版社,2018.